奉节基地
烟叶标准化生产技术

金亚波　主编

广西科学技术出版社
·南宁·

图书在版编目（CIP）数据

奉节基地烟叶标准化生产技术 / 金亚波 主编 . —— 南宁：广西
科学技术出版社，2024.9. —— ISBN 978-7-5551-2091-9

Ⅰ. TS45

中国国家版本馆 CIP 数据核字第 20241PN298 号

FENGJIE JIDI YANYE BIAOZHUNHUA SHENGCHAN JISHU

奉节基地烟叶标准化生产技术

金亚波　主编

责任编辑：吴桐林	装帧设计：梁　良	
责任校对：冯　靖	责任印制：陆　弟	

出 版 人：岑　刚	出版发行：广西科学技术出版社
社　　　址：广西南宁市东葛路 66 号	邮政编码：530023
网　　　址：http://www.gxkjs.com	

印　　　刷：广西民族印刷包装集团有限公司

开　　　本：787 mm × 1092 mm　　1/16

字　　　数：559 千字　　　　　　　　印　　张：25.5

版　　　次：2024 年 9 月第 1 版　　　印　　次：2024 年 9 月第 1 次印刷

书　　　号：ISBN 978-7-5551-2091-9

定　　　价：168.00 元

《奉节基地烟叶标准化生产技术》
编委会

主　　编：金亚波（广西中烟工业有限责任公司）

副 主 编：陈天才（重庆市烟草公司奉节分公司）
　　　　　代先强（重庆市烟草公司奉节分公司）
　　　　　戴成宗（重庆市烟草公司烟叶分公司）
　　　　　韦建玉（广西中烟工业有限责任公司）

编　　委：黄崇峻（广西中烟工业有限责任公司）
　　　　　李承荣（广西中烟工业有限责任公司）
　　　　　王卫峰（广西壮族自治区烟草专卖局）
　　　　　尹朝先（重庆市烟草公司奉节分公司）

组织单位：广西中烟工业有限责任公司

目　录

第一章　奉节烟叶标准化概况

第一节　奉节概况

奉节县（以下简称奉节），隶属重庆市，位于重庆市东部，东邻巫山县，南接湖北省恩施市，西连云阳县，北接巫溪县。地理坐标为东经 109°11′17″ ～ 109°45′58″，北纬 30°29′19″ ～ 31°22′33″。全县面积 4098 km²，下辖 29 个乡镇、4 个街道办事处、314 个行政村、78 个社区。截至 2021 年底，奉节常住人口 74.73 万人。奉节地处四川盆地东部山地，长江横贯中部，山峦起伏，沟壑纵横。山地面积占全县总面积的 88.3%，中山（海拔 1000 m 以上）面积占全县总面积的 80.01%，全县海拔最高峰吐祥镇猫儿梁为 2123 m，三峡工程蓄水前的海拔最低处瞿塘峡口为 86 m。奉节北部为大巴山南麓的一部分，东部和南部分别为巫山和七曜山的一部分，长江横切七曜山形成著名的瞿塘峡。奉节地形总体为东南部、东北部高而中部偏西稍平缓，南北约为对称分布，以长江为对称轴，离长江越远的地方海拔越高，有少量平缓河谷平坝。

一、地质条件

奉节位于四川盆地东部山地，处于大巴山弧形构造带、川东褶皱带和川、鄂、湘、黔隆起褶皱带三大构造单元的交接复合部位，具有地势南北高、中部低，高差大，地形破碎，溪河纵横切割，山大坡陡等特点。

奉节的植烟区包含的地质岩层有 6 类：三叠系大冶组灰岩白云岩、侏罗系自流井组泥岩砂岩粉砂岩夹灰岩泥灰岩、泥盆系石炭系云台观组石英砂岩夹泥灰岩灰岩、三叠系侏罗系须家河组长英砂岩夹灰岩泥灰岩、二叠系梁山组—吴家坪组灰岩白云岩、三叠系须家河组石英砂岩。其中面积最大的为三叠系大冶组灰岩白云岩，占奉节植烟区总面积的 98.84%（表 1-1）。

表 1–1　奉节植烟区 6 类地质岩层及其面积

地质岩层	面积（亩*）	比例（%）
三叠系大冶组灰岩白云岩	41147	98.84
侏罗系自流井组泥岩砂岩粉砂岩夹灰岩泥灰岩	158	0.38
泥盆系石炭系云台观组石英砂岩夹泥灰岩灰岩	150	0.36
三叠系侏罗系须家河组长英砂岩夹灰岩泥灰岩	71	0.17
二叠系梁山组—吴家坪组灰岩白云岩	58	0.14
三叠系须家河组石英砂岩	48	0.11
合计	41632	100.00

* 亩为非法定计量单位，1 亩 ≈ 667 m²。

二、气候资源状况

奉节属中亚热带季风气候区，春早、夏热、秋凉、冬暖，四季分明，无霜期长，光照适宜，雨量充沛，由于地形地貌的影响，垂直气候差异十分明显。

温度：据海拔 607.3 m 的气象资料显示，奉节最高年均气温 17 ℃，最低年均气温 15.9 ℃，年均气温 16.5 ℃；最高月均气温（7～8月）27.4 ℃，最低月均气温（1月）5.1 ℃；极端最高气温 39.8 ℃，极端最低气温 –9.2 ℃；大于 10 ℃年积温 5166 ℃；平均无霜期 295 d。

降水：奉节多年平均降水量 1132.2 mm，降水最多年与降水最少年平均降水量 1107.3 mm。相对湿度 69%，年水面蒸发量 1100 mm。

日照：奉节多年平均日照时数 1639.1 h，平均日照率 37%，年太阳辐射总量 93.7 kcal/cm^2。

对奉节农业生产影响较大的灾害天气：（1）干旱，尤其发生于每年 7 月的伏旱对农业生产影响极大。（2）低温冷害，3 月中旬至 4 月上旬的春播期低温冷害严重影响大春作物的播种育苗，往往造成烂种、烂秧和死苗；9 月的初秋低温冷害严重影响迟熟水稻、玉米的授粉结实。（3）寒潮，常出现在每年的 3～4 月，伴有大风、雨、雪、冰冻天气，危害农作物。（4）冰雹。（5）大风。（6）暴雨洪涝，集中出现在 5～7 月和 9 月。

三、水文条件

奉节水资源丰富，但分布不均，利用率低，虽然潜力大，但是开发难度亦大。奉节属长江水系，除长江干流外，县内主要河流有梅溪河、大溪河、墨溪河、草堂河、朱衣河等（表 1-2），流域面积大于 50 km^2 的河流共有 17 条。全县年总降水量 5.173×10^9 m^3，水利灌溉工程 7931 处，引水渠堰 2218 条，可灌溉面积 10148 hm^2。

纵观奉节河流水系，有如下特点：（1）相对切割深，一般在 500 m 以上，因而陵谷交错，断块山多，地形破碎，起伏急剧，山高坡陡，特别在植被破坏严重的"红层"地区，水土流失严重，年输沙模数高达 1500 t/km^2。（2）径流较丰富，但时空分布不均，利用率较低。广大石灰岩地区多为旱地农业，而长江低山河谷丰水区却因山高水低，工程蓄水差，长期受伏旱威胁。（3）暴涨暴落，枯洪变幅大。主要是由于位于长江北岸的 3 条河植被破坏严重使流量变幅大；位于长江南岸的 2 条河森林覆盖面积大，流量变幅则相对较小。（4）河流上游、中游地段落差大，侵蚀深割，多呈峡谷地貌景观；河流下游地段，由于泥沙沉积，多呈河谷带坝及阶地地貌。因而冲积土多分布在河流下游平缓地段，且根据其流域内岩性的不同而形成不同的土壤类型。

表 1-2　奉节主要河流长度及流域面积

河流名称	长度（km）	流域面积（km²）
梅溪河	103	1928.61
大溪河	70.3	1587.20
墨溪河	93.6	1265.60
草堂河	33.3	394.80
朱衣河	31.4	153.60

四、植烟土壤 pH 值和养分含量与立地条件的关系

不同类型植烟土壤的 pH 值以紫色土为最高（7.3），棕壤为最低（5.8）。奉节各类型植烟土壤中，除紫色土 pH 值较高外，棕壤、黄壤、石灰（岩）土、水稻土和黄棕壤的 pH 值均在最适宜或较适宜种植烟草的范围内。其他立地条件如海拔、坡度、坡向等对土壤 pH 值影响较小，说明在类似气候条件下，成土母质对土壤 pH 值的影响较大。

奉节植烟土壤的有机质含量以棕壤和水稻土为较高，均不低于 3.00%，黄棕壤、石灰（岩）土和紫色土次之，黄壤的有机质含量最低。其他立地条件中坡度和坡向对土壤有机质含量影响较小，而海拔对土壤有机质含量影响较大，随着海拔的升高，土壤有机质含量明显增高，这与重庆市土壤有机质含量的整体趋势一致。其主要原因是高海拔、低温条件使有机物周转速率降低，从而有利于有机质的积累。

奉节各类型植烟土壤的全氮含量和碱解氮含量有所差异。棕壤的全氮含量最高，为 2.03 g/kg；其次为水稻土，全氮含量为 1.70 g/kg；石灰（岩）土、黄棕壤和紫色土的全氮含量相差不大，均小幅超过 1.60 g/kg；黄壤的全氮含量最低，为 1.48 g/kg。棕壤、水稻土的碱解氮含量较高，均在 150.00 mg/kg 左右；其次为黄棕壤，碱解氮含量为 119.00 mg/kg；黄壤和石灰（岩）土的碱解氮含量均小幅超过 80.00 mg/kg；紫色土的碱解氮含量最低，仅为 62.00 mg/kg。

奉节植烟土壤的全磷含量受土壤类型和海拔影响显著。水稻土的全磷含量最高，为 0.82 g/kg；其次为黄棕壤，全磷含量为 0.71 g/kg；其余土壤类型的全磷含量相差不大，在 0.67 g/kg 左右，且随着海拔的升高，全磷含量逐渐增加。有效磷含量主要受土壤类型影响。黄棕壤的有效磷含量最高，为 39.00 mg/kg，其余土壤类型的有效磷含量相差不大。

奉节植烟土壤中，水稻土的全钾含量最高，为 28.23 g/kg；其余土壤类型的全钾含量相差不大，且都低于 20.00 g/kg。各土壤类型中，棕壤的速效钾含量最高，为 279.00 mg/kg；水稻土和黄棕壤的速效钾含量均在 250.00 mg/kg 以上；紫色土的速效钾含量为 216.00 mg/kg；而黄壤和石灰（岩）土的速效钾含量均小于 200.00 mg/kg。

奉节植烟土壤所含中量元素中，交换性钙含量与土壤类型、海拔、坡度均表现出一定关联。石灰（岩）土的交换性钙含量最高，为 7.21 cmol/kg；其次为紫色土和黄壤，交换性钙含量均为 6.50 cmol/kg 左右；黄棕壤的交换性钙含量为 6.11 cmol/kg；棕壤和水稻土的交换性钙含量较低，均小于 6.00 cmol/kg。交换性钙含量随海拔升高而降低，随坡度增大而增加。交换性镁含量以黄棕壤为最高，为 1.96 cmol/kg；其次为紫色土，交换性镁含量为 1.84 cmol/kg；黄壤和石灰（岩）土的交换性镁含量为 1.40 cmol/kg 左右；棕壤和水稻土的交换性镁含量仅为 0.80 cmol/kg 左右。有效硫含量受土壤类型影响显著，与其他立地条件间的关系不明显。棕壤的有效硫含量最高，为 196.40 mg/kg；其次为石灰（岩）土和黄壤，分别为 112.40 mg/kg 和 92.10 mg/kg；黄棕壤和紫色土的有效硫含量差异较小，分别为 70.40 mg/kg 和 59.30 mg/kg；水稻土的有效硫含量最低，仅为 28.10 mg/kg。

奉节植烟土壤的水溶性氯含量以棕壤为最高，为 11.73 mg/kg，其余土壤类型的水溶性氯含量均低于 10.00 mg/kg，可见奉节植烟土壤的水溶性氯含量整体较低。有效铁含量在不同类型植烟土壤间也有所差异，棕壤的有效铁含量最高，为 51.60 mg/kg；其次为黄棕壤，有效铁含量为 40.40 mg/kg；其余土壤类型的有效铁含量均在 40.00 mg/kg 以下，且差异不大。有效铁含量随坡度增大而降低。奉节植烟土壤的有效锰含量较低，其中水稻土的有效锰含量最高，为 21.20 mg/kg，其余土壤类型的有效锰含量均低于 20.00 mg/kg。奉节植烟土壤的有效锌含量以黄棕壤为最高，为 6.75 mg/kg；其次为水稻土和黄壤，分别为 5.20 mg/kg 和 4.98 mg/kg；紫色土和棕壤的有效锌含量偏低。奉节植烟土壤的有效铜含量以水稻土为最高，为 3.17 mg/kg；其次为棕壤，有效铜含量为 2.91 mg/kg；紫色土有效铜含量最低，为 2.06 mg/kg。奉节植烟土壤的有效钼含量以紫色土为最高，为 0.53 mg/kg；其次为水稻土，有效钼含量为 0.46 mg/kg；黄壤和石灰（岩）土的有效钼含量均在 0.42 mg/kg 左右；黄棕壤和棕壤的有效钼含量较低。奉节植烟土壤的有效硼含量均较低，其中黄棕壤的有效硼含量为 0.33 mg/kg，其余土壤类型的有效硼含量均小于 0.30 mg/kg，可见奉节植烟土壤缺少硼元素。

奉节植烟土壤 pH 值和养分含量与立地条件的关系具体见表 1-3。

表1-3　奉节植烟土壤 pH 值和养分含量与立地条件关系表

立地条件		pH 值	土壤养分含量								
			有机质（%）	碱解氮（mg/kg）	全氮（g/kg）	铵态氮（mg/kg）	硝态氮（mg/kg）	全磷（g/kg）	有效磷（mg/kg）	全钾（g/kg）	速效钾（mg/kg）
土壤类型	黄壤	6.60	2.50	88.00	1.48	5.55	12.73	0.67	27.00	16.21	183.00
	石灰（岩）土	6.70	2.69	81.00	1.61	5.21	12.38	0.68	28.00	13.94	178.00
	黄棕壤	6.80	2.94	119.00	1.65	8.38	20.16	0.71	39.00	14.71	250.00
	紫色土	7.30	2.64	62.00	1.65	3.72	15.03	0.66	31.00	15.73	216.00
	棕壤	5.80	3.21	150.00	2.03	6.19	21.37	0.68	30.00	14.72	279.00
	水稻土	6.30	3.00	147.00	1.70	4.91	10.25	0.82	33.00	28.23	261.00
海拔（m）	＜ 800	—	—	—	—	—	—	—	—	—	—
	800 ～ 1000	6.60	2.14	70.00	1.45	4.26	9.79	0.55	20.00	15.46	138.00
	1000 ～ 1120	6.60	2.33	74.00	1.44	5.66	13.15	0.62	27.00	15.44	168.00
	1120 ～ 1400	6.80	2.52	86.00	1.48	5.34	13.08	0.68	30.00	15.83	189.00
	＞ 1400	6.30	3.12	123.00	1.76	6.22	13.90	0.79	29.00	16.51	226.00
坡度（°）	0 ～ 3	6.50	2.67	95.00	1.56	5.37	13.11	0.72	29.00	15.36	198.00
	3 ～ 10	6.60	2.66	95.00	1.61	4.97	13.112	0.68	29.00	17.20	203.00
	10 ～ 25	6.60	2.52	112.00	1.50	5.97	12.93	0.65	27.00	15.59	188.00
	＞ 25	6.80	2.39	75.00	1.40	4.97	12.56	0.67	28.00	16.06	141.00
坡向	半阳坡	6.60	2.53	85.00	1.55	5.40	15.46	0.68	29.00	15.62	205.00
	半阴坡	6.60	2.64	89.00	1.56	5.02	12.90	0.66	24.00	15.79	179.00
	无坡	6.50	2.67	101.00	1.58	5.48	14.22	0.72	30.00	15.37	203.00
	阳坡	6.80	2.31	72.00	1.43	5.45	11.22	0.63	29.00	16.02	185.00
	阴坡	6.50	2.70	97.00	1.52	6.25	12.11	0.70	27.00	16.23	162.00

续表

立地条件		土壤养分含量									
		交换性钙（cmol/kg）	交换性镁（cmol/kg）	有效硫（mg/kg）	水溶性氯（mg/kg）	有效铁（mg/kg）	有效锰（mg/kg）	有效锌（mg/kg）	有效铜（mg/kg）	有效钼（mg/kg）	有效硼（mg/kg）
土壤类型	黄壤	6.50	1.41	92.10	6.23	37.80	15.90	4.98	2.57	0.42	0.25
	石灰（岩）土	7.21	1.39	112.40	5.48	36.40	13.30	4.20	2.71	0.41	0.25
	黄棕壤	6.11	1.96	70.40	4.83	40.40	11.30	6.75	2.43	0.33	0.33
	紫色土	6.51	1.84	59.30	5.21	28.80	8.60	3.67	2.06	0.53	0.24
	棕壤	5.77	0.76	196.40	11.73	51.60	12.00	3.84	2.91	0.28	0.18
	水稻土	5.47	0.84	28.10	3.89	37.10	21.20	5.20	3.17	0.46	0.28
海拔（m）	800～1000	6.86	1.10	58.10	5.90	35.60	19.70	4.16	4.31	0.68	0.24
	1000～1120	6.76	1.43	112.20	6.59	31.90	16.50	4.41	2.26	0.36	0.23
	1120～1400	6.73	1.65	90.80	5.72	35.10	13.20	5.00	2.44	0.44	0.26
	＞1400	6.09	1.00	109.00	6.20	53.10	15.70	5.48	2.11	0.39	0.27
坡度（°）	0～3	6.17	1.35	95.40	6.01	42.30	13.70	4.64	2.54	0.35	0.24
	3～10	6.43	1.50	93.30	5.63	37.70	14.50	5.19	2.59	0.48	0.26
	10～25	6.79	1.42	93.70	6.28	37.40	16.20	4.79	2.75	0.43	0.24
	＞25	7.07	1.46	63.80	6.09	29.40	14.70	5.15	2.04	0.44	0.29
坡向	半阳坡	7.04	1.50	112.60	7.92	38.70	17.00	5.10	2.61	0.48	0.26
	半阴坡	6.60	1.22	96.30	6.31	36.30	16.00	4.94	3.12	0.50	0.24
	无坡	6.29	1.27	98.80	5.64	43.80	13.00	4.86	2.56	0.35	0.25
	阳坡	7.11	1.76	78.40	5.73	31.40	15.80	4.92	2.47	0.43	0.27
	阴坡	6.06	1.27	71.60	5.25	38.90	14.20	4.51	2.29	0.36	0.24

五、奉节植烟土壤剖面特征

奉节各基地单元植烟土壤剖面特征见表 1-4 至 1-14。

表1-4 奉节小治村植烟土壤剖面特征

剖面编号：PFJ01 取样地点：奉节县安坪镇小治村
经度：30.84375° E 纬度：109.25569° N 海拔：1276 m 采样时间：2017 年 3 月 22 日
母质：三叠系巴东组泥灰岩 地貌：中海拔大起伏山地 坡向：阴坡 坡度：4.0°
土壤类别：黄壤土类黄壤性土亚类矿子黄泥土土种

层次	质地	结构	颜色	坚实度	容重（g/kg）	pH 值	有机质（g/kg）	全氮（g/kg）	全磷（g/kg）	全钾（g/kg）
耕作层（0～25 cm）	中壤	小粒状	褐黑色	疏松	1.180	5.880	25.800	1.428	1.724	18.800
心土层（>25～70 cm）	重壤	块状	淡黄色	紧实	1.480	6.640	11.200	0.769	0.770	17.100
底土层（>70 cm）	重壤	块状	黄色	紧实	1.470	7.030	8.300	0.532	0.711	17.700

剖面照　　　景观照

深度（cm）：0 10 20 30 40 50 60 70 80 90 100

层次	有效氮（mg/kg）	有效磷（mg/kg）	速效钾（mg/kg）	缓效钾（mg/kg）	铵态氮（mg/kg）	硝态氮（mg/kg）	交换性钠（mg/kg）	交换性钙（cmol/kg）	交换性镁（cmol/kg）	交换性铝（cmol/kg）
耕作层（0～25 cm）	143.000	65.000	513.000	395.000	9.800	38.300	17.000	5.100	1.040	0.180
心土层（>25～70 cm）	92.500	0.940	30.000	290.000	4.900	5.900	9.000	3.540	0.570	0.130
底土层（>70 cm）	69.200	2.100	33.000	279.000	5.100	2.700	13.000	3.150	0.570	0.200

层次	有效硫（mg/kg）	有效铁（mg/kg）	有效锰（mg/kg）	有效锌（mg/kg）	有效铜（mg/kg）	有效硼（mg/kg）	有效钼（mg/kg）	有效氯（mg/kg）	有效硅（mg/kg）	全硒（mg/kg）
耕作层（0～25 cm）	453.400	46.300	77.500	29.874	10.952	—	—	31.300	84.200	0.130
心土层（>25～70 cm）	48.000	10.600	20.900	2.430	8.245	—	—	8.100	101.300	0.160
底土层（>70 cm）	18.200	11.000	7.600	2.389	5.045	—	—	12.700	103.500	0.130

表 1-5　奉节广营村植烟土壤剖面特征

剖面编号：PFJ02　取样地点：奉节县安坪镇广营村　经度：30.87150° E　纬度：109.30453° N　海拔：1111 m　采样时间：2017 年 3 月 22 日

土壤类别：黄壤土类黄黄壤性土亚类黄泥土土种　母质：三叠系巴东组泥灰岩　坡度：13.0°　坡向：阴坡　地貌：中海拔大起伏山地

层次	深度(cm)	剖面照	景观照	质地	结构	颜色	坚实度	容重(g/kg)	pH值	有机质(g/kg)	全氮(g/kg)	全磷(g/kg)	全钾(g/kg)
耕作层(0～20 cm)				中壤	粒状	黄褐色	疏松	1.330	5.670	25.000	1.311	1.221	20.500
心土层(>20～45 cm)				中壤	小块状	浅黄色	紧实	1.660	7.070	19.700	1.075	0.835	20.600
底土层(>45 cm)				重壤	块状	淡黄色	紧实	1.610	7.380	8.400	0.589	0.583	20.800

层次	有效氮(mg/kg)	有效磷(mg/kg)	速效钾(mg/kg)	缓效钾(mg/kg)	铵态氮(mg/kg)	硝态氮(mg/kg)	交换性钠(mg/kg)	交换性钙(cmol/kg)	交换性镁(cmol/kg)	交换性铝(cmol/kg)	有效硫(mg/kg)	有效铁(mg/kg)	有效锰(mg/kg)	有效铜(mg/kg)	有效锌(mg/kg)	有效硼(mg/kg)	有效钼(mg/kg)	有效氯(mg/kg)	有效硅(mg/kg)	全硒(mg/kg)
耕作层(0～20 cm)	138.000	25.800	176.000	308.000	6.700	31.400	8.000	4.680	0.590	0.340	87.300	35.000	72.600	9.721	13.498	—	—	23.200	47.500	0.160
心土层(>20～45 cm)	106.000	4.600	45.000	347.000	2.200	6.200	9.000	7.250	0.590	0.080	8.600	13.000	32.900	7.998	6.677	—	—	11.600	134.600	0.180
底土层(>45 cm)	67.000	1.600	39.000	313.000	3.400	2.600	16.000	3.750	0.360	0.080	8.900	8.600	10.600	6.891	1.940	—	—	5.800	111.000	0.140

剖面编号：PFJ03 取样地点：奉节县冯坪乡石泉村 经度：109.51930° E 纬度：30.88166° N 海拔：1320 m 采样时间：2017 年 3 月 22 日
土壤类别：黄壤土类黄壤生土亚类黄泥土土种 母质：三叠系巴东组泥灰岩 坡度：12.5° 坡向：阴坡 地貌：中海拔大起伏山地

表 1-6 奉节石泉村植烟土壤剖面特征

层次	深度(cm)	质地	结构	颜色	坚实度	容重(g/kg)	pH值	有机质(g/kg)	全氮(g/kg)	全磷(g/kg)	全钾(g/kg)
耕作层 (0～23 cm)		中壤	小粒状	黄褐色	疏松	1.220	5.170	21.500	1.244	1.388	22.000
心土层 (>23～55 cm)		中壤	小块状	褐黄色	较紧实	1.410	6.060	16.700	0.997	0.820	21.600
底土层 (>55 cm)		中壤	块状	浅黄色	紧实	1.570	6.580	9.300	0.558	0.759	21.000

层次	有效氮(mg/kg)	有效磷(mg/kg)	速效钾(mg/kg)	缓效钾(mg/kg)	铵态氮(mg/kg)	硝态氮(mg/kg)	交换性钠(mg/kg)	交换性钙(cmol/kg)	交换性镁(cmol/kg)	交换性铝(cmol/kg)	有效硫(mg/kg)	有效铁(mg/kg)	有效锰(mg/kg)	有效铜(mg/kg)	有效锌(mg/kg)	有效硼(mg/kg)	有效钼(mg/kg)	有效氯(mg/kg)	有效硅(mg/kg)	全硒(mg/kg)
耕作层 (0～23 cm)	136.000	28.200	246.000	358.000	11.700	44.800	20.000	3.620	0.600	0.460	162.200	50.700	81.600	15.751	33.713	—	—	35.900	31.800	0.180
心土层 (>23～55 cm)	127.000	8.800	107.000	333.000	11.600	1.000	7.000	2.880	0.510	0.170	31.000	33.200	64.600	12.797	9.945	—	—	11.600	60.500	0.200
底土层 (>55 cm)	75.700	3.800	35.000	349.000	5.700	1.900	10.000	2.710	0.430	0.280	24.200	16.100	10.100	3.938	2.144	—	—	13.900	70.900	0.190

奉节基地烟叶标准化生产技术

表 1-7 奉节明堂村植烟土壤剖面特征

剖面编号：PFJ04　取样地点：奉节县冯坪乡明堂村　经度：30.78805° E　纬度：109.42648° N　海拔：1087 m　采样时间：2017 年 3 月 22 日

土壤类别：黄壤土类黄壤性土亚类黄泥土土种　母质：三叠系巴东组泥灰岩　坡度：19.2°　坡向：阳坡　地貌：中海拔大起伏山地

层次	原地	结构	颜色	坚实度	容重 (g/kg)	pH 值	有机质 (g/kg)	全氮 (g/kg)	全磷 (g/kg)	全钾 (g/kg)
耕作层 (0~23 cm)	中壤	小粒状	褐黄色	疏松	1.240	6.870	24.300	1.541	1.314	22.300
心土层 (>23~55 cm)	重壤	粒状	黄色	紧实	1.600	7.060	15.600	1.079	0.837	27.600
底土层 (>55 cm)	轻壤	小块状	黄色	紧实	1.620	7.260	7.400	0.630	0.619	29.900

层次	交换性铝 (cmol/kg)	交换性镁 (cmol/kg)	交换性钙 (cmol/kg)	交换性钠 (mg/kg)	硝态氮 (mg/kg)	铵态氮 (mg/kg)	缓效钾 (mg/kg)	速效钾 (mg/kg)	有效磷 (mg/kg)	有效氮 (mg/kg)
耕作层 (0~23 cm)	0.070	0.760	10.290	11.000	36.200	6.300	337.000	287.000	19.000	127.000
心土层 (>23~55 cm)	0.080	0.880	8.940	11.000	9.400	2.200	433.000	63.000	2.300	88.100
底土层 (>55 cm)	0.080	0.440	5.040	9.000	2.200	3.400	346.000	38.000	0.940	62.600

有效硒 (mg/kg)	有效硅 (mg/kg)	有效氯 (mg/kg)	有效钼 (mg/kg)	有效硼 (mg/kg)	有效锌 (mg/kg)	有效铜 (mg/kg)	有效锰 (mg/kg)	有效铁 (mg/kg)	有效硫 (mg/kg)
0.140	123.200	15.000	—	—	18.194	8.614	29.600	14.400	89.700
0.170	21.500	4.600	—	—	5.820	5.537	31.800	12.700	13.700
0.150	121.900	15.000	—	—	2.103	2.953	8.300	5.800	8.100

剖面编号：PFJ05　取样地点：奉节县兴隆镇龙门村　经度：30.71340° E　纬度：109.36596° N　海拔：1218 m　采样时间：2017 年 3 月 22 日
土壤类别：黄壤土类黄壤性土亚类黄泥土土种　母质：二叠系石灰岩　坡向：平面　坡度：0.0°　地貌：中海拔大起伏山地

表 1-8　奉节龙门村植烟土壤剖面特征

层次	质地	结构	颜色	坚实度	容重(g/kg)	pH值	有机质(g/kg)	全氮(g/kg)	全磷(g/kg)	全钾(g/kg)
耕作层(0~22 cm)	中壤	小粒状	黄褐色	疏松	1.150	6.430	23.100	1.478	1.440	24.900
心土层(>22~55 cm)	重壤	小块状	褐黄色	较紧实	1.520	7.100	13.100	0.838	0.592	24.400
底土层(>55 cm)	轻壤	块状	浅黄色	紧实	1.570	7.080	7.500	0.628	0.624	22.300

层次	交换性铝(cmol/kg)	有效硫(mg/kg)	有效铁(mg/kg)	有效锰(mg/kg)	有效铜(mg/kg)	有效锌(mg/kg)	有效硼(mg/kg)	有效硅(mg/kg)	有效氯(mg/kg)	有效钼(mg/kg)
耕作层(0~22 cm)	0.140	45.900	20.600	52.500	13.536	18.807	—	67.900	27.800	0.200
心土层(>22~55 cm)	0.100	13.100	9.300	39.700	4.553	3.941	—	94.700	6.900	0.250
底土层(>55 cm)	0.170	15.800	8.900	9.900	3.322	1.491	—	69.800	11.600	0.190

层次	有效氮(mg/kg)	有效磷(mg/kg)	速效钾(mg/kg)	缓效钾(mg/kg)	铵态氮(mg/kg)	硝态氮(mg/kg)	交换性钠(mg/kg)	交换性钙(cmol/kg)	交换性镁(cmol/kg)
耕作层(0~22 cm)	137.000	31.700	287.000	89.000	8.400	18.500	10.000	4.600	1.010
心土层(>22~55 cm)	85.900	1.300	72.000	328.000	3.600	2.400	9.000	4.420	0.890
底土层(>55 cm)	63.300	0.560	38.000	298.000	5.100	2.300	12.000	1.890	0.520

表 1-9 奉节九通村植烟土壤剖面特征

剖面编号：PF106 取样地点：奉节县兴隆镇九通村 经度：30.63290° E 纬度：109.32175° N 海拔：1416 m 采样时间：2017 年 3 月 22 日

土壤类别：黄壤土类黄黄壤生土亚类黄泥土土种 母质：二叠系石灰岩 坡向：半阴坡 坡度：6.7° 地貌：中海拔大起伏山地

层次	深度(cm)	剖面照	景观照	质地	结构	颜色	坚实度	容重(g/kg)	pH值	有机质(g/kg)	全氮(g/kg)	全磷(g/kg)	全钾(g/kg)
耕作层(0~24 cm)				中壤	小粒状	黑褐色	疏松	1.020	5.640	33.000	1.896	1.792	16.600
心土层(>24~50 cm)				中壤	小块状	褐黄色	较紧实	1.470	6.800	26.500	1.374	1.392	16.500
底土层(>50 cm)				重壤	大块状	灰黄色	紧实	1.580	7.370	12.300	0.721	0.843	16.900

层次	全硒(mg/kg)	有效硅(mg/kg)	有效氯(mg/kg)	有效钼(mg/kg)	有效硼(mg/kg)	有效锌(mg/kg)	有效铜(mg/kg)	有效锰(mg/kg)	有效铁(mg/kg)	有效硫(mg/kg)	交换性铝(cmol/kg)	交换性镁(cmol/kg)	交换性钙(cmol/kg)	交换性钠(mg/kg)	硝态氮(mg/kg)	铵态氮(mg/kg)	缓效钾(mg/kg)	速效钾(mg/kg)	有效磷(mg/kg)	有效氮(mg/kg)
耕作层(0~24 cm)	0.220	35.200	19.700	—	—	22.115	11.321	56.000	40.400	328.800	0.390	0.790	4.370	16.000	49.100	9.200	196.000	300.000	40.400	163.000
心土层(>24~50 cm)	0.270	85.300	15.000	—	—	11.987	16.489	59.200	28.100	15.500	0.150	0.820	5.140	9.000	5.700	2.100	220.000	164.000	24.700	149.000
底土层(>50 cm)	0.260	110.800	3.500	—	—	4.513	10.213	39.100	14.000	14.900	0.070	0.750	4.460	10.000	1.300	4.000	258.000	34.000	3.200	90.300

表 1-10 奉节川鄂村植烟土壤剖面特征

剖面编号：PFJ07 取样地点：奉节县兴隆镇川鄂村 经度：30.65377° E 纬度：109.29453° N 海拔：1363 m 采样时间：2017 年 3 月 22 日

土壤类别：黄壤土类黄壤性土亚类矿子黄泥土土种 母质：二叠系泥灰岩 坡向：平面 坡度：0.0° 地貌：中海拔大起伏山地

剖面照

景观照

层次	质地	结构	颜色	坚实度	容重(g/kg)	pH值	有机质(g/kg)	全氮(g/kg)	全磷(g/kg)	全钾(g/kg)
耕作层(0～22 cm)	中壤	小粒状	褐色	疏松	1.080	5.150	31.300	1.259	2.891	23.500
心土层(>22～60 cm)	中壤	小块状	黄褐色	较紧实	1.350	6.740	20.600	1.079	1.293	23.700
底土层(>60 cm)	重壤	块状	黄色	紧实	1.540	7.040	21.000	1.021	1.260	23.600

层次	有效硫(mg/kg)	有效铁(mg/kg)	有效锰(mg/kg)	有效铜(mg/kg)	有效锌(mg/kg)	有效硼(mg/kg)	有效钼(mg/kg)	有效氮(mg/kg)	有效硅(mg/kg)	全硒(mg/kg)
耕作层(0～22 cm)	351.800	58.600	103.200	25.718	49.641	—	—	8.100	27.700	0.250
心土层(>22～60 cm)	14.300	23.600	30.900	14.520	6.922	—	—	8.100	84.100	0.290
底土层(>60 cm)	6.000	13.400	18.400	12.674	5.330	—	—	7.500	96.100	0.260

层次	交换性铝(cmol/kg)	交换性镁(cmol/kg)	交换性钙(cmol/kg)	交换性钠(mg/kg)	硝态氮(mg/kg)	铵态氮(mg/kg)	缓效钾(mg/kg)	速效钾(mg/kg)	有效磷(mg/kg)	有效氮(mg/kg)
耕作层(0～22 cm)	0.490	0.650	4.310	44.000	44.900	19.400	237.000	371.000	4.200	209.000
心土层(>22～60 cm)	0.200	0.390	5.870	14.000	4.200	5.000	273.000	67.000	12.200	111.000
底土层(>60 cm)	0.120	0.300	6.440	25.000	3.700	4.000	277.000	47.000	4.500	116.000

表 1-11　奉节良家村植烟土壤剖面特征

剖面编号：PFJ08　取样地点：奉节县太和土家族乡良家村　经度：30.69603° E　纬度：109.28398° N　海拔：1182 m　采样时间：2013 年 10 月 23 日

土壤类别：潮土类黄色潮土亚类潮沙泥土土种　母质：冲积母质（溪河）　坡度：0.0°　坡向：平面　地貌：中海拔大起伏山地

层次	质地	结构	颜色	坚实度	容重（g/kg）	pH 值	有机质（g/kg）	全氮（g/kg）	全磷（g/kg）	全钾（g/kg）
耕作层（0～24 cm）	砂壤	小粒状	浅黄色	疏松	1.030	7.060	18.600	1.023	2.082	21.300
心土层（>24～55 cm）	砂壤	粒状	浅黄色	疏松	1.220	7.590	16.100	1.015	0.820	21.300
底土层（>55 cm）	中壤	小块状	浅黄色	较紧实	1.510	7.430	17.500	1.009	0.815	21.600

层次	有效硫（mg/kg）	有效铁（mg/kg）	有效锰（mg/kg）	有效铜（mg/kg）	有效锌（mg/kg）	有效硼（mg/kg）	有效钼（mg/kg）	有效氯（mg/kg）	有效硅（mg/kg）	全硒（mg/kg）
耕作层（0～24 cm）	387.200	8.200	19.400	6.645	17.582	—	—	7.500	120.800	0.320
心土层（>24～55 cm）	58.100	9.900	28.500	15.874	11.496	—	—	—	104.500	0.390
底土层（>55 cm）	15.800	17.800	49.700	9.352	6.269	—	—	6.900	102.900	0.400

层次	有效氮（mg/kg）	有效磷（mg/kg）	速效钾（mg/kg）	缓效钾（mg/kg）	铵态氮（mg/kg）	硝态氮（mg/kg）	交换性钠（mg/kg）	交换性钙（cmol/kg）	交换性镁（cmol/kg）	交换性铝（cmol/kg）
耕作层（0～24 cm）	91.700	47.000	495.000	357.000	3.300	14.000	12.000	6.110	0.940	0.080
心土层（>24～55 cm）	105.000	7.200	92.000	296.000	5.100	12.200	5.000	5.520	0.920	0.080
底土层（>55 cm）	125.000	3.700	34.000	310.000	4.200	6.100	8.000	4.950	0.970	0.080

表1-12 奉节樱桃村植烟土壤剖面特征

剖面编号：PFJ09 取样地点：奉节县吐祥镇樱桃村 经度：30.67034° E 纬度：109.12245° N 海拔：1073 m 采样时间：2017年3月22日
土壤类别：黄壤土类黄壤性土亚类矿子黄泥土土种 母质：三叠系巴东组泥灰岩 坡向：阴坡 坡度：14.6° 地貌：低海拔中起伏山地

层次	有效氮 (mg/kg)	有效磷 (mg/kg)	速效钾 (mg/kg)	缓效钾 (mg/kg)	铵态氮 (mg/kg)	硝态氮 (mg/kg)	交换性钠 (mg/kg)	交换性钙 (cmol/kg)	交换性镁 (cmol/kg)	交换性铝 (cmol/kg)
耕作层（0～22 cm）	118.000	6.100	96.000	308.000	7.000	8.100	6.000	7.540	0.650	0.130
心土层（>22～50 cm）	109.000	1.500	51.000	341.000	3.000	3.600	6.000	9.420	0.700	0.050
底土层（>50 cm）	75.700	0.580	46.000	342.000	5.400	0.700	10.000	5.970	0.590	0.050

层次	有效硫 (mg/kg)	有效铁 (mg/kg)	有效锰 (mg/kg)	有效铜 (mg/kg)	有效锌 (mg/kg)	有效硼 (mg/kg)	有效钾 (mg/kg)	有效氮 (mg/kg)	有效硅 (mg/kg)	全硒 (mg/kg)
耕作层（0～22 cm）	11.600	22.300	80.500	11.813	13.130	—	—	16.200	58.600	0.300
心土层（<22～50 cm）	25.000	9.600	48.600	7.629	7.576	—	—	5.800	106.200	0.420
底土层（>50 cm）	3.300	11.700	72.000	8.737	5.656	—	—	2.300	100.200	0.340

层次	质地	结构	颜色	坚实度	容重 (g/kg)	pH值	有机质 (g/kg)	全氮 (g/kg)	全磷 (g/kg)	全钾 (g/kg)
耕作层（0～22 cm）	中壤	小粒状	黄褐色	疏松	1.170	6.530	20.000	1.212	0.870	18.600
心土层（<22～50 cm）	中壤	小块状	黄褐色	紧实	1.440	7.480	15.900	0.828	0.673	19.100
底土层（>50 cm）	中壤	块状	灰棕色	紧实	1.670	7.770	12.100	0.717	0.644	18.200

表 1-13　奉节石盘村植烟土壤剖面特征

剖面编号：PFJ10　取样地点：奉节县太和土家族乡石盘村　经度：30.64413°E　纬度：109.21820°N　海拔：1296 m　采样时间：2017 年 3 月 22 日

土壤类别：黄壤土类黄壤亚类黄泥土土种　母质：三叠系石灰岩　坡向：平面　坡度：0.0°　地貌：中海拔大起伏山地

层次	质地	结构	颜色	坚实度	容重（g/kg）	pH值	有机质（g/kg）	全氮（g/kg）	全磷（g/kg）	全钾（g/kg）
耕作层（0～22 cm）	中壤	小粒状	黄褐色	疏松	1.190	6.510	24.700	1.365	1.721	22.000
心土层（>22～60 cm）	重壤	小块状	黄褐色	较紧实	1.370	6.910	5.700	0.477	0.513	23.700
底土层（>60 cm）	轻壤	块状	黄色	紧实	1.560	7.300	5.500	0.474	0.564	24.400

层次	有效氮（mg/kg）	有效磷（mg/kg）	速效钾（mg/kg）	缓效钾（mg/kg）	铵态氮（mg/kg）	硝态氮（mg/kg）	交换性钠（mg/kg）	交换性钙（cmol/kg）	交换性镁（cmol/kg）	交换性铝（cmol/kg）	有效硫（mg/kg）	有效铁（mg/kg）	有效锰（mg/kg）	有效铜（mg/kg）	有效锌（mg/kg）	有效硼（mg/kg）	有效钼（mg/kg）	有效氯（mg/kg）	有效钴（mg/kg）	全硒（mg/kg）
耕作层（0～22 cm）	146.000	44.600	347.000	321.000	16.400	11.000	8.000	8.700	0.980	0.230	29.500	21.200	33.700	24.241	33.468	—	—	10.400	55.400	0.180
心土层（>22～60 cm）	40.800	1.400	125.000	271.000	3.800	1.000	13.000	7.000	0.860	0.100	30.700	7.200	6.300	2.092	2.716	—	—	15.000	95.000	0.230
底土层（>60 cm）	90.300	0.870	63.000	345.000	8.800	1.800	8.000	8.120	0.920	0.140	11.300	8.900	5.800	2.707	2.062	—	—	9.300	111.300	0.190

表1-14 奉节码头村植烟土壤剖面特征

剖面编号：PFJ11 取样地点：奉节县云雾土家族乡码头村 经度：109.15891° E 纬度：30.58709° N 海拔：1405 m 采样时间：2017 年 3 月 24 日

土壤类别：黄壤土类黄壤性土亚类黄泥土土种 母质：三叠系巴东组泥灰岩 坡度：15.3° 坡向：阳坡 地貌：中海拔大起伏山地

层次	剖面照	景观照	深度(cm)	质地	结构	颜色	坚实度	容重(g/kg)	pH值	有机质(g/kg)	全氮(g/kg)	全磷(g/kg)	全钾(g/kg)
耕作层(0~27 cm)				中壤	小粒状	褐黑色	疏松	1.150	5.170	18.900	1.317	1.278	18.000
心土层(>27~60 cm)				重壤	小块状	黄褐色	紧实	1.490	5.970	8.400	0.590	0.833	18.100
底土层(>60 cm)				轻壤	块状	黄色	紧实	1.360	5.860	7.500	0.477	0.582	18.000

层次	有效氮(mg/kg)	有效磷(mg/kg)	速效钾(mg/kg)	缓效钾(mg/kg)	铵态氮(mg/kg)	硝态氮(mg/kg)	交换性钠(mg/kg)	交换性钙(cmol/kg)	交换性镁(cmol/kg)	交换性铝(cmol/kg)	有效硫(mg/kg)	有效铁(mg/kg)	有效锰(mg/kg)	有效铜(mg/kg)	有效锌(mg/kg)	有效硼(mg/kg)	有效钼(mg/kg)	有效硅(mg/kg)	全硒(mg/kg)
耕作层(0~27 cm)	125.000	17.300	285.000	275.000	9.800	5.000	11.000	5.580	0.490	0.200	131.500	32.200	90.800	36.424	24.279	12.700	—	29.900	0.250
心土层(>27~60 cm)	54.600	3.900	53.000	263.000	5.300	1.500	12.000	5.540	0.420	0.240	81.100	9.900	10.200	1.846	2.185	11.600	—	62.100	0.280
底土层(>60 cm)	53.100	0.390	55.000	249.000	8.500	1.100	10.000	6.370	0.610	0.230	102.600	7.900	9.100	1.231	1.777	23.200	—	76.300	0.240

第二节　奉节烟草概况

奉节烟草主要种植在冯坪乡、安坪镇、长安土家族乡、五马镇、竹园镇、吐祥镇、青龙镇、甲高镇等乡镇。近年来，奉节烟草经济发展保持稳健势头。据统计，2019年，奉节全县计划种植烤烟30440亩，收购烟叶7万担；种植白肋烟0.67万亩，收购烟叶2万担；实现农业产值1.08亿元；实现卷烟零售持证经营率100%，烟叶合同种植收购率100%，市场净化率达到98.6%；确保实现税收1.7亿元，其中，卷烟税收1.31亿元，烟叶税收0.39亿元。2022年，奉节烟草实现主营业务收入10.02亿元，同比增长7.4%；实现税利总额1.86亿元，同比增加16.19%；实现利润4173万元，同比增加55.97%；实现税金1.55亿元，同比增加10.49%。

烟叶生产基地是卷烟生产的"第一车间"。2006年，广西中烟工业有限责任公司（以下简称广西中烟）开始参与奉节烟叶生产基地建设，十几年来，渝桂烟草工商紧密携手、共谋发展、共育品牌、合作共赢，进行了很多探索。广西中烟和重庆市烟草专卖局、中国烟草总公司重庆市公司，以下简称重庆市局（公司），始终把对方视作价值链上的重要一环，自渝桂开展烟叶合作以来，广西中烟就把奉节烟叶生产基地单元定位为全收全调全用单元，置于自己的原料保障体系中一体规划；奉节县委县政府在政策上给予大力支持；重庆市局（公司）和重庆市奉节县烟草专卖局、中国烟草总公司重庆市公司奉节分公司，以下简称奉节县局（分公司），积极在资源上予以倾斜，并始终秉持"始于工业需求、止于工业满意"的经营理念，持续开展烟叶提质和产业升级工作。多方理念上的共识为广西中烟优质烟叶生产基地建设打下了坚实的基础。

广西中烟与奉节县局（分公司）围绕共同的价值目标，在农业端和工业端双向协同发力。在农业端，通过科学规划产区布局，推进土壤保育、品种优化、新技术应用，提升烟叶上部叶可用性，把问题尽可能在农业环节解决；在工业端，深入研究奉节烟叶的品质特征，全面识别奉节烟叶的风格特点，通过个性化加工与配方技术固化和彰显烟叶特色。重庆的山谷盆地地貌造就了特征分明的山地小生态，非常有利于特色烟叶的养成。广西中烟正是看中了奉节独具特色的生态条件，按照国家烟草专卖局（以下简称国家烟草局）"工业主导、商业主体、科研主力"的建设方针，对奉节全域进行网格化综合评估，深入挖掘烟叶特色，认为奉节太和土家族乡金子村的烟叶"香馥静雅、醇甜和顺"的内在品质特色与"真龙"品牌"净香"品类的风格契合度较高，遂将其确立为烟叶标杆。因此，生产奉节烟叶的相关企业主要围绕"金子风格"特色烟叶调整种植布局，增加特色烟叶种植面积，调减不适宜种植区域，稳步提高烟叶质量。主动与对口工业企业衔接，按照工业需求，引进新品种，不断拓展全县烟叶市场。建立有效的合同管理机制，及时调整因受灾而减产的合同面积，严禁烟农擅自调剂合同计划，影响收购秩序。围绕两烟生产特点，强化宣传培训，大力推进烟蚜茧蜂生物防治、机器除草、低毒农药精准使用等，推动烟叶效益和产品安全协同发展。大力推进生物质颗粒烘烤和烟草秸秆集中回收加工等项目，不断深化烟叶绿色生产内涵。优化完善地产烟、"真龙"品牌卷烟品规布局。十几年来，通过工业、商业、科研深入协同，村村对标、户户对标，广西中烟用有效的管理手段确保技术方案落实落地，烟叶生产全过程的标准化与个性化有序结合，基地全域烟叶的一致性逐年提高，烟叶特色日益彰显，与"真龙"品牌卷烟需求的吻合度越来越高。正是有了这些保障和坚守，工商双方才能一步步找到"渝金香"烟叶与"真龙"品牌卷烟融合发展、相互促进的新路子。"十三五"期间，奉节累计向广西中烟调拨烟叶达 37 万担，占广西中烟总调拨量的 10%，与在"真龙"品牌配方中的使用占比基本一致，真正实现了全收全调全用，有力支撑了产品品质的提升。

第三节 奉节烟叶标准化概况

优质烟叶是烟草行业高质量发展的基础。实施"大市场、大品牌、大企业"战略，做强做优中式卷烟品牌，必须有稳定可靠的国内优质原料供给作保障。由于国内外经济与消费市场发生巨大变化，优质烟叶供需结构性矛盾更加突出，中等烟、上等烟供不应求，工业公司对烟叶原料的等级结构、质量特色提出了新的更高要求，烟叶市场竞争日趋激烈。烟叶的竞争归根到底是产品质量、品牌的竞争，做好烟叶"品牌工程"，关键是要提升标准化生产水平。烟叶标准化是农业标准化的一部分，它以其行业特殊性而自成一体。烟叶标准化生产，是烟叶生产基地紧密结合当地实际，针对烟叶种植涉及的户数多、时间长、环节多、烟农队伍素质差别较大等问题，科学制定并组织实施包括烟叶产前、产中、产后各生产环节在技术、管理及服务等方面的标准的活动。只有深化烟叶生产标准化管理，推动先进适用技术落实，才能持续提升烟叶质量和均质化水平，在烟叶质量特色、等级结构上更好地满足市场需求，更有力地发挥标准的基础性和引领性作用，规范烟叶生产经营各环节管理，提高烟叶生产整体水平和市场竞争力，同时增加烟农收入，实现工商农多方共赢，推动烟叶产业高质量发展。这样可以规范烟叶市场秩序，保护生产者和消费者的合法权益，从而取得良好的经济效益、社会效益和生态效益。这是现代烟草农业建设发展的必然要求，也是提升奉节乃至全国烟草农业综合竞争力的重要途径。

一、烟叶标准化生产基本情况

奉节县局（分公司）自 1997 年起，在冯坪乡、安坪镇、兴隆镇、吐祥镇等 4 个乡镇先后开展全国烟叶生产标准化示范点建设工作。2006 年广西中烟在奉节建设烟叶生产基地后，奉节县局（分公司）于 2011 年发布实施《奉节县现代烟草农业综合标准体系》，并于 2012 年进行了修订完善。奉节各乡镇把烟叶标准化生产作为加快推进现代烟草农业建设、促进烟农增收、提高地方财政收入、提升原料保障核心能力的总目标，推动标准的宣传贯彻，烟叶生产水平和质量特色不断提升。近年来，奉节在烟叶标准化生产领域取得了一定的成效，培养了一批烟叶生产标准化人才，烟叶标准化工作在保障烟叶内在品质与外观质量及促进烟叶生产持续健康发展方面发挥了积极作用。

二、存在的主要问题

一是烟叶标准化体系尚不完善。烟叶标准化体系多布局于技术类工作，管理类标准化体系布局较少。烟叶生产标准化应从技术和管理两个方面制定标准并实施，实现烟叶全产业链的标准化控制。另外，标准的编写制定与实际生产衔接不够，标准的适用性、可操作性、科学性等方面还有待提高。二是烟叶标准的宣传贯彻还不到位。个别乡镇对烟叶标准的宣传引导和贯彻落实不够，宣传形式单一、效果一般，导致在实际操作中，部分烟叶生产管理者不了解相关标准，烟农也不能熟练掌握和运用标准。部分烟农标准化意识不足，基于自身种烟经验，不按标准开展生产作业，农事操作方法和时间各异，无法满足同一区域烟叶质量一致性的要求和工业企业对优质原料的需求。三是标准落地执行到位率不高。在烟叶标准执行过程中，部分烟叶生产管理者不能主动落实标准，未将生产过程标准化落到实处。在标准落地执行方面抓得不紧不严，落实效果不好。烟叶标准化实施监督考核机制还不健全，存在过程跟踪监督不力、考核奖惩不到位等问题，影响了烟叶标准执行落实。

三、烟叶标准化提升措施

2019 年以来，奉节基地开展烟叶标准化提升措施，成立了烟叶生产标准化布局领导小组及工作专班，在合理布局、科学规划的基础上，按照"烟叶技术标准化、管理标准流程化、问题导向精益化"总体思路，创新建立"标准方法、烟农操作手册、作业指导书、考核办法"四位一体的标准化运行机制，将标准化工作贯穿到烟叶生产的各个环节，每年制订烟叶生产技术标准年度实施方案，完善监督考核机制，按照烟叶生产全生命周期关键环节组织技术培训与学习，通过大力开展标准化示范区试点和科技示范推广，达到"有标准可依托、依标准可行、执行标准必严、贯彻标准有果"的目的，使奉节基地烟叶生产技术有所创新，各项工作有所突破，经济效益有所提高，烟叶生产技术更加规范。

奉节烟叶标准化生产大致可以分为三个阶段。

第一个阶段是起步打基础阶段。一方面，结合实际制订奉节烟叶标准化生产实施方案及烟叶关键环节年度实施计划，明确提出烟叶生产产量、内在品质及外观质量效益目标。另一方面，由广西中烟、奉节县局（分公司）共同牵头组织，烟叶生产管理工作人员全部参与，立足于解决实际问题、提升生产管理水平，依据标准化体系对实施方案进行全面修订。标准化体系制定初期，结合实际，对烟叶生产所有工作流程进行梳理思考，查找问题点，研究突破点，以此为依据起草及修订标准，为烟叶生产、经营和基础管理提供标准支撑。结合烟叶发展过程中的新技术、新经验、新做法和最新的科研成果，制定并优化育苗、移栽、大田管理、病虫害防治等阶段的生产技术规程，下发给烟农和技术员，指导烟叶生产。强化宣传，全面培训，普及标准化知识。组织召开奉节全县烟叶生产大会，总结经验，评优树模，让群众学有榜样、比有标杆，为烟叶标准化生产营造良好舆论氛围，实现烟叶生产经营标准化全覆盖。通过技术标准化提高烟叶质量，满足工业企业对优质原料的需求；通过管理标准化解决烟站巡察过程中存在的问题，建立规范管理长效机制，为烟叶高质量发展奠定基础。

第二个阶段是推进落实阶段。制订烟叶生产关键环节年度实施计划，落实漂浮育苗、化学抑芽、成熟采收、密集烘烤、苗床土消毒、井窖式移栽、九步移栽法、环形施肥和揭膜中耕培土等烟叶生产新技术，总结归纳烟叶生产关键环节的相关标准，转化为标准化生产作业指导书，编印成册，明确每个环节的关键节点、作业流程、作业标准和时限要求，明确"做什么、怎么做、谁来做、做到什么程度"，在示范点进行推广，以点带面，辐射带动，推动标准落细、落实、落地。

第三阶段是全面落实、求突破、提高各项技术措施落实到位率阶段。一方面，在种植规模大的兴隆镇、安坪镇、甲高镇等乡镇和金子点重点植烟村整体推进烟叶标准化生产，落实标准化生产示范面积，通过统一技术标准、管理措施和工作要求，建立标准全面落地的配套措施，使烟叶管理精准性、生产均衡性显著提升。以全面落实"提前集中移栽、水肥一体、采分烤一体"为突破口，优化大田生育期，把成熟采烤期控制在光温水条件最好的 7 月底至 8 月。全面落实井窖移栽、九步移栽标准，突破了奉节植烟区旱雨交替瓶颈，移栽质量和大田整齐度、成熟度大幅提高。全面落实大垄高垄、精准施肥，实现烟叶正常生长、健康发育，同时大幅降低后期洪涝灾害损失。2022 年，K326"中棵烟"培育实现了烟田"一枝独秀"到奉节全县"百花齐放"的转变，做到了"坡上坡下一个样，大方小方一个样，土地肥瘦一个样"。烤后的烟叶柔软、疏松、油分足，内在化学成分协调性和感官评吸质量明显提升，"香馥静雅、醇甜和顺"的烟叶风格特色进一步彰显，收购烟叶的等级纯度和等级质量上了一个大台阶，广西中烟烟叶烘烤调研、收购检查等质量巡检调研也对奉节基地烟叶标准化生产给予了高度评价。另一方面，利用信息化手段。2021 年开始，奉节基地启动数字化原料建设项目，烟叶生产"靠数据"，决策更准。一是从"靠经验"向"靠数据"转变积累宝贵经验，为破解"谁来种烟、如何种烟"做出积极尝试。特别是，结合广西中烟奉节基地山地烟叶特色，开展了以"一张图、一张网（物联网）、一部手机"为主要内容的烟叶数字化探索与实践，推动地理信息技术、大数据、物联网、移动互联等新技术在烟叶生产经营各领域的覆盖应用，在实践过程中探索可复制、可推广、可拓展的烟叶数字化创新发展新模式，对于广西中烟实现烟叶产业链高效协同、生产智能、整体推动基地烟叶产业质量、效率、动力具有重大意义。基地烟叶生产"在线上"，效率更高。广西中烟烟技员、奉节基地烟农率先应用"掌上基地"，实现"5项基地烟叶"管理线上全覆盖,"让数据多跑路、人员少跑腿"成为管理常态。目前,烟叶育苗、栽培、植保、烘烤、收购5项业务已初步实现线上化,应用覆盖广西中烟公司原料部以及奉节全县67名烟技员、732户烟农,烟农从种到收的线下签字次数由42次减少至3次,烟技员日均服务里程由50 km减少至20 km,广西中烟基地业务员可在线了解全过程生产数据、查看烟叶田间长势、进行生产指导。

奉节基地烟叶生产"慧种烟",质量更优。聚焦育苗、植物保护、烘烤、田管、收购五个环节,开展烟叶数字化、智能化应用探索,实现生产数据自动收集分析、异常问题自动预警、线上线下互促融合、评价效果自动汇总,倒逼生产质量提升。通过智能识别应用(APP),使病虫害防治更精准。目前该系统对野火病、赤星病关键靶标的自动识别准确度分别达到67.37%、94.62%,重大病虫害零暴发,为害损失减少2个百分点;智能云烘烤工艺执行更精准,整房烟叶烤坏现象零发生,烤后青杂烟比例减少1.5个百分点;收购更公平,管理更规范,质量更稳定,试点烟站已收购烟叶的等级纯度达96.53%,同比增加4.02个百分点。

开发的质量溯源小助手APP、田间烟叶成熟度的智能识别等新技术,应用于烟叶生长期间。这些新技术的应用,真正实现了由原来依靠烟农主观因素看土壤墒情、观气象、看烟叶长相栽培、判断烟叶田间成熟度以及判断收购烟叶质量的传统方式,转变为依靠"三色标签"智能烟叶生产预警系统对烟农精准"画像"种植。质量溯源小助手APP、田间烟叶成熟度智能识别及病虫害智能识别等新技术工具的开发应用,不仅改进了农民的农事操作方式,还使烟叶纯度、烘烤质量、优质烟叶原料调拨量均明显提高,成效显著。

第四节　奉节植烟区土壤肥力现状

烟草是我国重要的经济作物,也是重庆山区重要的经济作物之一,是植烟区人民主要的收入来源。烟草的产量和品质与土壤养分状况密切相关。施肥可以提高土壤肥力,进而改良土壤养分状况,是调控烟叶产量和品质的核心技术。据有关研究统计,施肥对烟草的产量和品质的贡献率分别为39%和47%。综合来看,施肥具有促进烤烟碳积累、增加根系生长、改善土壤结构等作用。但近年来,烟农的不合理施肥,加剧了植烟区土壤养分供给失衡,造成土壤肥力下降。因此有必要对烟田土壤养分演变趋势及原因进行分析,为优质烤烟的生产提供科学依据。

基于以上研究结论,本书通过分析重庆市奉节植烟区2002年、2012年、2015年、2018年、2021年的养分数据,包括土壤pH值、有机质含量、碱解氮含量、有效磷含量和速效钾含量等,对奉节植烟区土壤养分状况进行综合评价,明确其土壤演变趋势,根据研究结果进行施肥区划,制定相应的施肥方法,为产区特色优质烤烟生产提供科学依据。

烟田土壤养分含量丰缺判定标准根据烟草平衡施肥技术研究报告的标准、全国第二次土壤普查肥力评价标准以及相关文献资料综合确定，见表1-15。

表1-15　烟田土壤养分含量丰缺判定标准

等级	pH值	有机质（%）	碱解氮（mg/kg）	有效磷（mg/kg）	速效钾（mg/kg）
极低	≤ 4.5	≤ 1.0	—	—	—
低	> 4.5 ~ 5.0	> 1.0 ~ 1.5	≤ 65	≤ 10	≤ 80
较低	> 5.0 ~ 5.5	> 1.5 ~ 2.0	> 65 ~ 100	> 10 ~ 15	> 80 ~ 150
中等	> 5.5 ~ 6.5	> 2.0 ~ 3.0	> 100 ~ 180	> 15 ~ 30	> 150 ~ 220
较高	> 6.5 ~ 7.5	> 3.0 ~ 4.0	> 180 ~ 240	> 30 ~ 40	> 220 ~ 350
极高	> 7.5	> 4.0	> 240	> 40	> 350

一、奉节植烟区土壤pH值状况

对奉节植烟区289个土样进行分析，由表1-16可知，2021年奉节植烟区土壤pH平均值为6.29，烟田土壤酸化（pH ≤ 5.5）比例为22.5%（图1-1），酸化较为严重的主要集中在安坪、长安、五马植烟区，这些区域均是K326种植区域。从年际变化来看，奉节植烟区土壤pH值基本保持平稳（图1-2）。

表1-16　2021年奉节植烟区土壤pH值分布表

基地单元	样本量（份）	pH值平均值	pH值分布比例				
			≤ 5.0	> 5.0 ~ 5.5	> 5.5 ~ 6.5	> 6.5 ~ 7.5	> 7.5
安坪	26	5.92	11.5%	30.8%	26.9%	26.9%	3.9%
冯坪	23	6.19	4.4%	13.0%	47.8%	26.1%	8.7%
甲高	19	6.80	0	5.3%	31.6%	26.3%	36.8%
龙桥	17	6.47	0	11.8%	41.2%	23.5%	23.5%
太和	59	6.27	8.5%	18.6%	28.8%	25.4%	18.6%
吐祥	25	6.82	0	12.0%	20.0%	28.0%	40.0%
五马	12	6.47	0	33.3%	25.0%	8.3%	33.3%
兴隆	71	6.22	7.0%	9.9%	46.5%	25.4%	11.3%
云雾	18	6.51	27.8%	0	5.6%	38.9%	27.8%
长安	19	5.66	26.3%	10.5%	47.4%	15.8%	0
奉节	289	6.29	8.3%	14.2%	34.3%	25.3%	18.0%

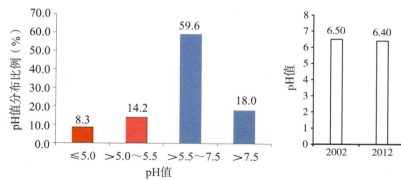

图 1-1　2021 年奉节植烟区土壤 pH 值分布图　　　图 1-2　奉节植烟区土壤 pH 值不同年份变化图

二、奉节植烟区土壤有机质含量状况

由表 1-17 可知，2021 年奉节植烟区土壤有机质平均含量为 23.46 g/kg，奉节 26.3%的烟田有机质含量分布比例较低（≤2.0%），有机质缺乏较为严重。不同乡镇有机质含量分布不同，有机质较为缺乏的植烟区有安坪、冯坪、吐祥、五马等。从年际变化来看，奉节植烟区土壤有机质含量有逐步降低的趋势，应引起重视（图 1-3）。

表 1-17　2021 年奉节植烟区土壤有机质含量分布表

基地单元	样本量（份）	平均含量（g/kg）	有机质含量分布比例（%）				
			≤ 1.5%	> 1.5% ~ 2.0%	> 2.0% ~ 3.0%	> 3.0% ~ 4.0%	> 4.0%
安坪	26	16.35	42.31	38.46	19.23	0	0
冯坪	23	19.72	8.70	39.13	52.17	0	0
甲高	19	21.38	21.05	10.53	68.42	0	0
龙桥	17	29.45	0	0	64.71	23.53	11.76
太和	59	25.21	1.69	5.08	83.05	10.17	0
吐祥	25	17.46	36.00	32.00	28.00	4.00	0
五马	12	19.95	8.33	41.67	50.00	0	0
兴隆	71	27.15	0	5.63	69.01	19.72	5.63
云雾	18	27.96	0	5.56	77.78	11.11	5.56
长安	19	21.08	0	31.58	68.42	0	0
奉节	289	23.46	9.69	16.61	61.94	9.34	2.42

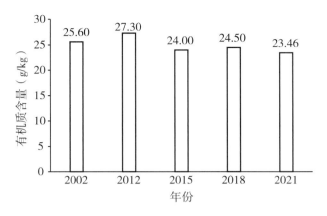

图 1–3　奉节植烟区土壤有机质含量年际变化图

三、奉节植烟区土壤碱解氮含量状况

从表 1-18 看出，2021 年奉节植烟区土壤碱解氮平均含量为 123.92 mg/kg，有 74.05% 的烟田土壤碱解氮含量适中（ > 100 ~ 180 mg/kg），有 22.49% 的烟田土壤缺氮（ ≤ 100 mg/kg），缺氮烟田主要分布在安坪、冯坪、长安和吐祥，其中长安和冯坪尤为严重。从年际变化来看，奉节植烟区土壤碱解氮含量先升后降（图 1-4），在进行土壤氮元素营养管理时应特别注意氮肥的施用。

表 1–18　2021 年奉节植烟区土壤碱解氮含量分布表

基地单元	样本量（份）	平均含量（mg/kg）	碱解氮含量分布比例（%）				
			≤ 65 mg/kg	> 65 ~ 100 mg/kg	> 100 ~ 180 mg/kg	> 180 ~ 240 mg/kg	> 240 mg/kg
安坪	26	87.09	23.08	50.00	26.92	0	0
冯坪	23	98.48	47.83	52.17	0	0	0
甲高	19	109.16	10.53	21.05	68.42	0	0
龙桥	17	147.66	0	0	88.24	11.76	0
太和	59	134.92	0	3.39	94.92	1.69	0
吐祥	25	91.46	8.00	56.00	36.00	0	0
五马	12	104.38	0	25.00	75.00	0	0
兴隆	71	149.83	0	2.82	88.73	4.23	4.23
云雾	18	134.11	0	11.11	83.33	5.56	0
长安	19	21.08	100.00	0	0	0	0
奉节	289	123.92	3.46	19.03	74.05	2.42	1.04

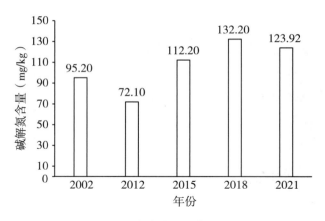

图 1-4　奉节植烟区土壤碱解氮含量年际变化图

四、奉节植烟区土壤有效磷含量状况

从表 1-19 看出，2021 年奉节植烟区土壤有效磷整体含量偏高，各地区土壤有效磷含量较高和极高（> 30 mg/kg）的区域所占比例为 61.24%。但安坪、甲高、吐祥、五马植烟区的土壤有效磷含量偏低，需进一步改善。从年际变化来看（图 1-5），土壤有效磷含量呈现逐年升高的趋势，含量较高和极高的区域所占比例较大，在配方中应考虑适当降低磷元素含量。

表 1-19　2021 年奉节植烟区土壤有效磷含量分布表

基地单元	样本量（份）	平均含量（mg/kg）	有效磷含量分布比例（%）				
			≤ 10 mg/kg	> 10 ~ 15 mg/kg	> 15 ~ 30 mg/kg	> 30 ~ 40 mg/kg	> 40 mg/kg
安坪	26	27.18	30.77	0	34.62	15.38	19.23
冯坪	23	31.87	0	4.35	34.78	43.48	17.39
甲高	19	29.56	21.05	10.53	15.79	15.79	36.84
龙桥	17	57.24	0	0	5.88	23.53	79.59
太和	59	47.34	1.69	1.69	22.03	20.34	54.24
吐祥	25	16.45	40.00	8.00	36.00	16.00	0
五马	12	20.83	8.33	8.33	66.67	16.67	0
兴隆	71	46.69	1.41	1.41	23.94	18.31	54.93
云雾	18	51.24	5.56	0	27.78	5.56	61.11
长安	19	34.81	10.53	0	15.79	47.37	26.32
奉节	289	39.19	9.69	2.42	26.64	21.45	39.79

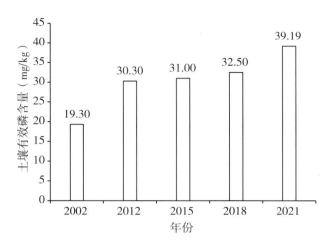

图 1-5　奉节植烟区土壤有效磷含量年际变化图

五、奉节植烟区土壤速效钾含量状况

从表 1-20 看出，2021 年奉节植烟区土壤速效钾平均含量为 341.95 mg/kg，整体含量偏高，所以还需维持或通过控制施肥量来保持速效钾的供应水平。从年际变化来看，奉节植烟区土壤速效钾含量较高，整体呈急速上升趋势（图 1-6）。

表 1-20　2021 年奉节植烟区土壤速效钾含量分布表

基地单元	样本量（份）	平均含量（mg/kg）	速效钾含量分布比例（%）				
			≤ 80 mg/kg	> 80 ～ 150 mg/kg	> 150 ～ 220 mg/kg	> 220 ～ 350 mg/kg	> 350 mg/kg
安坪	26	305.87	0	19.23	23.08	19.23	38.46
冯坪	23	387.88	0	0	8.70	30.43	60.87
甲高	19	383.12	0	5.26	21.05	31.58	42.11
龙桥	17	313.59	0	5.88	11.76	47.06	35.29
太和	59	372.30	0	5.08	11.86	37.29	45.76
吐祥	25	243.54	0	20.00	20.00	44.00	16.00
五马	12	249.18	0	8.33	41.67	41.67	8.33
兴隆	71	342.44	0	9.86	15.49	28.17	46.48
云雾	18	442.33	0	11.11	22.22	5.56	61.11
长安	19	316.86	5.26	5.26	15.79	36.84	36.84
奉节	289	341.95	0.35	9.00	16.96	31.83	41.87

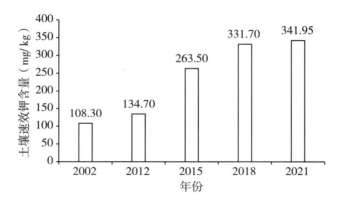

图 1–6　奉节植烟区土壤速效钾含量年际变化图

六、奉节植烟区土壤交换性钙含量状况

由表 1-21 可知，2021 年奉节植烟区土壤交换性钙平均含量为 11.25 cmol/kg。交换性钙含量适宜（> 6 ~ 10 cmol/kg）的植烟土壤占 26.76%，含量偏高（> 10 cmol/kg）的占 45.49%，含量偏低（> 3 ~ 6 cmol/kg）的占 23.41%，含量极低（≤ 3 cmol/kg）的占 4.35%，可见奉节植烟区土壤中的交换性钙含量整体偏低。钙对细胞膜结构有稳定作用，有利于保持细胞膜的完整性，在植物离子选择性吸收、生长、衰老、信息传递和抗性等方面均能发挥重要作用。钙具有信号传导特质，对提高烟草的抗性具有重要作用，缺钙会导致烟草抗性降低，易感病。奉节植烟区土壤交换性钙迅速降低的趋势应引起高度重视。从空间分布来看，K326 种植区安坪、长安、兴隆尤为缺钙，交换性钙含量较低。这与长期不施含钙肥料、钙被作物大量带走和流失等因素密切相关，应适当增施含钙肥料。

表 1–21　2021 年奉节植烟区土壤交换性钙含量分布表

基地单元	样本量（份）	平均含量（cmol/kg）	交换性钙含量分布比例（%）				
			≤ 3 cmol/kg	> 3 ~ 6 cmol/kg	> 6 ~ 10 cmol/kg	> 10 ~ 18 cmol/kg	> 18 cmol/kg
安坪	26	9.43	3.85	42.31	23.08	0	30.77
冯坪	23	10.75	0	17.39	47.83	34.78	0
甲高	19	13.81	5.26	0	26.32	5.26	63.16
龙桥	17	12.02	5.88	29.41	11.76	5.88	47.06
太和	59	11.21	0	30.51	22.03	3.39	44.07
吐祥	25	13.67	4.00	20.00	8.00	0	68.00
五马	12	11.17	0	33.33	25.00	0	41.67
兴隆	71	10.67	7.04	19.72	33.80	2.82	36.62
云雾	18	13.67	5.56	16.67	11.11	0	66.67
长安	19	7.48	21.05	21.05	36.84	5.26	15.79
奉节	289	11.25	4.35	23.41	26.76	2.01	43.48

七、奉节植烟区土壤交换性镁含量状况

由表 1-22 可知，2021 年奉节植烟区土壤交换性镁平均含量为 1.88 cmol/kg，变异系数不大，分布较集中，便于统一管理。镁是烟草生长发育必需的中量营养元素，对烟草生长和生理代谢的作用不可替代。镁供应不足可导致光合作用受阻，烟株矮小；而镁含量过高则会致使烟叶燃烧性不足。镁的含量还会影响燃烧烟支的抱柱情况及烟灰色泽等，因此适宜的镁含量对于提升烟叶产量和品质具有重要意义。南方酸性土壤地区湿热多雨，加上不合理施用化肥导致土壤酸化，加剧了土壤中镁的淋失。交换性镁含量偏低和极低（≤ 1 cmol/kg）的奉节植烟区土壤占 40.8%，表明奉节 K326 种植区土壤的交换性镁含量急需提高。

表 1-22　2021 年奉节植烟区土壤交换性镁含量分布表

基地单元	样本量（份）	平均含量（cmol/kg）	交换性镁含量分布比例（%）				
			≤ 0.5 cmol/kg	> 0.5 ～ 1.0 cmol/kg	> 1.0 ～ 1.6 cmol/kg	> 1.6 ～ 3.2 cmol/kg	> 3.2 cmol/kg
安坪	26	1.54	7.69	46.15	15.38	0	30.77
冯坪	23	1.81	4.35	30.43	26.09	4.35	34.78
甲高	19	1.54	5.26	31.58	0	0	63.16
龙桥	17	2.06	5.88	29.41	11.76	5.88	47.06
太和	59	1.77	10.17	42.37	3.39	0	44.07
吐祥	25	2.44	0	20.00	12.00	0	68.00
五马	12	1.89	0	33.33	25.00	0	41.67
兴隆	71	1.74	8.45	32.39	19.72	2.82	36.62
云雾	18	2.39	11.11	11.11	11.11	0	66.67
长安	19	1.42	10.53	36.84	26.32	10.53	15.79
奉节	289	1.88	7.02	33.78	13.71	2.01	43.48

八、奉节植烟区土壤有效硫含量状况

硫是烟草必需的营养元素之一，被认为是氮、磷、钾之后第四种植物主要营养元素，是植物蛋白质、多种酶和生理活性物质的重要组成元素，与农产品的品质密切相关。由表 1-23 可知，2021 年奉节植烟区土壤的有效硫平均含量为 39.66 mg/kg，种植单元间差异较大。有效硫含量偏低及极低（≤ 16 mg/kg）的奉节植烟区土壤占 39.13%，含量适宜（> 16 ～ 30 mg/kg）的占 22.07%。综合而言，奉节植烟区土壤有效硫含量偏低，适

宜植烟的土壤偏少，需要适量增施含硫化肥。根据文献可知，施硫量为 $30 \sim 60$ kg/hm^2 时，烟叶评吸结果较好。

奉节各基地单元的有效硫含量平均值以太和的为最小，云雾的为最大，两者相差近 4 倍，说明奉节不同地域间土壤有效硫含量差异较大。K326 种植区太和、吐祥、兴隆等地缺硫较为严重，应当引起重视。

表1-23 2021年奉节植烟区土壤有效硫含量分布表

基地单元	样本量（份）	平均含量（mg/kg）	有效硫含量分布比例（%）				
			≤ 10 mg/kg	> 10 ~ 16 mg/kg	> 16 ~ 30 mg/kg	> 30 ~ 50 mg/kg	> 50 mg/kg
安坪	26	51.03	15.38	11.54	19.23	11.54	42.31
冯坪	23	51.77	0	8.70	30.43	30.43	30.43
甲高	19	51.03	36.84	10.53	15.79	21.05	15.79
龙桥	17	75.36	5.88	35.29	29.41	23.53	5.88
太和	59	21.91	42.37	6.78	28.81	16.95	5.08
吐祥	25	23.88	40.00	20.00	8.00	20.00	12.00
五马	12	33.24	0	0	58.33	33.33	8.33
兴隆	71	28.52	23.94	18.31	21.13	21.13	15.49
云雾	18	85.31	22.22	33.33	5.56	0	38.89
长安	19	62.26	0	26.32	5.26	10.53	57.89
奉节	289	39.66	22.74	16.39	22.07	18.73	20.07

九、奉节植烟区土壤微量营养元素含量状况

（一）奉节植烟区土壤有效铜含量状况

铜、锰、铁、锌等营养元素是烟草细胞结构和代谢化合物质的组成成分，对于烤烟的生命活动至关重要，含量不足或过量都会导致植物生理机能失调和生长发育受阻。铜参与烟株体内氧化还原反应和呼吸作用、保持叶绿素的稳定性和增强烟株的抗性。由表1-24 可知，2021年奉节植烟区土壤有效铜平均含量为 0.55 mg/kg，变幅为 $0.04 \sim 3.44$ mg/kg。各地土壤有效铜含量差异较大，有效铜含量偏高（> 1 ~ 3 mg/kg）的奉节植烟区土壤占 6.92%，有效铜含量适宜（> 0.5 ~ 1 mg/kg）的占 45.33%，有 47.4% 的植烟区土壤有效铜含量偏低或极低（≤ 0.5 mg/kg）。而且奉节植烟区土壤有效铜含量平均值低于重庆市的平均值，K326 种植区土壤都存在有效铜含量偏低的现象，因此可以适当使用含

铜肥料。根据文献可知，施铜量以 0.9 kg/hm² 为最佳，从烟叶的化学品质来看，施铜量在 0.45 ～ 1.35 kg/hm² 范围内可改善烟叶的品质，烟叶各种化学指标的协调性较好，因此可以有针对性地对相应乡镇施用含铜肥料，使肥力一致，便于统一管理。

表 1-24　2021 年奉节植烟区土壤有效铜含量分布表

基地单元	样本量（份）	平均含量（mg/kg）	变幅（mg/kg）	有效铜含量分布比例（%）				
				≤ 0.2 mg/kg	> 0.2 ～ 0.5 mg/kg	> 0.5 ～ 1.0 mg/kg	> 1.0 ～ 3.0 mg/kg	> 3.0 mg/kg
安坪	26	0.40	0.14 ～ 0.76	11.54	73.08	15.38	0	0
冯坪	23	0.50	0.07 ～ 0.71	4.35	43.48	52.17	0	0
甲高	19	0.50	0.06 ～ 1.70	15.79	47.37	31.58	5.26	0
龙桥	17	0.50	0.15 ～ 1.39	11.76	52.94	29.41	5.88	0
太和	59	0.70	0.17 ～ 3.44	1.69	20.34	66.10	10.17	1.69
吐祥	25	0.40	0.17 ～ 1.30	8.00	56.00	32.00	4.00	0
五马	12	0.50	0.32 ～ 0.82	0	50.00	50.00	0	0
兴隆	71	0.60	0.04 ～ 1.48	2.82	45.07	45.07	7.04	0
云雾	18	0.70	0.16 ～ 1.83	5.56	27.78	50.00	16.67	0
长安	19	0.70	0.27 ～ 1.76	0	31.58	52.63	15.79	0
奉节	289	0.55	0.04 ～ 3.44	5.19	42.21	45.33	6.92	0.35

（二）奉节植烟区土壤有效锌含量状况

锌是植物体内的重要微量元素。由表 1-25 可知，2021 年奉节植烟区土壤有效锌含量平均值为 2.27 mg/kg，变幅为 0.177 ～ 11.400 mg/kg。有效锌含量适宜或偏高（> 1 mg/kg）的土壤占 74.06%，说明奉节植烟区土壤有效锌的含量丰富，能够满足烟草正常生长的需要。奉节植烟区土壤有效锌含量平均值稍高于重庆市的平均值（1.9 mg/kg），说明奉节植烟区土壤有效锌含量丰富，适宜种植烟草。研究表明，施锌量在 7.5 kg/hm² 时，烟叶产值和中等烟、上等烟比例均较高，施锌对于烟叶增产增收具有较好的作用。

表1-25　2021年奉节植烟区土壤有效锌含量分布表

基地单元	样本量（份）	平均含量（mg/kg）	变幅（mg/kg）	有效锌含量分布比例（%）				
				≤0.5 mg/kg	>0.5～1.0 mg/kg	>1.0～2.0 mg/kg	>2.0～4.0 mg/kg	>4.0 mg/kg
安坪	26	1.90	0.193～4.450	19.23	15.38	23.08	38.46	3.85
冯坪	23	2.70	0.624～5.230	0	4.35	30.43	43.48	21.74
甲高	19	1.60	0.177～6.440	21.05	15.79	36.84	21.05	5.26
龙桥	17	2.40	0.470～4.660	5.88	17.65	23.53	29.41	23.53
太和	59	2.60	0.311～8.010	5.08	15.25	27.12	33.90	18.64
吐祥	25	1.10	0.266～4.430	28.00	32.00	28.00	8.00	4.00
五马	12	2.00	0.841～3.680	0	33.33	16.67	50.00	0
兴隆	71	3.30	0.374～11.400	4.23	18.31	15.49	26.67	35.21
云雾	18	2.30	0.328～9.040	11.11	27.78	16.67	22.22	22.22
长安	19	2.80	1.050～7.560	0	0	31.58	57.89	10.53
奉节	289	2.27	0.177～11.400	8.65	17.30	23.88	31.49	18.69

（三）奉节植烟区土壤有效铁含量状况

由表1-26可知，2021年奉节植烟区土壤的有效铁平均含量为9.49 mg/kg，变幅为0.578～33.400 mg/kg。奉节植烟区41.87%的土壤有效铁含量超过适宜量（>10 mg/kg），表明奉节植烟区土壤有效铁含量丰富，能够满足烟草正常生长的需要。同时，从奉节各基地单元植烟土壤有效铁含量分布情况来看，有效铁含量偏低和极低的为长安、冯坪和五马等。对于缺铁的烟株，要补充施用铁肥以缓解症状。铁肥有两大类，一类是无机铁肥，另一类是有机铁肥。常用的无机铁肥品种是硫酸亚铁，此肥溶于水，但极易氧化，由绿色变成铁锈色而失效，因此应密闭储存。常用的有机铁肥品种是有机络合态铁，采用叶面喷施是很好的矫正缺铁失绿的方法。硫酸亚铁或有机络合态铁均可配制成浓度为0.5%～1%的溶液进行叶面喷施，且要连续喷2～3次（每隔5～7 d喷1次），叶片老化后喷施效果较差。

表 1-26　2021 年奉节植烟区土壤有效铁含量分布表

基地单元	样本量（份）	平均含量（mg/kg）	变幅（mg/kg）	有效铁含量分布比例（%）				
				≤ 2.5 mg/kg	> 2.5 ～ 4.5 mg/kg	> 4.5 ～ 10.0 mg/kg	> 10.0 ～ 60.0 mg/kg	> 60.0 mg/kg
安坪	26	10.52	2.300 ～ 17.500	0	3.85	46.15	50.00	0
冯坪	23	7.98	0.578 ～ 16.800	4.35	26.09	26.09	43.48	0
甲高	19	10.87	1.510 ～ 25.700	5.26	15.79	26.32	52.63	0
龙桥	17	11.07	1.170 ～ 33.400	17.65	17.65	17.65	47.06	0
太和	59	9.11	1.130 ～ 24.600	10.17	13.56	40.68	35.59	0
吐祥	25	10.96	5.530 ～ 19.500	0	0	48.00	52.00	0
五马	12	7.97	7.140 ～ 11.600	0	0	83.33	16.67	0
兴隆	71	8.86	1.060 ～ 24.300	18.31	18.31	22.54	40.85	0
云雾	18	11.11	2.860 ～ 24.700	0	5.56	50.00	44.44	0
长安	19	8.11	1.700 ～ 16.400	10.53	21.05	31.58	36.84	0
奉节	289	9.49	0.578 ～ 33.400	9.34	13.15	35.64	41.87	0

（四）奉节植烟区土壤有效锰、氯离子、有效硼含量状况

由表 1-27 可知，2021 年奉节植烟区土壤有效锰的含量平均值为 40.7 mg/kg，变幅为 5.13 ～ 133.00 mg/kg。奉节植烟区土壤有效锰含量较丰富，各基地单元土壤中有效锰含量达适宜植烟水平（> 10 ～ 20 mg/kg）的占 28.37%，各基地单元的有效锰含量都很丰富。

表 1-27　2021 年奉节植烟区土壤有效锰含量分布表

基地单元	样本量（份）	平均含量（mg/kg）	变幅（mg/kg）	有效锰含量分布比例（%）				
				≤ 5 mg/kg	> 5 ～ 10 mg/kg	> 10 ～ 20 mg/kg	> 20 ～ 40 mg/kg	> 40 mg/kg
安坪	26	38.5	5.90 ～ 76.40	0	15.38	15.38	11.54	57.69
冯坪	23	39.8	7.16 ～ 79.10	0	8.70	26.09	0	65.22
甲高	19	27.5	5.13 ～ 84.30	0	26.32	26.32	26.32	21.05
龙桥	17	38.6	6.69 ～ 92.60	0	5.88	35.29	5.88	52.94
太和	59	42.9	8.00 ～ 133.00	0	5.08	35.59	3.39	55.93
吐祥	25	34.8	5.44 ～ 103.00	0	20.00	40.00	8.00	32.00
五马	12	31.1	7.20 ～ 58.90	0	25.00	16.67	8.33	50.00

续表

基地单元	样本量（份）	平均含量（mg/kg）	变幅（mg/kg）	有效锰含量分布比例（%）				
				≤ 5 mg/kg	> 5 ~ 10 mg/kg	> 10 ~ 20 mg/kg	> 20 ~ 40 mg/kg	> 40 mg/kg
兴隆	71	55.6	6.80 ~ 120.00	0	4.23	26.76	5.63	63.38
云雾	18	44.4	6.47 ~ 114.00	0	22.22	33.33	11.11	33.33
长安	19	53.8	15.10 ~ 84.70	0	0	15.79	5.26	78.95
奉节	289	40.7	5.13 ~ 133.00	0	10.38	28.37	7.27	53.98

氯是烤烟生长必需的、但在施肥中被限量使用的元素，烟叶中氯含量过高或过低都会对烟草产生不良影响。奉节植烟区土壤总体较缺乏氯离子（表1-28），91.7%的土壤缺氯（≤ 5 mg/kg），在烟草复合肥中建议增加氯离子含量。

表1-28　2021年奉节植烟区土壤氯离子含量分布表

基地单元	样本量（份）	平均含量（mg/kg）	变幅（mg/kg）	氯离子含量分布比例（%）				
				≤ 4.5 mg/kg	> 4.5 ~ 5.0 mg/kg	> 5.0 ~ 5.5 mg/kg	> 5.5 ~ 6.5 mg/kg	> 6.5 ~ 7.0 mg/kg
安坪	26	7.45	4.74 ~ 14.24	11.54	80.77	7.69	0	0
冯坪	23	9.73	4.74 ~ 46.74	13.04	65.22	17.39	0	4.35
甲高	19	5.97	2.71 ~ 13.52	47.37	47.37	5.26	0	0
龙桥	17	5.74	4.06 ~ 17.62	64.71	29.41	5.88	0	0
太和	59	6.32	2.71 ~ 9.48	16.95	83.05	0	0	0
吐祥	25	3.84	2.71 ~ 6.12	92.00	8.00	0	0	0
五马	12	7.11	5.42 ~ 10.22	0	91.67	8.33	0	0
兴隆	71	8.59	2.71 ~ 46.23	28.17	56.34	8.45	5.63	1.41
云雾	18	8.69	3.72 ~ 39.34	33.33	50.00	11.11	5.56	0
长安	19	4.70	2.71 ~ 8.84	68.42	31.58	0	0	0
奉节	289	7.05	2.71 ~ 46.72	33.91	57.79	5.88	1.73	0.69

硼是烟草需求非常大的微量元素之一。K326种植区土壤缺硼严重（表1-29）。缺硼一方面使烟草体内蛋白质合成受阻，烟叶薄而易碎；另一方面加速了蛋白质的分解，进而抑制植物生长，因此要注重硼肥的施用。硼肥的施用方法一般是用 3.0 ~ 7.0 kg/hm² 做基肥，或 0.2% 叶面喷施。近年来我国的烤烟专用复合肥中通常加 5‰ 的硼砂，烟株进入团棵期就可视情况进行喷施。

表 1-29 2021 年奉节植烟区土壤有效硼含量分布表

基地单元	样本量（份）	平均含量（mg/kg）	变幅（mg/kg）	有效硼含量分布比例（%）				
				≤ 0.15 mg/kg	> 0.15 ~ 0.30 mg/kg	> 0.30 ~ 0.60 mg/kg	> 0.60 ~ 1.00 mg/kg	> 1.00 mg/kg
安坪	26	0.4	0.140 ~ 0.908	7.69	30.77	34.62	26.92	0
冯坪	23	0.8	0.276 ~ 1.270	0	4.35	20.43	43.48	21.74
甲高	19	0.6	0.178 ~ 1.020	0	5.26	47.37	42.11	5.26
龙桥	17	0.6	0.254 ~ 0.992	0	5.88	58.83	35.29	0
太和	59	0.6	0.170 ~ 1.090	0	11.86	42.38	40.68	5.08
吐祥	25	0.6	0.176 ~ 0.928	0	4.00	44.00	52.00	0
五马	12	0.6	0.428 ~ 0.972	0	0	58.33	41.67	0
兴隆	71	0.5	0.205 ~ 1.180	0	5.63	61.97	28.17	4.23
云雾	18	0.5	0.204 ~ 1.070	0	11.11	55.56	27.77	5.56
长安	19	0.4	0.227 ~ 0.965	0	21.06	57.89	21.05	0
奉节	289	0.56	0.140 ~ 1.270	0.69	10.04	49.48	35.28	4.51

十、奉节烤烟施肥区划及施肥策略

综上，奉节 K326 种植区土壤化学肥力问题较其他区域更为严重，土壤肥力呈斑块状分布，说明以前的复合肥已经不适应当前的土壤情况，急需以养分综合管理技术为核心进行配方施肥。配方施肥的原则是"区域大配方，地块小调整"，即根据烤烟实际的需肥规律和地块的养分供应规律等进行针对性的施肥。实践证明，采用这种养分管理策略不仅能够节省肥料，增加农田收益，而且可以显著地提高烟叶内在品质和外部质量。根据 2021 年奉节植烟区土壤养分现状和演变趋势及配方施肥原则，在 K326 植烟区做到"改良土壤酸性、稳中有升提高土壤氮元素和有机质、控磷钾、增钙镁氯锌"，通过叠加分析土壤 pH 值图、土壤有机质图、土壤碱解氮含量图、土壤有效磷含量图、土壤速效钾含量图形成综合施肥区划图，并根据土壤肥力分区制订科学合理的施肥方案。根据以往研究的经验，奉节植烟区推荐施肥方案如下：为保证烟田土壤肥力合理，施用氮元素时土壤氮肥用量控制在 7.0 ~ 8.0 kg/ 亩（高肥力土壤 6.0 ~ 7.0 kg/ 亩；中肥力土壤 7.0 ~ 7.5 kg/ 亩；低肥力土壤 7.5 ~ 8.0 kg/ 亩），防止控氮过度。近 10 年来由于高磷钾比例专用肥的施用，土壤中有效磷和速效钾含量较 2017 年相比有明显提高，目前奉节大多数土壤速效钾含量都在 220 mg/kg 左右，含钾丰富；烤烟前期对钾的需求量小，基肥中施用过多的钾容易产生流失，并且会导致肥料成本高；K326 部分植烟区缺钾，应注意钾肥后移策略。综上，奉节植烟区复合肥推荐配方中氮、磷、钾用量比例调整如下。

氮用量：高肥力土壤 6.0 ～ 7.0 kg/ 亩；中肥力土壤 7.0 ～ 7.5 kg/ 亩；低肥力土壤 7.5 ～ 8.0 kg/ 亩。

磷用量：高肥力土壤 5.5 ～ 6.0 kg/ 亩；中肥力土壤 6.5 ～ 7.0 kg/ 亩；低肥力土壤 7.0 ～ 7.5 kg/ 亩。

钾用量：高肥力土壤 15.0 ～ 17.5 kg/ 亩；中肥力土壤 17.5 ～ 18.5 kg/ 亩；低肥力土壤 18.5 ～ 20 kg/ 亩。

肥料要求：肥料中氮、磷、钾含量按上述比例，硝态氮＞ 36%，其中含镁 2%、硼 0.1%、锌 0.4%。如果在肥料生产中不便添加硼和锌，可考虑单独小包装，即每 100 kg 配方肥中加入 1 kg 含硼 10% 的硼砂和 2 kg 硫酸锌；配方中加入 4 kg 氯化钾。

根据以上讨论并参考我国主要植烟区不同土壤氮、磷、钾供应水平下的推荐施肥量，以奉节植烟土壤测试为依据，制定出奉节植烟土壤中氮、磷、钾临界推荐施肥指标（表 1-30），落实烟田地块"小调整"养分管理策略。通过微调氮、磷、钾施用量并将中微量元素因缺补缺的原则落实到各个种植单元，进行基本种植单元施肥优化，以实现烟叶增产提质、肥料高效利用、土壤改良培肥的目的。

表 1-30　奉节植烟土壤中氮、磷、钾临界推荐施肥指标

土壤中养分	丰缺等级	目标产量推荐施纯肥量（kg/ 亩）	
		干烟重 140 kg	干烟重 150 kg
碱解氮	低	8.0 ～ 8.5	8.5
	较低	7.5 ～ 8.0	8.0 ～ 8.5
	中等	7.0 ～ 7.5	7.5 ～ 8.0
	较高	6.5 ～ 7.0	7.0 ～ 7.5
	极高	6.5	7.0
有效磷	低	7.5 ～ 8.0	8.0
	较低	7.0 ～ 7.5	7.5 ～ 8.0
	中等	6.5 ～ 7.0	7.0 ～ 7.5
	较高	6.0 ～ 6.5	6.5 ～ 7.0
	极高	6.0	6.5
速效钾	低	18.4 ～ 19.6	22.0 ～ 25.0
	较低	17.3 ～ 18.4	20.0 ～ 22.0
	中等	16.1 ～ 17.3	19.0 ～ 21.0
	较高	15.0 ～ 16.1	18.0 ～ 19.0
	极高	15.0	18.0

第二章 烟草生产标准化知识要点

第一节 标准化知识要点

标准化知识要点包括标准、标准化及标准体系。所谓标准，就是依据和准则。它基于科学、技术和实践经验等综合成果，对统一规定重复性的事物和概念进行协商从而使各方达成一致并形成规范性文件，经批准和发布，由各方共同遵守。从内容和知识的传播方面看，标准化是一门学科，是为人们提供简单劳动的源泉，是将复杂事物简单化、高效化的特殊过程；从理论发展和学科发展角度看，标准化也是一门科学，直接承担着将自然、管理等规律的成果与技术成果包括相关经验进行科学加工和凝练以产生最佳的程序过程和指导应用过程的责任；从形式看，标准化既带有管理性质，也是一门技术，还需要综合运用多学科的知识。因此，标准化是横断学科发展下的一门新兴学科，应属于系统科学范畴。相互关联或相互作用的一组要素称之为体系，标准体系即一定范围内的标准按其内在联系形成的科学有机整体。

第二节 农业标准化

农业标准化是人类长期以来从事农业生产实践活动的科学总结和理论概括，农业标准化源于实践，又高于实践。农业标准化指导着人们过去、当前和今后的农业活动，是一门理论性和实践性都很强的学科。农业标准化既不是软科学，也不是管理科学，将农业标准化定义为这两者之一并列入农学类或农业经济类范畴的观点是完全不对的，是传统观念对农业标准化的束缚，不打破这种思维禁锢就很难发展。农业标准化是指在系统科学的指导下，综合运用各种方法，以质量管理、保证和控制为目标，简化、统一、协调和选优以形成规范，实施一定的约束以提高效益的过程。现代农业生产方法、对象和技术各异，必须使各方有序地统一和协调起来，因此，因地制宜，协调统一，系统运行，简化优化，应当是农业标准化的基本指导思想。

第三节 烟叶标准化

烟叶标准化是农业标准化的一部分，它以其行业特殊性而自成一体。烟叶标准化生产，是烟叶生产基地紧密结合当地实际，针对烟叶种植涉及的户数多、时间长、环节多、烟农队伍素质差别较大等问题，科学制定并组织实施包括烟叶产前、产中、产后各生产环节在技术、管理及服务等方面的标准的活动。只有这样，才能规范烟叶市场秩序，保护生产者和消费者的合法权益，从而取得良好的经济效益、社会效益和生态效益，达到提升烟叶生产整体水平的目的。这是现代烟草农业建设发展的必然要求，也是提升我国烟草农业综合竞争力的重要途径。

第四节 优质烤烟田间长相标准

一、范围

本标准规定了重庆市优质烤烟生产的农艺指标、管理要求、营养状况和田间群体结构。本标准适用于烤烟生产工作。

二、术语和定义

群体长势长相：同一地块或同一调制区域烟株的总体长势长相。群体长势长相着重要求群体的一致性。评价时间以下二棚叶片进入成熟期为准。

个体长相：群体内烟株个体或叶片个体。评价时间以下二棚叶片进入成熟期为准。

行间叶尖距：群体内相邻两行烟株内侧烟叶叶尖之间的距离。

叶面积系数：单位面积（通常为1亩）的绿叶面积与土地面积之比。

叶片综合营养状态：叶片个体发育状态及表现，是烟叶内在化学成分的外观反映。

田间烟株生长动态：在基本正常的气候条件下烟株的生长发育过程，在烟株生长的各个时期进行评价。

三、田间烟株长相标准

田间烟株的理想株型为腰鼓形或筒形。株高120～140 cm，茎围8～9 cm，节距4～5 cm。单株有效叶为18～22片。

四、田间烟株管理要求

前期达到无缺苗断垄，无杂草，无病虫害，无板结，长势旺盛，生长整齐一致。后期达到"四无一平"，即无杂草，无病虫害，无花，无杈，顶平。打顶后行间叶片不重叠，行间叶尖距10～15 cm。

五、烟株营养状况

烟株营养充足均衡，无缺素症和营养失调症状，叶色正常，整块烟田均匀一致，能够分层次正常落黄。

六、田间烟株群体结构

田间烟株长势均匀一致，叶色一致。行间叶尖距10～15 cm。

七、田间烟株生长动态

发育阶段：移栽完成后5～7 d还苗，25～30 d团棵，55～60 d现蕾，60～70 d打顶（下部叶开始成熟），110～120 d采收结束。

叶面积系数：团棵期0.45～0.55，现蕾期2.3～2.5，打顶期2.8～3.2。

第三章　烟草生产技术知识要点

第一节　烤烟品种

烤烟（flue-cured tobacco）亦称火管烤烟，因其生长成熟的烟叶需置于设有热气管道的烤房中烘烤而得名。烘烤过程中需给予适宜的温度、湿度，使烟叶内成分发生生物化学变化，待烟叶变黄后烘干。其源于美国的弗吉尼亚州，因而也被称为弗吉尼亚型烟。烤烟具有特殊的形态特征。其叶柄不明显或成翅状柄。圆锥花序顶生；花萼筒状或筒状钟形，花冠漏斗状，末端粉红色。果为蒴果，种子圆形或宽矩圆形，黄褐色。烤烟是我国乃至世界上栽培面积最大的烟草类型，是卷烟工业的主要原料，也被用作斗烟。

品种的更换是我国烤烟生产发展进入不同时期的主要标志。随着烟叶生产和卷烟工业的发展，在烤烟品种方面先后经历了3次大规模的品种更换。第一次品种更换发生在20世纪60年代初，以高产、劣质、抗病的品种取代了低产、优质、感病的品种。20世纪50年代，我国烤烟生产发展比较缓慢，生产上种植的品种也较多，但大多数是优质、单株叶数较少的品种。进入60年代以后，随着卷烟工业的发展，烟叶生产不能满足市场的需要，高产品种相继而生，生产上种植叶数较多品种的面积不断扩大。高产品种包括河南种植的偏筋黄、乔庄多叶、千斤黄等，山东种植的金星6007、潘元黄、山东多叶等，云南种植的寸茎烟、中卫1号、云南多叶等。这些品种单株叶数较多，产量高，但叶小而薄，品质差。这些品种的推广，对解决当时烟叶原料不足起了很大的作用，但也导致烟叶品质下降。第二次品种更换发生在20世纪80年代初，以稳产、优质、抗病的品种取代了高产、劣质的品种。20世纪80年代初期，国内烤烟原料生产相对过剩，国际市场原料竞争激烈，对烟叶质量的要求越来越高，高产劣质品种已不能适应新形势的要求，优质抗病品种迅速增加。80年代种植的主要烤烟优良品种有云南的红花大金元，河南的长脖黄、许金1号，山东的革新1号等。这些优良品种的推广种植，对提高我国烤烟质量、稳定产量、增加效益发挥了重要的作用。第三次品种更换时间为20世纪90年代末至今，其间我国主栽品种为云烟85、云烟87、K326、NC89、翠碧1号、中烟98、中烟100、RG17、红花大金元、K346、KRK26、龙911、V2等。当前，我国烤烟生产主要集中在云南、河南、湖南、贵州、山东、四川、重庆等省（直辖市）。

第二节　烤烟漂浮育苗

一、聚苯乙烯泡沫育苗盘质量标准

用于漂浮育苗的聚苯乙烯泡沫育苗盘规格应符合表3-1。

表 3-1　聚苯乙烯泡沫育苗盘规格表

项目		指标
长 × 宽 × 高（mm）		680×340×60
孔径（平台体）（mm）	上孔	28±2
	下孔	8±2
孔间距（mm）	上孔	5±2
	下孔	20±2
孔数（长 × 宽）（个）		20×10
质量（g）		200±30

聚苯乙烯泡沫育苗盘长度、宽度、高度的偏差范围应符合表 3-2。

表 3-2　聚苯乙烯泡沫育苗盘长宽高偏差范围表

单位：mm

基本尺寸	极限偏差
＜ 400	±5
400 ～ ＜ 600	±6
600 ～ 800	±7

聚苯乙烯泡沫育苗盘壁厚的偏差范围应符合表 3-3。

表 3-3　聚苯乙烯泡沫育苗盘壁厚偏差范围表

单位：mm

基本尺寸	极限偏差
＜ 25	±3
≥ 25	±4

聚苯乙烯泡沫育苗盘外观应符合表 3-4。

表 3-4　聚苯乙烯泡沫育苗盘外观要求表

项目	要求
色泽	白色
外形	表面平整，无明显鼓胀或收缩变形
熔结	熔结良好，无明显掉粒现象或裂痕
杂质	无机械性杂质

聚苯乙烯泡沫育苗盘物理机械性能应符合表3-5。

表3-5 聚苯乙烯泡沫育苗盘物理机械性能表

项目	指标
表观密度（kg/m²）	22.7～32.4
压缩强度（相对形变10%时的压缩应力）（kPa）	≥75

二、漂浮育苗

我国自20世纪90年代后期开始研究漂浮育苗，进入21世纪后漂浮育苗面积逐步增加，并成为占统治地位的育苗方式。漂浮育苗具有育苗效率高、节约育苗用地、减少育苗用工、减少病害发生等优点，深受烟农欢迎。预计在今后相当长的时期内漂浮育苗仍将是我国烤烟育苗的主要方法。

烤烟漂浮育苗是一项可规模化、专业化、商品化进行育苗生产的现代育苗技术，关键技术多，工序复杂，管理要求高，关键细节难掌握，如果操作不到位，所育出的漂浮苗品质差、抗性差，烟苗带病，影响烟叶生产。要培育出健壮烟苗，必须重点把握好4个关键：一是全程严格消毒；二是科学调控网、肥水及温度；三是适时适度剪叶炼苗；四是加强病虫害防控。烟苗出苗后，随着气温不断升高，烟苗生长较快，强化管理显得尤为重要。因此，要以培育壮苗为重点，强化水肥、温度等方面的管理。池水管理，原则是"先浅后深"。播种后，气温较低，池水深度应控制在5 cm左右。待到大十字期后，随着气温升高，池水应逐渐加深到10～15 cm。肥料管理，原则是"先少后多"。第一次施肥应在第一片真叶出现时进行，施肥量以盘计算，每盘25 g。必须将营养液肥先溶解，再分次混匀施入池水中；第二次施肥在第三片真叶出现时进行，施肥量和施肥方法均与第一次相同，池水深度10～15 cm；第三次施肥在第二次施肥后15 d左右进行，此时，烟苗一般会出现明显的缺肥现象，施肥量以每盘20 g为宜。施肥应灵活掌握，根据叶色深浅，适量追肥。强化温湿度管理。种子萌发适宜温度为25～28 ℃，生长适宜温度为20～25 ℃，棚内温度不能高于上限温度或低于下限温度。要注意观察温度计，及时进行保温和降温管理，通风一般在中午棚内温度高于28 ℃时进行，下午要关棚保温；温度骤降时要盖严棚膜及遮阳网，并加盖覆盖物进行保温。第二次剪叶后小棚要揭开棚膜，逐渐揭去遮阳网，大棚、中棚打开通风门窗，让烟苗逐步适应外界环境，达到炼苗目的。因天气变化异常，要灵活控制温湿度。强化间苗、定苗和剪叶管理。当烟苗长到小十字期时就要进行间苗，间苗能改善通风透光条件，保证烟苗的整齐度。间苗前操作人员要备齐消毒设施和器具，对一切会接触烟苗的物体进行消毒。间苗时先将病苗、弱苗清除，然后用多余的健壮烟苗补齐空穴，保证每个孔穴有1株烟苗；剪叶要适时进行，调节烟苗根系与茎叶生长的关系。剪叶前要严格把关消毒措施，保证消毒到位。第一次剪叶在烟苗长至 5 片真叶时进行，将长势过快的烟苗剪去 1/2，目的是"控大促小"，促使烟苗生长整齐一致。以后每隔 6 ～ 7 d 剪叶 1 次，共剪叶 3 ～ 5 次，保证烟苗地上部分和地下部分协调生长。刮根时用竹片将生长出底孔的根系刮去，提高茎秆韧性和促进根系发育。每次剪下的叶片、根残体要清理干净，烟叶剪叶前和剪叶后要及时喷洒农药并进行消毒处理。强化炼苗管理。当烟苗进入成苗期后，应改善通风透光条件，加满池水，断肥炼苗。将小棚上的棚膜揭开，大棚、中棚打开门窗，使成苗期苗色呈正绿色至浅绿色。叶色浓绿的育苗池要及时更换池水，以提高壮苗率。强化病虫害防治管理。病虫害防治要坚持"预防为主，综合防治"的原则，以消除病原、控制发病条件为主开展防治。必须做好育苗场地、育苗棚、基质、育苗盘等环节的消毒工作，一旦发现病原中心要及时清除，同时喷施防治药剂，以防病虫害蔓延。

苗期容易发生的病害有猝倒病、立枯病、黑胫病、炭疽病、普通花叶病等，可选用百菌清、敌克松、退菌特、代森锌等进行防治，根据说明书适量用药。为害烟苗的害虫主要有烟蚜、蛞蝓、潜叶蝇等，可用敌百虫、万灵、抗蚜威等进行防治，根据说明书适量用药。要严格控制营养液中磷肥浓度，严格对育苗盘、基质、池水进行消毒，规范装盘操作，加强通风透光，降低藻类危害。出现藻类时喷施硫酸铜。严格控制营养液的养分浓度可避免盐害。对已产生盐害的烟苗要喷水淋洗或用换池水的办法消除。

三、奉节云烟 87 漂浮育苗实操

云烟 87 健苗标准：苗龄 50 ～ 60 d；4 ～ 5 片功能叶，茎高 3 ～ 5 cm，茎粗 5 mm 以上；发育均衡，大小一致，根系发达，苗色绿；长势整齐，清秀无病；剪叶 2 ～ 3 次，充分断水炼苗，育苗盘不滴水，根系发达，手提烟苗基质不散落（图 3-1）。

图 3-1 云烟 87 健苗标准

（一）精心准备

2 月 25 日前完成育苗准备，倒推时间安排育苗棚维护保养、育苗池地平整理、育苗棚熏蒸消毒（封闭熏蒸 10 ～ 15 d）、池膜铺设、池水蓄积（放水周期 5 ～ 7 d）等工作。

（1）设备安装与整理。安装好中棚棚杆、棚膜、防虫网等设施，并对育苗池进行平整，深度以 12 ～ 15 cm 为宜（过深应用土加高或设置下垫层）。注意：对育苗池较深的区域要充分利用废旧浮盘垫于池底，育苗池两埂边各深挖或垫浮盘，预留宽和深各 5 cm 的凹沟以利于排水炼苗。

（2）育苗棚熏蒸与消毒。育苗棚熏蒸前，检查棚膜密封是否完整，及时补漏填缝，用 42% 的威百亩水剂加水稀释 50 ～ 75 倍（原则上每个池子 1 瓶）泼洒棚内地面、喷施棚膜及设施支架，注意不留死角，喷洒后关棚密封熏蒸 10 ～ 15 d，然后敞棚通风散毒 7 ～ 10 d。

（3）漂盘消毒。对使用 1 年及以上的育苗盘进行清洗消毒。具体操作：将 10% 二氧化氯稀释 500 倍液（二氧化氯 10 g/ 袋，兑水 5 ～ 8 kg），把育苗盘放入药液中浸泡（要求浸泡时间不少于 10 s），浸泡后的育苗盘堆码待用。

（4）育苗池铺膜放水。一般两人配合铺池膜，放水完毕后再用卡簧固定。放水前要检查池膜是否漏水，放 8 ～ 10 cm 高的清洁水，每吨水用 10 ～ 15 g 粉末状漂白粉或干燥二氧化氯，将其直接干撒入育苗池水中进行消毒，搅拌均匀，密封大棚使池水预热升温。

（二）精细播种

奉节播种期定在 3 月 1 日至 10 日，实行梯度播种，全县播种周期控制在 10 d 以内，单个育苗点播种周期控制在 5 d 以内。"6216"播种流程、单粒播种技术、斜拉膜防滴要求等执行到位率 100%。以 3 月 10 日为节点完成移栽，倒推安排播种时间。全县平均育苗周期不少于 50 d；高海拔（1400 m 左右）育苗点育苗周期不少于 60 d；中海拔（1100 ～ 1300 m）育苗点育苗周期 53 ～ 57 d；低海拔（800 ～ 1000 m）育苗点育苗周期 48 ～ 52 d。各烟站根据烟苗培育周期要求，结合移栽时间，在育苗周期范围内科学安排育苗播种，确保 3 月 10 日前完成育苗播种。

（1）准备。准备好基质、种子、播种器、刮板、基质筛、种子筛等物资，事先检查播种器是否满足使用要求，若粘接处松动或损坏，应提前维修。

（2）筛基。使用筛孔较小的竹筛或钢丝网筛，在播种前一天，将基质过筛，去除基质中粒径较大的颗粒，备用。

（3）装盘。将基质装填入育苗盘后，双手将育苗盘平稳抬升到离地 20 cm 处，松开双手使育苗盘自由落体，重复 2 ～ 3 次，使各个孔穴内基质装填紧实度适中，未有基质或基质较少的孔穴要补填基质，特别注意育苗盘 4 个边角处的孔穴，保证基质填满、填匀。最后，用刮板紧贴育苗盘面，垂直于育苗盘的长边，往返刮平盘面上的基质，使育苗盘隔梗上无明显基质。

（4）播种。播种前，应将适量种子倒入种子筛进行过筛，筛掉种子中的碎屑和破损的种子；或将种子放入简易铝制撮箕中，左右轻轻晃动撮箕，剔除种子中的碎屑和破损的种子，备用。过筛后的种子倒入播种器中播种，播完一盘后，检查每个育苗穴是否为单粒种子，若出现某些育苗穴内无种子或种子多于两粒，应及时补播或挑除。

（5）覆基。播种器播种后，盘面孔穴会随着播种器的按压外溢少量基质，用刮板朝一个方向刮滑 2 ～ 3 次，保证盘面基质平整，烟种不裸露。

（6）入池。播种后的育苗盘应立即漂放在育苗池中，切忌在烈日下暴晒或长期露放导致基质干燥，影响种子出苗。使用搬运架运输、助漂梯实施育苗盘搬运及入池操作，每次搬运 30 ～ 40 盘，漂放 10 ～ 20 盘。

（7）防滴。育苗盘漂放入池后，以 2 个育苗池为单位，在棚内用塑料薄膜、绳索拉挂斜拉膜，一侧固定在两池间通道上方 1.8 ～ 2.3 m 处，另一侧固定在棚内支撑柱或四周下方防虫网支架处，离地高度 50 ～ 80 cm（根据棚内温湿度灵活调整高度），在两侧高度固定的情况下，分段设置斜拉膜支撑绳索，保持膜面平整、坡度一致，使水顺畅流下。

（三）苗床精益管理

以出苗期、十字期、成苗期为节点，实施温湿度分段管控技术，严格水肥管理，适时开展苗床病虫害防治。

1. 温湿度管理

温度计悬挂：漂浮中棚的温度计应悬挂于四角对角线交点处（棚内中央）育苗盘上方，与烟苗生长点同高（出苗前以基质内部温度为准）；育苗棚四角对角线交点处（育苗棚中心）悬挂一支温度计；以缓冲间为起点拉对角线，距缓冲间最近育苗池的近通道处（进门处）悬挂一支温度计；对角线上远离缓冲间一侧（离棚边 50 cm 左右）悬挂一支温度计；距缓冲间最近育苗池第一排浮盘的中间盘作为基质温度和水温的测温点。3 支悬挂温度计的平均值为棚内环境温度，近缓冲间的水温和基质温度监测值代表棚内最低基质温度和水温。智慧育苗项目配套的"育苗宝"设备，可作为温度计使用。

严格苗期温湿度管理，做到"早升、中控、晚保"。播种至出苗期，注意保温管理，温度控制在 12 ～ 25 ℃；出苗以后，注意控制最高温度，小十字期最高温度应小于或等于 28 ℃，大十字期最高温度应小于或等于 30 ℃，大十字期以后最高温度应小于或等于 35 ℃。其间，根据棚内外温湿度变化情况，灵活使用天窗、裙膜、风机等设备，在控制好温度的情况下，注意棚内排湿，严禁棚内出现明显的棚顶滴水、水池雾气现象。

2. 水肥管理

水分管理。十字期以前，育苗池水深控制在 8 ～ 10 cm 为宜；十字期以后可适当保持浅水位，以能托起育苗盘为宜，从而促进须根系生长。

施肥管理。为有效避免育苗池蓝绿藻生长和基质盐渍化影响出苗，苗期于出苗 70% 时第一次施肥，按 11 mg/ 株施用纯氮烟草专用营养液肥（操作方法有两种，一种是根据池水深度施肥，池水深度每 1 cm 加入肥料 2 包，适用于规格规范、地坪平整、水深均匀的育苗池；另一种是根据育苗盘数施肥，每 35 盘加入肥料 1 包，适用于规格不规范、地坪不平整、水深不均匀的育苗池）。于 4 叶期第二次施肥，苗床开始封盘时（盘面面积 85% 以上被覆盖，约出苗后 35 d），单株施纯氮量控制在 3 mg 以内（每池 3 ～ 5 包）。另外根据育苗点海拔、气温、烟苗长势、育苗池是否漏水等因素对烟色稍浅的育苗池适量施用烟草专用育苗肥。

3. 病虫害综合防治

出苗期需进行软体类啃食害虫防治。蜗牛、蛞蝓等喜阴湿环境，经常昼伏夜出啃食烟苗，危害性极大。应经常保持育苗棚通风，以降低育苗棚内湿度，尤其是阴雨天。易发生这类虫害的育苗点要提前在育苗棚外用生石灰撒一条宽 10 cm 的隔离带，驱避蜗牛、蛞蝓等软体动物。已发现虫害的棚内可在棚道、棚膜边沿撒四聚乙醛（如蜗抖）诱杀，切忌将药物撒在盘面上引来害虫啃食幼苗。对少量已进入育苗棚的蜗牛、蛞蝓可采用人工清除，宜在凌晨 5 : 00 ～ 6 : 00 操作。

4. 统防统治

在烟苗大十字期封盘前，如遇到盘面真菌滋生（有白毛），用 36% 甲基硫菌灵可湿性粉剂 1200 ～ 1500 倍液进行盘面喷雾，及时敞棚透气。在封盘后，如遇到连续阴雨天气或苗床有零星猝倒病、炭疽病和病毒病发生，一般用 8% 宁南霉素水剂（或 3% 氨基寡糖素水剂）800 ～ 1200 倍液加 36% 甲基硫菌灵可湿性粉剂 1500 倍液进行苗床喷雾，每池药液量 5 ～ 7 kg。在最后一次剪叶后，一般要求用 8% 宁南霉素水剂（或 3% 氨基寡糖素水剂）800 ～ 1200 倍液加 36% 甲基硫菌灵可湿性粉剂 1500 倍液进行苗床喷雾消毒，每池药液量 5 ～ 7 kg。苗床一般于 16 : 00 以后施药，施药后开风机 1 ～ 2 h 对育苗棚进行降温散湿，严防药害。禁止在高温天气和雨天施药。

5. 剪叶、炼苗、供苗

剪叶 2 ～ 3 次。第一次剪叶，轻度修剪，在封盘后实施，剪去最大叶的 1/3，切忌过度修剪。第一次剪叶后 4 ～ 6 d 进行第二次剪叶，重度修剪，剪去最大叶的 2/3，切忌过度剪叶造成心叶受伤。根据气候条件及移栽进度，灵活安排第三次剪叶，适度修剪，剪去最大叶的 1/2。剪叶操作前，剪叶工具必须进行严格消毒。

烟苗发放前采取敞棚、间歇性断水的方式炼苗 1 ～ 2 d，烟苗达到手提基质不散落、盘底不滴水的健苗标准，经奉节县局（分公司）验收后安排供苗。

精准供苗。按 1500 粒 / 亩供种，按 6.5 盘 / 亩的标准供苗（每亩平均适龄健苗大于或等于 1200 株）。

第三节 烟田选择

恰当选田种植烤烟，是整齐培育烟叶的基础。在选择烟田时，要果断摒弃陡坡田（图3-2）、背阴田（图3-3）、常年灾害和病害严重的烟田（图3-4、图3-5），选好田种烟。

图3-2 陡坡田

图3-3 背阴田

图3-4 常年灾害田

图3-5 常年病害田

选田标准：（1）选择光照条件好、相对集中、基础设施配套完善、周边劳力相对富足的田块种烟；（2）选择地块平整、肥力适中、排灌方便、交通便利的田块种烟；（3）选择周边玉米地少、近3年内未种过蔬菜、通风透气相对较好的田块种烟（图3-6）。

图3-6 优良田块

第四节　烟田清残与冬耕

一、清残

及时将田间烟株残体、地膜残留、杂草杂物等彻底清理出烟田，当年 12 月底前完成。要求将烟株连根拔出，打捆堆放在远离烟田的区域，禁止摆放在田间地头，避免形成二次污染；彻底清除田间地膜，清除出来的地膜集中收集、统一处理（图 3-7）。清残的好处包括减少病源，增加土壤通透性，防止板结；杀虫治病，减少来年病虫害的发生；改善土壤，增加保水蓄肥能力；有效缓解烟田连作带来的多种问题。

图 3-7　清残

二、冬耕

除绿肥种植的烟田外，翌年 1 月底前完成冬耕。鼓励烟农使用牛耕或挖机深耕，可改善土壤结构，减少土壤病原、虫卵数量。牛耕深度不少于 20 cm，自然碎垡、冻垡；挖机深耕，深度要大于或等于 40 cm 且小于或等于 70 cm，不打破耕犁层，起垄前用旋耕机碎垡（图 3-8）。

图 3-8　冬耕

第五节　起垄与施肥

一、烟田起垄

在烟田充分深翻碎垡的基础上，根据地块类型选择机器或人工起垄，按"行距

110 ～ 120 cm、垄高 ≥ 25 cm、垄体底宽 ≥ 65 cm、垄体顶宽 ≥ 40 cm"的标准起垄，充分考虑排水、光照、通风等因素，对垄体走向进行统一规划。起垄后达到垄体朝向一致、垄面呈瓦背形、垄体细碎饱满的效果（图 3-9）。作业流程提倡机械化作业，按照"定向→划线→掏施肥带→施基肥→起垄"流程实施。

图 3-9 烟田起垄

二、垄体覆膜

100% 地膜覆盖。在保证垄体墒情的基础上，密切关注当地气候条件，抢抓天时、快速覆膜，要求地膜紧贴垄体、两侧封压严实，横成排竖成行（图 3-10）。

图 3-10 垄体覆膜

三、制备移栽打孔器和烟苗运输架

制备规格统一、数量充足的移栽打孔器和烟苗运输架。按 20 亩 / 套的标准，准备手动或机动打孔器、拉绳定向和定距装备、定根水淋施装备等，不使用"两端开口中间空"的打孔器。按锥形头口径 5 ～ 7 cm、深 18 ～ 22 cm、定距范围 50 ～ 55 cm 的规格，引导烟农自制移栽打孔器（图 3-11）；按 80 ～ 120 亩 / 个的标准，引导烟农自制运输架，确保烟苗 100% 架上运输。

图 3-11　移栽打孔器

四、施肥原则

分品种制定施肥配方（表 3-6、表 3-7），按"大配方、小调整"的原则，结合地块自身肥力状况，强化精准施肥技术指导，确保肥料投入后烟田整体肥力基本一致。全面增施有机肥，每亩平均施用菜籽饼 50 kg（行业配套腐熟菜籽饼 20 kg/ 亩，增施纯菜籽麸 30 kg/ 亩），烟农自主堆沤的腐熟农家肥 150 kg；有条件的区域指导烟农自制火土灰或挨身肥 500 kg/ 亩，备用。对于土壤过肥而造成田管后期垮叶严重或种植大肥烟叶的区域，要严格控制氮肥的用量。

表 3-6　中等肥力田块云烟品种施肥配方

类别	种类	比例（%）			亩用量（kg）	亩用氮、磷、钾量（kg）		
		氮	磷	钾		氮	磷	钾
基肥	复合肥	8.0	12.0	25.0	45.0	3.60	5.40	11.25
	腐熟菜籽饼	4.0	1.0	1.0	20.0	0.80	0.20	0.20
	纯菜籽麸	0	0	0	30.0	0	0	0
	烟农堆沤农家肥	0	0	0	150.0	0	0	0
追肥	提苗肥	20.0	15.0	10.0	6.0	1.20	0.90	0.60
	复合肥	8.0	12.0	25.0	5.0	0.40	0.60	1.25
	氮钾复合肥	12.5	0	33.5	5.0	0.63	0	1.68
	硫酸钾	0	0	50.0	7.5	0	0	3.75
合计						6.63	7.10	18.73
比例						1.00	1.07	2.83

表 3-7　中等肥力田块 K326 品种施肥配方

类别	种类	比例（%）			亩用量（kg）	亩用氮、磷、钾量（kg）		
		氮	磷	钾		氮	磷	钾
基肥	复合肥	8.0	12.0	25.0	40.0	3.20	4.80	10.00
	腐熟菜籽饼	4.0	1.0	1.0	20.0	0.80	0.20	0.20
	纯菜籽麸	0	0	0	30.0	0	0	0
	烟农堆沤农家肥	0	0	0	150.0	0	0	0
追肥	提苗肥	20.0	15.0	10.0	6.0	1.20	0.90	0.60
	复合肥	8.0	12.0	25.0	5.0	0.40	0.60	1.25
	氮钾复合肥	12.5	0	33.5	5.0	0.63	0	1.68
	硫酸钾	0	0	50.0	9.5	0	0	4.75
合计						6.23	6.50	18.48
比例						1.00	1.04	2.97

五、施肥方法

云烟品种每亩平均施用复合肥 45 kg（K326 品种 40 kg）、腐熟菜籽饼 20 kg、纯菜籽麸 30 kg、烟农自主堆沤的腐熟农家肥 150 kg，各种肥料充分混匀后，在起垄时一次性条施，施肥带宽 15 ～ 20 cm，起垄后肥料距垄面约 20 cm，确保移栽后烟苗根部不接触肥料带。

第六节　烤烟移栽

一、移栽时间

根据当地海拔，结合当地的气候条件，选择科学的移栽时间，原则上低海拔适当早栽、高海拔适当晚栽，全县移栽周期定为 4 月 25 日至 5 月 10 日，5 月 7 日前大面积结束，5 月 10 日前全面结束。要求同一烟农同一烤房群 3 d 内完成移栽，同一技术组 7 d 内完成移栽，同一烟站 10 d 内完成移栽。

二、移栽技术

（1）执行分步移栽流程。全面实施健苗井窖式移栽（穴口直径 5 ～ 7 cm、穴深 15 ～ 20 cm，栽后烟苗顶叶距膜口 2 ～ 3 cm），按拉绳定向→定距制穴→规范打孔→垂直丢苗→施用挨身土（肥）→淋定根水→施四聚乙醛→喷施杀虫剂分步实施（图 3-12）。

（2）科学施用定根水。按 5% 高氯甲维盐 50 g/ 亩 + 移栽灵 30 mL/ 亩 + 提苗肥 2 kg/ 亩的标准，兑水 100 ～ 150 kg，根据墒情每窝淋入 100 ～ 150 mL。

（3）及时喷药防虫。即栽即喷即防，移栽结束后，立即按 5% 高氯甲维盐 15 g 兑水 16 ～ 20 kg 的标准，垄体垄间均匀喷施（禁止对窝淋施、严防药害），防止地下害虫转移为害烟苗。

拉绳定向　　　　　定距制穴　　　　　规范打孔　　　　　垂直丢苗

施用挨身土（肥）　　淋定根水　　　　施四聚乙醛　　　　喷施杀虫剂

图 3-12　分步移栽流程

三、移栽密度

按照行距 110 ～ 120 cm、窝距 50 ～ 55 cm 的规格进行移栽（图 3-13），云烟品种每亩平均栽烟大于或等于 1050 株，K326 品种每亩平均栽烟大于或等于 1100 株。

图 3-13　移栽密度

第七节 田间管理

一、查苗补苗

栽后 3～5 d，及时查看田间烟苗长势，对断苗或空穴应及时补苗，对颜色偏黄的弱苗应及时安排追肥处理，对感病烟苗应及时清理并对其栽种位置进行消毒后补苗。

二、追肥管理

（1）移栽当天，与 2 kg/ 亩定根水同步，兑入清洁水 100～150 kg，充分混匀后，对窝淋施。

（2）栽后 7～10 d，选用提苗肥（氮：磷：钾 =20：15：10）3 kg/ 亩，兑入清洁水 100～150 kg，混匀后顺窝淋施（图 3-14）；剩余提苗肥 1 kg/ 亩，对长势较弱的烟苗追施偏心肥（水肥浓度 < 2%）。

图 3–14　移栽当天和栽后 7～10 d 的追肥管理

（3）栽后 15～20 d，待烟苗心叶露出膜面 2～3 cm 时，结合小围蔸环节，施氮钾复合肥（氮：磷：钾 =12.5：0：33.5）5 kg/ 亩 + 复合肥（氮：磷：钾 =8：12：25）5 kg/ 亩，提前打碎或充分浸泡，兑入清洁水 100～150 kg，混匀后打孔淋施（墒情好的田块打孔窝施，用细土封窝）。

（4）栽后 35～40 d，将 7.5 kg/ 亩（K326 品种 9.5 kg/ 亩）的硫酸钾兑水混匀后打孔淋施，墒情好的田块打孔窝施，用细土封窝；干旱缺水区或墒情差的田块，可结合小围蔸操作与其他追施肥料兑水混匀后打孔淋施（图 3-15）。

图 3–15　栽后 15～20 d 和栽后 35～40 d 的追肥管理

三、及时围苑

栽后 15 ~ 20 d，待烟苗心叶露出膜面 2 ~ 3 cm 时，先撕大膜口（破膜直径 ≥ 20 cm），再用膜下熟土围满窝口（或用提前制备的火土灰 / 挨身肥封窝围苑），最后用垄间细碎本土培土高过膜口，使烟叶向生长中心靠拢，呈喇叭口状，充分培育烟株根系（图 3-16）。

图 3-16 围苑

四、硫酸钾的施用

用量：云烟 87 品种 7.5 kg/ 亩，K326 品种 9.5 kg/ 亩。

施用：栽后 35 ~ 40 d，将硫酸钾兑水混匀后打孔淋施。墒情好的田块打孔窝施，用细土封窝；干旱缺水区或墒情差的田块，可结合小围苑操作与其他追施肥料兑水混匀后打孔淋施（图 3-17）。

图 3-17 施用硫酸钾

五、揭膜培土

栽后 35 ~ 40 d，因地制宜实施。海拔 1200 m 以下的区域，原则上全部揭膜培土，上高厢；海拔 1200 m 以上的区域，根据土壤墒情、天气状况、烟农习惯，灵活开展揭膜培土。将垄体薄膜清理干净，并清除过深杂草、烟株胎脚叶、侧芽，统一处理至田外；无论海拔高低，凡杂草严重、根茎病害严重、干旱造成花叶病严重的烟田，应立即揭膜培土（图 3-18）。凡揭膜的烟田必须培土，坚决杜绝只揭膜、不培土的现象发生。

图 3-18　揭膜培土

揭膜与除草同步开展，不揭膜也要撕窝培土上高厢，人工与机器配合作业，打掉病叶和胎叶并处理至田外。

此外，可采用硝酸钾替代硫酸钾。硝酸钾的作用：产生游离态硝酸根，不会与土壤中的钙、镁等微量元素结合，有利于烟叶吸收；硝酸根具有促进烟叶燃烧和提高烟叶香气质、香气量的作用；文献资料显示，使用硝酸钾较使用硫酸钾，上部二叶片钾含量提高，烟碱含量降低，上部上等烟品质高。可行性分析：除奉节外，全市其他烟叶产区均在使用硝酸钾，能保证硝酸钾的安全性；奉节现有的全程质量管理体系较为成熟，能有效保证烟叶质量；能适应行业推进的高可用性烟叶上部叶开发，提升上部叶可用性；在氮、磷、钾施肥比例和含量相同的情况下，可以减少氮钾复合肥的使用，烟叶生产投入不会增加；植烟区多点开展实验示范，研究配套了硝酸钾替代硫酸钾的控制措施，完善高可用性烟叶上部叶开发技术体系。

第八节　烟田灌溉

土壤水分是烟草生长发育过程中，生理需水和生态需水的主要来源。水分参与烟草代谢过程中物质的合成、分解、转化、运输等生命活动。田间的土壤水分条件直接影响烟株对水分的吸收及体内干物质的积累、烟叶的化学成分及其组成。土壤中的营养物质只有在适宜的水分条件下，才能分解、释放和供给烟株吸收利用。水分还能调节烟草生长发育机能和烟株体温。水分也是烟草有机体的主要组成成分，占烟株总重量的70%～80%，旺长期可达90%。水分不足或过多都将严重影响烟叶的产量和品质。

为了确保烟草正常生长发育，并获得优质烟叶，在烟草生长期间，土壤水分必须保持在适宜的范围内。烤烟生长对水分要求较高，生产过程中应按烤烟的需水规律及时灌溉，在雨水过量或灌水不当造成烟田积水时，还要做好排水。

一、烤烟烟田干旱指标

烟田需要灌溉与否可以凭经验来确定，即"看天，看地，看烟株"。"看天"就是看当时的降水情况，一般旺长期期间，如果有持续两个星期的干旱，就需要进行灌溉。"看地"就是看土壤含水量情况。除伸根期土壤可轻度干旱外，其余时期的土壤含水量应以手抓烟株根际 10 cm 左右的土壤来判断，若土壤用手握可成团，掉下散开，说明水分适宜，若土壤用手握不能成团，则需要灌溉。"看烟株"就是观察烟株 12∶00 ～ 14∶00 叶片含水量情况。如果中午呈现叶片轻度凋萎，傍晚恢复正常，说明是暂时的生理缺水；如果凋萎严重，至傍晚不能恢复，则表示烟田土壤严重缺水，必须及时灌水，连续灌溉 2 ～ 3 次，才能保证烟株正常生长发育。

二、烤烟灌溉原则、灌溉指标

（一）灌溉原则

烤烟整个生育期对水分的需求具有"前期少，中期多，后期少"的特点。从移栽完成到团棵期，一般为 30 ～ 40 d。此阶段烟株小，叶面蒸腾量相对较少，因此，烟株耗水少但移栽时需要适量浇水，每株烟保苗浇水量一般为 1 ～ 1.5 kg/ 次。此阶段轻度干旱（保持田间土壤最大持水量的 40% ～ 60%）对烟株生长有利，可抑制烟株地上部的生长速度，促进根系发育，增大根系体积。若干旱严重，低于田间土壤最大持水量的 40% 时应适当灌溉。保持烟田土壤最大持水量的 50% ～ 60% 较为适宜。

团棵期后至现蕾期前为旺长期。此阶段烟株的生长发育速度最为迅速，叶片增多，叶面积扩大，伴随着气温和地温的日益升高，烟株光合作用和呼吸作用增强，蒸腾量增加，烟株田间耗水量急剧上升，占全生育期的 50% 以上。此阶段若供水不足将严重影响烟叶的产量和品质，尤其是旺长后期若烟株缺水，则烟叶叶片变厚，中上部叶片开片不好，难以成熟落黄，采后烟叶易烘烤出"牛皮烟"。因此，烟株进入旺长期后期时应密切关注土壤含水量和烟株长势，如果出现干旱，可灌水 2 ～ 3 次，保持烟田土壤的含水量为土壤最大持水量的 80% 左右。烟株打顶后 10 ～ 15 d，烤烟进入成熟期，烟叶由下而上逐渐成熟，叶片内干物质逐渐转化积累。此阶段应保持烟田土壤的含水量为土壤最大持水量的 60% 左右，以利于顶叶展开，促进叶片成熟。若土壤干旱，顶叶难以开片，烟叶难烘烤；若土壤水分过多，或阴雨连绵，湿度大而日照少，则易使烟叶贪青晚熟，易发生病害，烤后烟叶弹性差，香气量减少。正常情况下，奉节植烟区成熟期不需要灌溉，但是如果遇到旱情严重的特殊情况，则要进行灌溉。

由于烤烟进入旺长期的时期也是重庆进入雨季的时期，一般情况下降水量能够满足烤烟生长对水分的需求，但在具有灌溉条件的植烟区，如果持续 7 ～ 10 d 无降水则必须进行灌溉。在降水量少但具有灌溉条件的植烟区，可以根据烟田墒情进行 2 ～ 3 次的灌溉，第一次在进入旺长期时，第二次在旺长期中期，第三次在现蕾期。

（二）灌溉指标

移栽时每株浇足定根水，应不少于 2 kg；栽后 7 ～ 10 d 浇施提苗肥；移栽 15 ～ 20 d 后持续干旱，在有沟灌条件的片区，可采用分根交替灌溉技术进行隔沟灌溉；无沟灌条件的片区，可采用穴灌法进行抗旱；团棵期到旺长期旬降水量不足 40 mm 或连续 5 d 无雨，须浇水 3 kg/ 株或进行隔沟灌溉；成熟期旬降水量不足 30 mm 或持续干旱，须浇水 3 kg/ 株或进行隔沟灌溉。

三、烤烟灌溉方法

（一）沟灌

沟灌是具有一定水利条件的植烟区采用的灌溉方法。具体方法是将水直接灌于烟沟内，是一种传统的灌溉方法，操作较为简单。原先的操作为每沟灌溉，缺点是水分浪费严重，工作效率低，土壤易板结。科学试验和生产实践证明，交替隔沟灌溉效果优于每沟灌溉。交替隔沟灌溉改变了传统的丰水沟灌习惯，根据植物气孔的最优调节理论，从空间上充分考虑植物根系的调节功能，改变土壤湿润方式，可明显减少棵间土壤水分蒸发，降低烤烟烟株蒸腾，使烤烟的产量或品质少受影响，同时节约利用水资源。

操作方法：沟灌时将墒沟沟尾堵住，使沟中水向两边烟垄渗透，但不能使垄沟中积水时间过长。要做到沟头不被灌水冲刷，沟中和沟尾不积水，达到田间均匀补水的目的。将每沟灌溉的方法改为交替隔沟灌溉，则第一次灌溉时由边沟进水，第一条墒沟进水，封堵第二条墒沟沟口不进水，第三条墒沟进水，封堵第四条墒沟沟口不进水，依次隔沟进水灌溉；第二次灌溉时封堵第一条墒沟沟口不进水，第二条墒沟进水，封堵第三条墒沟沟口不进水，第四条墒沟进水，依次隔沟进水灌溉；以此类推。水深到烟墒 1/2 处，待烟田土壤将水自然吸干或吸水饱和后（一般 2 h 以内），及时将水排出，严禁大水漫灌和长时间淹水。灌溉时间以清晨和傍晚为宜。

（二）穴灌

穴灌是替代地烟、山地烟传统灌溉方法——墒面浇灌的灌溉方法。由于地烟、山地烟植烟土壤平整度较差，水资源更为缺乏，只适宜采用穴灌的方法，即在靠近烟株 4 ～ 5 cm 处用小锄头挖一个深 10 ～ 15 cm、宽 10 cm 的灌洞，注水 1 ～ 2 kg 后用细干土覆盖。穴灌法尽管费时费工，但水的利用率高，同时可避免沟灌等造成的土壤板结，还可结合追肥和施药同时进行。地烟、山地烟在具有水窖的条件下，用皮管浇灌尤为适宜。灌溉时间以清晨和傍晚为宜。

（三）喷灌

在目前所有灌溉方法中，喷灌是较优的选择。喷灌是利用喷灌设备，将井水、池塘水或管道水在高压下从喷枪中喷出，模拟降水均匀灌溉烟田的一种灌水方式。喷灌具有省工、节水、减轻土壤板结和烟草病虫害、防止烟叶日灼伤害、提高烟叶产量和品质等优点，是烟田较好的灌水方法。研究表明，喷灌与沟灌相比土壤板结轻，容重小，空隙度大；土壤温度高，含水量增加；烟株根系发达，茎秆粗壮，叶片数多，叶面积增大；黑胫病发病率降低 55%，烟蚜数量减少 82%；烟叶日灼伤害减轻 44%；用工减少 66%，节水 59.5%。喷灌节水效果显著，灌水产出达 67.95 元 /m³；灌溉投入产出比 1∶56.6，而沟灌仅为 1∶8.9。烤烟进行喷灌，与其他灌溉方式相比最明显的优点是，通过喷灌可以极大改善烟叶中上部叶开片情况，降低上部叶烟碱含量，改善烟叶香气质，提高烟叶香气量。国外名优烟叶种植区如津巴布韦、古巴、巴西等国的研究表明，与其他灌溉形式相比，喷灌可增加烟叶产量及提高品质。

若移栽后 3 ～ 4 周持续干旱，须进行第一次灌溉；若旺长期旬降水量不足 40 mm 或连续 5 d 无雨，须进行灌溉；若成熟期旬降水量不足 30 mm 或持续干旱，须进行灌溉。或采用土壤持水量作为干旱指标：10 ～ 25 cm 土层，团棵期土壤持水量小于 50%，旺长期土壤持水量小于 70%，打顶期土壤持水量小于 55%，则须进行灌溉。

（四）烟田排水

烤烟生长需水较多，但同时对土壤通透性要求也很严格。雨水过多易发生病害，积水还会淹死烟株。因此，烟田要注意排水，尤其降水较多的地区和低洼地块，要预先在烟田周围开排水沟。坡地种烟应在烟地上方开拦水沟，以防止山坡水流冲塌烟墒。平地种烟则在大田整地时要整平，以防低处积水。大田生长期，结合中耕培土清好垄沟，以利排水。

第九节　打顶抑芽

全面推行初花打顶技术，一块烟田 50% 的中心花开放，且顶部 3 片叶间的节间距充分伸展在 10 cm 以上，操作上严格按照"三看三定"打顶技术要求执行，有效叶 16 ～ 18 片（K326 品种 17 ～ 19 片）。打顶后，及时抑芽，科学使用抑芽剂，做到顶无烟杈、腰无侧芽。看整体长势确定打顶周期，推动片区打顶有序开展；看单株长势确定留叶数量，确保肥力与留叶数协调；看顶叶长度确定断顶位置，确保上部叶开片不翻顶；及时落实化学抑芽技术，确保腰无侧芽、顶无烟杈。打顶后 1 ～ 3 d 内淋施抑芽剂（图 3-19 至图 3-22）。方法：25% 氟节胺乳油，100 mL/ 亩，每亩兑水 15 ～ 20 kg，淋施（注意：晴天施用，长于 2 cm 的侧芽要被提前抹除）。

图 3-19　打顶　　　　　图 3-20　杯淋　　　　图 3-21　机器点淋　图 3-22　手动点淋

第十节　烟叶采收

一、整体要求

以成熟度为核心，以规范化为指引，做好烟叶的采收工作。严格处理下部不适用烟叶，适当推迟开烤时间，执行停烤和准采证制度，根据烟叶生育期，留足烟叶成熟时间，达到成熟采烤的烟田，经技术员或辅导员现场验收，开具准采证后采烤。烟叶烘烤过程中，烟叶未达到成熟采收的标准时，要及时停烤，保证上部叶充分成熟，降低因成熟度不够造成的烟叶烘烤损失。建立上部叶感病烟田的申请审批管控机制，全面提高烟叶成熟度。

成熟度好的烟叶营养协调性较好，容易烘烤，烤后烟叶质量好于成熟度差的烟叶（图3-23）。主要原因是成熟度差的烟田和烟株长势重基肥、轻追肥，前期早生快发能力较弱，发育不平衡，后期过于发育，假熟烟叶较多，氮肥施用量偏多，特别是后期氮肥供应旺盛，水肥协调同步性较差（图3-24）。

图 3-23　成熟度好的烟田和烟株长势　　　　图 3-24　成熟度差的烟田和烟株长势

二、采收时间

下部叶全部在田间处理（栽后 70 d 前完成，集中清理出田外），中部叶成熟采收（栽后 80 ～ 110 d），上部叶 4 ～ 6 片充分成熟后一次性采收（栽后 110 ～ 130 d）。不同成熟度烟叶的烘烤效果如图3-25所示。

未熟　　初熟　　适熟　　过熟　　　青烟　青筋　　橘烟　　杂烟

图 3-25　不同成熟度烟叶烘烤效果

三、成熟标准

烟叶各特征对成熟度的贡献率如图 3-26 所示。下部叶成熟特征为叶色三成黄、七成绿，主脉 1/3 变白，支脉绿色，叶面光滑，叶尖下垂，叶基采后断面整齐（图 3-27）；中部叶成熟特征为叶色六成黄、四成绿，主脉 2/3 变白，支脉 1/3 变白，叶面现皱缩状有黄斑，叶片下垂，叶基采后断面整齐（图 3-28）；上部叶成熟特征为叶色八成黄、二成绿，主脉全白，支脉 1/2 变白，叶面明显皱缩有成熟斑，叶尖干枯，叶基叶茸变黄（图 3-29、表 3-8）。

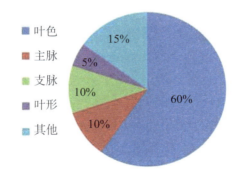

图 3-26　烟叶各特征对成熟度的贡献率

图 3-27　下部叶

图 3-28　中部叶

图 3-29　上部叶

表3-8 烟叶不同部位成熟特征描述

部位	叶色	主脉	支脉	叶面	叶形	叶基	叶龄（d）
下部	七成绿、三成黄	1/3变白	绿色	光滑	叶尖下垂	断面整齐	＜70
中部	六成黄、四成绿	2/3变白	1/3变白	皱缩、黄斑	叶片下垂	断面整齐	80～110
上部	八成黄、二成绿	全白	1/2变白	皱缩、成熟斑	叶尖干枯	叶茸变黄	110～130

第十一节 烟叶烘烤

按照"烤黄、烤香、烤熟"的整体思路，以"三段式"烘烤工艺为基础，落实"三段十点"烘烤要求，做到干球温度、升温速度、黄干协调标准统一，湿球温度、稳温时间、火力大小灵活有序，全面提高烘烤质量，降低烘烤损失。一是按照"烤点固定、时长灵活、科学调整"的烘烤主推工艺思路，严格落实"三段六步式"和"烟夹七步法"精准烘烤工艺，分类做好云烟和K326品种系列的烘烤技术指导。以成熟度为中心，大力推广上部叶充分成熟一次性采烤。在上部叶达到适熟标准时，进行4～6片一次性采收(图3-30)，适当延长烘烤前期时间，促使烤后烟叶充分成熟。有条件的区域提倡推广一次性带茎砍收，充分降低上部挂灰烟、青杂烟比例，提高上部叶商品率。二是强化采烤技术培训。加强全县技术员和职业烟农的采烤技术培训，全县集中进行烘烤理论和实操培训，各烟站要分层开展烘烤培训，全力培养一支"理论扎实、实操过硬、同行领先"的烘烤专职队伍。各烟站加强对新区新户的培训和指导，确保烟叶烤得好、种烟有效益。

对于不适用于烘烤的烟叶，以下部叶不采烤、不收购为整体要求，对下部叶实行分批处理，与揭膜培土和中耕除草同步，处理掉下部感病底脚叶2～3片；与烟叶打顶同步，处理掉下部叶3～4片；对于无烘烤价值的上部叶1～2片可选择弃烤。杜绝不适用烟叶进入烤房，最后进入市场流通，处理后的烟叶均要求及时统一清理出田外。

图 3-30　烟叶采收和处理

一、规范采收与运输

烟叶采摘需经验，轻拿轻放要训练；鲜烟成包 40 斤[*]，运输高效又安全（图 3-31 至图 3-34）。

图 3-31　采时动作要轻　　图 3-32　收扎成捆　　图 3-33　成捆挑运　　图 3-34　装筐运输

二、烤前鲜烟分类

严格执行烤前鲜烟分类技术，执行操作台作业模式（图 3-35）。根据烟叶品质和成熟度标准，将待烤烟叶分为欠熟、适熟、过熟、不适用 4 个档次，不适用烟叶不进烤房，适熟烟叶分类编杆上炕，保证同杆（夹）同质、同层同质，打好烟叶烘烤质量基础。

---

* 斤为非法定计量单位，1 斤 =500 g。

图 3-35　烤前鲜烟分类

三、规范编烟上炕

（一）编烟

编烟密度：每束编烟 2 ～ 3 片，束间烟叶分布均匀，下部叶 130 ～ 150 片 / 杆、中部叶 110 ～ 130 片 / 杆、上部叶 120 ～ 140 片 / 杆。

编烟要求：单杆烟成熟度、部位均匀一致，烟杆两端各留 3 cm 左右空杆（图 3-36）。编烟顺口溜：编杆地面铺胶纸，一头吊起一头坐，一束一束编起走，疏密均匀好把握。

图 3-36　编烟

（二）夹烟

夹烟密度：每根烟夹夹烟量以下部叶 10 kg、中上部叶 12 ～ 15 kg 为宜，每房装烟约 380 夹，装烟量 4500 ～ 5500 kg。

夹烟要求：夹烟时叶基部对齐，叶片抖散，不宜叠放，叶基部紧靠作业台挡板，为避免掉烟在烟夹两端，应适当多夹一簇（3 ～ 5 片）烟叶。插针位置要控制在距离鲜烟叶基部 8 ～ 10 cm（图 3-37）。上房挂烟夹时烟夹之间尽量不留缝隙；烤房装烟应装满，尾部不留空隙。夹烟顺口溜：编夹操作要温柔，轻拿轻放捋整顺，下部不超 20 斤，中上不超 30 斤。

图 3-37　夹烟

（三）装炕

装炕方法：从上到下，从里到外。

装炕密度：KH-3 密集烤房烟夹或烟杆装烟量 360 ～ 420 夹（杆）/ 房。

装烟要求：做到"密、满、匀"（图 3-38）。装烟顺口溜：从上到下逐层装，由内及外分段走，烟夹靠拢不留缝，杆杆间距 10 cm，靠门顶层缝要堵，上密下稀中适中。

图 3-38　装炕

四、烟叶烘烤

（一）云烟 87 品种指导工艺之三段六步式烘烤工艺

1. 烟杆烘烤

（1）烟叶预处理。点火打开风机，以 1 ℃ /h 的速度将干球温度升到 35 ～ 36 ℃，并控制湿球温度为 34 ℃，稳温烘烤 8 ～ 12 h。观察烟叶变化，当顶层烟叶叶尖 1/3 变黄，烟叶失水 10% 后，以 0.5 ℃ /h 的速度将干球温度升到 38 ℃，在前 3 h，风机进行高速运转，转速为 1440 r/min，然后变为 960 r/min 连续运转。

（2）叶片变黄期。干球温度 38 ℃，控制湿球温度为 35 ～ 36 ℃，顶层烟叶七至八成黄，失水 20% 左右，手摸烟叶叶片发软，再稳温烘烤 12 ～ 24 h，风机以 960 r/min 的转速运转，然后以 0.5 ℃ /h 的速度将干球温度升到 41 ～ 43 ℃。

（3）支脉变黄期。干球温度 41 ～ 43 ℃，控制湿球温度在 36 ～ 37 ℃，稳温烘烤 8 ～ 20 h（下部叶 8 h 左右，中上部叶 12 ～ 20 h），顶台烟叶 80% 达到黄片青筋后，以 0.5 ℃ /h 的速度将干球温度升到 45 ～ 47 ℃。40 ℃以后风机转速变为 1440 r/min，连续运转至干球温度升到 50 ℃。

（4）主脉变黄期。干球温度 45 ～ 47 ℃，控制湿球温度在 37 ～ 38 ℃，该温度段是黄金烘烤点，稳温烘烤 12 ～ 24 h 至主脉变黄，顶层烟叶达到黄片黄筋后以 0.5 ℃ /h 的速度将干球温度升到 52 ～ 54 ℃。

（5）香气合成期。干球温度 52 ～ 54 ℃，控制湿球温度在 38 ～ 39 ℃，烟叶腹面、背面色差逐渐缩小，要求加大火力，准确升温，严防湿球温度超过 40 ℃或忽高忽低。稳温烘烤 12 ～ 20 h 至全炕烟叶叶片干燥。50 ℃以后风机转速变为 960 r/min，直至烘烤结束。

（6）干筋期。叶片干燥定色后进入此阶段，以 1 ℃ /h 的速度将干球温度升到 60 ～ 62 ℃，稳温烘烤 6 h 后，以 1 ℃ /h 的速度将干球温度升到 65 ～ 68 ℃，湿球温度控制在 41 ～ 42 ℃，稳温烘烤至全炕烟叶干筋，逐渐关小风洞、排湿窗，继续稳温，直到叶片主脉全干后停火。注意此期间干球温度不超过 70 ℃，湿球温度不超过 43 ℃。

2. 烟夹烘烤

（1）烟叶预处理。干球温度 35 ℃，湿球温度 34 ℃，稳温烘烤 8 ～ 12 h，至高温层叶尖变黄，再以 1 ℃ /h 的速度升温至 38 ℃，达 38 ℃后调低湿球温度，确保烟叶失水发软，点火前先开启高速风机 2 ～ 3 h，打通循环通道后以低速运转。

（2）烟叶变黄期。干球温度 38 ℃，控制湿球温度在 35 ～ 36 ℃，稳温烘烤 18 ～ 24 h，至高温层烟叶八至九成黄，叶片发软，轻微勾尖，再以 0.5 ℃ /h 的速度将干球温度升到 42 ℃，温度升到 40 ℃后开启风机高速运转。

（3）支脉变黄期。干球温度 42 ℃，控制湿球温度在 34 ～ 35 ℃，稳温烘烤 18 ～ 24 h，至高温层烟叶达到黄片青筋、支脉全黄，低温层烟叶基本变黄、叶片勾尖卷边，再以 0.3 ～ 0.5 ℃ /h 的速度将干球温度升到 46 ℃，烟叶变黄，发软塌架，高温层叶片干燥 1/3。

（4）主脉变黄期。干球温度 46 ～ 48 ℃，控制湿球温度在 34 ～ 35 ℃，稳温烘烤 19 ～ 21 h，至主脉泛白变黄、叶片半干呈小卷筒状，再以 0.3 ～ 0.5 ℃ /h 的速度将干球温度升到 52 ℃。稳温时间可延长，在 50 ℃之前使高温层烟叶达到主脉泛白全黄、叶片半干，低温层烟叶主脉基本泛白变黄、勾尖卷边。

（5）香气合成期。干球温度 52 ～ 54 ℃，控制湿球温度在 36 ～ 37 ℃，稳温烘烤 17 ～ 19 h，至全炕烟叶叶片全干，再以 0.5 ℃ /h 的速度将干球温度升到 60 ℃，54 ℃定色转火后风机以低速运转。

（6）干筋期。干球温度 60 ～ 68 ℃，控制湿球温度在 38 ～ 42 ℃，稳温烘烤 24 ～ 36 h，至全炕烟叶叶片干燥，再以 1 ℃ /h 的速度将干球温度升到 68 ℃（表 3-9）。

3. 散叶烘烤

（1）烟叶预处理。点火打开风机，以 1 ℃ /h 的速度将干球温度升到 35 ～ 36 ℃，并控制湿球温度为 34 ℃，稳温烘烤 8 ～ 12 h。观察烟叶变化，当顶层烟叶叶尖 1/3 变黄，烟叶失水 10% 后，以 0.5 ℃ /h 的速度将干球温度升到 38 ℃，在前 3 h，风机进行高速运转，转速为 1440 r/min，之后变为 960 r/min 连续运转。

（2）叶片变黄期。干球温度 38 ℃，控制湿球温度在 35 ～ 36 ℃，顶层烟叶七至八成黄，失水达 20% 左右，手摸烟叶叶片发软，再稳温烘烤 12 ～ 24 h，风机以 960 r/min 的转速运转，然后以 0.5 ℃ /h 的速度将干球温度升到 41 ～ 43 ℃。

（3）支脉变黄期。干球温度 41 ～ 43 ℃，控制湿球温度在 35.5 ～ 36.5 ℃，稳温烘烤 8 ～ 20 h（下部叶 8 h 左右，中上部叶 12 ～ 20 h），顶层烟叶 80% 达到黄片青筋后，以 0.5 ℃ /h 的速度将干球温度升到 45 ～ 47 ℃。干球温度 40 ℃ 以后风机转速即变为 1440 r/min，连续运转至干球温度升到 50 ℃。

（4）主脉变黄期。干球温度 45 ～ 47 ℃，控制湿球温度在 36 ～ 37 ℃，该温度段是黄金烘烤点，稳温烘烤 12 ～ 24 h 至主脉变黄，顶层烟叶达到黄片黄筋后以 0.5 ℃ /h 的速度将干球温度升到 52 ～ 54 ℃。

（5）香气合成期。干球温度 52 ～ 54 ℃，控制湿球温度在 38 ～ 39 ℃，叶腹面、背面色差逐渐缩小，要求加大火力，准确升温，严防湿球温度超过 40 ℃ 或忽高忽低。稳温烘烤 12 ～ 20 h 至全炕烟叶叶片干燥。干球温度 50 ℃ 以后风机转速变为 960 r/min，直至烘烤结束。

（6）干筋期。叶片干燥定色后进入本阶段，以 1 ℃ /h 的速度将干球温度升到 60 ～ 62 ℃，稳温烘烤 6 h 后，以 1 ℃ /h 的速度将干球温度升到 65 ～ 68 ℃，湿球温度控制在 41 ～ 42 ℃，稳温烘烤至全炕烟叶干筋，逐渐关小风洞、排湿窗，继续稳温，直到叶片主脉全干后停火。注意此期间干球温度不超过 70 ℃，湿球温度不超过 43 ℃。

（二）云烟 87 品种指导工艺之烟夹烘烤简要七步法

烟夹烘烤简要七步法见表 3-9 和图 3-39。特别注意：装烟量和烟叶质量是烟夹烘烤的关键，应根据装烟量和烟叶变化灵活掌握烘烤湿度，适当延长稳温时间。

表3-9 烟夹烘烤简要七步法

烘烤阶段	设置步骤	温度设置(℃) 干球温度	湿球温度	升温速度(℃/h)	稳温时间(h)	烟叶变化 变黄程度	干燥程度	烧火操作	风机操作	注意事项
变黄期	第一步	35～36	34	1.0	8～12	高温层烟叶叶尖变黄1/3	—	烧小火,加煤量占炉底面积1/2	点火前先开启风机高速运转2～3 h,打通循环通道后以低速运转	首先保证烟夹外部烟叶叶片变黄,38℃后期调低湿度确保烟叶失水程度宜高
	第二步	38	35～36	0.5	18～24	高温层烟叶八至九成黄	高温层烟叶片发软,轻微勾尖			
	第三步	42	34～35	0.3～0.5	18～24	高温层烟叶达到黄筋,支脉全黄;低温层烟叶基本变黄	叶片勾尖卷边	烧中火加煤量占炉底面积2/3		确保烟叶变黄,并发软塌架,高温层烟叶片干燥1/3
定色期	第四步	46～48	34～35	0.3～0.5	19～21	烟叶主脉泛白变黄	叶片半干,呈小卷筒状	烧大火,但要稳升温,加煤量占炉全部	温度升至40℃后开启风机高速运转	延长稳温时间,在50℃之前使高温层烟叶达到主脉半干,叶片泛白层烟叶基本泛白勾尖卷边
	第五步	52～54	36～37	0.5	17～19		全炉烟叶叶片全干,呈大卷筒状			充分延长时间确保烟叶烤香,提高烟叶品质,减小片背面色差,多出橘色烟
干筋期	第六步	60～62	38	1.0	8～10	—	烟叶主脉干燥1/3～1/2	烧中大火急火杀筋	54℃定色转火后风机以低速运转	控制升温,忌堵温,防止温湿度过高将烟叶烤红
	第七步	65～68	40～42	1.0	16～26	—	全炉烟叶主脉全干			

35～36 ℃高温层烟叶叶尖变黄1/3　　　38 ℃高温层烟叶八至九成黄　　　42 ℃高温层烟叶黄片青筋

46～48 ℃烟叶主脉变白、　　52～54 ℃烟叶叶　　60～62 ℃烟叶主脉干燥　　65～68 ℃烟叶主脉全干
叶片半干呈小卷筒状　　片全干呈大卷筒状　　1/3～1/2

图3-39　烟夹烘烤简要七步法（温度为干球温度）

（三）K326 品种烘烤工艺

K326 品种烘烤工艺见表 3-10。

表3-10 K326烟叶烘烤工艺

烘烤阶段	设置步骤	温度设置(℃) 干球温度	湿球温度	稳温时间(h)	烟叶变化 变黄程度	失水程度	火力大小	风机转速	升温速度	注意事项
变黄期	第一步	36	35	6~8	叶尖变黄	叶尖发软	小火	低速	起点为36℃，1h升1℃	稳温时间不宜长
	第二步	38	36~37	18~20	叶片八成黄	叶片发软	小火	低速	36~38℃，2h升1℃	关注点为顶层
	第三步	40	35~36	12~16	叶片八至九成黄	主脉发软	小火	低速	38~40℃，2h升1℃	关注点为中层，转段前下层叶柄断口处为失水，状态为"闭口"
	第四步	42	34~36	18~26	叶片八至九成黄	主脉发软，塌架	中火	高速	40~42℃，2~3h升1℃	关注点为下层，下层失水达"绕指主脉不断"
定色期	第五步	44~46	34~36	12~16	全炕烟叶叶片变黄，黄片青筋	主脉发软，塌架	大火	高速	第三步至第四步，3h升1℃	考虑上下棚温差，设置干球温度，变黄失水的关注点为下层
	第六步	47~50	37~38	18~24	主脉变白	叶片半干，呈小卷筒状	大火	高速	第四步至第五步，3h升1℃	干球温度一般设置为48℃
	第七步	51~54	38	≥18	—	叶片全干，呈大卷筒状	大火	低速	第五步至第六步，2h升1℃	稳温不少于18h
干筋期	第八步	60	39~40	6~8	—	主脉1/2变干	中火	低速	第六步至第七步，1h升1℃	严禁不稳升温
		68	41~42	—	—	全炕烟叶干燥	中火	低速	第七步至第八步，1h升1℃	严禁未干熄火

注：该烘烤工艺适用于干下降式烤房，编烟量为140~160片/杆，装烟量如有增加，第二步、第三步、第四步的湿度适当调整，每炕装380~400杆，上部叶成熟度达36℃，烘烤起点温度为30℃，以每1h升1℃的速度升至36℃，上部叶成熟度一定要达到工艺成熟。

K326品种烘烤注意事项:(1)烟叶成熟度一定要好,特别是上部叶成熟度,务必达到"叶片八成黄、成熟斑明显""主脉全白"的标准(图3-40、图3-41)。(2)变黄期烟叶失水和变黄要狠,干球温度40 ℃时中温区烟叶叶片八至九成黄、主脉发软;干球温度42 ℃时低温区烟叶叶片八至九成黄、主脉发软、充分塌架(图3-42);干球温度44 ~ 46 ℃时全炕烟叶叶片变黄、主脉发软、充分塌架(图3-43)。(3)升温速度要慢,干球温度42 ~ 50 ℃时,转段升温速度不能超过每3 h 1 ℃。

图3-40 烟叶上部叶4 ~ 6片充分成熟的田间长势

图3-41 单叶充分成熟状态

图3-42 干球温度42 ℃低温区转段前

图3-43 干球温度44 ~ 46 ℃低温区转段前

第四章　奉节烤烟种植品种标准化技术

第一节　烟草原种、良种生产技术规程标准

一、范围

本标准规定了烟草原种、良种生产技术规程。本标准适用于各级从事烟草原种、良种生产的研究单位、烟草公司及原种、良种场的种子生产。

二、定义

本标准采用下列定义。

原种（original seed）：指育种单位（个人）育成品种的原始种子，或推广品种经过提纯后，具有该品种典型性状，并达到原种质量标准的种子。

良种（better strains of seed）：指由原种在严格防杂保纯措施下繁殖的、质量达到良种标准的种子。

三圃制（three-plot system）：原种生产程序之一，由株行圃、株系圃、原种圃三级组成。

三、原种生产技术规程

（一）种源

种源为经审定或认定合格的新品种或引进品种、推广品种，通过三圃制严格选取。

（二）一次繁殖分年使用

新品种的原种一次繁殖，分年使用。于大田第一花期依照品种典型性状，严格去杂、去劣。采收的种子，在低温、干燥条件下保存（10 ℃以下，种子含水量 7% 以下），每年取出少量种子用于繁殖良种。原种繁殖田严格隔离，四周 500 m 内不能有烟田，所用地块应 3 年内未种过茄科作物。

（三）三圃制提纯生产原种

1. 单株选择

单株选择在原种圃和纯度较高的良种田中进行。

2. 选择方法

选择具有原品种典型性状的单株，分 3 次进行。初选在现蕾前，入选株挂牌，注明品种名称、地点；复选在开花始期，入选单株套袋自交，严防自然杂交；决选在开花盛期，入选单株疏花疏果，每株保留蒴果 50 个左右。蒴果呈褐色时分单株收获，分株晾晒、脱粒、装袋，系好标签（注明编号、品种、名称、年度、地点）。

3. 选株数量

依据原种需要而定，一般不少于 60 株。

4. 分系比较

（1）株行圃。种植方法：上年入选单株种子，按单株分别种植 1 行，每行不少于 30 株。每 10 行设 1 行对照（原品种的原种）。田间选择：先以原品种典型性状为依据选择株行，再在当选株行内选留典型单株 4 ～ 6 株。入选单株修花套袋，待蒴果呈褐色时采收。分行晾晒、脱粒、装袋，袋内外标明品种名称、行号、年份等。株行内的杂株、病株现蕾前必须打顶。杂株率大于 5% 或性状明显不同的株行全部淘汰，不再选单株。

（2）株系圃。种植方法：当选株行所有种子称为株系。每株系种植 2 ～ 4 行，每行不少于 30 株。田间选择：于现蕾期，第一花期对各株系生育状况进行观察记载，选择具有原品种典型性状的株系。当选株系选择 10 ～ 20 株套袋留种，修花修果，分系采收、晾晒、脱粒、装袋，袋内外系好标签。

（四）混系繁殖

1. 种植

将株系圃当选株系种子混合种植于原种圃。要求严格隔离（种子田四周 500 m 内不得有烟田）。

2. 去杂去劣

于现蕾前拔除不符合原品种典型性状的烟株和病弱株，修整烟株及果枝上枝杈；摘去过早、过迟的花蕾和蒴果；每株保留蒴果 50 个左右。

3. 收种贮存

蒴果呈褐色时采下果枝，晒干、脱粒、装袋。测定种子水分、发芽势、发芽率、净度。各项指标符合原种标准者，入库贮存。

四、良种生产技术规程

（一）种源

良种生产的种源必须是原种。

（二）种植方法

选择土质肥沃、地力均匀、排灌方便、3 年内未种过烟草和其他茄科作物的地块。保持品种之间的空间隔离（500 m 以上）。育苗时，苗床土壤、基肥及用具都不应带有烟草种子，以免混杂。移栽、补苗时严格避免混栽其他品种的烟苗。

（三）留种田管理

去杂去劣选择留种植株。拔除混杂株、变异株、病株、劣株。此环节现蕾前进行第一次，现蕾时进行第二次。一般良种田选留 80% 左右的植株。

（四）疏花疏果

摘除过早、过迟的花蕾和蒴果。每株选留蒴果不超过 80 个。

（五）叶片采收

留种株腰叶以上叶片在种子成熟前不采收。

（六）收种贮存

待 70% ～ 80% 蒴果呈褐色时采下果枝或蒴果，晒干、脱粒、风选。种子水分、净度、发芽势、发芽率等按《烟草种子检验规程》（YC/T 20—1994）的规定进行检验。种子包装入库按《烟草种子包装》（YC/T 21—1994）的规定执行。入库种子分品种、等级分别装袋，内外系上标签（注明种子类别）分别存放，每层架堆放不超过两层，底层离地面60 cm，四周距墙 50 cm，在低温、干燥条件下保存。

第二节　烤烟品种选择原则与技术

国内外研究资料显示，烤烟品种对烤烟产量的贡献率为 35%，对品质的贡献率为50% 以上，因此种植优良品种对奉节植烟区烟叶增产增收十分重要。然而即使是一个优良品种，随着种植时间的推移，品种的种性和抗病性也会逐步退化，因此，要想不断提高烟叶品质，稳定效益，还应不断优化烤烟品种。奉节烤烟品种选择原则与技术、方法配套措施如下。

一、奉节烤烟品种选择原则

一是依据《中华人民共和国种子法》及《中华人民共和国烟草专卖法》，选用经过全国烟草品种审定委员会审核、认定的品种。二是考虑气候条件、土壤养分状况、生产技术水平，即品种的适应性与区域性。依据本地区病害发生程度和种类，根据主要病害选择对应的抗病品种；考虑品种栽培特性、需肥料差异、肥力条件，选择对应品种；考虑品种的生态适应性、海拔、气温等自然条件，选择对应品种。三是考虑广西中烟对原料的需求与发展（奉节基地是广西中烟全收全调基地），选用品种不仅适应性要与奉节植烟区生态生产条件相吻合，质量风格特色也要与广西中烟对奉节的烟叶质量要求相一致，因为品种彰显特色，生态决定特色，技术保障特色，品牌发扬特色。四是要注意品种的合理搭配种植，既要有主栽品种，又要有搭配品种，以解决抗病不能互补的难题。五是要合理布局，指在一个大范围尺度下区域配置不同的优良品种，形成不同生态条件下不同质量特色的定向栽培，例如在不同的海拔、不同的土壤类型等进行栽培。

二、奉节烤烟品种技术、方法配套措施

优质烤烟品种应能发挥其优质、适产、多抗、广泛适应性等遗传基因特性，还要有配套的栽培技术和调制技术，在移栽期、种植密度、打顶留叶数、施肥量、成熟度、烘烤工艺等方面确定严格的生产技术规范。准确把握品种的耐肥性，提高烟叶质量，彰显风格特色；准确掌握品种的抗性及抗性强度，提高烟叶生产稳定性；准确掌握品种的烘烤特性，提高烟叶质量和生产效益。如易烤性指烟叶在烘烤过程中变黄、脱水的难易程度，较易变黄、易脱水则描述为易烤。耐烤性指烟叶在定色期对烘烤环境变化的敏感性或耐受性，对环境变化不敏感、不易褐变的烟叶被描述为耐烤。

第三节　K326 烤烟品种

K326 烤烟品种是美国诺斯朴·金种子公司（Northup King Seed Company）用 McNair 225（McNair30×NC95）杂交选育而成，1985 年从美国引进我国云南省，1988 年经云南省农作物品种审定委员会审定为推广品种，1986～1988 年参加全国烤烟良种区域试验，1989 年经全国烟草品种审定委员会审定为全国推广良种。

一、特征特性

K326 烤烟品种株型为筒形或塔形，株高 110～130 cm。节距 4～4.89 cm，茎围 7～8.9 cm。着生叶 24～26 片，可采叶 18～22 片。腰叶叶片厚度中等，长椭圆形，绿色，先端渐尖，叶缘波浪状，叶耳小，叶面较皱；主脉较细；茎与叶夹角角度大。花序集中；花冠淡红色。

移栽完成至中心花开放为 52～62 d，大田生育期 120 d 左右。田间生长整齐，腋芽长势强。高抗黑胫病，中抗青枯病、南方根结线虫病和北方根结线虫病，抗爪哇根结线虫病，感野火病、普通花叶病、赤星病和气候型斑点病。亩产量 165.51～202.53 kg。

原烟橘黄色，油分多，光泽强，叶片结构疏松，身份适中，主脉占叶片结构的

28.97%；叶片成分中，总糖占 26.38% 左右，烟碱占 2.01% ～ 3%，蛋白质占 10.77% 左右，总氮占 2.07%，施木克值 2.45，含量比氮：碱为 1.03：1，糖：碱为 13.12：1；多属清香型，评吸认为香气质尚好，香气量足，浓度中等，有杂气，劲头适中，有刺激性，余味尚舒适，燃烧性强，色灰白。

二、栽培与烘烤要点

（1）一般 12 月下旬播种，盖尼龙膜育苗，翌年 2 月下旬至 5 月上旬移植。

（2）适当放宽株行距，一般畦宽 1.7 ～ 1.9 m（包沟），株距 53 ～ 60 cm，亩栽 1200 ～ 1300 株。

（3）适宜在中上等肥力的田块种植，每亩施用纯氮 7 ～ 8 kg，氮、磷、钾施用量比例以 1：2：3 为宜，合理施肥，前后期肥料各占一半。

（4）安排好轮作，防治病虫害。

（5）该品种分层落黄好，烟叶中下部叶较易烘烤，变黄快。一般变黄期温度为 32 ～ 42 ℃，时间为 50 ～ 60 h；定色期 43 ～ 55 ℃，时间为 30 ～ 40 h；干筋期温度不能超过 70 ℃，时间为 25 ～ 30 h。

第四节　云烟 85 烤烟品种

云烟 85 烤烟品种由云南省烟草农业科学研究院用云烟 2 号和 K326 烤烟品种杂交选育而成，1997 年通过全国烟草品种审定委员会审定，目前为云南省主栽品种之一。

一、特征特性

云烟 85 烤烟品种株型为塔形，自然株高 150 ～ 170 cm，打顶株高 110 cm 左右。节距 5 ～ 5.8 cm，茎围 7 ～ 8.03 cm。可采叶 20 ～ 21 片。腰叶叶片长椭圆形，叶耳大；茎与叶夹角角度中等；花冠红色（图 4-1）。

移栽完成至中心花开放约 55 d，大田生育期 120 d 左右。田间生长整齐，腋芽长势强（图 4-2）。高抗黑胫病，中抗南方根结线虫病，感爪哇根结线虫病，耐赤星病和普通花叶病。亩产量 135 ～ 180 kg。

烟叶烤后多呈橘黄色，油分较多，光泽强，叶片结构疏松，身份厚。叶片成分中，总糖占 24% 左右，总氮占 2% 左右，烟碱占 2% 左右。评吸为清香型，香气质好，香气量尚足，微有杂气，劲头适中，微有刺激性，余味尚适中，燃烧性强，色灰白。

图 4-1 云烟 85 烤烟品种植株形态　　　图 4-2 云烟 85 烤烟品种大田长势长相

二、栽培要点

云烟 85 烤烟品种耐肥性强，适宜在中等肥力以上田块种植，亩栽 1100 ～ 1200 株。每亩施用纯氮 7 ～ 8 kg，氮、磷、钾施用量比例为 1 :（0.5 ～ 1):（2 ～ 2.5），基肥应充足，及早追肥，确保伸根期肥料充足。现蕾时打顶，留叶 20 ～ 22 片。特别要注意该品种大田生长初期如果受环境胁迫（干旱等）影响，有 10 ～ 15 d 抑制生长期，应加强田间管理，不可打顶过低，盲目增加肥料，烟株后期长势强。

三、烘烤要点

云烟 85 烤烟品种比 K326 烤烟品种变黄速度略快，失水速度平缓，容易烘烤。在采收充分成熟烟叶的基础上，变黄期温度为 38 ～ 40 ℃，使叶片基本变黄；定色期 52 ～ 54 ℃，将叶片基本烤干；干筋期温度不超过 68 ℃，烤干全炉烟叶。

第五节　云烟 87 烤烟品种

云烟 87 烤烟品种是云南省烟草科学研究所、中国烟草育种研究（南方）中心以云烟 2 号烤烟品种为母本、K326 烤烟品种为父本杂交选育而成，2000 年 12 月通过全国烟草品种审定委员会审定。

一、特征特性

云烟 87 烤烟品种株型为塔形，打顶后为筒形，自然株高 178 ～ 185 cm，打顶株高 110 ～ 118 cm。节距 5.5 ～ 6.5 cm。叶片上下分布均匀。大田着生叶 25 ～ 27 片，可采叶 18 ～ 20 片。腰叶叶片长椭圆形，长 73 ～ 82 cm，宽 28.2 ～ 34 cm，深绿色，先端渐尖，叶缘波浪状，叶耳大，叶面皱。花枝少；花比较集中，红色。

大田生育期 110 ～ 115 d，移栽完成至旺长期烟株生长缓慢，后期生长迅速且整齐。抗黑胫病、叶斑病，中抗南方根结线虫病、青枯病，耐普通花叶病。亩产量135 ～ 180 kg。种性稳定，变异系数较 K326 烤烟品种小。

云烟 87 烤烟品种下部叶为柠檬色，中上部叶为金黄色或橘黄色，烟叶厚薄适中，油分多，光泽强，组织疏松。叶片成分中，总糖占 31.14% ～ 31.66%，还原糖占 24.05% ～ 26.38%，烟碱占 2.28% ～ 3.16%，总氮占 1.65% ～ 1.67%，蛋白质占7.03% ～ 7.85%，各种化学成分相协调。评吸质量档次为中偏上。

二、栽培要点

云烟 87 烤烟品种最适宜种植海拔为 1500 ～ 1800 m，海拔超过 1800 m 的植烟区采用地膜栽培技术，也能获得优质、适产、高效益烟株；适应性广，抗性强；苗期生长速度快，品种较耐肥，需肥量与 K326 烤烟品种接近，每亩施用纯氮 8 ～ 9 kg；针对云烟87 烤烟品种前期生长慢、后期生长迅速的特点，基肥应不超过 1/3，追肥占 2/3，分多次追施较为合理，并根据当年的气候、降水量等因素特点，合理掌握封顶时间，不过早封顶，以免烟株后期长势过头。

三、烘烤要点

云烟 87 烤烟品种烟叶变黄速度适中，变黄较整齐，失水平衡，定色脱水较快，烟叶变黄定色、脱水干燥较为协调，容易烘烤，烘烤特性与 K326 烤烟品种接近，可与K326 烤烟品种同炉烘烤。

第六节　红花大金元烤烟品种

红花大金元烤烟品种是云南省昆明市路南彝族自治县（现石林彝族自治县）路美邑村烟农于 1962 年从种植的大金元烤烟品种中选出的红花单株，1972 ～ 1974 年经云南省农科院烤烟所、曲靖地区烟叶办公室进一步选择培育而成。1975 年定名为红花大金元，通过全国烟草品种审定委员会认定为优良品种。

一、特征特性

红花大金元烤烟品种株型为筒形或塔形，株高 110 ～ 130 cm。节距 4 ～ 5 cm，茎围 9 ～ 12 cm。着生叶 20 ～ 22 片，可采叶 15 ～ 18 片。腰叶叶片较厚，长椭圆形，长60 cm 左右，宽 20 cm 左右，绿色，先端渐尖，叶缘波浪状，叶耳大，叶面较平；主脉较粗；茎与叶夹角角度小。花序集中；花冠深红色。

大田生育期 110 ～ 120 d。田间长势中等，叶片落黄慢，耐成熟。中抗南方根结线虫病，抗爪哇根结线虫病，气候性斑点病轻，感赤星病，中感野火病和普通花叶病。亩产量 130 ～ 180 kg。

烟叶烤后多呈金黄色、柠檬黄色，油分多，光泽强，富弹性，身份适中。叶片成分中，总糖占 26.02% ～ 31.93%，还原糖占 20.88% ～ 26.76%，总氮占 1.71% ～ 2.01%，烟碱占 1.92% ～ 2.61%。评吸为清香型，香气质好，香气量尚足，浓度中等，有杂气，劲头适中，燃烧性强，色灰白。

二、栽培与烘烤要点

适宜在水肥条件中等以上的丘陵、山区推广种植。亩栽 1000 ～ 1100 株，中心花开放时打顶，留叶 18 ～ 20 片。正常条件下，中等肥力土壤一般每亩施纯氮 8 kg 左右，氮、磷、钾施用量比例以 1∶1∶2 为宜。烟叶落黄慢，应确保充分成熟后采收，严防采青，致烘烤中变黄速度慢，而失水速度又快，较难定色，难烘烤。

应掌握变黄主要温度为 38 ～ 40 ℃，变黄七至八成，要注意通风排湿，40 ℃后烤房湿球温度要控制在 36 ～ 38 ℃，43 ℃烟叶变黄九成，45 ℃保温使烟叶全部变黄，定色前期慢升温，加强通风排湿，待烟筋变黄后升温转入定色后期。干筋期温度不超过 65 ℃。中上部叶，38 ℃变黄八成左右，43 ℃全黄，变黄时间需 50 h 以上。定色前期升温慢，45 ～ 47 ℃保温时间要长，待烟筋变黄后再升温转入定色后期。干筋期温度不超过 68 ℃。

第七节　云烟 202 烤烟品种

云烟 202 烤烟品种是云南省烟草科学研究所、中国烟草育种研究（南方）中心选育的雄性不育杂交种。其母本为 MSKX13 烤烟品种，父本为 KX14 烤烟品种。2003 年通过云南省烟草品种审评委员会审评，2003 年 8 月通过全国烟草品种审定委员会审定。

一、特征特性

云烟 202 烤烟品种株型为塔形，打顶后近似筒形，打顶株高 110 ～ 130 cm。节距 5 cm 左右，茎围 10 cm 左右。着生叶 25 ～ 26 片，可采叶 20 片以上。腰叶长椭圆形，长 68 cm 左右，宽 28 cm 左右，绿色，先端渐尖，叶缘波浪状；主脉粗细中等；茎与叶夹角角度中等。花序集中；花冠淡红色。

大田生育期 110 ～ 115 d。田间长势较强，大田生长整齐。抗黄瓜花叶病、黑胫病，中抗赤星病、青枯病和南方根结线虫病，中感普通花叶病和马铃薯 Y 病毒病。亩产量 140 ～ 170 kg。

烟叶烤后多呈橘黄色，色度较强，油分多，光泽强，叶片结构疏松，身份适中。叶片成分中，总糖占 26% 左右，总氮占 2% 左右，烟碱占 2% 左右。香气质中至中偏上、细腻，香气量足，浓度深，劲头适中，有刺激性，余味尚适，燃烧性强，灰色或灰白色，质量档次中偏上。

二、栽培与烘烤要点

适宜在水肥条件中等以上的中高山地区推广使用。亩栽 1100 株左右，留叶 20～22 片。正常条件下，中等肥力土壤一般每亩施用纯氮 6 kg 左右，氮、磷、钾施用量比例以 1:（1～1.5）:2.5 为宜。叶片分层落黄较好，成熟稍晚，易烘烤，失水速度稍快。

烘烤时变黄速度应稍慢，在变黄期注意湿度稍大，温度稍低，控制在 38～40 ℃。定色期温度应为 45～54 ℃，将叶片基本烤干。干筋期温度应在 68 ℃以下，烤干全炉烟叶，以保证香气充足。

第八节　中烟 100 烤烟品种

中烟 100 烤烟品种是中国烟草遗传育种研究（北方）中心以 NC82 烤烟品种为中心亲本，与多抗性互补亲本 9201 烤烟品种杂交，再用 NC82 烤烟品种回交 5 代后，用系谱法定向选择培育而成的品种，2002 年 12 月通过全国烟草品种审定委员会审定。

一、特征特性

中烟 100 烤烟品种株型为筒形。叶数 24 片左右，可采叶 20～22 片。腰叶叶片椭圆形，长 65 cm 左右，宽 30 cm 左右，绿色，先端渐尖，叶面稍皱。花序较松散；花冠粉红色。

生育期 110～120 d，前期长势中等，中期转强，生长整齐一致。高抗赤星病、黑胫病、中抗根结线虫病、气候性斑点病，中感黄瓜花叶病、青枯病，感烟草普通花叶病、野火病。亩产量 140～170 kg。

烟叶烤后多呈橘黄色，光泽强，叶片色度均匀，油分较多，叶片结构疏松，单叶重 7.8 g 左右。叶片成分中，总糖占 26% 左右，烟碱占 2.5% 左右，总氮占 2% 左右，糖碱比为 8:1 左右，氮碱比为 0.75:1 左右。香气质较好，香气量较足，浓度较深，劲头适中，余味尚舒适，燃烧性较强，烟灰呈灰白色。

二、栽培与烘烤要点

中烟 100 烤烟品种适应能力较强，肥水条件较好的地块均适宜种植。栽植密度以 1000～1200 株/亩为宜，平顶后株型呈筒形较好，留叶 18～22 片。一般每亩施用纯氮 7～9 kg，氮、磷、钾施用量比例以 1:（1～1.5）:（2～3）为宜。叶片分层落黄较好，易烘烤。

适宜采用三段式烘烤技术，应注意保证足够的烟叶变黄、定色时间，以利于物质的充分转化和香气物质的形成、积累，提高烟叶的内在品质和工业可用性。

第五章 奉节烟叶质量技术标准

第一节 烤烟标准

一、适用范围

本标准规定了烤烟的技术要求、检验方法和验收规则等内容。本标准适用于初烤或复烤后而未经发酵的扎把烤烟。文字标准辅以实物样本是分级、收购、交接的依据。出口供货以实物样本为依据。

二、术语和代号

（一）术语

分组（groups）：在烟叶着生部位、颜色和与其总体质量相关的某些特征的基础上，将密切相关的等级划分成组。

分级（grading）：将同一组列内的烟叶，按质量的优劣划分级别。

成熟度（maturity）：调制后烟叶的成熟程度（包括田间和调制成熟度），成熟度划分为下列档次。

（1）完熟（mellow）：烟叶上部叶在田间达到高度成熟，且调制后熟充分。

（2）成熟（ripe）：烟叶在田间及调制后熟均达到成熟程度。

（3）尚熟（mature）：烟叶在田间刚达到成熟，生化变化尚不充分或调制失当后熟不够。

（4）欠熟（unripe）：烟叶在田间未达到成熟或调制失当。

（5）假熟（premature）：泛指脚叶，外观似成熟，实质上未达到真正成熟。

叶片结构（leaf structure）：烟叶细胞排列的疏密程度，档次分为疏松（open）、尚疏松（firm）、稍密（close）、紧密（tight）。

身份（body）：烟叶厚度、细胞密度或单位面积的重量。以厚度表示，档次分为薄（thin）、稍薄（less thin）、中等（medium）、稍厚（fleshy）、厚（heavy）。

油分（oil）：烟叶内含有的一种柔软半液体或液体物质，根据感官感觉，分为下列档次。

（1）多（rich）：富油分，表观油润。

（2）有（oily）：尚有油分，表观有油润感。

（3）稍有（less oily）：较少油分，表观尚有油润感。

（4）少（lean）：缺乏油分，表观无油润感。

色度（color intensity）：烟叶表面颜色的饱和程度、均匀度和光泽强度。分为下列档次。

（1）浓（deep）：叶表面颜色均匀、色泽饱和。

（2）强（strong）：颜色均匀，饱和度略逊。

（3）中（moderate）：颜色尚匀，饱和度一般。

（4）弱（weak）：颜色不匀，饱和度差。色泽淡。

（5）淡（pale）：颜色不匀，色泽淡。

长度（length）：从叶片主脉柄端至尖端的距离，以厘米（cm）为单位。

残伤（waste）：烟叶组织受破坏，失去成丝的强度和坚实性，基本无使用价值（包括由于烟叶成熟度的提高而出现的病斑、焦尖和焦边），以百分数表示。

破损（injury）：叶片因受到机械损伤而失去原有的完整性，且每片叶破损面积不超过50%，以百分数表示。

颜色（color）：同一型烟叶经调制后烟叶的相关色彩、色泽饱度和色值的状态。

（1）柠檬黄色（lemon）：烟叶表观全部呈现黄色，在习惯称呼的淡黄色、正黄色色域内。

（2）橘黄色（orange）：烟叶表观呈现橘黄色，在习惯称呼的金黄色、深黄色色域内。

（3）红棕色（red）：烟叶表观呈现红黄色或浅棕黄色，在习惯称呼的红黄色、棕黄色色域内。

微带青（greenish）：黄色烟叶上叶脉带青或叶片含微浮青面积在10%以内者。

青黄色（green-yellow）：黄色烟叶上有任何可见的青色，且不超过三成者。

光滑（slick）：烟叶组织平滑或僵硬。任何叶片上平滑或僵硬面积超过20%者，均列为光滑叶。

杂色（variegated）：烟叶表面存在的非基本色颜色斑块（青黄烟除外），包括轻度洇筋、蒸片及局部挂灰，全叶受污染，青痕较多，严重烤红，严重潮红，受烟蚜损害叶等。凡杂色面积达到或超过20%者，均视为杂色叶片。

青痕（green spotty）：烟叶在调制前受到机械擦压伤而造成的青色痕迹。

纯度允差（tolerance）：混级的允许度。允许在上、下一级总和之内。纯度允差以百分数表示。

（二）代号

1. 颜色代号

颜色用下列代号表示：L——柠檬黄色、F——橘黄色、R——红棕色。

2.分组代号

分组用下列代号表示：X——下部（lugs），C——中部（cutters），B——上部（leaf），H——完熟（smoking leaf），CX——中下部（cutters of lugs），S——光滑叶（slick），K——杂色（variegated），V——微带青（greenish），GY——青黄色（green-yellow）。

（三）分组、分级

1.分组

根据烤烟烟叶在烟株上生长的位置分为下部、中部、上部。根据颜色深浅分为柠檬黄色、橘黄色、红棕色，即下部柠檬黄色、橘黄色组；中部柠檬黄色、橘黄色组；上部柠檬黄色、橘黄色、红棕色组；另分一个完熟叶组共 8 个正组。副组包括中下部杂色、上部杂色、光滑叶、微带青、青黄色 5 个副组。烤烟部位分组特征见表 5-1。

表 5-1　烤烟各部位分组特征

组别	部位特征			颜色
	脉相	叶形	厚度	
下部	较细	较宽圆	薄至稍薄	多柠檬黄色
中部	适中，遮盖至微露，叶尖处稍弯曲	宽至较宽，叶尖较钝	稍薄至中等	多橘黄色
上部	较粗到粗，较显露至突起	较宽，叶尖较锐	中等至厚	多橘黄色、红棕色

注：在特殊情况下，部位划分以脉相、叶形为依据。

2.分级

根据烟叶的成熟度、叶片结构、身份、油分、色度、长度、残伤等 7 个外观品级因素分级。分为下部柠檬黄色 4 个级别、橘黄色 4 个级别，中部柠檬黄色 4 个级别、橘黄色 4 个级别，上部柠檬黄色 4 个级别、橘黄色 4 个级别、红棕色 3 个级别，完熟叶 2 个级别，中下部杂色 2 个级别，上部杂色 3 个级别，光滑叶 2 个级别，微带青 4 个级别，青黄色 2 个级别，共 42 个级别。

三、技术要求

（一）品级要素

将每个要素划分出不同的程度档次，与其他有关因素相应的程度档次相结合，以勾画出各等级的质量状况，确定各等级的相应价值。烤烟品级要素的程度档次见表 5-2。

表5-2 烤烟品级要素及程度档次

品级要素		程度档次				
		1	2	3	4	5
品质因素	成熟度	完熟	成熟	尚熟	欠熟	假熟
	叶片结构	疏松	尚疏松	稍密	紧密	—
	身份	中等	稍薄、稍厚	薄、厚	—	—
	油分	多	有	稍有	少	—
	色度	浓	强	中	弱	淡
	长度	以厘米（cm）为单位				
控制因素	残伤	以百分比控制				

（二）品质规定

烤烟品质规定见表5-3。

表5-3 烤烟品质规定

组别		级别	代号	成熟度	叶片结构	身份	油分	色度	长度（cm）	残伤（%）
下部X	柠檬黄色 L	1	X1L	成熟	疏松	稍薄	有	强	40	15
		2	X2L	成熟	疏松	薄	稍有	中	35	25
		3	X3L	成熟	疏松	薄	稍有	弱	30	30
		4	X4L	假熟	疏松	薄	少	淡	25	35
	橘黄色 F	1	X1F	成熟	疏松	稍薄	有	强	40	15
		2	X2F	成熟	疏松	稍薄	稍有	中	35	25
		3	X3F	成熟	疏松	稍薄	稍有	弱	30	30
		4	X4F	假熟	疏松	薄	少	淡	25	35
中部C	柠檬黄色 L	1	C1L	成熟	疏松	中等	多	浓	45	10
		2	C2L	成熟	疏松	中等	有	强	40	15
		3	C3L	成熟	疏松	稍薄	有	中	35	25
		4	C4L	成熟	疏松	稍薄	稍有	中	35	30
	橘黄色 F	1	C1F	成熟	疏松	中等	多	浓	45	10
		2	C2F	成熟	疏松	中等	有	强	40	15
		3	C3F	成熟	疏松	中等	有	中	35	25
		4	C4F	成熟	疏松	稍薄	稍有	中	35	30

续表

组别		级别	代号	成熟度	叶片结构	身份	油分	色度	长度（cm）	残伤（%）
上部 B	柠檬黄色 L	1	B1L	成熟	尚疏松	中等	多	浓	45	15
		2	B2L	成熟	稍密	中等	有	强	40	20
		3	B3L	成熟	稍密	中等	稍有	中	35	30
		4	B4L	成熟	紧密	稍厚	稍有	弱	30	35
	橘黄色 F	1	B1F	成熟	尚疏松	稍厚	多	浓	45	15
		2	B2F	成熟	尚疏松	稍厚	有	强	40	20
		3	B3F	成熟	稍密	稍厚	有	中	35	30
		4	B4F	成熟	稍密	厚	稍有	弱	30	35
	红棕色 R	1	B1R	成熟	尚疏松	稍厚	有	浓	45	15
		2	B2R	成熟	稍密	稍厚	有	强	40	25
		3	B3R	成熟	稍密	厚	稍有	中	35	35
完熟叶 H		1	H1F	完熟	疏松	中等	稍有	强	40	20
		2	H2F	完熟	疏松	中等	稍有	中	35	35
杂色 K	中下部 CX	1	CX1K	尚熟	疏松	稍薄	有	—	35	20
		2	CX2K	欠熟	尚疏松	薄	少	—	25	25
	上部 B	1	B1K	尚熟	稍密	稍厚	有	—	35	20
		2	B2K	欠熟	紧密	厚	稍有	—	30	30
		3	B3K	欠熟	紧密	厚	少	—	25	35
光滑叶 S		1	S1	欠熟	紧密	稍薄、稍厚	有	—	35	10
		2	S2	欠熟	紧密	—	少	—	30	20
微带青 V	下二棚 X	2	X2V	尚熟	疏松	稍薄	稍有	中	35	15
	中部 C	3	C3V	尚熟	疏松	中等	有	强	40	10
	上部 B	2	B2V	尚熟	稍密	稍厚	有	强	40	10
		3	B3V	尚熟	稍密	稍厚	稍有	中	35	10
青黄色 GY		1	GY1	尚熟	尚疏松至稍密	稍薄、稍厚	有	—	35	10
		2	GY2	欠熟	稍紧密至紧密	稍薄、稍厚	稍有	—	30	20

（三）水分含量及含砂土率

烟叶水分含量规定及含砂土率允许量见表 5-4。烟叶扎把要求为自然把，每把 25 ～ 30 片，把头周长 100 ～ 120 mm、绕宽 50 mm。

表5-4　烟叶水分含量规定及含砂土率允许量

级别	纯度允差上限（%）	破损率上限（%）	水分含量（%）		含砂土率上限（%）	
			初烤烟	复烤烟	初烤烟	复烤烟
C1F C2F C3F C1L C2L B1F B2F B1L B1R H1F X1F	10	10	16～18 （其中 4～9月为 16～17）	11～13	1.1	1.0
C3L X2F C4L C4F X3F X1L X2L B3F B4F B2L B3L B2R B3R H2F X2V C3V B2V B3V S1	15	20				
B4L X3L X4L X4F S2 CX1K CX2K B1K B2K B3K GY1 GY2	20	30				

四、验收规则

（一）定级原则

烤烟的成熟度、叶片结构、身份、油分、色度、长度都达到某级规定，且残伤情况不超过某级允许度时，即定为某级。

（二）等级确定

当重新检验时与已确定等级不符，则原定级无效。一批烟叶介于两种颜色之间，则视其他品质先定色后定级。一批烟叶介于两种等级之间，则定较低等级。

一批烟叶等级为 B 级，若其中一个因素未达到 B 级规定则定为 C 级；若一个或多个因素高于 B 级，仍为 B 级。青片、霜冻烟叶、火伤、火熏、异味、霉变、掺杂、水分超限等均为不列级，不予收购。中下部杂色 1 级（CX1K）限于腰叶、下二棚部位。光滑叶 1 级（S1）限于腰叶，上、下二棚部位。青黄色 1 级限于含青色二成以下的烟叶。青黄色 2 级限于含青色三成以下者。H 组中 H1F 为橘黄色，H2F 包括橘黄色和红棕色。中部微带青质量低于 C3V 的烟叶应列入 X2V 定级。质量达不到 C3F、C3L 的中部叶应列入下部烟组定级。中部叶短于 35 cm 者在下部叶组定级。杂色面积超过 20% 的烟叶，在杂色组定级。杂色面积小于 20% 的烟叶，允许在正组定级，但杂色与残伤相加之和不得超过相应等级的残伤百分数，超过者定为下一级；杂色与残伤之和超过该组最低等级残伤允许度者，可在杂色组内适当定级。褪色烟在光滑叶组定级。基本色影响不明显的轻度烤红烟，在相应部位、颜色组别二级以下定级。叶片上同时存在光滑与杂色的烟叶在杂色组定级。

青黄色烟叶叶片上存在杂色时仍在青黄色组按质定级。破损的计算以一把烟内破损总面积占把内烟叶应有总面积的百分比计算；每片叶片的完整度必须为 50% 以上，低于 50% 者列为级外烟。纯度允差及破损率的规定见表 5-4。

凡列不进标准级别的但尚有使用价值的烟叶，可视作级外烟。收购部门可根据用户需要议定收购。否则，拒收购。每包（件）内烟叶自然碎片不得超过 3%。

五、检验方法

（一）品质检验

品质检验按成熟度、叶片结构、身份、油分、色度、长度、残伤情况逐项检验，以感官鉴定为主。

取样数量为 5 ～ 10 kg，从现场检验打开的全部样件中平均抽取，每样件至少抽样两把。若检验打开的样件超过 40 件，只需任选 40 件。

将送检样本逐把取 1/3 称重，按标准逐片分级，分别称重，复核无误后计算其合格率。如有异议时，可再按原方法另取 1/3 样本进行检验，以两次检验结果平均数为准。

（二）水分检验

现场检验用感官检验法，室内检验用烘箱检验法。

1. 取样

取样数量不少于 0.5 kg，从现场检验打开的全部样件中平均抽取。现场检验打开的样件超过 10 件，则超过部分，每 2 ～ 3 件任选一件。每件样件的取样部位，从开口一面的一条对角线上，等距离抽出 2 ～ 5 处，每处各一把，从每把中任取半把，放入密闭的容器中，化验时，从每半把中选完整叶 2 ～ 3 片。

2. 感官检验法

初烤烟以烟筋稍软不易断，手握稍有响声，不易破碎为准。

3. 烘箱检验法

（1）仪器及用具。

分析天平：感量 1/1000 g。

电热烘箱（或其他烘箱）：具有调节温度装置，并能自动控制温度误差在 ±2 ℃范围内，附带有 0 ～ 200 ℃温度计，汞银球位于试样搁板以上 1.5 ～ 2.0 cm 处。只能使用中层搁板。

玻璃干燥器：内装干燥剂。

样本盒：铝制，直径 60 mm，高 25 mm，并在盖上及底盒侧壁标号码。

（2）操作程序。从送检样本中均匀抽取约 1/4 的叶片，迅速切成宽度不超过 5 mm 的小片或细丝。混匀后用已知干燥重量的样本盒称取试样 5 ～ 10 g，记下所得试样重量。去盖后放入温度为 100 ±2 ℃的烘箱内，自温度升至 100 ℃时算起，烘烤 2 h，加盖，取出，放入干燥器内，冷却至室温，再称量。按式（1）计算百分率：

$$水分 = \frac{试样重量 - 烘后重量}{试样重量} \times 100\% \cdots\cdots\cdots（1）$$

注意：每批样本的测定均应做平行试验，二者绝对值的误差不得超过 0.5%，以平行试验结果的平均值为检验结果。如平行试验结果误差超过规定时，应做第三份试验，在 3 份试验结果中以两个误差接近的平均值为准。检验结果所取数字，以 0.1% 为准，下一位数字按《数值修约规则与极限数值的表示和判定》（GB/T 8170—2008）进行修约。

（三）砂土检验

现场检验用感官检验法，室内检验用重量检验法。

1. 取样

取样数量不少于 1 kg。从现场检验打开的全部样件中平均抽取，如现场检验打开的样件超过 10 件，则任选取 10 件为取样对象，每件任取一把。如双方仍有争议时，可酌情增加取样数量。

2. 感官检验法

用手抖拍烟把无砂土落下，看不见烟叶表面附有砂土即为合格。

3. 重量检验法

（1）用具。

分析天平：感量 1/10 g。

毛刷：宽 100 mm，猪鬃长 70 mm 左右。

分离筛：孔径 0.25 mm（相当于 1 in²* 60 孔），附有筛盖、筛底。

（2）操作程序。从送检样本中均匀取 2 份平行试样，每份试样重 400～600 g。称得试样重量后，在油光纸上将烟把解开，用毛刷逐片正反两面各轻刷 5～8 次，刷净，搜集刷下的砂土，通过分离筛，至筛不下为止。将筛的砂土称重，记录重量，按式（2）计算砂土率：

$$砂土率 = \frac{砂土重量}{试样重量} \times 100\% \cdots\cdots\cdots\cdots\cdots\cdots\cdots\cdots（2）$$

注意：以两次平行试验结果的平均数为测定的结果。检验结果所取数字位数，以 0.1% 为准，下一位数字修约规则同水分检验。

（四）熄火烟检验

取样数量为每件抽取 5 处，每处任取两把，每把任取 1 片。从现场打开的全部样件中平均抽取。未成件的烟叶，按每 50 kg 均匀取 10 把，每把 1 片，共 10 片；不足 50 kg 者仍取 10 把，每把 1 片。

熄火烟检验用燃烧法。每片叶片横向取其中部 1/3（即除去叶尖和叶基部的 1/3），再横向平均剪成 3 条叶块，分别在明火上点燃后，吹熄火焰，同时计时至最后一火点熄灭止，即为阴燃时间。3 条叶块中 2 条叶块阴燃时间少于 2 s 者即为熄火叶片。以此法检测后，按式（3）计算烟叶熄火率：

$$熄火率 = \frac{熄火叶片数}{检查总叶数} \times 100\% \cdots\cdots\cdots\cdots\cdots\cdots\cdots\cdots（3）$$

---

* in² 为非法定计量单位，1 in²=6.4516 cm²。

六、检验规则

现场检验：每批（指同一地区、同一级别烤烟）在 100 件以内取 10% ～ 20% 的样件，超出 100 件的部分取 5% ～ 10% 的样件，必要时酌情增加取样比例。

成件取样，自每件中心向其四周抽检样 5 ～ 7 处，约 3 ～ 5 kg。

未成件烟取样，可全部检验，或按部位抽检样 6 ～ 9 处，3 ～ 5 kg 或 30 ～ 50 把。

对抽验样按本标准第七条规定进行检验。

现场检验中任何一方对检验结果有不同意见时，送上级技术监督主管部门进行检验。检验结果如仍存异议，可再复验，并以复验结果为准。

七、实物标样

实物标样是检验和验级的凭证，为验货的依据之一。

实物标样分基准标样和仿制标样两类。

基准标样根据文字标准制定，经全国烟草标准化技术委员会烟叶标准标样分技术委员会审定后，由国家技术监督局批准执行。3 年更换一次。

仿制标样由各省（自治区、直辖市）各有关部门根据基准标样进行仿制，经省技术监督局批准执行，每年更新一次。

实物标样制定原则：代表性样本以各级烟叶中等质量叶片为主，包括级内大致相等的较好和较差叶片。每把 20 ～ 25 片。可用无残伤和无破损叶片。

八、包装、标识、运输、贮存

（一）包装

每包（件）烤烟必须是同一产区、同一等级。包装用的材料必须牢固、干燥、清洁、无异味、无残毒。包（件）内烟把应排列整齐，循序相压，不得有任何杂物。

包装类型分麻袋包装和纸箱包装两种：（1）麻袋包装。每包净重 50 kg，成包体积 400 mm × 600 mm × 800 mm。（2）纸箱或木箱包装。每箱净重 200 kg，外径规格 1115 mm × 690 mm × 725 mm。

（二）标识

包内要放标识卡片，卡片必须字迹清晰。

包（件）正面标识内容：（1）产地（省、县）。（2）级别（大写及代号）。（3）重量（毛重、净重）。（4）产品年、月。（5）供货单位名称。

包件的四周应注明级别及其代号。

（三）运输

运输包件时，上面必须有遮盖物，包严、盖牢、防日晒和受潮。不得与有异味和有毒物品混运，有异味和被污染的运输工具不得装运烟叶。装卸必须小心轻放，不得摔包、钩包。

（四）贮存

1. 垛高

麻袋包装初烤烟 1 ～ 2 级（不含副组 2 级）不超过 5 个包高，3 ～ 4 级不超过 6 个包高；复烤烟不超过 7 个包高。硬纸箱包装不受此限。

2. 场所

必须干燥通风，地势高，不靠近火源和油仓。

3. 包位

须置于距地面 300 mm 以上的垫石木上，距房墙至少 300 mm。不得与有毒物品或有异味物品混贮。

4. 露天堆放

四周必须有防雨、防晒遮盖物，封严。垛底需距地面 300 mm 以上，垫木（石）与包齐，以防雨水浸入。存贮须防潮、防火、防霉、防虫。定期检查，确保商品安全。

第二节　奉节烤烟产品质量内控标准

产量目标为单产 120 kg/ 亩。

质量目标上，把烟叶生产技术到位率作为质量提升的重要抓手，狠抓烟叶"三度"培育，烟叶整齐度 95% 以上，烟叶成熟采烤到位率 90% 以上。把特色烟叶生产作为稳规模、增效益、保产业的重要载体，精布局、严落实，确保金子特色烟叶规模稳中有增、K326 特色烟叶、高可用性上部叶质量稳步提高。

外观质量上，要成熟度好，以橘黄为主，油分充足，色泽饱满，结构疏松，身份适中。

评吸质量上，要香气质好，香气量足，劲头适中，吃味醇和舒适，杂气少，刺激性小，燃烧性好，"香馥静雅，醇甜和顺"的风格特色明显。

化学成分总体协调，总氮、烟碱、淀粉、总糖、钾、氯等含量控制在合理范围之内，糖碱比 8：10，钾氯比 4：10，氮碱比 0.9：1。

等级质量上，烟叶收购质量符合工商共同制定的标准，等级综合合格率在 80% 以上；严控青杂、非烟物质、霉变压油烟叶，水分含量控制在 16% ～ 18%。

等级结构上，上等烟比例大于或等于 70%，中等烟、上等烟比例 100%，烟叶中部叶比例大于或等于 65%，中部上等烟比例大于或等于 55%。

第三节　烟叶质量安全控制

2003 年《中国卷烟科技发展纲要》提出"高香气、低焦油、低危害"的中式卷烟发展方向。烟草生产的根本是烟叶质量。从卷烟企业的角度看，烟叶质量安全可以从烟叶的纯净性、可用性、安全性 3 个方面来考虑。烟叶纯净性指不含外来源物质，包括不含转基因、不含非烟物质（NTM）；烟叶可用性指烟叶在工业企业的使用价值，是烟叶物理化学特性和烟气特征的总和，体现了烟叶的内在品质和质量风格要素；烟叶安全性是指烟叶内含物中不含有害成分和违禁成分，尤其是指烟叶中重金属和化学投入品残留量低。目前，奉节基地主要按照重金属、非烟物质、农药残留、转基因、霉变异味五类影响烟叶安全标的物进行分类，构建了烟叶生产过程安全性控制标准体系，该标准体系既含有技术标准，也含有管理标准、工作标准。技术标准有烤烟漂浮育苗基质、农田灌溉水质量、农药安全使用标准等。管理标准有烟草前茬作物管理要求、烟草农用物资采购管理标准、烟叶生产肥料使用管理规范等。工作标准有烟叶整选管理办法、烟叶运输要求、植烟残留物清除规范、农家肥积造及施用规范等。奉节烟叶工业可用性近年有了极大的提高，散叶烘烤、分级收购对非烟物质的控制更加有效，对转基因烟草严格禁止使用。在烟叶安全性方面进行了大量的研发和推广工作，包括无公害烟叶生产技术研究推广、烟叶农残分析、低危害烟叶开发等。同时，对化学投入品实行严格的登记准入户制度，禁止烟农使用剧毒农药，鼓励烟农使用植物源农药和生物制剂等。

第四节　非烟物质控制

近年来，广西中烟高度重视"真龙"品牌卷烟产品的安全性，加大对烟叶原料的安全性管控，不仅要限制重金属、农药残留等含量指标，同时也对广西中烟基地烟叶生产过程中的非烟物质控制进行严格要求。烟叶中的非烟物质主要有 3 类，一旦混入"真龙"品牌卷烟产品中轻则产生不适杂气，影响产品感官评吸质量以及消费者吸食感受，重则因聚乙烯类等物质燃烧产生有害物质，危害人的身体健康。因此，控制好非烟物质不仅是烟叶生产环节、收购和复烤加工环节管理的一项重要工作，也是提高烟叶原料使用价值和保障卷烟商品质量的基础之一。烟叶中非烟物质的产生主要来自烟叶原料生产过程，广西中烟奉节基地对烤烟生产及收购质量、打叶复烤工艺装备水平环节质量控制意识逐年增强，逐步在烤烟田间生长发育期、烟叶成熟采收阶段、初次烟叶分级保管、烟叶分级收购等环节增加相应的管理控制措施，加强对非烟物质的源头治理。

一、非烟物质的分类及危害性

（一）分类

烟叶中的非烟物质是指混杂在烟叶中除烟梗、烟叶外的其他物质及被污染不能用于卷烟产品生产的烟叶，按其危害性程度可分为 3 类：一类非烟物质包括各种昆虫类的粪便和躯体、被油类及农药污染的烟叶、各种动物的羽毛和毛发、塑料纤维及其制品、泡沫、橡胶制品、金属物、玻璃、烟头等；二类非烟物质包括棉布类、纸屑、石头、麻绳类、砂土、木头等；三类非烟物质包括杂草、种子、发霉变质的烟叶、树枝、秸秆等。当前，烟草行业要求控制标准在一类非烟物质含量为 0，二类、三类非烟物质含量小于或等于 0.00665%。

（二）危害性

一类非烟物质中的玻璃、金属物及二类非烟物质中的砂土、石头等杂物会损坏烟叶复烤厂加工设备和卷烟厂产品（如烟丝）加工设备的刀片。一类非烟物质中的动物羽毛、泡沫及二类非烟物质中的麻绳等杂物燃烧时会产生臭味或刺鼻的气体，影响卷烟产品的味道和产品安全性，对卷烟产品消费者的身体健康造成次级伤害。三类非烟物质中的杂物会影响卷烟产品的燃烧性和吸食味道，对卷烟产品质量的稳定性及品牌的市场信誉度产生重大影响。

二、非烟物质产生原因

非烟物质的产生主要发生在烟叶田间生长发育期间、编烟烘烤、烘烤烟叶出炉堆放、烟叶分级收购、仓储保管期间等环节，由于烟农或工业、商业、企业工作人员对各类杂物监督落实不到位而导致非烟物质混入到烟叶中。

（1）烟叶田间生长管理环节。一些烟农对烟叶田间生长环境卫生管理不达标，在对烟叶生长进行揭膜、打药、施肥及追肥等环节操作时，未对烟田存在的农药包装（瓶）袋、肥料编织袋、塑料地膜等废弃物进行及时处理；烟叶成熟采收过程中，由于烟农进行农田操作的随意性，将采收好的鲜烟叶随意堆放在田间地头，导致杂草、树叶、砂土等杂物混入烟包中；在包裹烟叶、运输烟叶时采用编织袋、塑料袋等，也易混入杂物；农用运输车辆不卫生也易造成污染。

（2）编烟烘烤环节。编烟场地多在烟农居住地周围，家禽牲畜随意进入，动物毛发、粪便容易进入编烟场所，编烟场地周边杂草、树叶散落，烟农在编烟场地编烟时未对场地进行清洁打扫，导致场地中的杂物混入烟夹或烟杆中一同进入烤房；烟农在编烟上炕时，使用橡胶绳索、尼龙或塑料纤维等编杆，在编烟、上炕、下炕等过程中容易造成烟叶中混有杂物。

（3）烘烤烟叶出炉堆放环节。烘烤出炉后的烟叶在烤房群旁边初次分级打捆整理时，场地及周围存在的羽毛、树叶、烟头、作物秸秆、杂草等杂物混入到烘烤后烟叶中；烟农将烘烤后初次分级烟叶堆放到房屋和自家仓库后，由于储存堆放场所环境卫生不达标，造成存烟处灰尘、砂土、毛发等杂物混入烟叶中。

（4）专分散收环节。在收购烟叶过程中，由于人员杂乱、搬运烟叶频繁以及收购人员疏忽等因素，烟叶等级标识牌、昆虫残体、麻片碎片、虫卵等易混入烟包造成二次污染。

（5）仓储保管环节。仓储烟叶消毒杀虫不到位，场地中的蛛网、昆虫等杂物导致所储存烟叶受到污染；对烟叶水分把控不严，仓库温湿度异常，导致仓库中部分烟叶水分超限发生霉变，进而转变为非烟物质。

三、非烟物质控制措施

（1）大田管理。应及时清除烟田及周边的所有化纤、塑料、药瓶、药袋、化肥袋、烟头、废弃物及粪堆等散发异味的物质，保持烟田清洁卫生。大田管理推行绿色生产模式，探索非地膜烟技术，减少地膜投入使用；加快推进生物防治技术应用，减少化学农药施用。

（2）采收。采摘的烟叶不可直接堆放在田间地头，防止异物混入。装运烟叶的用具应始终保持清洁，不应有任何污染。

（3）编烟。编烟场地要干净清洁，防止任何动物进入，编烟绳应使用麻绳，不应使用化纤绳编烟。

（4）烘烤。烤房应及时清扫，保证干净无污染，经常检查供热系统，防止漏烟污染烟叶。不应在烤房四周堆放粪堆等散发异味的物质。烤后烟叶要堆放在干净卫生的地方。

（5）分级、扎把。分级、扎把是清除非烟物质的关键环节。应注意进一步清除烟叶中的一切非烟物质，用同级烟叶扎把，不能用其他物质扎把。

（6）保管、包装。堆放烟叶的地方应保持干燥、避光、清洁卫生。堆放的烟叶应用棉、麻类物资覆盖，防止化纤制品碎片混入烟叶。烟堆四周应进行隔离，防止家禽、家畜及老鼠等造成污染。烟农交烟时用统一规定的预检袋包装烟叶，不应以薄膜、编织袋、化纤类绳等塑料化纤制品包装烟叶。

（7）运输。运输烟叶的车辆必须保持清洁、干净、卫生，特别注意防止运输过程中各类油类污染烟叶。

（8）收购。收购站点是控制非烟物质的关键场所。交售烟叶时，从分级到打包、调拨运输各个环节都应严格把关。

（9）仓储。严格烟叶仓库卫生保管制度，设立非烟物质回收点，强化对非烟物质的管理。

第五节 烟叶农药最大残留限量

烟草农药残留物（简称农残）是指任何由于使用农药而在烟草及烟草制品中出现的特定物质，包括被认为具有毒理学意义的农药衍生物，如农药转化物、代谢物、反应产物以及杂质等。而最大残留限量（MRLs）是指允许农药在各种烟草及烟草制品中或其表面残留的最大浓度。长期以来，国家烟草局非常重视农残对烟叶安全性及烟叶可持续发展的重要影响，提出了以控制烟叶农药和重金属残留为核心的"无公害烟叶生产技术"，并于 2010 年 12 月 1 日发布，2011 年 1 月 1 日实施中华人民共和国烟草行业标准《烟草田间农药合理使用规程》（YC/T 371—2010），规定了 8 种杀虫剂、25 种杀菌剂、4 种除草剂、5 种植物生长调节剂的每亩每次最高用量或稀释倍数、施药时间和方法、最多使用次数和安全间隔期。随着烟叶种植环境以及科学技术的发展，中国烟叶公司一般每年发布年度烟草农药使用推荐意见，并要求：（1）规范采购，确保质量。各产区烟草公司可参照本意见，结合本地区烟草有害生物发生发展趋势，根据国家有关法律法规和行业有关规定，进一步规范烟草农药采购，保证烟草农药及时有效供应，保护国家利益、烟农利益和农药生产经营企业的合法权益。要公开招标，比质比价，统一采购，切实保证农药质量。坚持质量相同价格优先；价格相同质量优先；质量、价格相同，技术指导和售后服务优先；质量、价格、服务相同，品牌信誉优先。在采购合同中应强调产品质量保证和产品售后技术指导与服务，坚决杜绝假冒伪劣农药。（2）加强宣传引导和指导。要积极向烟农宣传本意见，自觉接受烟农及社会各界监督。要强化有关政策措施，引导鼓励烟农按照本推荐意见选择、使用农药。对于推荐使用以及暂停推荐使用的农药品种，要注意购买生产日期在登记有效期内并且未过保质期的产品。对于烟农自行购买农药，要加强技术指导，严格要求烟农购买有烟草登记的"三证"齐全的农药品种。严禁使用禁止在烟草上使用的农药品种或化合物。（3）注重科学安全合理用药。要加强对烟叶技术人员和烟农的培训，推广烟草农药安全使用技术，对症科学合理用药，严格掌握施药剂量、方法、次数、防治时期和安全间隔期，注意轮换、交替用药，提高防治效果，防止污染烟叶，避免出现药害。指导烟农严格遵守国家标准规定的农药防毒规程，正确配药、施药，做好安全防护和废弃物处理工作，防止农药中毒事故和农药污染环境。（4）大力开展病虫害绿色防控。继续贯彻"预防为主、综合防治"的植保方针，强化"科学植保、公共植保、绿色植保"理念，大力开展绿色防控，促进烟草植保用药减量增效。要在农业防治的基础上，综合采取生态调控、生物防治、物理防治和科学用药等环境友好型防治措施，在推荐农药中提倡优先采购和使用生物药剂，在保证防控效果前提下减少化学农药使用。（5）各产区烟草公司要认真贯彻落实《农药管理条例》《农药管理条例实施办法》，高度重视烟叶质量安全和烟草植保工作，严控源头，选择安全、经济、有效的农药品种；严管过程，科学、合理、安全使用农药。广西中烟结合烟叶生产基地以及卷烟产品实际情况制定了技术要求和测定方法，每种农药的最大残留限量应符合表5-5的规定。

表5-5　各农药最大残留限量规定

序号	中文名	英文名	最大残留限量 MRLs（ppm）	测定方法
1	六氯苯	Hexachlorobenzene	0.03	YC/T 405.2—2011
2	七氟菊酯	Tefluthrin	0.10	YC/T 405.2—2011
3	α-HCH	α-HCH	0.07（总量）	YC/T 405.2—2011
4	β-HCH	β-HCH		
5	δ-HCH	δ-HCH		
6	γ-HCH（林丹）	γ-HCH（lindane）	0.05	YC/T 405.2—2011
7	氯硝胺	Dicloran	1.00	YC/T 405.2—2011
8	七氯	Heptachlor	0.05（总量）	YC/T 405.2—2011
9	环氧七氯（Z）	Heptachlor epoxides（cis-）		
10	环氧七氯（E）	Heptachlor epoxides（trans-）		
11	百菌清	Chlorothalonil	2.00	YC/T 405.2—2011
12	艾氏剂+狄氏剂	Aldrin+Dieldrin	0.05	YC/T 405.2—2011
13	敌草索	Chlorthal-dimethyl	0.50	YC/T 405.2—2011
14	氯丹	Chlordane	0.10	YC/T 405.2—2011
15	o，p'-DDE	o，p'-DDE	0.20（总量）	YC/T 405.2—2011
16	p，p'-DDE	p，p'-DDE		
17	o，p'-DDD	o，p'-DDD		
18	o，p'-DDT	o，p'-DDT		
19	p，p'-DDD	p，p'-DDD		
20	p，p'-DDT	p，p'-DDT		
21	甲氧DDT	Methoxychlor	0.05	YC/T 405.2—2011
22	α-硫丹	α-Endosulfan	1.00（总量）	YC/T 405.2—2011
23	β-硫丹	β-Endosulfan		
24	异狄氏剂	Endrin	0.05	YC/T 405.2—2011
25	联苯菊酯	Bifenthrin	2.50	YC/T 405.2—2011
26	高效氯氟氰菊酯	Cyhalothrin	0.40	YC/T 405.2—2011
27	氯菊酯	Permethrin	0.50	YC/T 405.2—2011
28	氟氯氰菊酯	Cyfluthrin	2.00（总量）	YC/T 405.2—2011
29	氯氰菊酯	Cypermethrin		
30	氟氰菊酯	Flucythrinate	0.50	YC/T 405.2—2011

续表

序号	中文名	英文名	最大残留限量 MRLs（ppm）	测定方法
31	氰戊菊酯	Fenvalerate	1.00	YC/T 405.2—2011
32	溴氰菊酯	Deltamethrin	1.00（总量）	YC/T 405.2—2011
33	四溴菊酯	Tralomethrin		
34	啶虫脒	Acetamiprid	2.50	YC/T 405.1—2011
35	苯并噻二唑	Acibenzolar-S-methyl	5.00	YC/T 405.1—2011
36	涕灭威	Aldicarb	0.50（总量）	YC/T 405.1—2011
37	涕灭威砜	Aldicarb-sulfone		
38	涕灭威亚砜	Aldicarb-sulfoxide		
39	苯霜灵	Benalaxyl	2.00	YC/T 405.1—2011
40	甲萘威	Carbaryl	0.50	YC/T 405.1—2011
41	多菌灵	Carbendazim	2.00（总量）	YC/T 405.1—2011
42	甲基硫菌灵	Thiophanate-methyl		
43	克百威＋三羟基克百威	Carbofuran+3-hydroxycarbofuran	0.50（总量）	YC/T 405.1—2011
44	毒虫畏	Chlorfenvinphos（S）	0.05	YC/T 405.1—2011
45	毒死蜱	Chlorpyrifos	0.50	YC/T 405.1—2011
46	异恶草酮	Clomazone	0.20	YC/T 405.1—2011
47	二嗪磷	Diazinon	0.10	YC/T 405.1—2011
48	除虫脲	Diflubenzuron	0.10	YC/T 405.1—2011
49	乐果	Dimethoate	0.50	YC/T 405.1—2011
50	烯酰吗啉	Dimethomorph	2.00	YC/T 405.1—2011
51	双苯酰草胺	Diphenamid	0.25	YC/T 405.1—2011
52	乙拌磷	Disulfoton	0.10（总量）	YC/T 405.3—2011
53	乙拌磷砜	Disulfoton sulfone		YC/T 405.1—2011
54	乙拌磷亚砜	Disulfoton sulfoxide		
55	灭线磷	Ethoprophos	0.10	YC/T 405.1—2011
56	苯线磷	Fenamiphos	0.50	YC/T 405.1—2011
57	丰索磷	Fensulfothion	0.05	YC/T 405.1—2011
58	倍硫磷	Fenthion	0.10（总量）	YC/T 405.1—2011
59	倍硫磷砜	Fenthion sulfone		
60	倍硫磷亚砜	Fenthion sulfoxide		
61	地虫磷	Fonofos	0.10	YC/T 405.1—2011

续表

序号	中文名	英文名	最大残留限量 MRLs（ppm）	测定方法
62	吡虫啉	Imidacloprld	5.00	YC/T 405.1—2011
63	马拉硫磷	Malathion	0.50	YC/T 405.1—2011
64	杀扑磷	Methidathion	0.10	YC/T 405.1—2011
65	灭虫威	Methiocarb	0.20（总量）	YC/T 405.1—2011
66	灭虫威砜	Methiocarb-sulfone		
67	灭虫威亚砜	Methiocarb-sulfoxide		
68	灭多威	Methomyl	1.00（总量）	YC/T 405.1—2011
69	噻菌灵	Thiodicarb		
70	久效磷	Monocrotophos	0.30	YC/T 405.1—2011
71	恶霜灵	Oxadixyl	0.10	YC/T 405.1—2011
72	杀线威	Oxamyl	0.50	YC/T 405.1—2011
73	甲拌磷	Phorate	0.10	YC/T 405.1—2011
74	伏杀硫磷	Phosalone	0.10	YC/T 405.1—2011
75	辛硫磷	Phoxim	0.50	YC/T 405.1—2011
76	抗蚜威	Pirimicarb	0.50	YC/T 405.1—2011
77	甲基嘧啶磷	Pirimiphos-methyl	0.10	YC/T 405.1—2011
78	丙溴磷	Profenofos	0.10	YC/T 405.1—2011
79	残杀威	Propoxur	0.20	YC/T 405.1—2011
80	吡蚜酮	Pymetrozine	1.00	YC/T 405.1—2011
81	特丁硫磷	Terbufos	0.05（总量）	YC/T 405.3—2011
82	特丁硫磷砜	Terbufos sulfone		YC/T 405.1—2011
83	特丁硫磷亚砜	Terbufos sulfoxide		
84	杀虫畏	Tetrachlorvinphos	0.10	YC/T 405.1—2011
85	噻虫嗪	Thiamethoxam	5.00	YC/T 405.1—2011
86	敌敌畏	Dichlorvos	0.10（总量）	YC/T 405.3—2011
87	敌百虫	Trichlorfon		YC/T 405.1—2011
88	二溴磷	Naled		YC/T 405.3—2011
89	蚜灭磷	Vamidothion	0.10	YC/T 405.1—2011
90	吡氟禾草灵	Fluazifop-butyl	1.00	YC/T 405.1—2011
91	益棉磷	Azinphos-ethyl	0.30	YC/T 405.3—2011
92	谷硫磷	Azinphos-methyl	0.30	YC/T 405.3—2011
93	溴硫磷	Bromophos	0.20	YC/T 405.3—2011

续表

序号	中文名	英文名	最大残留限量 MRLs（ppm）	测定方法
94	克菌丹	Captan	0.70	YC/T 405.3—2011
95	灭螨猛，螨离丹	Chinomethionate	0.20	YC/T 405.3—2011
96	甲基毒死蜱	Chlorpyrifos-methyl	0.20	YC/T 405.3—2011
97	甲基内吸磷	Demeton-S-methyl	0.10	YC/T 405.3—2011
98	甲氟磷	Dimefox	0.01	YC/T 405.3—2011
99	杀螟硫磷	Fenitrothion	0.10	YC/T 405.3—2011
100	异菌脲	Iprodione	0.25	YC/T 405.3—2011
101	甲霜灵	Metalaxyl	2.00	YC/T 405.3—2011
102	甲胺磷	Methamidophos	1.00	YC/T 405.3—2011
103	烯虫酯	Methoprene	1.00	YC/T 405.3—2011
104	速灭磷（E）	Mevinphos（E）	0.10	YC/T 405.3—2011
105	乙基对硫磷	Parathion（-ethyl）	0.10	YC/T 405.3—2011
106	甲基对硫磷	Parathion-methyl	0.10	YC/T 405.3—2011
107	戊菌唑	Penconazole	2.00	YC/T 405.3—2011
108	磷胺（E）	Phosphamidon（E）	0.10（总量）	YC/T 405.3—2011
109	磷胺（Z）	Phosphamidon（Z）		
110	虫线磷	Thionazin	0.05	YC/T 405.3—2011
111	甲草胺	Alachlor	0.10	YC/T 405.3—2011
112	氟草胺	Benfluralin	0.06	YC/T 405.3—2011
113	仲丁灵	Butralin	5.00	YC/T 405.3—2011
114	二溴氯丙烷	DBCP	0.05	YC/T 405.3—2011
115	敌螨普	Dinocap	0.10	YC/T 405.3—2011
116	二溴乙烷	Ethylene dibromide	0.05	YC/T 405.3—2011
117	氟节胺	Flumetralin	5.00	YC/T 405.3—2011
118	灭菌丹	Folpet	0.20	YC/T 405.3—2011
119	异丙乐灵	Isopropalin	0.10	YC/T 405.3—2011
120	除草醚	Nitrofen	0.02	YC/T 405.3—2011
121	除芽通	Pendimethalin	5.00	YC/T 405.3—2011
122	氟乐灵	Trifluralin	0.10	YC/T 405.3—2011

续表

序号	中文名	英文名	最大残留限量 MRLs（ppm）	测定方法
123	代森锰锌	mancozeb		
124	代森锰	maneb		
125	代森联	metiram		
126	代森钠	nabam		
127	代森锌	zineb		
128	代森铵	amobam	5.00（总量）	YC/T 405.4—2011
129	福美铁	ferbam		
130	代森福美锌	polycarbamate		
131	丙森锌	propineb		
132	福美双	thiram		
133	福美锌	ziram		
134	马来酰肼	maleic hydrazide	80.00	YC/T 405.5—2011

第六节　烟叶重金属限量

重金属以有效的形式存在于烟叶结构组织中，加工成卷烟后再以烟气的形式进入人体，对人的健康造成严重的影响。卷烟作为一种特殊食品必须遵循食品添加剂的质量指标，其前提是能否使用和能否保证消费者的健康。指标一般分为外观、含量和纯度3个方面。在纯度指标中包括重金属、砷等的指标。联合国粮农组织（FAO）和世界卫生组织（WHO）规定了每人（以体重60 kg为标准值）每日允许摄入量（ADI），分别为砷0.12～0.13 mg/d，铅0.42 mg/d，镉0.06 mg/d，汞0.04 mg/d。烟草特别能从土壤中吸收镉，并在其中以异常高的浓度（0.77～0.2 mg/kg）富集，香烟中镉的浓度范围在0.5～3.5 mg/kg，平均值为1.7 mg/kg；烟草中砷的浓度相对较低，通常低于检测下限；过滤嘴香烟铅平均浓度为2.4 mg/kg，约6%传递到主流烟雾中。污染物对人的潜在暴露量是衡量污染物对人体危害大小的一个重要参数，包括饮食、呼吸、人体接触等多个方面。卷烟中的金属化合物、砷化合物作为烟气气溶胶的组成部分，随烟气进入人体。虽然有些重金属是人体所必需的微量元素，但是当它们的浓度在体内积蓄达到一定阈值时，就会对人体产生毒害，严重危害人体健康。此外，重金属一旦进入人体则不会在体内产生分解，往往积蓄在体内，对人体造成潜在的危害，可能引起人体的各种病变。因此在加强降低烟叶重金属残留方面技术研究的同时必须加快烟叶重金属残留的限量标准相关方面的研究，既做到与国际接轨，又为广大烟叶生产者及烟叶科技工作者提供科学依据，这对推进中国烟草可持续发展具有重大的现实意义。

查阅国内外研究报道可知，由于重金属限量的复杂性及其在烟草方面的敏感性，杨永建等初步制定烟叶重金属残留限量标准，按照 FAO/WHO 规定的每人（以体重 60 kg 为标准值）每日允许摄入量，如果人体对重金属的吸收 10% 来源于对卷烟制品的消费，按公式 P=W·C·V 推算（以每人平均每天抽吸 20 支卷烟计），则烟叶中镉、汞、铅、砷残留量最大限量分别为 2.143 mg/kg、1.134 mg/kg、150.00 mg/kg、8.75 mg/kg；如果人体对重金属的吸收有 1% 来源于对卷烟制品的消费，则烟叶中镉、汞、铅、砷残留量最大限量分别为 0.214 mg/kg、0.114 mg/kg、15.000 mg/kg、0.875 mg/kg。因此在现有条件下，要确定烟叶重金属残留限量标准在很大程度上取决于明确人体对卷烟制品的消费所吸收的重金属含量占人体对重金属的吸收总量的百分比。

第六章　奉节植烟土壤保育标准化技术

第一节　基本烟田建设与保护规程

一、范围

本规程规定了烤烟基本烟田保护区规划、保护措施和监督管理等内容。本规程适用于奉节县局（分公司）。

二、总则

为稳定奉节基地烟叶规模，巩固烟叶特色产业的地位，深入贯彻《重庆市推进农业农村现代化"十四五"规划（2021—2025年）》（渝府发〔2021〕22号）和《重庆市烟草产业发展领导小组办公室关于做好稳定基本烟田工作的通知》（渝烟办发〔2021〕3号）文件精神，落实政府"十四五"规划"一园两区三代四个五化"的农业产业布局要求，持续推进烟叶产业高质量发展，以产业助力乡村振兴、巩固脱贫攻坚成果，根据《中华人民共和国农业法》《中华人民共和国土地管理办法》《基本农田保护条例》，结合奉节实际，制定本规程。

三、术语和定义

基本烟田：按照市场对烟叶的需求量和国家下达指令性收购计划，依据土地利用总体规划，坚持在保障优质耕地优先用于粮食生产的基础上，选择自然资源条件适宜、生产基础设施比较完备，烟叶特色彰显工业品牌需求旺盛的区域内规划基本烟田，实现烟叶区域布局与生产力协调发展，确保实行合理轮作的宜烟农田。

基本烟田保护区：依据烟叶种植总体规划和按照法定程序，在耕地范围内为对基本烟田进行保护而确定的特定保护区域。

四、基本烟田保护区规划

（一）规划的依据

依据奉节烟叶发展规划、植烟区人口、植烟区烤房、水利条件、生态环境、劳动力、交通、能源、土地面积等因素综合进行规划。

（二）规划的原则

基本烟田保护坚持"全面规划，合理利用、用养结合、以烟稳粮、严格保护"的原则，在基本烟田不与粮食种植争地的基础上，建立以烟为主的耕作制度（采取"玉米—烟"轮作、"菜—烟"套作等模式），稳定提高耕地质量，推行科学的粮食烟叶轮作制度，确保基本烟田数量不减少，质量不降低，不断提升粮食安全保障能力和优质烟叶原料保障水平。

（三）基本烟田划定及要求

奉节土地利用总体规划应当确定基本烟田保护区，乡镇人民政府在编制土地利用总体规划时，必须结合基本烟田同步规划，按照奉节6.5万亩基本烟田的总体建设目标，因地制宜，科学发展，确保奉节基本烟田保护区达到合理布局、设施配套、优质高效的要求。

基本烟田保护区以乡镇为单位，在尊重农民意愿的前提下，由县农业农村委员会、县规划与自然资源局同县烟草办公室合理划定。基本烟田保护区一经划定，应该逐块定位、划界，由县人民政府设立标识牌，予以公告，由县规划与自然资源局和县烟草办公室建立档案。对于划定的基本烟田保护区，各乡镇、村委会要明确监管责任，确保基本烟田用于粮食生产与烟叶种植，不得随意破坏保护标识。

划定基本烟田保护区时，按照相对集中的原则，确保相对连片土地120亩以上（以120亩为一个种植单元）、坡度原则上不超过25°、土层较厚、土地肥力中等及以上，不得改变土地承包者的承包经营权。基本烟田保护区公告应当载明以下内容：（1）保护区地块名称、编号、面积、烟田四周的边界（按照烟叶基础设施编码统一要求进行编码）。（2）基本烟田保护区图。（3）基本烟田保护区责任人。（4）保护期限10年以上。（5）应当明确的其他内容。划定的基本烟田保护区，由县烟草办公室、县规划与自然资源局、县农业农村委员会及烟草公司共同验收确定。

五、基本烟田建设与保护

（一）基本烟田建设

基本烟田按照"烟田、烟水、烟路、烟电、烟机、烟房、育苗棚、防冰雹"8个方面的基础设施配套建设。

基本烟田保护区划定后，按照"集中连片、旱涝保收、宜机作业、优质稳产"的原则开展高标准烟田整治，逐步完善烟田设施配套水平，大力推广烟田机械化。

县烟办主导在基本烟田保护区开展烟叶基础设施配套建设，补齐基本烟田核心区烤房缺乏、育苗棚不足的短板，完善烟叶基础设施管护机制，提高基本烟田保护区基础设施设备保障水平。

基本烟田保护区划定后，实行乡镇、村委会片区负责制度，确保基本烟田面积不减少。因国家建设需要，确需占用基本烟田，必须按照程序报县人民政府批准，按照谁占用谁补偿原则，对被占用基本烟田上的农业基础设施进行赔偿。

鼓励烟农对基本烟田自愿流转，乡镇按照集中连片、规模种植、专业经营的方式引导保护区内烟田集中流转，村民委员会对基本烟田范围内的基础设施进行维修管理。

（二）基本烟田保护

划定的基本烟田，依据国务院《基本农田保护条例》和《重庆基本农田保护条例》的要求予以保护，并采取以下保护措施。

（1）禁止在基本烟田保护区内开办有碍粮食和烟叶生产的污染企业；严禁在基本烟田保护区内建窑、葬坟墓、建房、挖沙、采石、取土、堆放固体废弃物等。

（2）基本烟田保护区内要严格执行以烟叶生产为主的耕作制度，因地制宜地采取玉米、烤烟、饲料、油菜等作物轮作方式，确保土地的综合地力巩固提高。

（3）基本烟田保护区内严格实施用养结合措施，切实改善烟田土壤环境和植烟区生态环境，提倡种植绿肥、施用农家肥、火土灰，努力提高土壤肥力。基本烟田的农药和化肥使用，必须严格遵守国家有关农产品安全生产与清洁生产规定，禁止使用禁用农药和化肥，防治烟叶农药残留超标和农药环境污染，减少重金属转移，改善基本烟田土壤条件。

（4）严格实行烟叶生产收购计划和建设资金与基本烟田保护挂钩制度。凡保护不力的区域，取消烟叶种植收购计划和基础设施建设的后续资金投入。

六、监督管理与责任

对划定的基本烟田保护区，由奉节县人民政府与乡镇人民政府，乡镇人民政府与村民委员会，村民委员会与烟农，层层签订烟叶意向种植协议，明确监管主体与职责。县人民政府对在基本烟田保护工作中取得显著成绩的单位与个人，给予奖励（具体办法由县烟草产业发展领导小组在年度烟叶工作意见中明确）。

县人民政府建立基本烟田保护监督检查制度，由县烟草办公室牵头定期组织县农业农村委、县规划与自然资源局、烟草公司及其他相关部门，对基本烟田保护情况进行监督检查。任何单位和个人都有权检举或控告侵占、破坏基本烟田和其他破坏烟叶产业发展的行为。对基本烟田保护不力，导致面积减少的乡镇，县烟草办公室将调减对应乡镇的烟叶计划，取消或减少下一年度烟叶基础设施管护资金的投入。

第二节 奉节烟叶生产环境及土壤质量管理标准

一、范围

本标准规定了烤烟良好农业规范生产管理的原则与方法、产地环境质量监测和环境质量现状评价。

二、术语和定义

烟草良好农业规范（Good Agricultural Practices，GAP）是以保障烟叶质量及其安全性为核心，注重生态环境保护和劳动者的健康、安全、福利，通过经济的、环境的和社会的可持续发展措施，维护国家利益和维护消费者利益，实现烟草行业持续稳定协调健康发展的一种方法和体系。

三、工作要求

（一）生产环境管理目的

烤烟 GAP 生产环境管理的目的是通过科学、准确地调查产地环境质量现状，了解烟叶产地环境特点、评价烟叶产地自然环境发展趋势、社会经济及工农业生产对产地环境质量的影响，保证烟叶健康、安全、可持续发展。

（二）生产环境管理原则

根据污染因子的毒理学特征和农作物吸收、富集能力等将评价指标分为两类（见表 6-1）。第一类为严格控制的环境指标，该严控指标如有一项超标，就应判定该产地环境质量不符合要求，不适宜发展烤烟生产；第二类为一般控制的环境指标，可根据超标物质性质、程度等具体情况及综合污染指数全面衡量，然后确定该产地环境质量是否符合发展烤烟生产要求，但综合污染指数不得超过 1。

烤烟 GAP 生产环境质量评价中，一般应以单项评价指数为主，以综合评价指数为辅。若一般控制的环境污染指标一项或多项超标，则还需进行综合污染指数评价。

表 6-1 评价指标分类表

类别	第一类	第二类
水质	总铅、总镉、总汞、总砷、总铬	pH 值、氟化物
土壤	镉、汞、砷、铬	铅、铜
空气	二氧化硫、氮氧化物、氟化物	总悬浮颗粒物（TSP）

（三）环境管理步骤

环境管理具体流程如图 6-1 所示。

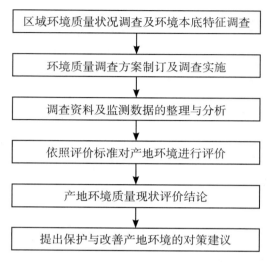

图 6-1　环境管理流程图

（四）环境管理总体方法

由奉节县局（分公司）委托具有相关资质机构负责组织对申报烤烟 GAP 生产基地的自然环境概况、社会经济概况和环境质量状况进行综合现状调查，并确定布点采样方案。

综合现状调查采取搜集资料和现场调查两种方法。首先应搜集有关资料，当这些资料不能满足要求时，再进行现场调查。如果监测对象能提供一年内有效的环境检测报告或证明续展产品的产地环境质量无变化，经具有相关资质的机构确认，可以免去现场环境监测。

（五）环境质量总体要求

烟叶生产基地应选择在无污染和生态条件良好的地区。基地选点应远离工矿区，避开工业和城区污染源的影响，烟草基地应具备可持续的生产能力。

1. 气候要求

烟草产地的气候要求应符合表 6-2 中的指标。

表 6-2　气候环境指标要求

项目	指标
海拔	800 ～ 1500 m
平均气温	9.9 ～ 17.1 ℃
无霜期	190 ～ 210 d
年降水量	600 ～ 800 mm
稳定通过 10 ℃的积温	3500 ～ 4800 ℃
日均气温 ≥ 20 ℃的持续日数	95 d 以上
光照	充足

2. 空气环境质量要求

烟草产地空气中各项污染物含量应符合表 6-3 中的指标。正常情况下 5 年检测 1 次。

表 6-3　空气中各项污染物含量指标要求

项目	指标	
	日平均	年平均
总悬浮颗粒物（TSP）	≤ 0.3 mg/m³	—
二氧化硫（SO_2）	≤ 0.15 mg/m³	0.50 mg/m³
氮氧化物（NO_x）	≤ 0.10 mg/m³	0.15 mg/m³
氟化物（XF）	≤ 7.0 μg/m³	20.0 μg/m³
	1.8 μg/m³（石灰滤纸挂片法）	—

注：（1）日平均指任何一天的平均指标。

（2）连续采样 3 d，每天 3 次，晨、午、夕各 1 次。

（3）氟化物采样可用动力采样滤膜法或石灰滤纸挂片法，分别按照各自规定的指标执行，石灰滤纸挂片法挂置 7 d。

3. 水源环境质量要求

烟草产地农田灌溉水中各项污染物含量应符合表 6-4 规定。正常情况下 1 年检测 1 次。

表 6-4　灌溉水中各项污染物含量指标要求

项目	指标
pH 值	6.0 ～ 7.5
总镉	≤ 0.005 mg/L
总汞	≤ 0.001 mg/L
总砷	≤ 0.5 mg/L
总铅	≤ 0.1 mg/L
六价铬	≤ 0.1 mg/L
氟化物	≤ 2.0 mg/L

4. 土壤环境质量要求

烟草产地土壤中的各项污染物含量应符合表 6-5 的规定。正常情况下 3 年检测 1 次。

表 6-5 土壤中各项污染物含量指标要求

项目	指标（mg/kg）
镉	≤ 0.40
汞	≤ 0.35
砷	≤ 20.00
铅	≤ 50.00
铬	≤ 120.00
铜	≤ 60.00

5. 土壤肥力要求

为了促进烟叶生产，可增施有机肥提高土壤肥力，烟草产地土壤肥力应符合表 6-6 规定。

表 6-6 烟草产地土壤肥力要求

项目	指标	
	一级	二级
有机质（g/kg）	> 30	20～30
全氮（g/kg）	> 1.2	> 1.0～1.2
有效磷（mg/kg）	> 40	> 20～40
有效钾（mg/kg）	> 150	> 100～150
阳离子交换量（cmol/kg）	> 20	> 15～20
质地	轻壤、中壤	砂壤、重壤、砂土

四、环境质量检测采样技术

（一）空气环境质量检测采样技术

1. 空气采样基本要求

由于空气样本的采集需要专业的仪器和设备，对技术要求较高，一般来说，空气样本的采集需要交由具有相关资质的组织机构实施。首先由重庆市局（公司）选定具有相关资质的样本采集和检测机构，其次由接到采样任务的县局（分公司）配合此机构进行必要的样本采集活动。采样的方法与样本量必须严格按《农区环境空气质量监测技术规范》（NY/T 397—2000）中的标准或采样任务书指定方法和数量进行，选取的样本必须有代表性；样本选取后要写明选取日期、数量以及有关说明或试样编号，以免发生差错，并寄送到指定地点。

2. 空气采样步骤

采样前要详细了解采样地区内大气基础质量水平、污染源、污染状况以及大气污染对农业生产的危害、自然因素、社会经济情况等因素，采样点应反映一定范围内大气污染的水平和规律，采样点周围应开阔，采样口水平线与周围建筑物高度的夹角应不大于30°，周围无局部污染源并避开林木及吸附能力较强的建筑物。距装置 5 ～ 15 m 范围内不应有炉灶、烟囱等，远离公路以消除局部污染源对采样结果代表性的影响。采样口周围（水平面）应有 270° 以上的自由空间。

采样高度：（1）二氧化硫、氮氧化物、总悬浮颗粒物的采样高度一般为 3 ～ 15 m，以 5 ～ 10 m 为宜，氟化物采样高度一般为 3.5 ～ 4 m，采样口与基础面应有 1.5 m 以上的相对高度，以减少扬尘的影响。（2）烟田内大气采样高度基本与植物高度相同。（3）特殊地形地区可视情况选择适当的采样高度。

采样周期：同一基本种植单元 5 年采集 1 次。

采样点数量：面积较小、布局相对集中的烟田布设 3 个点，面积较大、布局比较分散的烟田适当增加点数，空旷地带和边远地区适当减少点数。同时还要考虑大气质量的稳定性以及污染物对农作物生长的影响适当增减检测点数。

采样要求：（1）用于采集氟化物的滤膜或石灰滤纸，在运输保存过程中要隔绝空气。（2）用吸收液采气时，温度过高、过低对结果均有影响。温度过低时吸收率下降，过高时样本不稳定。故在冬季、夏季采样吸收管应置于适当的恒温装置内，一般使温度保持在 15 ～ 25 ℃为宜。而二氧化硫采集温度则要求在 23 ～ 29 ℃。（3）氮氧化物采样时要避光。（4）采样过程中采样人员不能离开现场，注意避免路人围观。（5）不能在采样装置附近吸烟，应经常观察仪器的运转状况。随时注意周围环境和气象条件的变化，并认真做好记录。

采样记录填写要与工作程序同步。完成一项填写一项。不得超前或后补。填写记录要翔实。内容包括：样本名称、采样地点、样本编号、采样日期、采样开始与结束的时间、样本量，采样时的温度、压力、风向、风速、采样仪器、吸收液情况说明等，并有采样人签字。

3.送检样本的包装要求

送检样本应包含样本和样本标识及说明。送检样本应放入统一的样本袋，用铅笔写好标签，内外各一张。

（二）土壤环境质量检测采样技术

1.土壤采样基本要求

奉节县局（分公司）在接到采样任务后，由质量总监负责组织质检员按采样协议或任务书中要求，在规定的时间内选取好样本，采样的方法与样本量必须严格按国标规定或采样任务书指定方法和数量进行，选取的样本必须有代表性；样本选取后要写明选取日期、数量以及有关说明或试样编号，以免发生差错，并寄送到指定地点。

2.土壤采样步骤

采样前要详细了解采样地区的土壤类型、肥力等级和地形等因素，将测土区域划分为若干个采样单元，每个采样单元的土壤要尽可能均匀一致。平均每个采样单元代表一个基本种植单元，采样集中在位于每个采样单元相对中心位置的典型地块，面积为1～10亩。

采样时间：在烟叶采收完毕、清残或播种施肥前采集。

采样周期：同一基本种植单元3年采集1次。

采样深度：无特殊要求时，采样深度一般为0～20 cm。

采样点数量：要保证足够的采样点，使之能代表采样单元的土壤特性。采样点数量的多少，取决于采样单元的大小、土壤肥力的一致性等，一般以7～20个点为宜。

采样路线：采样时应沿着一定的线路，按照"随机""等量"和"多点混合"的原则进行采样。一般采用S形布点采样，以便较好地克服耕作、施肥等所造成的误差。在地形变化小、地力较均匀、采样单元面积较小的情况下，也可采用梅花形布点采样，要避开路边、田埂、沟边、肥堆等特殊部位。

采样方法：每个采样点的取土深度及采样量应均匀一致，土样上层与下层的比例要相同。采样器应垂直于地面入土，深度相同。用取土铲采样应先铲出一个耕层断面，再平行于断面下铲取土；测定微量元素和重金属含量的样本必须用不锈钢取土器采样。

样本量：一份混合土样以取土1 kg左右为宜（用于推荐施肥的样本0.5 kg，用于试验的样本2 kg），如果一份混合土样太多，可用四分法将多余的土壤弃去。具体操作方法是将采集的土壤样本放在盘子里或塑料布上，弄碎、混匀，铺成四方形，画对角线将土样分成4份，把对角的2份分别合并成1份，保留1份，弃去1份。如果所得的样本依然很多，可再用四分法处理，直至得到所需量为止。

样本标记：采集的样本放入统一的样本袋，用铅笔写好标签，内外各一张。

3.土壤样本制备

从野外采回的土壤样本要及时放在样本盘上，摊成薄薄一层，置于干净整洁的室内通风处自然风干，严禁暴晒，并注意防止酸、碱等气体及灰尘的污染。风干过程中要经常翻动土样并将大土块捏碎以加速干燥，同时剔除侵入物质。制备好的样本要妥善贮存，避免日晒、高温、潮湿以及酸性或碱性气体的污染。风干后的土样要及时包装和寄送到指定地点。

4.送检样本的包装要求

送检样本应包含样本和样本标识及说明。送检样本应放入统一的样本袋，用铅笔写好标签，内外各一张。

（三）灌溉水环境质量检测采样技术

1.灌溉水采样基本要求

奉节县局（分公司）在接到采样任务后，由质量总监负责组织质检员按采样协议或任务书中要求，在规定的时间内选取好样本，采样的方法与样本量必须严格按《农用水源环境质量监测技术规范》（NY/T 396—2000）中的标准或采样任务书指定方法和数量进行，选取的样本必须有代表性，样本的包装与保管要保证样本在检验前不发生任何变化；样本选取后要写明选取日期、数量以及有关说明或试样编号，以免发生差错，并寄送到指定地点，且样本在运输或存放过程中不可被损伤和发生变化。

2.灌溉水采样方法

灌溉水采样时应选用聚乙烯瓶子或干净的纯净水瓶子，在采样时，如灌溉水是水管中或有泵水井中的水样时，采样前需将水龙头或泵打开，先放 10 ～ 15 min 的水再采样。对于灌溉水是池、江、河中的水样，应视其宽度和深度采用不同的方法采集，对于宽度窄、水浅的水域，可用单点布设法，采表层水即可；对于宽度大，水深的水域，可用断面布设法，采表层水、中层水和底层水供分析用；但对于静止的水域，应采不同深度的水样进行分析。采样的方法是将干净的空瓶盖上塞子，塞子上系一根绳，瓶底系一铁砣或石头，将瓶沉入离水面一定距离的深处，然后拉绳拔塞让水灌满瓶后取出。

3.送检样本的包装要求

送检样本应包含样本和样本标识及说明。水样在采集时就要填写好标签并贴于样本瓶表面。在采集完样本后应用纸箱包装，包装时确保样本瓶不漏水，且标签正确，封装严实。纸箱中应有样本清单。

五、环境质量样本检测方法

(一)空气环境质量样本检测方法

空气环境质量样本检测具体方法见表6-7。

表6-7　空气环境质量样本检测具体方法

检测项目	检测仪器	检测方法	方法来源
二氧化硫	分光光度计	甲醛吸收－副玫瑰苯胺分光光度法	GB/T 15262—94
二氧化氮	分光光度计	Saltzman 法	GB/T 15436—1995
总悬浮颗粒物	分析天平	重量法	GB/T 15432—1995
氟化物	酸度计	石灰滤纸·氟离子选择电极法	GB/T 15433—1995
		滤膜·氟离子选择电极法	GB/T 15434—1995

(二)土壤环境质量样本检测方法

土壤环境质量样本检测具体方法见表6-8。

表6-8　土壤环境质量样本检测具体方法

检测项目		检测仪器	检测方法	方法来源
必测	镉	原子吸收光谱仪	石墨炉原子吸收分光光度法	GB/T 17141—1997
		原子吸收光谱仪	KI-MIBK 萃取火焰原子吸收分光光度法	GB/T 17140—1997
	汞	原子荧光光度计	冷原子荧光法	《土壤元素的近代分析方法》
		测汞仪	冷原子吸收分光光度法	GB/T 17136—1997
	砷	分光光度计	二乙基二硫代氨基甲酸银分光光度法	GB/T 17134—1997
		分光光度计	硼氢化钾－硝酸银分光光度法	GB/T 17135—1997
		原子荧光光度计	氢化物—非色散原子荧光法	《土壤元素的近代分析方法》
	铅	原子吸收光谱仪	石墨炉原子吸收分光光度法	GB/T 17141—1997
		原子吸收光谱仪	KI-MIBK 萃取火焰原子吸收分光光度法	GB/T 17140—1997
	铬	原子吸收光谱仪	火焰原子吸收分光光度法	GB/T 17137—1997
		分光光度计	二苯碳酰二肼分光光度法	《土壤元素的近代分析方法》
	铜	原子吸收光谱仪	火焰原子吸收分光光度法	GB/T 17138—1997
	pH 值	酸度计	玻璃电极法	《土壤元素的近代分析方法》

续表

检测项目		检测仪器	检测方法	方法来源
选测	有机质	微量滴定管	重铬酸钾容量法	NY/T 85—1988
	全氮	半微量定氮仪	半微量开氏法	NY/T 53—1987
	有效磷	分光光度计	钼锑抗光度法	NY/T 149—1990
	有效钾	分光光度计	钼锑抗光度法	NY/T 88—1988
	阳离子交换量	电动离心机	EDTA—铵盐快速法	《土壤元素的近代分析方法》

（三）水源环境质量样本检测方法

水源环境质量样本检测具体方法见表6-9。

表6-9　水源环境质量样本检测具体方法

检测项目	检测仪器	检测方法	方法来源
pH 值	酸度计	玻璃电极法	GB/T 6920—1986
总镉	原子吸收光谱仪	原子吸收分光光度法	GB/T 7475—87
		石墨炉原子吸收分光光度法	《水和废水监测分析方法》第三版
总汞	测汞仪	冷原子吸收分光光度法	GB 7468—87
	原子荧光光度计	原子荧光法	《水和废水监测分析方法》第三版
总砷	分光光度计	二乙基二硫代氨基甲酸银分光光度法	GB/T 7485—87
		硼氢化钾－硝酸银分光光度法	GB/T 11900—89
总铅	原子吸收光谱仪	原子吸收分光光度法	GB/T 7475—87
		石墨炉原子吸收分光光度法	《水和废水监测分析方法》第三版
六价铬	分光光度计	二苯碳酰二肼分光光度法	GB/T 7467—87
氟化物	离子计	离子选择电极法	GB/T 7484—87
	—	茜素磺酸锆目视比色法	GB/T 7482—87
	分光光度计	氟试剂分光光度法	GB/T 7483—87

第三节　奉节烟田土壤改良技术规程

一、土壤存在的突出问题

（1）植烟区缺乏适宜的深耕机械。行业早期配置的旋耕机、翻耕机等机械设备，耕层浅、耕作层薄，未打破烟田犁底层，土壤通透性差，烟株根系欠发达。

（2）冬闲季轮作还田模式不成熟。油菜、苜蓿等绿肥种植翻压还田效果较好，但投入成本较大，烟农不愿实施。

（3）土壤肥料状况和团粒结构恶化。长期大量使用化学肥料，忽视有机肥的使用，个别区域烟农偷用除草剂，致使土壤僵硬板结，有机质含量降低，土壤保水和保肥能力降低，肥料利用率低。土壤中微生物活动减弱，土壤微生态环境遭受严重破坏。

（4）烟田种植品种单一。持续连年种植单一品种，致使土壤有害菌落和病原物富集，导致烟叶产量和品质下降。

二、土壤改良目标

通过采取稻草还田、种植绿肥、增施有机肥、生石灰溶田及减少酸性肥料的施用等方法，使植烟土壤得到根本改良。冬季在烟田种植绿肥可降低土壤容重、疏松土壤、增强土壤通透性，从而有利于土壤微生物的生长繁殖，翌年翻耕腐熟可提高土壤有机质含量；耕作时配合施用有机肥，加厚土壤熟化层，达到用地与养地相结合的目的；生石灰溶田对酸性田有中和作用，有利于改善土壤酸碱环境条件。对奉节烟田来说，土壤理化性质各项指标趋于合理区间，其中90%的土壤 pH 值控制在 5.5 ～ 6.5 的适宜区间，90%的土壤有机质含量处于 10 ～ 30 g/kg 的适宜区间，90%的土壤全氮控制在 1 ～ 2 g/kg 的适宜区间，80%的土壤有效磷控制在 15 ～ 30 mg/kg 的适宜区间，80%的土壤有效钾控制在 150 ～ 220 mg/kg 的适宜区间，80%的土壤交换性镁含量控制在 1.0 ～ 1.6 cmol/kg 的适宜区间，80%的土壤水溶性氯控制在 10 ～ 30 mg/kg 的适宜区间。土壤微生态平衡，烟叶产量和品质显著提升。

三、土壤改良方式

（一）烟田深耕

冬闲地深耕在当年秋收结束后进行，并耕而不耙，以利于更好地积蓄雨雪，熟化土层，促进土壤矿化。深耕深度适宜。各基地单元根据当地实际情况确定深耕深度，逐年加深，要求深耕深度在 30 cm 以上。耕地要做到深浅一致，不漏耕、不重耕，促进土壤肥力均匀。深耕时施适量的有机肥料，使土肥相融，提高土壤肥力，改善土壤结构。冬耕前后应认真处理田间杂质，拾净田间残留的根茎、茎秆以及废旧地膜等杂物，并将杂草全部翻埋。

（二）烟田轮作管理

基地单元全面推行 3 年轮作制度，实行区域化连片轮作。基地单元根据地区实际情况选择合理的轮作作物，前茬作物杜绝对烟草质量有影响的葫芦科（黄瓜、南瓜、丝瓜、西瓜）、茄科（辣椒、马铃薯、番茄）等作物。田烟实行水旱轮作，水浇地实行旱作间轮作。

（三）烟田秸秆还田

基地单元提倡实行秸秆还田。作物秸秆还田干草施用量为 200 ～ 300 kg/ 亩。秸秆还田应采用深耕重耙。一般耕深 20 cm 以上，保证秸秆翻入地下并盖严，防止跑墒。还田后应保持田间持水量的 60% ～ 80%。对土壤墒情差的，耕翻后应灌水，而墒情好的则应镇压保墒，促使土壤密实，以利于秸秆吸水腐解。带有水稻白叶枯病、小麦霉病和根腐病、玉米黑穗病、油菜菌核病等的秸秆，均不宜直接还田。

（四）绿肥种植与翻压

适宜的绿肥种类推荐黑麦、燕麦、光叶紫花苕或油菜。播种时间为 9 月中旬至10 月下旬。

1. 播前烟田整理与施肥

种植绿肥时应保证土壤墒情较好，并进行土壤的平整和旋耕。对于肥力差的地块也可施用一定量的有机肥如腐熟的鸡粪堆肥或秸秆堆肥等，施用量要控制在 2 m³/ 亩以下。

2. 播种量

黑麦草播种量为 3 kg/ 亩，燕麦草播种量为 5 kg/ 亩。依地力不同，播种量可适当增减。

3. 播种方式

宜采用条播方式播种，便于控制播种量。

4. 播后管理

在绿肥生长期间要注意土壤的水分管理，切不可"一播了之"。

5. 绿肥的翻压时间

绿肥宜于 3 月中下旬进行翻压，结合各地的具体烟苗移栽时期，可在移栽前 30 d 左右进行翻压。绿肥翻压一周后起垄。

6. 绿肥翻压量

绿肥鲜草翻压量宜控制在 1500 ～ 2000 kg/ 亩。如果翻压前绿肥鲜草产量大，可将过多的绿肥均匀拔除后用于其他地块翻压或用于饲养牲畜。

7. 翻压方式

翻压前先用旋耕机将绿肥打碎后，再进行耕翻有利于绿肥在土壤中分布均匀和分解。

8. 种植绿肥条件下烟草施肥量的确定

绿肥的翻压可为土壤带入一定的养分，尤其是氮元素。为防止烟草施用氮元素过多，应在总施氮量中扣除由绿肥带入的部分有效氮（忽略带入的磷、钾）。扣除方法：扣除氮元素量 = 翻压绿肥重（干）× 绿肥含氮量（干）× 当季绿肥氮元素有效率。种植绿肥时不施肥的情况下，黑麦草含氮量为 1.5%，燕麦草含氮量为 0.65%，当季氮元素有效率按 25% 计算，绿肥鲜草含水率按 80% 计算。

（五）增施有机肥

根据烟草测土配方要求，按需要增施有机肥。每 0.067 hm² 烟田施 20 ～ 30 kg 的饼肥。移栽时每 0.067 hm² 施 600 ～ 800 kg 腐熟的厩粪。

（六）土壤 pH 值调节

根据烟草测土配方要求，按需要调节土壤 pH 值。基地单元根据烟田土壤的酸碱性，选择合理的土壤 pH 值调控方法。

1. 石灰施用

石灰施用量根据烟田土壤酸碱度而定，土壤 pH 值 4.0 以下，石灰施用量 150 kg/ 亩左右；土壤 pH 值 4.0 ～ 5.0，石灰施用量 130 kg/ 亩左右；土壤 pH 值 5.0 ～ 5.5，石灰施用量 60 kg/ 亩左右；土壤 pH 值 5.5 以上，不施用石灰。

2. 白云石粉施用

白云石粉施用量 100 kg/ 亩左右，采用撒施的办法，在耕地前撒施 50%，耕地后耙地整畦前再撒施 50%。

注意：烟田施用石灰、白云石粉后当年不宜种烟。

（七）改善水利条件

高岸田改善灌水条件，加速土壤熟化。冷浸田、高地下水位的田要开沟排水，降低地下水位。

基地单元应按照烟草需水规律，充分利用水资源进行合理灌溉。移栽时必须浇足定根水，还苗期要注意保持壅根土的湿润，伸根期和成熟期保持适量的土壤持水量，旺长期要保持充足的土壤持水量。

烟田灌水应注意水肥结合，提高水肥利用率。推行节水灌溉技术和精准灌溉技术，节约用水。雨季时做好田间清沟沥水，防止田间积水。烤烟栽种季节，坝区必须有水可供灌溉烤烟，山区必须有水可供浇灌烤烟。

（八）合理施肥，因缺补缺

根据烟草测土配方要求，按需要增施相应肥料。根据土壤情况，有针对性地增施镁肥、锌肥、硼肥和钼肥等含微量元素的肥料。

（九）深耕客土

红壤土的耕层浅薄，土质黏重，通气透水性能不良。采用深耕技术，不但可以加厚耕层，而且可以改善土壤的理化性状。烟叶采收结束后应及时适时冬耕冻土，耕作深度以打破犁底层（25～30 cm）为宜。黏土掺沙对烤烟产量和品质均具有良好作用。

（十）保护田间生态

按烤烟生产要求选择烤烟生产的环境条件。减少土壤污染、土壤酸化、土壤板结，保持地力。

清除土壤中的废旧塑料膜及农药瓶(袋)。禁止使用高毒高残留农药。不灌溉污染水。在栽烟管理过程中，把烟花烟杈、废烟叶及烟秆清除田外，集中妥善处理。

第四节　烤烟大田预整地起垄技术规程

一、范围

本规程规定了奉节植烟田地的翻耕和起垄等技术要求。

二、术语和定义

预整地：为了提高烟株大田生育进程的平衡一致性，缩短全市各区县烟苗移栽期，将传统的移栽环节实施的部分工序前移至农事相对较松的时期进行，提前将所有烟田整理好，等待移栽的工作。

三、目标要求

预整地要求做到"及早、深耕、高垄、土细、沟直、排灌通畅"。

四、技术要求

（一）深耕

烤烟的根系密集层大多在地表下 30 cm 范围内，因此耕犁深度应达到 30 cm，耕地时做到深浅一致，在结合耕地的同时，除去杂草和残根。

（二）翻耕

翻耕要及早，争取有一段晒垡时间，这样土壤经过日晒夜露和冬季低温的作用，使杂草和残根腐烂，提高土壤肥力，减轻病虫害的发生。

（三）耙细整平田块

耙地要做到平整、不漏耙、无土块、虚松适宜，以减少水分蒸发，利于保墒。

（四）排灌沟渠

集中连片，统一规划片内总排灌水沟。每块田开挖四周边沟和腰沟。山地烟田要合理规划排水沟走向，防止雨水对地墒的冲刷。

（五）起垄

1.起垄时间

起垄应在移栽前 30 d 左右进行。

2.起垄规格

起垄规格随烟草株行距配置和烟田条件不同而有所变化，奉节一般按 110 ～ 120 cm 开厢，厢面底宽 60 cm，上宽 40 cm，垄高 25 ～ 30 cm，做到垄土细碎、垄面平整、垄体饱满，垄距、垄高、宽窄一致。

3.浇水覆膜

起垄后在移栽孔穴浇水，可保证移栽后烟苗不缺水，并可促进土壤微生物的活动和土壤养分的提前转化。喷洒过防虫农药后立即覆膜，将膜两边用细土压严实。

第七章　奉节育苗标准化技术

第一节　奉节工场化育苗大棚建造技术规范

本规范规定了工场化育苗大棚的基本结构、主要设备技术参数及土建设施建设技术标准。本规范适用于附属设施建造，配套设备选择、使用及维护。

一、育苗大棚

育苗大棚基本结构包括主体骨架和配套功能系统，配套功能系统包括通风降温系统、电动内遮阳系统、配电控制系统，可有效解决传统育苗中机械作业难、病虫害发生多、育苗效率低、需要连续投入等问题，具有便于集约化管理、省时省工、节约成本、苗全苗壮等诸多优点。

主体骨架为圆弧顶轻钢多排水槽主体结构，采用加工后热镀锌无缝钢材。

大棚入口门为单向侧滑门，高 1.8 m、宽 1.5 m，外门采用 15 丝 PEP 利得膜，内门为 40 目防虫网。

配电控制系统为适用于育苗连体大棚的电动内遮阳系统及电动卷膜系统的控制系统。

通风降温系统具体为大棚四跨门左侧均安装排风机；水槽两面设置手摇式蜗轮蜗杆卷膜器，两侧、尾端设置电动卷膜器，卷膜窗口配 40 目防虫网。

电动内遮阳系统为上层铝箔条、底层银灰色的遮阳网，具有保温透光、反射紫外线功能。

温度自动控制系统具体为综合控制柜采用温度自动控制，同时也可以直接通过控制柜实现手动，用于育苗连体大棚的内遮阳系统、轴流风机及卷膜系统的控制。

远程监控系统具体为综合控制柜采用温度自动控制，同时也可以直接通过控制柜实现手动，用于育苗连体大棚的内遮阳系统、轴流风机及卷膜系统的控制。

大棚骨架覆盖材料为 15 丝 PEP 利得膜，含有特殊的化学物质（表面活化剂），使膜表面无法结成水滴。

大棚外覆防虫网（以聚乙烯为原料，经拉丝制造而成的网状织物，一种防治虫害的材料）。

浸塑丝网表面为浸塑冷拉低碳钢丝，网高 1.0 m，立柱规格 50 mm × 50 mm × 1.5 mm，间距为 3.0 m；网孔为 50 mm × 100 mm，丝径为 3.0 mm。连接方式有螺盘连接和预埋连接。

大棚骨架预埋件预先安装（埋藏）在隐蔽工程内，在基础浇注时安置，用于安装大棚立柱时的搭接，以利于外部工程设备基础的安装固定。

依据育苗大棚供苗规模及所占地实际地质情况，配套一系列辅助大棚育苗生产的土建功能设施。

二、大棚主要材料参数及建造安装规范流程

（一）主要材料

主立柱、内遮阳横梁：70 mm×50 mm×2.5 mm 加工后热镀锌矩形管。

侧面横梁：60 mm×40 mm×2.5 mm 加工后热镀锌矩形管。

屋面拱杆、边立柱：Φ32 mm×2 mm 热镀锌圆管。

薄膜：15 丝 PEP 利得膜。

防虫网：40 目防虫网。

（二）大棚建造规格

大棚长 48 m，宽 32 m，由 4 个拱形棚连接组成，其中每拱跨度为 8 m，肩高为 3 m，圆弧顶高为 2 m，拱杆间距为 1 m，立柱间距为 4 m，净空面积 1536 m²。

（三）通风降温系统

卷膜窗卷膜高度均为 1.5 m，卷膜窗口处均配 40 目防虫网。

大棚四跨门左侧均安装轴流风机（风机规格 1.4 m×1.4 m，功率 1.1 kW，能达到风量 40000 m³/h），距离地面 60 cm，距离门左侧 80 cm。

风机都是从温室内部向温室外部排风，风机打开时，必须把大棚尾侧窗打开，同时其余卷膜窗关闭，达到通风换风而不致温室遭到损坏的目的。

（四）内遮阳系统

大棚内全覆盖铝铂遮阳幕，上层黑色、下层银色，采用齿轮齿条传动，沿温室间距方向开闭，配置扭矩 400 N·m、功率 0.55 kW 减速电机。

（五）配电控制系统

每座温室设备电压为 380 V，设 1 个综合按钮控制柜，设开、闭、停等多组按钮，具有多路控制系统、过流、欠压保护、相序保护、报警、灯光显示等功能。

采用 PVC 线管布线，固定在温室骨架上，导线采用绝缘电缆和防潮电缆。

（六）大棚建造安装规范流程

（1）场地平整。按照图纸所示尺寸进行平整工作。高差应控制在 15 cm 以内（由土建施工单位完成）。

（2）测量放线。严格按照典型图纸进行尺寸放样，并做好控制桩（由土建施工单位完成）。

（3）挖槽验槽。按照典型图纸开挖基槽时，在基础底设计标高以上再预留 5 cm 土，待基础夯实时达到设计标高方可浇筑垫层（由土建施工单位完成）。

（4）预埋连接件。挖好基坑，绑扎好钢筋，将预埋件楔入插稳，调整好位置后可以与钢筋点焊。浇注混凝土的时候可利用控制桩拉线绳确定中线及标高线。随时检查线绳的位置是否移动并及时纠正（预埋件由大棚厂家技术人员安装，土建单位予以配合）。

（5）主体安装。包含骨架安装、薄膜覆盖及通风系统、内遮阳系统安装、电控柜安装、入口门安装。

三、土建主要材料及建造流程

（一）主要材料

（1）水泥：PO32.5 普通硅酸盐水泥，要求新鲜无结块。

（2）砂：中砂或粗砂，含泥量不能超过 5%。

（3）石子：卵石或碎石，粒径 10 ～ 30 mm，含泥量不能超过 2%。

（4）钢筋：HPB235 级钢筋，要求无锈迹。

（5）片石：片状岩石，边长不低于 15 cm。

（6）毛石：无规则形状，边长在 20 cm 左右。

（二）规划选址及布局

所选地址宜开阔平坦、背风向阳、地势较高且土质较硬、不易积水；交通方便，便于烟苗运输；有洁净水源、排水通畅，供电较有保障；忌紧邻蔬菜地、烤房及村庄；禁止在种植过马铃薯等茄科及十字花科植物的地方建育苗场地。

基地单元内的育苗工场供苗面积原则上不低于 2000 亩，在供苗区域半径不超过 15 km 的条件下，可适当考虑育苗大棚单座修建。

（三）地形勘查

对所选地址的原始地貌进行勘查，形成地形地貌图（采用比例 1：500 或 1：200 的地形图），并确定拟平基位置，测算土石挖填方量。

（四）施工图设计及工程预算

根据重庆市局（公司）制定的育苗大棚作业规程及典型设计参考图纸，邀请正规设计单位结合项目地点实际情况，制作原始地貌图及施工设计图，并制作分项工程预算经重庆市局（公司）审批后方可生效，并按照正规公开招投标程序，制作招标文件经重庆市局（公司）相关部门审批后方可进行。

（五）土建施工主要程序

1. 场地平整

勘查所选区域的土质情况，根据勘查结果确定场平作业方式；作业前，应先确定场平后应达到的地坪标高。在开挖过程中，运用水平仪器随时控制标高，确保大棚整体施工地面平整度；在场地平整过程中，若场地为水田或洼地、土层下积水多，遇到长时间降水情况，应在施工区域周围设置简易排水沟，并根据实际情况设置沉砂井。场平结束在进入下道工序前，应对地平开挖土石方量进行收方，并定出土石比例。

2. 基础开挖

（1）大棚地圈梁基础。

①基槽开挖。场平结束其平整度达到设计要求后，施工单位按照施工图纸要求实施精确定位放线，首先定位大棚四角控制点及基槽位置。基槽土方开挖后，基槽底部须人工夯实。

②基槽垫层。基槽底部夯实后，浇注 C10 混凝土，铺设 10 cm 垫层。所涉及所有混凝土标号配合比均应按照由项目实施区县当地质检单位出具的试配合比拌料。

③地梁钢筋制作安装。在垫层表面定出地梁钢模位置。清除完垫层表面泥土及其杂质后，采用平整钢模定型，绑扎圈梁（4Φ12/Φ6@200）并做好紧固措施，防止混凝土浇注引起模板胀开或松垮。基础较好的，可依据实际情况进行调整。

④混凝土浇注。在浇注前，先清除在施工过程中落入基槽中的土块或其他渣物，方可浇注 C20 混凝土。在浇注过程中，一定要用振动泵点打，确保基础圈梁混凝土的紧密性。在浇注工程中，应有专人检查模板及支撑有无走动现象，如有松动，应立即停止，对模板进行加固后再继续作业。大棚安装厂家技术人员应同步进行大棚立柱连接件的基础定位，定出大棚顶部水槽的坡度，方便施工单位不用在地梁上找坡。

待基础圈梁完工，大棚裙膜安装后，土建单位应将基础顶表面与棚膜间缝隙用砂浆抹平填实。

（2）大棚独立点式基础。开挖尺寸为 800 mm × 800 mm × 700 mm，底面铺设 C10 砼垫层，双向满扎钢筋 Φ10@150，立筋 4Φ12/Φ6@200 钢筋（弯锚 3 cm），采用平直钢模关模，浇注 C20 砼。

（3）挡风墙及浸塑丝网围墙基础。基础均为毛石混凝土基础，挡风墙基础为宽60 cm，深40 cm，浸塑丝网围墙基础为宽40 cm，深30 cm。基础要求砂浆饱满，其强度达到施工设计要求。若毛石基础某一面在外，其表面须做内勾缝处理。

（4）挡土墙基础。在场地开挖过程中形成的土坡开挖断面，若断面较高，为防止土坡坍塌，须做挡墙处理。挡墙基础宽度须视断面高度，根据挡墙图集而定。

（5）装盘区基础。装盘区需堆码、卸装育苗盘，其高度须保证运输车辆能自由进出。由于高度达到 3 m，为防止山区风大掀翻彩钢棚，基础必须做成 600 mm×600 mm×400 mm 点式混凝土基础，打入膨胀连接螺栓，保证基础与彩钢棚立柱的整体稳固。

3. 墙体砌筑及屋顶浇筑

（1）育苗池。育苗池内空尺寸为长 46.8 m、宽 3.5 m，墙体高 25 cm，其中平整面以上 15 cm。根据育苗池大样图设置隔断，具体做法为在大样图指定位置设置 6 cm 卡槽，作可活动的木板隔断（长 3.6 m、高 12 cm）。在育苗池内圈铺宽 11 cm、高 6 cm 的内墙砖，表面作抹灰处理。

（2）浸塑丝网。与大棚间距 1 m，墙体为 80 cm、宽 20 cm 的水泥砖砌体，内外砂浆抹面。上顶安装浸塑丝网，丝网表面为绿色，立柱为表面刷绿色漆；网高 1.0 m，网孔为 50 mm×100 mm，丝径为 3.0 mm；丝网立柱规格 50 mm×50 mm×1.5 mm，间距 3.0 m。

（3）挡风墙。为保证大棚边侧的光照效果，挡风墙须与大棚至少保持间距 3 m 以上。墙体高 3 m，为保证墙体整体稳定性，建造模式采用阶梯式砖砌体修建。具体做法为墙体底部 1 m 范围内砖砌 40 cm 宽，中部砖砌 30 cm 宽，顶部砖砌 20 cm 宽，内外砂浆抹面。

（4）值班室、仓库。值班室设置在场区大门入口一侧，与仓库并排修建，均采用砖混结构，屋顶现浇。墙体灰缝饱满、平整垂直，内外砂浆抹面。为确保其稳定性，墙体转角处设置构造柱（4Φ10/Φ6@200）。

（5）屋顶结构设置圈梁和屋面板钢筋，现浇混凝土板厚度必须达到 10 cm，表面水泥砂浆抹面（掺合 5% 防水剂），做好防水处理。屋顶面四周设置 20 cm 高拦水线，2% 找坡，并留出水口连接雨水管。

集群连体大棚的值班室、仓库修建规模可视具体使用需求而定。

4. 排水系统

（1）大棚周边排水沟。在大棚四周设置排水沟，前后端距离大棚 40 cm，左右两侧距离大棚 20 cm，排水沟内空宽 40 cm、深 30 cm，内壁及底面水泥砂浆抹面，1% 找坡。

（2）育苗池给排水。在育苗池前后端预埋进水管，连接出水口；在育苗池隔断后的前、中、后 3 个小池中预留出水口，预埋排水管至大棚前后端水沟，并设置水阀。管径大小视具体需水量情况确定。

（3）其他区域排水。群式连体大棚相对应的仓库、装盘区等附属设施也应设置排水沟，防止雨水进入工作区。具体做法同大棚周边排水沟。

（4）门入口坡面。设置在大棚前端与排水沟中间部分，强度为C15，厚10 cm，成斜坡面连接至排水沟，方便大棚排水，也有利于剪叶机等烟用机具进出。

（5）引流渠。集群式连体大棚由于占地面积大，所在地雨季降水量大，单一的排水沟无法缓解场内排水压力，而场外雨水积量又过大，易造成围墙基础松垮，大棚基础沉降等情况发生。因此，应在场区外规划一条或多条引流渠将洪水引流至场外的泄水口。

5. 场区地坪

所有地面均要严格控制平整度，若因地势情况造成斜坡路面，应路宽坡缓，能满足车辆及烟用机具的通行。

6. 棚内地坪

棚内所有地面均不硬化，育苗池内只回填种植土。回填土须夯实，并用水平仪控制其回填水平高度。

7. 棚外地坪

（1）装盘区。装盘区由于需堆码大量育苗盘，且有载重运输车辆来往进出，地面须硬化方能达到使用要求。具体做法为开挖基槽并平整，手摆15 cm的片石并铺碎石，面层为20 cm厚的C20混凝土，朝排水沟方向找坡排水。

（2）物资堆码区。物资堆码区需堆填基质、送放育苗盘、运行播种机等烟用机具，为方便操作、避免尘土混杂，地面须做硬化处理。具体做法为开挖基槽并平整，手摆10 cm的片石并铺碎石，面层为10 cm厚的C20混凝土。堆放基质时，预先对工作地面进行消毒。

8. 其他区域

采用砂石坝面，具体做法为平整基础至设计位置并碾压夯实，基底上手摆片石，大小片石应该搭配使用，大石块满铺，小石块填缝，不允许大石块或小石块分开成片的情况出现。面层铺设应注意级配，较大碎石铺底，小块碎石按照3∶1比例混合泥土铺面。碾压后，碎石高度不低于5 cm。

9. 其余附属设施

（1）场外消毒池、清洗池。消毒池3 m×3 m，清洗池4 m×3 m，高度均为1.2 m，均修建于地坪以上，内外砂浆抹面，预留排水位置。集群连体大棚消毒池、清洗池修建个数可视具体使用需求而定。

（2）棚内消毒。每道入口门处均设置一处消毒池，长1.6 m，宽30 cm，低于通道表面 8 cm，内外水泥砂浆抹面找平。

（3）装盘区。顶面采用彩钢棚，立柱为圆形钢管，高度 3 m，棚顶内高外低，最高点与最低点落差 40 cm，形成自然排水坡度。彩钢棚钢架灰色，顶部天蓝色。集群连体大棚彩钢棚修建规模可视具体使用需求而定。

10. 场区入口大门及大棚入口门

入口铁门宽 5 m，两端设置 400 mm × 400 mm 的页岩砖门垛，门垛表面抹灰找平，铁门表面刷漆（颜色为绿色）；大棚入口门与基础顶表面的空隙由施工单位采用瓜米石混凝土进行填充。

第二节　奉节烤烟漂浮育苗操作规程

一、范围

本规程规定了烤烟漂浮育苗的育苗标准及技术要求。本规程适用于奉节烤烟漂浮育苗。

二、术语和定义

漂浮育苗：漂浮育苗属于保护地无土栽培范畴，就是利用成型泡沫浮盘为载体，装填人工配制的适宜基质，然后将育苗盘漂浮于含有营养液的育苗池中，完成烟草种子的萌发和成苗过程。

集约化育苗：就是在整个育苗过程中集合所有可利用资源，集成育苗优势技术，用较少的成本育出烟苗。烤烟集约化育苗包含漂浮育苗、湿润育苗、无基质或少基质育苗、砂培育苗等多种育苗方式。而其中漂浮育苗为集约化育苗的一种最重要的育苗方式。

苗龄：从播种至适宜移栽的时间。

出苗期：50% 烟苗子叶完全展开的日期。

小十字期：50% 烟苗在第三片真叶出现时，第一、第二片真叶与子叶大小相近，交叉呈十字状的时期。

大十字期：50% 烟苗的第三、第四片真叶大小相近，并与第一、第二片真叶交叉呈十字状的时期。

成苗期：50% 烟苗达到适栽和壮苗要求，可进行移栽的日期。

育苗专用肥：含烟苗生长发育各时期所需的营养成分的专用肥料。

育苗盘：模压泡沫塑料制成的多穴型育苗盘。

基质：采用草炭、碳化谷壳、珍珠岩、蛭石等为原料，根据烟苗生长特性，配制适合漂浮育苗条件下的专用栽培基质。

育苗池规格：根据漂浮育苗盘具体规格建造为长方形育苗池。育苗池用砖或其他材料砌筑而成，池底要求水平，池内铺垫聚乙烯黑色薄膜作衬底，膜厚度大于 0.1 mm。注意育苗池应尽量被育苗盘所覆盖，否则水体见光容易滋生藻类。

三、工作要求

（一）苗前准备

1. 方案制订和任务下达

奉节县局（分公司）烟叶科于每年 1 月底前，对当年烟叶育苗工作进行策划，策划结果形成《育苗工作方案》，内容应包括育苗面积、育苗技术、育苗管理办法、商品化育苗面积、商品化供苗方案等内容，同时方案还应明确工作目标、工作要求、过程检查、考核细则等具体内容，下发各烟站，作为当年烟叶育苗指令。并对其进行安排部署。

基地单元站应根据奉节县局（分公司）烟叶科烟叶育苗工作安排部署，及时将烟叶育苗工作任务分解到烟草点执行。

烟技员、烟叶生产合作社社长召开烟农会议，落实烟农烟叶育苗阶段工作任务。

2. 烟叶育苗管理阶段技术培训

奉节县局（分公司）烟叶科于每年 2 月底前，采取层层培训的方式对《育苗工作方案》进行理论和现场培训。奉节县局（分公司）烟叶科负责培训烟站站长、副站长；烟站负责培训烟草点点长、技术员和育苗业主。同时，注意保留育苗培训的工作记录。

3. 育苗队伍组建

集约化育苗队伍由专业户、专业队、合作社（依法注册）等类型业主承担。

4. 育苗设施消毒

育苗前 15 d 左右，应对育苗棚进行消毒处理，可用 35% 的威百亩溶液喷洒，盖膜熏蒸一周左右，不使用有害的熏蒸剂，如溴甲烷等。也可用 1% ～ 2% 的福尔马林或 0.05% ～ 0.1% 的高锰酸钾溶液喷洒，盖膜熏蒸 1 ～ 2 d，然后揭膜通风 1 ～ 2 d 即可投入使用。

使用 1 年以上的育苗盘，在育苗前必须消毒，首先冲刷掉黏附在漂浮盘上的基质和烟苗残体，其次将 10% 二氧化氯 500 ～ 800 倍液均匀洒在漂浮盘上，或将漂浮盘在消毒液中浸湿后堆码，用塑料布覆盖，在太阳下密闭 7 ～ 10 d。利用高温高湿和消毒药剂，加快漂浮盘上烟草残体的腐烂和病原菌的死亡，消毒后用清水洗干净。

5. 育苗设施建设

选择避风向阳、地势平坦处；靠近洁净水源（井水、自来水）；交通方便；禁止在茄子、辣椒等茄科和小白菜等十字花科植物的种植地以及村庄、烤房附近建棚。

钢筋、水泥结构，长 48 m，宽 32 m，育苗池内空尺寸为长 46.8 m、宽 3.5 m，育苗池深 25 cm，其中平整面以上 15 cm。棚膜选用聚氯乙烯无滴膜，厚度为（0.1±0.02）mm。棚内密封性好，可容纳 8 个育苗池，一般每个大棚可供约 920 亩大田用苗。

播种前 7～10 d，把育苗池铺底薄膜垫好，放 100 mm 深的自来水或井水，每吨水用 15～20 g 粉末状漂白粉直接干撒入池水中消毒，适当搅拌池水让氯气溢出，密封大棚，使池水预热升温，也便于检查育苗池是否漏水。

在光热不足的地区，育苗队应采取增温补光措施，提高水温、棚温保证种苗质量，培育壮苗。

（二）苗期管理

1. 基质的装填

先将基质倒在洁净的塑料布上，用净水洒湿，湿度以基质握之成团、触之即散为宜（含水量约 40%），再将基质填满已消毒的育苗盘的孔穴；基质装盘后，200 mm 高度自由落体 1～2 次，刮去表层多余基质，同时检查有无漏装。使基质的装填充分均匀，松紧适宜，不得用手压。或可采用自动装盘播种机完成。不应在烟草常发病的田间装盘。

2. 播种

通常情况下，包衣种子的播种时间可用移栽期倒推 60～65 d 予以确定，小苗移栽地区可倒推 50～55 d 予以确定。但必须充分考虑有效积温对种子萌发的影响，当育苗点日均温度连续 7 d 在 10 ℃以上时，催芽包衣种子才可快速萌发生长。

使用压穴板在每个基质孔中央按压出 7 mm 深的小穴，保证播种深浅适宜、一致。

每个孔穴播放 1 粒种子，然后覆盖基质 2 mm 左右。

播种装盘结束必须立即放入育苗水池。

3. 盖膜

大棚膜采用无滴膜，小棚膜采用透明农膜；播种结束后，当天迅速密封大、小棚膜，及时提高和确保育苗棚内温度；大棚两侧安装高 600～800 mm、40 目的防虫网，并装好裙膜；大棚两边安装宽 500～600 mm、高 1.5 m 的门，门口用防虫网隔离。

4. 间苗和定苗

在小十字期进行，拔去穴中多余的苗，空穴补一苗，以保证每穴一苗。间苗做到"去大去小、去病去弱"，使整盘烟苗均匀一致。

5. 营养液管理

配制营养液的水严格要求采用洁净水源。在出苗率为 70% 左右时，将前期的育苗专用肥用温水溶解后加入池中混合均匀；第一次剪叶前 1 ～ 2 d 和第三次剪叶前 1 ～ 2 d 分别加 1 次营养液，并保证按照每穴 37 mg 的纯氮用量控制营养液浓度。在烟苗生长过程中，育苗池中的水位低于 70 mm 时，应补充水分至 100 mm，水位不应超过 100 mm。育苗专用肥使用方法具体见每年的使用说明。为防止基质表面盐渍化，注意适当淋水。

营养液的 pH 值要求在 5.8 ～ 6.5，如果 pH 值与要求不符，需进行 pH 值校正。如果营养液 pH 值偏高，可加入适量 0.05 mol/L 的 H_2SO_4 进行校正。如果 pH 值偏低，可加入适量 0.1 mol/L 的 NaOH 进行校正。每添加 1 次营养液，校正 1 次 pH 值，使用精密 pH 试纸或 pH 计进行测定。

6. 温湿度管理

温湿度通过棚膜的揭盖进行管理。育苗中棚的温度计应放置于育苗棚中央的漂浮盘上，并同步开展池内水温观察；育苗大棚的温度计应分别放置于育苗棚四角和中央的漂浮盘上方，并同步开展池内水温观察。

从播种到出苗期间，以保温为主，应使育苗盘表面的温度保持在 20 ～ 25 ℃，以获得最大的出苗率，并保证出苗整齐一致。

从出苗到十字期，以保温为主，但在晴天中午气温高的情况下，要通风降温排湿，控制棚温不超过 30 ℃。到下午时应注意盖膜，以防止温度下降太大。

从大十字期到成苗，应避免极端高温，随着气温的回升，要特别注意通风控湿，棚内温度最高不能超过 30 ℃，防止烧苗。

成苗期，将四周的棚膜卷起，加大通风量，使烟苗适应外界的温度和湿度条件。

注意：在育苗的中后期，棚内温度相对稳定在 20 ～ 25 ℃时，大棚要经常通风排湿，相对湿度大于 90% 的持续日数不得超过 3 d。

判断温度管理水平的简便方法：出苗前育苗池水深 100 mm 左右，晴天 17 : 00，营养池水温低于 16 ℃，说明温度偏低；出苗后在水深 100 mm 的情况下，晴天 17 : 00，营养池水温低于 18 ℃，说明温度偏低。

7. 剪叶

坚持"前促、中稳、后控"的原则，第一次剪叶在烟苗封盘遮阴时实施，剪叶不超过最大叶面积的 50%，修剪高度距生长点上 30 ～ 40 mm，切忌剪除生长点（叶心）。常规移栽地区剪叶 2 ～ 3 次，小苗移栽地区，剪叶 1 ～ 2 次，直到成苗。剪叶应在上午露水干后烟苗叶片不带水时进行。应注意操作人员和剪叶工具的卫生消毒，每剪完 1 个育苗池，剪叶工具应消毒 1 次（或采用剪叶机进行剪叶）。

8. 炼苗

当烟苗达到葱式苗标准茎（高 80 ～ 120 mm）、小苗达到移栽标准（高 60 ～ 80 mm），育苗池即可断肥、断水进行炼苗，同时，在棚两侧昼夜通风。炼苗的程度以烟苗中午发生萎蔫、早晚能恢复为宜。炼苗时间一周以上；供苗前必须采用病毒试纸条检测合格后方可供苗。移栽前一个晚上，把育苗盘放入育苗池内，并且叶面施肥（药）使烟苗带肥带药移栽。

9. 病害控制

（1）育苗棚门口和所有通风口须加盖 40 目白色防虫网，防止烟蚜进入棚内。

（2）禁止非工作人员进入育苗棚，育苗棚只允许 1～2 名操作人员进入。

（3）育苗棚的具体负责人应对进出育苗棚的人员进行登记，记录进入时间、事由、离开时间等。

（4）保持棚内环境卫生，操作人员不得在棚内抽烟、吃东西，不得在营养液中洗手、洗物件等。

（5）修剪的叶片应及时带出销毁，不得留在育苗区域内。

（6）出现病株，应及时清理，在远离育苗棚的地方处理掉，并及时对症施药、揭膜通风，切忌延误。

（7）剪叶前剪刀应用消毒剂消毒，操作人员应用肥皂液洗手并进行鞋底消毒。

（8）发病烟苗要销毁；有疑似病状的烟苗不剪叶，留待观察。

10. 控制绿藻

苗床空气湿度过高，或采用腐熟不充分的秸秆为基质材料，水面直接受光时易产生绿藻。绿藻对成苗期的烟苗影响不大。控制绿藻的具体做法如下：

（1）在制作育苗池时，依照漂盘的数量和尺寸确定育苗池的大小，使漂盘摆放后不暴露水面，若有露出区域，宜用其他遮光材料将其覆盖。

（2）采用黑色塑料薄膜铺池。

（3）加强通风，降低棚内湿度。

（4）不过早使用肥料。

（5）确需杀藻时，盘面可喷施 0.025% 的硫酸铜溶液进行杀藻。要严格控制硫酸铜浓度。

11. 日常管理

育苗业主负责育苗工场的日常管理工作，烟站和村委会负责对育苗工场日常管理的监督、检查、指导。

（1）育苗过程管理。育苗业主要加强对育苗工场内作业人员的培训教育，严格控制进出棚人数，如实填写工作记录备查，内容应包括播种日期、出苗日期、剪叶次数及日期、育苗棚内的温湿度记录，进入育苗棚及剪叶过程中有无消毒、消毒剂种类、苗床发病情况及日期、统防统治的日期、药品种类及防治对象、炼苗时间、供苗日期、供苗数量以及供苗村组。育苗工场内禁止吸烟，禁止随地吐痰，禁止乱扔乱倒污物、污水；定期进行清扫；对于过期或不再使用的物资、药品以及匀苗、间苗、剪叶等环节产生的废弃物，不得随意倾倒，应收集到指定地点进行相应处理。

（2）育苗物资管理。育苗物资应定点定位、整齐堆放；对使用后回收的育苗物资（如漂盘）应先清洗干净，再整齐堆放到指定区域，确保部分物资的再次利用。奉节县局（分公司）要制定有效的育苗物资管理考核办法，加强对育苗业主的管理考核。如漂浮盘的回收利用率应为 80% 以上。

12. 自然灾害防范管理

奉节县局（分公司）要结合本地实际制订灾害性天气应急预案，明确责任，落实人员。育苗业主在获得灾害性天气预报通知后，要及时对育苗大棚进行检查，防止大棚灌风，防洪排涝，防雪防雹。

自然灾害发生后，育苗业主应在 10 min 内向奉节县局（分公司）烟站报告，并按照应急预案有针对性地开展防灾减灾工作，有效减少灾害造成的损失。

（三）成苗管理

1. 成苗检验

育苗结束后，由基层站、党政代表、烟农代表、合作社按壮苗标准对烟苗进行全面检验，剔除弱苗、病苗并集中销毁。

2. 维护与养护管理

育苗业主负责育苗工场内设施设备的管护养护工作。必须做到以下几点：（1）有规范的标识标记。（2）设备处于整齐清洁状态，使用状态良好。（3）设施设备摆放应合理，便于操作，并有合理的工作空间。（4）定期对育苗工场的设施设备进行维护和保养。（5）认真填写工场化育苗设施设备养护情况登记记录表。

第三节　烤烟常规育苗技术规程

一、范围

本规程规定了常规育苗的目标及技术要求。本规程适用于烤烟常规苗育苗。

二、术语和定义

假植育苗：一种育苗方法，在烟苗有 4～5 片真叶时，从育苗的第一苗床（母床）移栽到预先做好的另一块苗床（子床）上，使它在较优越的环境条件下生长。

出苗期：从播种至幼苗子叶完全展开，整棚 70% 出苗的时期。

小十字期：幼苗在第三片真叶出现时，第一、第二片真叶与子叶大小相近，交叉呈十字状的时期。

大十字期：第三、第四片真叶大小相近，并与第一、第二片真叶交叉呈十字状的时期。

炼苗：烟苗移栽前增强烟苗抗性的措施。

成苗期：烟苗达到成苗指标，适宜移栽的时期。

三、技术原理

将烤烟种子播在母床上，在烟苗生长到四叶一心至五叶一心（5～6片真叶）时，把烟苗假植到营养袋中，直至成苗的过程。

四、壮苗标准

苗龄 70 d 左右，根系发达，茎粗（直径）5～7 mm，从芽到茎基部长 100～120 mm，茎绕手指不断，叶片浅绿色，单株叶面积适宜，烟苗大小均匀一致，无病虫害。

五、成苗要求

苗期 80～90 d 左右，假植后烟苗生长时间不少于 20 d，主根不明显但侧根发达，茎秆直径 5～7 mm，有真叶 10～11 片，剪叶后有真叶 6～7 片，苗高 150～200 mm，烟苗呈黄绿色，清秀整齐。

六、苗床地选择及整理

（一）苗床地的选择

背风向阳，东西走向，地面平坦，地下水位低，土壤肥沃、排水较好的砂壤或轻壤，周围有充足干净的水源，远离房屋、瓜菜地、老烟地、低洼易涝地。

（二）苗床的整理

1.深挖晒垡

选作母床地的田地在作物收获后休闲。年前挖地，按照母床地的规格开沟作埂，然后深挖晒垡，晒垡时间为 1～2 个月。

2.苗床整地

苗床地整理要精耕细作，做到畦土细而平，再用木板轻压，使整个畦面保持水平。畦边周围开深沟，利于排水和畦土的通气。畦面平整后铺一层厚 2～3 cm 的营养土（营养土配制见本规程第七点）。

3.苗床标准

标准苗床：厢面宽 1 m（不含边埂），长 10 ～ 12 m（不含边埂）。畦面四周制作边埂，边埂高 100 mm、宽 100 mm 左右。大田每栽 1100 株烟，母苗床面积为 3 ～ 4 m²、营养袋假植子苗床面积为 6 m²。

4.苗床消毒

全面使用化学药剂熏蒸消毒。具体操作如下。

（1）苗床消毒。

①整理苗床。将苗床做成待播水平，要求土壤细、匀、平，保持土壤湿度在 60% ～ 70%（拨开表层土壤，抓起一把土，用中等力握一下，若土壤成团，且落地散开，即为含水量 60% ～ 70%）。

②施药。每平方米苗床按 50 mL 斯美地和 3 kg 水稀释成 60 倍，均匀浇洒在土表面。

③盖膜。用地膜平铺于苗床表面，四周用泥土压实。

④揭膜。经过 10 d 后揭去地膜，松动表层 2 ～ 3 cm，散发药气 7 ～ 10 d，即可播种。

（2）营养土消毒。

①施药。将客土配制的营养土按 5 cm 厚铺好，用消毒液均匀浇洒，需湿透 3 cm 以上，然后覆一层营养土，再浇洒消毒液，重复成堆然后用薄膜覆盖。

②揭膜。施药 10 d 后去膜，充分翻松 1 次；2 d 后再充分翻松 1 次，再过 2 d 后才可装袋假植。

③拱棚盖膜。用未使用过的新竹弓，拱棚高 500 mm，弧形，塑料膜应该具有合适的厚度（100 μm 左右），不能用未经洗净消毒的旧薄膜或破损膜，保证密封，以利保温。棚架方向应与风向一致，可减轻吹风时薄膜的晃动，避免薄膜损坏。（在病毒病高发地区，应采用防虫网覆盖，减少害虫传播病毒的概率。）

七、营养土配制

大田每栽 1100 株烟，育苗营养土的配制数量为过筛均匀的山表土（无病源净土）300 kg 混合专用育苗肥或山表土（无病源净土）300 kg、火土灰 50 kg、烟用复合肥 2 kg、钙镁磷肥 2 kg，并加入一些广谱的杀虫剂与杀菌剂，混合均匀后堆捂 15 ～ 20 d 备用。

八、播种

（一）播种期

一般在 2 月 15 日至 20 日播种。

（二）播种量与方法

全部采用包衣种子播种，一亩用量以一包为宜。播种前先将苗床浇足水，然后均匀播种，盖种土厚 1 mm，上盖一层地膜保温保水，出苗后即可揭掉，播后立即扣苗床小棚，夜间注意加盖棉被保温或增温。

九、母苗床管理

（一）水分管理

播种后每天根据实际情况浇 1 ～ 2 次水，特别是出苗前，要保证苗床地的湿润，但不用大水漫灌，以保证包衣种子充分吸水裂解和萌芽。到大十字期时，可减少浇水量，促进烟苗根系的生长。

（二）肥料管理

母床施肥一般采用当地的烟草专用肥，当烟苗刚刚进入大十字期时可以开始施肥，用育苗专用肥，每 5 m² 苗床施肥 100 g 左右，浇完肥料后浇施清水冲洗，防止烟苗幼叶受到肥料伤害。一般母床施肥 1 ～ 2 次即可，每隔 5 ～ 7 d 施 1 次。

（三）温度管理

烟苗生长的适宜温度是 25 ～ 28 ℃，苗床温度要求控制在 10 ～ 28 ℃。白天温度高于 28 ℃要通风，下午温度低于 20 ℃要及时保温。根据天气情况，晴天早上 10∶00 揭膜，下午 4∶00 盖膜，防止母苗床温度超过 30 ℃，造成高温烧苗。

（四）间苗除草

间苗是培育壮苗的关键措施。母床一般间苗 2 次，间苗结合除草一起进行。第一次间苗在小十字期进行，要求间密留稀、间大留小、间弱间病留好，间苗后的苗距为 20 mm 左右（即一手指宽）。第二次间苗在大十字期进行，此次间苗要求间大间小留中间，间出弱苗和病虫苗，间苗后苗距 40 ～ 50 mm（两手指宽），保证每平方米成苗 300 ～ 400 株。

十、营养袋假植

（一）子床整理

在假植前先按每亩大田 6 m² 整理标准子床，将装好营养土的营养袋排在子床里，营养袋装土要求均匀、松紧适度，在子床上排放整齐，袋与袋之间、袋与埂（走道）之间的空隙用细土填实，并在假植前一天将每一袋营养土均匀淋湿。

（二）假植时期

4月10日左右，必须选择在阴天或晴天的傍晚进行。

（三）假植方法

采用撬苗而不是拔苗的方式取苗；假植苗应选用5片真叶、生长整齐一致、根系带土多的无病烟苗；将烟苗假植在营养袋中时用细土护根，做到根与土紧密结合；假植后营养袋尽可能密排，使苗间距为70～80 mm。然后均匀喷水、盖上拱膜。

十一、假植苗床管理

（一）覆盖

烟苗假植后到成活前要适度遮阴。在白天气温高的情况下要进行遮阴，早晚可揭去遮盖物，假植7 d后可揭去全部遮盖物。

（二）水分管理

浇水要适时适量，保持土壤湿润，但不积水，成苗期要控水炼苗。

（三）温度管理

还苗前，晴天注意遮阴，以防暴晒。膜内温度达到30 ℃并有继续上升的趋势时，立即揭开膜的两端通风降温，必要时在苗床两侧揭膜降温，以防高温烧苗。遇到寒冷天气，及时在膜上盖稻草或盖双层膜保温。

（四）苗床追肥

追肥视营养土肥力状况而定。必要时，使用烟草专用苗肥（具体使用方法见说明书），追肥1～2次，每10 m² 的标准畦用育苗专用肥100～200 g，稀释浓度1%～2%，均匀地喷施在烟苗上，再用清水冲洗1次，移栽前5～7 d可酌情追施1次送嫁肥。

（五）剪叶

当烟苗长至60 mm左右高时进行剪叶，如果烟苗的大小不均匀，可以提早进行修剪，以提高均匀度。剪叶时，先把剪叶工具用漂白粉、石灰水或肥皂水清洗消毒干净，然后平握刀具把烟苗叶片切去1/3，注意避免剪到心叶，剪叶次数一般2～4次。

（六）炼苗

在移栽前 2 周，每天 9∶00 ～ 16∶00 揭膜炼苗，如果烟苗白天不出现萎蔫就不浇水，出现萎蔫时适当地补给一定的水分，浇水量以保持营养袋土表层 4 cm 湿润即可，晚上盖好膜。

十二、病虫害防治

按照烤烟生产技术标准的《烟草病虫害综合防治规程》执行。

第八章 奉节烟叶生产标准化关键技术

第一节 烟地冬耕操作规程

一、范围

本规程规定了烟地冬耕操作的技术要求。本规程适用于烤烟烟田冬耕等。

二、工作要求

（一）冬耕烟地选择

利用冬耕冻土、晒垡，加深耕层，增加活土层厚度，促进土壤熟化，保证土层疏松肥软，提高土壤有效肥力；减少越冬病源，特别是土传病害，通过冬耕冻土、晒垡，杀死土壤中的病菌，减少土壤中的病原数量，以达到防病的目的。

冬耕烟地宜选择在地势平坦、通风向阳、排水良好的地方，前茬非茄科（辣椒、洋芋）、蔬菜等农作物，肥力中等或中等偏上、通透性好的砂壤或壤土。坚持净土、好土种烟，尽量不搞套作，杜绝瘦薄地、陡坡地、石窖地、背阴地、低洼地、菜园地、洋芋地、坡度大于 20°的坡地等土地种烟。坚持轮作，实行以乡或村为单位，统一规划，相对集中连片种烟，以便于管理，提高生产水平。

（二）冬耕操作

1. 烟地清理

当年种烟烟地与轮作烟地，应在烟叶采收结束后，立即清除田间杂草、烟株、烟叶以及残膜、烟用包装等杂物，集中连片的烟地应设置废弃收集处理池，保证田间环境的清洁卫生。

2. 冬耕标准

秋收后及时灭茬，适时冬耕冻土、晒垡，加速残留在田间的根系及其他残体腐烂，消灭虫卵及杂草种子。耕作深度以打破犁底层（3 cm）为宜。烟田深耕致使土层加厚，会在一定程度上造成土壤养分缺乏，最好配施有机肥，配套种植绿肥。

3. 种植绿肥

9 月中旬至 10 月下旬撒播黑麦草、燕麦等绿肥种子，进一步降低土壤容重，提高通透性，增加有机质含量。

4. 农家肥堆沤

应选择离肥源较近，且地势平坦、背风向阳、运输方便的地方作为堆沤场所。粪堆高度要求在 1.5 m 以上，形状最好是圆形，粪堆外围再用干燥秸秆覆盖，然后抹泥盖膜封闭，以利于增温、保温。粪堆过小，不易增温，影响堆肥质量。在堆沤的农家肥中，增加牛粪等热性肥料比重，对发酵升温有利。

将各种堆沤材料混合均匀，同时调整好湿度，以手握成团、落地即散为度，防止湿度过高，上堆后透气性差，升温发酵困难。

温度过低时，可在粪堆中刨一个坑，内填干草等易燃物，粪堆建好后点燃，通过缓慢烟熏提高肥堆温度，促进堆肥快速升温、发酵腐熟。

HM 腐熟剂中含有 HM 菌种，可用于处理畜禽粪便及废弃的固体有机物，能促进发酵物快速除臭、迅速升温、恒控温度在 15 d 左右，彻底杀灭病毒、病菌、虫卵、杂草种子，实现无害化处理。

第二节　烤烟备栽操作规程

一、范围

本规程规定了烤烟移栽操作方法及技术要求。本规程适用于烤烟 GAP 生产备栽工作。

二、规范性引用文件

下列标准所包含的条文，通过在本规程中引用而构成为本规程的条文。本规程出版时，所示版本均为有效。所有标准都会被修订，使用本规程的各方应探讨使用下列标准最新版本的可能性。

三、术语和定义

备栽：为了提高烟株大田生育进程的平衡一致性，缩短全市各区县烟苗移栽期，将传统的移栽环节实施的部分工序前移至农事相对较松的时期进行，提前将所有烟田整理好等待移栽的工作。

农家肥：冬耕阶段堆沤的人畜粪尿、厩肥、绿肥、堆肥和沤肥等。

耙地：用耙进行的一种表土耕作行为，通常在犁耕后、播种前或早春保墒时进行，有疏松土壤、保蓄水分、提高土温等作用。

四、工作程序

（1）施用农家肥。烟地翻耕前撒施农家肥 500 kg/ 亩，通过耕翻，与土壤混合均匀。

（2）翻耕。翻耕从 4 月下旬开始，由于烤烟的根系密集层大多在地表下 30 cm 范围内，翻耕深度应达到 30 cm，做到深浅一致，除去杂草和残根，保持良好的田间卫生。翻耕要尽早进行，争取有一段晒垡时间，这样土壤经过日晒夜露和夜晚低温的作用，使还未清除的少量杂草和残根腐烂，提高土壤肥力，减轻病虫害的发生。

（3）耙地。翻耕后要进行耙地，要做到平整、不漏耙、无土块、虚松适宜，以减少水分蒸发，利于保温保墒。

（4）排灌沟渠。平地烟田在翻耕和耙地后要在四周开挖排灌沟渠，山地烟田也要合理规划排水沟走向，防止雨水对地墒的冲刷。

（5）施基肥。翻耕耙地、清理完田间杂物后，起垄前沿划定的起垄中心线两侧 10 ～ 15 cm 处各开 15 cm 深的沟，将 80% 或全部的基肥和有机肥均匀施入沟内。

（6）起垄。移栽前 30 d 必须彻底清除田间的废弃薄膜、杂草、作物残体、石块等杂物，依照牵绳定距 110 cm 和 120 cm 两种规格开厢起垄，地烟垄高要在 25 cm 以上，垄面宽 25 ～ 35 cm，垄底宽 60 ～ 70 cm；田烟垄高要在 30 cm 以上，垄面宽 35 ～ 40 cm，垄底宽 70 ～ 80 cm，做到垄土细碎、垄面平整、垄体饱满、垄距、垄高、宽窄一致。

（7）浇水。深挖移栽孔穴，浇足水分，保证移栽后烟苗不缺水，并可促进土壤微生物的活动和土壤养分的提前转化。

（8）覆膜。地膜烟起垄并喷洒完防虫农药后立即覆膜，将膜两边用细土压严实。

第三节　烤烟地膜覆盖技术规程

一、范围

本规程规定了烤烟地膜覆盖的前期准备、技术要求、注意事项等。本规程适用于烤烟地膜覆盖。

二、起垄

起垄应在移栽前 15 ～ 30 d 进行，起垄规格随烟草株行距配置和烟田条件不同而有所变化。奉节一般按 110 ～ 120 cm 开厢，垄面宽 40 cm，垄高 25 ～ 30 cm，具体操作按照《烤烟大田预整地技术规程》执行。

三、施肥

每厢开 5 cm 深、15 ～ 20 cm 宽的一条浅沟，将所需的肥料条施入沟内。实际施肥量可根据土壤有机质含量适当调整。

四、技术要求

（一）地膜规格

使用厚度为 0.005 ～ 0.006 mm、宽 80 cm 的薄膜，推广使用可降解的配色或银灰色地膜，严禁使用有毒薄膜。

（二）盖膜时间

膜上烟在烤烟移栽前、下透雨后的晴天实行覆膜，确保垄体土壤湿度适宜；膜下烟在移栽时，实行边栽边覆膜。

（三）盖膜方法

盖膜时先把地膜覆盖在垄面上，而后四周膜脚用土盖好，垄基部应露出膜外 10 ～ 15 cm（露脚式盖膜）。地膜覆盖后应仔细检查垄体地膜破口，及时用泥土压严封实，以利保温保湿，并防止刮风揭膜。

五、注意事项

（一）开沟排水

每块烟地四周应开边沟，且均应比厢沟略深，保证春夏多雨季节烟田雨后排水通畅，不积水。

（二）揭膜

揭膜时间是地膜覆盖综合配套技术的一个重要环节，应针对当地烟草生产中存在的障碍因素来确定。例如，以防春寒及保水防春旱为目的的地膜可在移栽后 25 ～ 35 d 内揭膜；日最高温度在 30 ℃以下，水分适宜，土壤通透性好的田块也可不揭膜。若日最高温度超过 30 ℃，地膜覆盖的烟田应及时揭膜。由于地膜覆盖有增温作用，温度过高将伤害烟株根系，影响烟叶品质。

（三）除草

揭膜后应立即中耕除草，培土，促进烟株生长，防止土壤板结。

六、地膜栽培的使用选择

在当地烟草生产环境中不存在明显的不利因素的地方，可不使用地膜覆盖栽培。地膜覆盖技术的使用应该因地制宜，针对当地烟草生产中存在的不利因素，如春旱或早春低温等，选用与之对应的地膜覆盖配套技术。若使用不当，不仅不能充分显示地膜覆盖的作用，有时会适得其反，影响优质烟叶的生产。

第四节　烟叶常规移栽技术规程

一、范围

本规程规定了烤烟移栽操作方法及技术要求。本规程适用于烤烟 GAP 生产移栽管理工作。

二、术语和定义

农家肥：冬耕阶段堆沤的人畜粪尿、厩肥、绿肥、堆肥和沤肥等。

厩肥：在畜圈内由牲畜粪尿、垫料和饲料残渣混杂堆积而成的有机肥料。

耙地：用耙进行的一种表土耕作行为，通常在犁耕后、播种前或早春保墒时进行，有疏松土壤、保蓄水分、提高土温等作用。

基肥：基肥包含复合肥、火土灰、饼肥、有机肥等。

三、工作程序

（一）移栽前准备

1.移栽工作方案策划和任务下达

奉节县局（分公司）烟叶科于每年4月中旬前，完成对当年烟叶移栽工作的策划，形成《移栽工作方案》，内容应包括施用农家肥、翻耕、耙地、排灌沟渠、牵绳定距、施基肥起垄、起垄规格、浇水覆膜、移栽时间、移栽方法、移栽密度和栽后管理等技术要求，同时方案还应明确工作目标、工作要求、过程检查、考核细则等具体内容，下发到各烟站，作为当年烟叶移栽指令。并对其进行安排部署。烟站根据烟叶科烟叶移栽工作安排部署，及时将烟叶移栽工作任务分解到烟草点执行。烟技员、烟叶生产合作社社长召开烟农会议，落实烟农烟叶移栽阶段工作任务。

2.移栽技术培训

奉节县局（分公司）烟叶科于每年4月底前，采取层层培训的方式对《移栽工作方案》进行理论和现场培训。奉节县局（分公司）烟叶科负责培训烟站站长、副站长；烟站负责培训烟草点点长、技术员；烟叶技术员负责培训烟农。并保留相应的培训记录。

（二）移栽

1. 移栽时间

日平均气温稳定超过 15 ℃时开始移栽。一般膜下烟在 4 月下旬开始移栽，露地烟和膜上烟在 5 月上旬开始移栽，一个基本种植单元移栽期不超过 3 d，同一海拔区域 5 d 内移栽结束，同一县（区）15 d 内完成移栽。

2. 移栽方法

（1）烟苗选用：选用集约化育苗培育的托盘苗，运输时轻装轻放，避免压伤烟苗，遮阴运输，随运随栽；大田撒苗要沿孔穴撒苗，随撒随栽，尽量减少日晒时间。

（2）移栽要求：牵绳定距，确保行距、株距均匀一致，有利于烟株通风透光，获得较均匀的光照和土壤养分，也便于田间管理。移栽时实行"三带"下田（带水、带药、带肥），以提高移栽成活率。

（3）壮苗深栽：为了减少烟株倒伏，促进烟株不定根的良好生长，要适当提高烟苗成苗的高度（烟苗茎高以 8 ～ 10 cm 为宜），加大移栽的深度，以烟苗生长点（心叶）高出地面 2 ～ 3 cm（半指）为准，做到烟苗整齐一致，严格杜绝浅栽苗而形成的高脚苗现象。

（4）栽后覆土：移栽时浇足水，用土壤混合药物肥料后覆土保温保墒，以利还苗。

3. 移栽密度

（1）土壤肥力较好、土层深厚的地块（包括田烟），实行 120 cm×50 cm（行距 × 株距）的栽烟规格，亩植 1100 株。

（2）土壤肥力较差、土层较浅的地块，实行 110 cm×50 cm（行距 × 株距）的栽烟规格，亩植 1200 株。

（三）栽后管理

1. 查苗补苗

移栽后 3 ～ 5 d 要进行查苗补苗，如有死苗、缺苗要及时补栽同一品种的预备苗，并加施偏心肥促进发苗。

2. 薄施提苗肥

用氮、磷、钾含量比例为 20∶15∶10 的复合肥作为提苗肥，还苗 5 d 后施用，每亩施用 3 ～ 4 kg。

（四）备栽

（1）施用农家肥。烟地翻耕前撒施农家肥 500 kg/ 亩，通过翻耕，与土壤混合均匀。

（2）翻耕。翻耕从 4 月下旬开始，由于烤烟的根系密集层大多在地表下 30 cm 范围内，翻耕深度应达到 30 cm，做到深浅一致，除去杂草和残根，保持良好的田间卫生。翻耕要尽早进行，争取有一段晒垡时间，这样土壤经过日晒夜露和夜晚低温的作用，使尚未清除的少量杂草和残根腐烂，提高土壤肥力，减轻病虫害的发生。

（3）耙地。翻耕后要进行耙地，做到平整、不漏耙、无土块、虚松适宜，以减少水分蒸发，利于保温保墒。

（4）排灌沟渠。平地烟田在翻耕和耙地后要在四周开挖排灌沟渠，山地烟田也要合理规划排水沟走向，防止雨水对地埆的冲刷。

（5）施基肥。翻耕耙地、清理完田间杂物后，起垄前沿划定的起垄中心线两侧 10 ～ 15 cm 处各开 15 cm 深的沟，将 80% 或全部的基肥和有机肥均匀施入沟内。

（6）起垄。移栽前 30 d 内必须彻底清除田间的废弃薄膜、杂草、作物残体、石块等杂物，依照牵绳定距 110 cm 和 120 cm 两种规格开厢起垄。地烟垄高要在 25 cm 以上，垄面宽 25 ～ 35 cm，垄底宽 60 ～ 70 cm；田烟垄高要在 30 cm 以上，垄面宽 35 ～ 40 cm，垄底宽 70 ～ 80 cm。做到垄土细碎，垄面平整，垄体饱满，垄距、垄高、宽窄一致。

（7）浇水。深挖移栽孔穴，浇足水分，保证移栽后烟苗不缺水，并可促进土壤微生物的活动和土壤养分的提前转化。

（8）覆膜。地膜烟起垄并喷洒完防虫农药后立即覆膜，将膜两边用细土压严实。

第五节　小孔小苗深栽操作规程

一、范围

本规程规定了小孔、小苗深栽操作的技术要求。本规程适用于海拔 1200 m 以上植烟区。

二、术语和定义

"321"移栽法："三带""两小""一深栽"。"三带"指带水、带肥、带药；"两小"指小孔、小苗；"一深栽"指膜上深栽。

三、工作要求

（一）对移栽垄体的要求

栽前要做好准备工作，条施基肥，起垄盖膜。起垄一般按 110 cm 和 120 cm 两种规格开厢，厢面底宽 60 cm、上宽 40 cm，垄高 25 ～ 30 cm，做到垄土细碎，垄面平整，垄体饱满，垄距、垄高、宽窄一致，朝向一致。

（二）对移栽烟苗的要求

由于此移栽方法对移栽时间要求要稍早，一般移栽烟苗的苗龄在 45 ～ 55 d，茎高为 6 ～ 8 cm，真叶 4 ～ 6 片，根系较发达，无病无虫，抗性好。对育苗后期的剪叶管理一般要求是剪 1 次叶（也可以根据实际情况不剪叶）。

（三）对移栽工具的要求

移栽工具主要为移栽打孔器。便携式移栽打孔器由不锈钢钢管做成，钢管直径 3.2 cm，手柄和连杆推荐长度分别为 40 cm、50 cm。两个打孔锥间距 50 ～ 55 cm，以移栽株距为准，锥长 20 cm。便携式移栽打孔器形状如图 8-1 所示。

图 8-1　便携式移栽打孔器

四、"321" 移栽法

（一）打孔

用便携式移栽打孔器打圆形孔穴，直径 3.2 ～ 4.0 cm，孔穴深度 15 ～ 20 cm。

（二）放苗

打好孔后，直接将烟苗丢入孔穴，做到烟苗不能接触地膜，栽后不见烟。

（三）带水、肥、药移栽

用 0.5% 的专用追肥液（$N : K_2O=15 : 30$），加防治地下害虫的农药，拌匀，盛于专用水壶内，沿穴壁淋下，每穴 50 ～ 150 mL（垄体墒情好的每穴 50 ～ 80 mL、墒情中等的每穴 80 ～ 120 mL、墒情较差的每穴 120 ～ 150 mL）。

（四）填穴

当烟苗长出孔穴口，生长点超出孔穴口 2 ～ 3 cm 时，用细土向孔穴内填充。地膜烟应将膜口用土密封。

（五）栽后管理

地膜栽培，在填土、封膜后，可根据海拔或当年气候确定是否揭膜培土上厢。

第六节　不适用烟叶田间处理操作规程

一、范围

本规程规定了不适用烟叶田间处理技术要求。本规程适用于烤烟 GAP 生产不适用烟叶田间处理管理工作。

二、规范性引用文件

下列标准所包含的条文，通过在本规程中引用而构成为本规程的条文。本规程出版时，所示版本均为有效。所有标准都会被修订，使用本规程的各方应探讨使用下列标准最新版本的可能性。

三、术语及定义

不适用烟叶处理对象：烟株正常封顶留叶后发育不良的下部叶和结构僵硬的顶叶，卷烟工业不适用，需在田间清除处理的鲜烟叶。具体指烟株正常发育和封顶留叶后，烟株下部光照不足的 2 片叶和上部开片不好的 2 片顶叶。各基地单元需根据卷烟工业配方需求、品种特点和生态区域差异，因地制宜，工商协同确定细节问题。常规生产中需清除的黑爆烟、病残叶、胎叶不列入不适用烟叶。

不适用底脚叶：烟苗移栽时着生于在大田生长的烟苗最下部的 2～3 片叶，和移栽后未得到充分发育生长，叶长小于 35 cm 的 2 片底脚叶。

不适用顶部叶：正常封顶留叶后，烟株顶部开片不好、长度不足 40 cm、结构僵硬，预计烤后品质较差，不具备烘烤价值，工业不适用的顶部 2 片叶。

四、工作流程

（1）制订方案。各单位应根据重庆市局（公司）相关文件及本规程要求，将不适用烟叶处理纳入年度烟叶生产工作进行策划，策划方案中应包括不适用烟叶的目标任务、工作要求、工作措施、检查考核等内容，并下发各烟站执行。

（2）宣传发动。各单位要通过张贴告示、召开烟农会、发放宣传单、电访烟农和广播电视等多种途径，及时做好相关政策和要求的解读，打消烟农顾虑，赢得烟农的理解、信任和配合。落实分片包干责任制，将政策宣传工作落实到每一个具体的烟叶技术人员。

（3）签订协议。在《烤烟种植收购合同》的基础上，烟站与辖区内烟农签订协议，进一步明确不适用烟叶的处理数量、处理要求、处理方式、清除时间和考核验收办法等。

（4）登记造册。烟站对辖区内不适用烟叶间处理的烟农姓名、种植地块、种植面积、处理部位、处理数量、处理方式、处理日期、责任技术人等进行核实并登记造册。

（5）张榜公示。以烟叶收购点为单位，分别在底脚叶和顶叶清除前 10 d，进行不适用烟叶清除信息公示，公示时间 7 d，公示内容包括清除标准、清除时间、销毁地点及烟农、面积、地块、责任技术员等信息。

（6）发放通知书。烟站统一制作《不适用烟叶田间处理通知书》，明确不适用烟叶田间处理的时间、方式、数量、标准等信息，在公示结束后 3 d 内，发放到烟农手中。

（7）烟叶打除。严格执行下部 2 片（常规打掉的底脚叶除外）打掉和上部 2 片保留的"上 2 下 2"处理标准。

①中耕揭膜培土时打掉 1 ～ 2 片胎叶（移栽后 25 ～ 35 d）；在烟株封顶抑芽留足叶片后 10 d 左右（移栽后 65 ～ 70 d），打除叶长小于 35 cm 的不适用下部叶。

②在采烤最后一炕烟时（移栽后 110 ～ 130 d），保留最上部 2 片叶，不予采烤；上部叶 4 ～ 6 片一次成熟砍烤，剔除长度不足 40 cm 的 2 片不适用顶叶，不予采烤。

（8）鲜烟处理。

①就近就地处理。烟农自行将打除烟叶清除出田，在就近的荒山、空闲地挖坑，按 1% 的生石灰重量比例消毒后进行集中掩埋，或堆沤成腐熟农家肥。

②相对集中处理。选取 300 ～ 500 亩连片的区域建一个处理池集中处理鲜烟叶。

③有条件的地方，可以开展有关鲜烟叶综合再利用方面的研究与探索。

（9）过程记录。在清除后 3 d 内由包片责任技术员对不适用烟叶田间处理的相关信息和处理情况进行现场确认，对打除鲜烟叶进行称重并填写《不适用烟叶田间处理记录表》，收集视频影像资料。

（10）建立档案。烟站建立不适用烟叶清除和销毁档案，对相关表册、图片和影像资料分类整理归档，严格实行痕迹化管理，做到过程可控、可追溯。

（11）兑现补贴。烟叶收购结束后，按照综合检查验收结果和低次烟交售比例考核情况兑现补贴，补贴资金在烟叶生产投入补贴项目中列支，通过烟叶电子结算系统直接补贴烟农。

（12）结果公示。基层烟站及时公示补贴对象、补贴金额和举报电话等内容，接受社会和群众的监督。

第七节　烟叶田间管理技术规程

一、范围

本规程规定了优质烤烟大田管理的技术要求。本规程适用于优质烤烟大田管理工作。

二、术语和定义

大田管理：烤烟田间管理期间中耕培土、打顶抹芽、不适用烟叶处理、病虫害防治、田间卫生等环节的操作方法及技术要求。

三、工作要求

（一）田间管理工作方案策划和任务下达

奉节县局（分公司）烟叶科于每年5月中旬，对当年烟叶田管工作进行策划，形成《田间管理工作方案》，内容应包括追肥、病虫害综合防治、中耕除草、揭膜浇水、提沟培土、不适用烟叶处理、打顶抑芽、清理烟花烟杈、大田药剂防治等技术要求，同时方案应包括工作目标、工作要求、过程检查、考核细则等具体内容，并下发至各烟站，作为当年烟叶田管指令。同时对其进行安排部署。烟站根据烟叶科田管工作安排部署，及时将烟叶田管工作任务分解到烟草点执行。烟技员、烟叶生产合作社社长召开烟农会议，落实烟农烟叶田管阶段工作任务。

（二）烟叶大田管理阶段技术培训

奉节县局（分公司）烟叶科于每年5月底前，采取层层培训的方式对《田间管理工作方案》进行理论和现场培训。奉节县局（分公司）烟叶科负责培训烟站站长、副站长；烟站负责培训烟草点点长、技术员；烟叶技术员负责培训烟农。并保留相应培训工作记录。

（三）大田前期管理

（1）及时追肥。膜下烟、膜上烟进入小团棵期（最大叶片长度20 cm）时在两株烟中间打孔施入追肥。露地烟进入小团棵期时在最大叶尖处环形施入追肥。

（2）病虫害综合防治。各植烟区根据测报信息及往年病害流行特点，及时组织专业化植保队伍，开展针对性统防统治。同时指导烟户做好田间管理。

①搞好田间卫生。保证大田的清洁卫生，彻底清除田间杂物，集中到远离烟田的地方。

②肥水管理。平衡施肥，在施足基肥的基础上，合理施用追肥，并根据田间营养状

况合理喷施微量元素肥，协调烟株营养，提高烟株抗病性。

③合理规划排灌系统。干旱时及时灌水，雨后及时排水，做到干旱垄体不发白，雨后田间不积水。烟田间要防止串灌。

（四）大田中期管理

（1）中耕除草。中耕主要应在烟株旺盛生长期以前进行，生长旺盛期以后应在雨后、灌溉后或有杂草时进行。中耕深度要掌握不能损伤烟株根系的原则。中耕宜浅，一般 5 cm 左右，株间浅锄，行间深锄，疏松表土，除杂草。干湿交替频繁的条件下，可进行两次中耕。进行中耕操作时还应结合烟草田间施肥和化学除草等农事操作。

（2）揭膜。要求地表温度晴天稳定在 25 ℃以上，烟株由团棵期进入旺长期（具体指标为 10 个叶片左右，烟株高 20 ～ 25 cm），在雨季来临前揭膜。海拔高于 1200 m 的植烟区可以不揭膜，倡导使用生物、光或水可降解地膜，清残要彻底。

（3）浇水。中耕除草和揭膜后要根据土壤墒情及时补充水分。团棵期至旺长期需水量大，有条件的植烟区要保证有充足的水分供应，不受干旱天气的影响，土壤相对含水量应保持在 70% ～ 80%。大雨过后应做好清沟排水工作，防止田间积水，减少肥料流失及垄体板结。

（4）提沟培土。提沟培土高度要根据烟株的高矮、土壤结构、当地气候灵活掌握。一般雨量多或地下水位高的烟地（田）要高培土，培土高度 25 ～ 35 cm；雨量少或地下水位低的烟地，培土要适当低一点，培土高度 25 cm 左右。培土时要做到垄体充实饱满，垄面平整，垄面的松土要细碎，并要与茎基部紧密结合，以利于不定根生长。培土后做到沟直、沟平，沟、垄面无杂草，垄面呈板瓦形。

（5）不适用烟叶处理。及时去除 2 片无用底脚叶及 2 片顶部叶片，以增强烟株的通风透光，防止底烘和病害流行。

（五）大田后期管理

（1）打顶抑芽。

打顶时间：对土壤肥力一般、烟株营养正常、发育良好的烟田，整块烟地 50% 初花时打顶。

打顶原则：看苗打顶，合理留叶，整块烟地 50% 中心花开放时一次性打顶，一般留叶 18 ～ 20 片。对土壤肥力较好，烟株营养过剩的烟田，盛花期打顶，可留叶 20 ～ 22 片。

抑芽：打顶后 24 h 内施用抑芽剂。用药后 1 周检查抑芽效果，对漏滴或抑芽效果不理想的应在抹杈后补滴 1 次。

（2）及时清理烟花烟杈。田间去除的烟花烟杈要及时清理出烟田，集中妥善处理，避免传播病害。

（六）大田管理药剂防治

（1）病毒病。施用金叶宝、0.1% ～ 0.2% "$CuSO_4 + ZnSO_4$" 溶液或菌克毒克等药剂，在伸根期、团棵期、旺长期各喷 1 次进行防治。

（2）青枯病。在烤烟生长中后期，施用农用链霉素等药剂，每隔 7 ～ 10 d 灌根或喷施茎秆，连续 2 ～ 3 次。

（3）黑胫病。施用 25% 甲霜灵可湿性粉剂、58% 甲霜灵锰锌可湿性粉剂、96% 敌克松可溶性粉剂等药剂在发病初期喷淋茎基部，每隔 7 ～ 10 d 喷 1 次，连续 2 ～ 3 次。

（4）根黑腐病。每亩可用 50% 福美双可湿性粉剂 0.5 kg 与 500 kg 湿细土混合均匀，移栽时进行土壤处理；或用 36% 甲基硫菌灵悬浮剂 400 ～ 500 倍稀释液喷淋烟株茎部，每亩 50 ～ 75 kg。

（5）赤星病。在烟草赤星病发病初期，结合采摘底脚叶，用 40% 菌核净喷雾，每亩用药 50 g。

（6）虫害。

①烟蚜。田间烟蚜密度达到 100 头 / 株时即应开始防治。施用 50% 抗蚜威可湿性粉剂、40% 氧化乐果乳油等药剂喷雾防治。喷雾时应保证烟叶腹背面喷洒均匀。

②烟青虫。3 龄幼虫以前为防治适期，选用 90% 万灵粉剂、2.5% 敌杀死乳油等药剂喷雾防治。

第八节　烟草肥料使用管理规范

一、范围

本规程适用于重庆市烤烟生产基地单元的肥料使用与管理。

二、工作要求

（一）肥料采购

肥料必须通过国家有关部门登记认证及生产许可，质量达到国家有关标准和烟草行业要求，来源于正规渠道并可追溯。对烟草肥料实行集中统一招标采购管理，统一使用，杜绝烟农私自购买使用肥料。相关肥料证书，必须保留。

肥料调运入库时，由仓库管理员按批次采取随机抽样的办法对烟用物资名称、规格、包装、标识进行验证；对入库数量进行计量；并填写《烟用物资入库验证记录》和《烟用物资入库记录表》，并妥善保留记录至少 3 年以上。

（二）肥料保管

1. 肥料保管场地要求

（1）建筑物结构坚固并远离宿舍居民区，门、窗、锁齐备。

（2）具有良好的照明、通风设备。

（3）配备温度计、湿度计。

（4）阴凉、避光、通风良好。

（5）必要的消防设施。

2. 肥料保管安全控制

（1）基地单元的肥料要有专人、专仓或专柜保管，仓库管理员定期检查制度。

（2）用后上锁。

（3）出入许可。

（4）出入登记。

（5）用过的肥料空瓶、空袋、空盒要收回妥善处理，不得随意拿放，更不能用于盛装食物等物品。

（6）装肥的器具如施肥用的桶等要有明显的标记，不可随便乱用。

（三）肥料储存

肥料储存有如下要求。

（1）确保肥料储存体系的建立和维护，防止水资源受肥料的污染。

（2）保证所有肥料的储存安全，让肥料远离不相关的人员，尤其是小孩，以及农场的动物和野生生物。

（3）按照肥料安全储存说明书上推荐的方法储存所有的肥料，确保肥料储存于适宜的环境条件。检查事项包括：最大安全储存温度、湿度限制（防止颗粒结块、容器腐蚀）。

（4）不得存放与肥料无关的物品，肥料不得与农药、种子、食物和烟叶等存放在一起，更不能放在卧室。

（5）标识所有易燃的肥料产品，将肥料与其他物品隔离并清楚地标识所有的危险，包括如果在仓库内或室外发生火灾所应该采取的具体措施。

（6）让所有的肥料远离任何易燃物。

（7）制定可行的应急措施，及时处理无法预见到的情况，如偶然溢出、火灾、水灾等。

（8）严格按计划定量购肥，将肥料库存降到最低。

（四）肥料发放

肥料发放有如下要求。

（1）肥料应由专人按需发放，建立记录肥料的发放及出库记录。

（2）用过的肥料空容器要及时回收，统一管理，集中无害处理。

（五）肥料使用

1. 使用原则

（1）根据肥料的生产日期，做到"先入先出"，所有使用的肥料不得超过储藏期，除非经检验符合使用要求。

（2）建立在土壤养分状况、烟叶需求和当地施肥经验的基础之上。

（3）在恰当时间施肥，将肥料相应地施到每一棵烟株上。

（4）使用烟草专用肥料。

（5）所有有机肥料在使用之前，必须经过沤制腐熟。且有机肥中重金属含量应符合相关要求，其中主要重金属含量的限量指标（mg/kg）：砷 ≤ 20，镉 ≤ 200，铅 ≤ 100。有机肥料应妥善存放，减少环境污染风险。

2. 使用操作

（1）在肥料使用科学技术指导下，积极推进烟草配方平衡施肥工作，完善平衡施肥服务体系。

（2）加强对烟技员和烟农的培训，提高"科学施肥"的意识，并能够正确使用肥料，了解肥料的性能及使用季节，安全合理用肥，避免出现肥害。

（3）发挥烟技员在田间作业的指导作用，正确指导烟农科学、合理、安全地施用肥料，全心全意为烟农提供技术指导和技术服务，规范烟农用肥程序，以发挥最大的社会效益，确保烟叶产量和烟叶品质安全性。

（4）烟技员对肥料使用进行跟踪，用量、效果都进行登记，保证科学施肥技术得到推广和应用。

（5）坚持适时用肥和适量用肥。

3. 使用安全防护

（1）妥善处理购肥携带器具、余肥保管等问题。在购买或领取烟草部门供应的烟草肥料时，要用多少买多少，肥料的包装上都必须有详细的标签、说明书。不能用菜篮子等常用器具去盛装携带肥料，更不能和食品放在同一器具里。使用肥料时，应该用多少就配多少，用完后的余肥要妥善保管，存放在隐蔽处。

（2）配肥实行专人负责。配肥时，肥液要用量杯量，肥粉和颗粒要用秤称，不能随意用手抓或倒，必须按规定的数量使用，不得任意提高使用浓度。

（3）配肥、分肥、装肥、施肥时，操作人员必须做好个人安全防护，不允许赤脚露背、穿短裤。打开瓶塞或肥料袋要轻，脸要避开瓶口和肥料袋。在清洗施肥用具时，切不能污染人畜饮用水源。

（4）在进行肥料使用操作时，禁止说笑打闹，禁止吃、喝、抽烟，以免肥料从口腔进入人体，禁止用手擦汗、揉眼睛等。

第九节　烤烟施肥技术规程

一、范围

本规程规定了烤烟田间常规施肥的原则，基肥、追肥、地膜烟施肥的用量及技术要求。

二、术语和定义

测土配方施肥：以肥料田间试验和土壤成分检测为基础，根据作物需肥规律、土壤供肥性能和肥料效应，在合理施用有机肥料的基础上，提出氮、磷、钾及中、微量元素等肥料的施用数量、施肥时期和施用方法。

三、目标要求

烤烟施肥的目的是选择最佳时间和位置，以最有效的形式和较低的成本为烤烟提供充足均衡的营养，达到优质适产。

四、施肥原则

（1）养分平衡原则。合理供应和调节烤烟必需的各种营养元素及形态，满足烤烟生长的需要，从而达到提高烟叶产量和品质、提高肥料利用率与减少环境污染的目的。

（2）因土施肥原则。不同土壤类型、质地、耕层深浅、养分丰缺状况是确定施肥量和施肥方法的依据。

（3）品种需肥原则。在一定的土壤环境条件下，烤烟品种对营养元素需求的差异是决定施肥量多少的主要依据。

（4）因气候施肥原则。气候条件主要指当年烤烟大田期雨水的多少和气温的高低。雨水多、气温低的年份肥料流失大且利用率低，肥料施用量尤其是氮肥要适当增加。

（5）肥料最大效益原则。单位面积上的施肥效益不一定以产值最高而定，产值减去肥料成本达到的最大值才是肥料最高效益。

五、肥料种类

（1）无机肥。烤烟专用复混（合）肥、烤烟专用提苗肥、普通过磷酸钙、钙镁磷肥、硫酸钾、硝酸钾、磷酸二氢钾、硼酸、硫酸锌及烤烟允许使用的新型肥料。

（2）有机肥。饼肥、甘蔗渣、充分腐熟的非茄科和非葫芦科秸秆有机肥及烤烟允许使用的其他有机肥，其质量必须符合《有机—无机复混肥料》（GB 18877—2009）的规定。

（3）不宜施用肥料。非烟草专用肥，含氯量大于3%的有机或无机肥（如人粪尿、氯化钾组配的其他作物专用肥等），碳酸氢铵，尿素，茄科类根、茎、叶混入的农家肥。

六、施肥技术

（一）基肥

基肥包含复合肥、火土灰、饼肥、有机肥等。地膜烟以基肥为主，追肥为辅，基肥中条沟肥占80%，穴肥占20%；露地烟基肥占50%。地膜烟基肥采取宽条施。提埂前，按110～120 cm开厢，每厢开深5 cm、宽15～20 cm的一条浅沟，将全部火土灰和80%的复合肥均匀撒施于沟内（40 kg/亩）。起垄后保证基肥深度为15 cm。移栽时将剩余的复合肥作穴肥均匀施入窝底（10 kg/亩），与土拌匀后栽烟。露地烟基肥采取窝施。栽烟时将全部火土灰和50%的复合肥（25 kg/亩）均匀施入窝内，与土充分拌匀后栽烟。

（二）提苗肥

提苗肥在移栽时和移栽后7～10 d分2次施用。地膜烟移栽时用2.5 kg/亩硝酸铵磷兑水作定根水淋施，剩余按2.5 kg/亩在移栽后7～10 d兑水淋施。露地烟移栽时用2.5 kg/亩硝酸铵磷兑水边栽边淋，剩余按2.5 kg/亩在移栽后7～10 d兑水淋施。

（三）追肥

烟株进入小团棵期（最大叶长20 cm左右）时进行追肥。地膜烟将用作追肥的硝酸钾在相邻两烟株之间按15 kg/亩打孔施入。露地烟将用作追肥的复合肥按25 kg/亩、硝酸钾按15 kg/亩在最大叶尖处作环施。

（四）根外追肥

又称叶面喷施肥，养分通过叶片气孔被吸收，供给其生长发育需要。主要是补充微量元素和钾肥，通过叶面喷施为烟株提供充足、均衡的营养，根外追肥应在阴天或晴天下午，避免在晴天中午和雨天喷施。

七、施肥量

烤烟施肥量标准见表8-1。

表8-1　烤烟施肥量标准

单位：kg/ 亩

栽培方式	基肥		穴肥	提苗肥	追肥	
	复合肥	火土灰	复合肥	硝酸铵磷	复合肥	硝酸钾
地膜烟	40	700	10	5	—	15
露地烟	25	700	—	5	25	15
田烟	60	700	—	5	20	15

注：（1）每亩烤烟常规施氮总量为 7～8 kg，N：P_2O_5：K_2O=1：（1～2）：（2～3）。

（2）根据田间肥力差异，田烟施肥采用看苗施肥，施肥底线为 50 kg/ 亩。

第十节　烤烟有机肥施用技术规程

一、范围

本规程规定了烤烟有机肥施用依据、有机肥种类、用量及施用技术要求。

二、术语和定义

有机肥：来源于植物或动物，经发酵腐熟后，施于土壤以提供植物养分为其主要功效的含碳物料。

三、施用原则

（1）重视有机肥源建设，有机肥与无机肥配合施用。

（2）用地与养地相结合，改良土壤，培肥地力，实现烟叶生产可持续发展。

（3）受化学物质、重金属、放射性元素和有害微生物污染的有机肥禁用。

四、有机肥种类

饼肥、腐殖酸、厩肥、猪粪、绿肥、秸秆、火土灰、生物肥、烟草有机无机专用基肥。

五、有机肥施用技术

有机肥施用有如下注意事项。

（1）对一些土壤有机质偏高的田，不应再施用有机肥。

（2）烟草当季施用的有机肥要充分腐熟。

（3）烟草当季有机肥施用量控制在总氮量的 20%～30%。

（4）人粪尿禁止在烟草生产当季使用。

（5）厩肥、猪粪可大量用在烟草前茬作物上，有利于下季烟草利用。

（6）绿肥种植按照《烟田土壤改良技术规程》执行。

（7）稻草还田。晚稻收割后，将 1/3 ～ 2/3 的鲜稻草切成 3 ～ 4 段，均匀撒在田中，然后翻耕起垄。

（8）饼肥种类包括油菜饼、芝麻饼、棉籽饼、蓖麻饼、桐籽饼。饼肥发酵：用水浸泡 60 ～ 80 d，自然堆积发酵，发酵时要掺入适量水分（约 60%）进行堆积，堆积厚度以 30 ～ 40 cm 为宜。微生物对饼肥成分逐渐进行分解，首先将碳水化合物分解为有机酸，释放 CO_2，pH 值下降并伴有发热，其次蛋白质分解，产生大量的氨，pH 值逐渐升高，氨气挥发，一般在堆积表面撒上过磷酸钙，让它吸收氨防止挥发。发酵中可翻动 1 ～ 2 次，加入适量水分，当发热减弱至停止时，发酵结束。充分腐熟，作基肥施用，与无机肥配合施用。

第十一节　烤烟平衡施肥操作规程

一、范围

本规程规定了烤烟生产平衡施肥技术和操作要求。

二、术语和定义

测土配方施肥：以肥料田间试验和土壤成分检测为基础，根据作物需肥规律、土壤供肥性能和肥料效应，在合理施用有机肥料的基础上，提出氮、磷、钾及中、微量元素等肥料的施用数量、施肥时期和施用方法。

有机肥：来源于植物或动物，经发酵腐熟后，施于土壤以提供植物养分为其主要功效的含碳物料。

三、工作要求

（一）土壤采集

1.确定取样数

取样前进行现场勘查和有关资料的收集，根据土壤类型、前茬作物、肥力等级和地形等因素将取样范围分为若干个采样区，每个采样区的土壤须均匀一致。

2.取样原则

随机、等量和多点混合。

3.采样时间

统一采样时间。在施肥前取样（有特殊要求的按要求采集），生态条件相近区域在同一时间段内完成全部样本的采集。

4.采样方法

（1）选点。在所采集的区域内，按照"随机""等量""多点混合"的原则进行采样；一般采用 S 形布点采样，以较好克服耕作、施肥等农技措施造成的误差；地形变化小、肥力均匀、采样区面积小的地块，采用十字交叉或梅花形布点采样法；布点时要避开沟边、田边地角、堆肥点等特殊位置。

（2）深度。以耕作层（土表面至犁底层）的深度为准，每个采样点的取土深度、上下土体和采样量要均匀一致；取土深度一般为 0 ～ 25 cm，深的可为 30 cm 以上。

（3）采样。若使用土钻，则采样器垂直地面，入土至规定深度，预先 1 ～ 2 次钻土弃去，最后将所需深度土条（约 1 kg）置于取样袋中。若使用铁锹，则预先挖成未受破坏、深 15 ～ 20 cm 的垂直剖面，再垂直向下挖去 2 cm 厚的垂直土片，平放锹和土片，切削后，留取宽 2 cm、厚 2 cm、长 15 ～ 20 cm 的土条，把中间的土（约 1 kg）装入土样袋中。

（4）取舍。可用四分法去除多余土壤，将混合土样置于盘子或塑料布上，碾碎、混匀、铺成四方形。画对角线将土样分成 4 份。将 2 个对角的土壤分别合并成 1 份，保留其中 1 份。每个取样点的土壤样本及时用样本袋包装好，内、外均挂标签。

（5）送样。土样取好后要送到有资质的分析单位进行化验分析，按照取样的目的，由送样人员负责填写送样单，确定分析项目。

（二）结果分析

根据化验分析结果和烟草需肥规律，结合前茬作物，进行综合分析，确定具体的测土配方施肥方案。

（三）施肥原则

基地单元所使用的肥料应在基地技术员的指导下进行施肥，技术员有相应的资格证书。

遵循"定株定量"的原则，可采用固体施肥枪、施肥杯、施肥机等定量施肥器具，提高施肥精度，促进烟株营养平衡。

坚持用地与养地相结合的原则，根据土壤养分分析结果，结合经验施肥，确定测土配方方案，委托定点复合肥厂生产烤烟专用配方肥。

坚持有机肥与无机肥相结合的原则，大量元素与微量元素相结合，适量施用氮肥、配施磷肥、增施钾肥、补施微肥。

坚持基肥与追肥相结合的原则，以基肥为主，适时追肥，在最合适的时间、最佳位置，用最恰当的施肥技术为烟株提供充足的营养。

（四）施肥方案

烤烟所用复合肥配方施肥方案见表8-2。不同栽培方式下施肥方案见表8-3。

表8-2　烤烟所用复合肥配方施肥方案

土壤肥力	专用配方	专用复合肥（kg/亩）	硝酸钾（kg/亩）	专用有机肥（kg/亩）	硝酸铵磷（kg/亩）
高氮旱地土壤	氮、磷、钾（8∶12∶25）+镁+锌	50	15	25	2.5
中氮旱地土壤	氮、磷、钾（9∶12∶25）+镁+锌	50	15	30	2.5～5.0
低氮旱地土壤	氮、磷、钾（10∶10∶20）+镁+锌	50	15	50	5.0
高氮稻田土壤	氮、磷、钾（7∶12∶25）+镁+锌	40	15	25	2.5
中氮稻田土壤	氮、磷、钾（8∶12∶25）+镁+锌	40	15	30	2.5～5.0
低氮稻田土壤	氮、磷、钾（9∶12∶25）+镁+锌	40	15	40	5.0

表8-3　烤烟不同栽培方式下施肥方案

单位：kg/亩

栽培方式	基肥		穴肥	提苗肥	追肥	
	复合肥	火土灰	复合肥	硝酸铵磷	复合肥	硝酸钾
地膜烟	40	700	10	5	—	15
露地烟	25	700	—	5	25	15
田烟	60	700	—	5	20	15

注：（1）每亩烤烟常规施氮总量为7～8 kg，$N∶P_2O_5∶K_2O=1∶（1～2）∶（2～3）$。

（2）根据田间肥力差异，田烟施肥采用看苗施肥，施肥底线为50 kg/亩。

（五）肥料种类

1.可施用肥料

（1）无机肥。包括烤烟专用复合肥、硝酸钾肥、硫酸钾肥、磷酸二氢钾肥、磷肥、硼肥、锌肥等。

（2）有机肥。包括充分腐熟的厩肥、饼肥、绿肥、秸秆和烟草专用有机肥等。

2.禁止施用的肥料

谨慎使用氯化钾等肥料，禁止施用非烟草专用复合肥、人粪尿、碳酸氢铵、尿素、磷矿渣等肥料，不得使用重金属超标的肥料。

3.氮元素形态及比例

硝态氮、氨态氮各占50%。

4.氮源比例

有机肥（占总施氮量）大于或等于 25%，无机肥（占总施氮量）小于或等于 75%。

（六）施肥量

1.有机肥

每亩施优质有机肥 500 ～ 1000 kg 或饼肥 20 ～ 30 kg。

2.无机肥

根据品种需肥特性及土样化验结果，结合施肥经验选择最佳配方，确定合适用量，进行平衡施肥。多年未栽烟、土壤肥力高的地块，根据地力酌情减少氮肥施用量。

（七）施肥方法

1.基肥

氮肥和钾肥作基肥的比例占总用量的 50% 左右，磷肥、有机肥料应全部作为基肥施用。

（1）撒施。耕地前或耕地后，耙地前将苕子、秸秆等绿肥均匀撒在地中，然后进行耕地和理墒。

（2）条施。在整地理墒时，在墒面开一条或两条平行的深 10 cm 左右的沟，把基肥均匀地撒于沟里，然后理墒。

（3）窝施。将有机肥与无机肥充分拌匀施入窝里，再与窝土混匀后栽烟，栽烟前在肥料上再盖一小层土能防止烟苗根系与肥料直接接触。

（4）环状施肥法。在理墒打窝后，以窝心为中心，把无机肥均匀地撒于窝心周围，然后与土拌匀。

2.追肥

用氮、磷、钾含量比例为 20∶15∶10 的复合肥作为提苗肥，还苗 5 d 后施用，每亩施用 3 ～ 4 kg。烟株进入小团棵期时及时追肥，地膜烟用 15 kg/ 亩的硝酸钾在相邻两株烟之间打孔溶水施入，露地烟在最大叶尖处环形施用，确保追肥在移栽后 30 d 内全部施入。

（1）穴施。在离烟株 10 ～ 15 cm 处（墒面、墒侧均可）打一小洞，把追肥施入洞穴内盖土即可，天气干旱时盖土后要浇水。

（2）环状追肥法。在离烟株 20 cm 左右的周围挖一环形小沟，把追肥施入，盖土浇水即可。

（3）浇施。在追肥的前一天晚上，把追肥兑水充分溶化成高浓度的液肥，追肥当天均匀施入烟株周围，然后再浇施清水，使肥料充分渗透于土壤里。

（4）叶面喷施。多用于微量元素肥料的施用，从团棵期至现蕾期，若烟株出现微量元素缺乏症时，根据缺乏种类选择适宜的微肥，按所施微肥的浓度要求，将肥料溶于喷雾器中，摇匀后喷施于烟叶腹背面。

（八）施肥注意事项

烤烟平衡施肥操作过程中要及时清除烟田及周边的所有化纤、塑料、化肥袋等废弃物及粪堆等散发异味的物质，保持烟田清洁卫生。

第十二节　优质烤烟栽培技术规程

一、范围

本规程规定了重庆市优质烤烟栽培技术。本规程适用于优质烤烟栽培工作。

二、术语和定义

参照《烟草术语　第 1 部分：烟草类型与烟叶生产》（GB/T 18771.1—2015）。

三、优质烤烟指标

（一）产量指标

亩产烟叶 125 ～ 175 kg，上等烟比例 35% 以上。

（二）外观质量

初烤烟叶厚薄适中，颜色橘黄、金黄、正黄，光泽强，油分多，叶片组织疏松，弹性强，破损少。

（三）化学成分

总糖含量 20% ～ 25%，还原糖含量 16% ～ 23%，烟碱含量平均为 2% ～ 2.5%（下部叶 1.5% ～ 2%，中部叶 2% ～ 2.5%，上部叶 2.5% ～ 3.5%），总氮含量 1.5% ～ 3.5%，蛋白质含量 8% ～ 10%，氯离子含量 0.3% 以下，糖碱比（8 ～ 10）∶1，氮碱比 1∶1。

（四）可用性、安全性

农药残留低于国家标准，烟叶可用性高，工厂使用配伍性好。

（五）株型

优质烤烟株型要求为桶型或腰鼓型。

（六）群体长相

全田烟株整齐一致。株高、留叶数、同部位叶片大小、叶片厚度以及田间成熟度基本一致。

四、优化区域，合理布局

（一）优化区域

各产烟区应将植烟区向水土条件好、技术水平高的地区转移，植烟田地相对集中连片，淘汰零星分散地块。应选择 pH 值在 5.5 ～ 6.5、土层深厚、通透性好的田块，远离蔬菜地、果园、人畜密集区的地块。往年发病严重或前茬作物为蔬菜的地块不能列入当年植烟区规划。

（二）培养优化基本烟户

烟户自愿种植烤烟，守信誉，能够认真履行《烤烟种植收购合同》。

烟户能够认真接受技术指导，努力提高生产水平和烟叶质量。

烟户在历年烟叶收购过程中无打架闹事行为，遵守收购政策并自觉维护收购秩序。

（三）轮作时间

要求 3 ～ 4 年轮作或水旱轮作三年两头种植烤烟。

（四）品种轮换

同一烤烟品种在同一植烟区种植 3 年后应根据实际情况进行品种轮换。

（五）轮作方式

田烟实行"水稻＋烤烟"轮作，地烟实行"玉米＋烤烟＋绿肥"轮作。

五、种植优良品种

主栽品种为云烟 85、云烟 87、K326 等，努力突出重庆烟叶风格。主栽品种特征特性见 CQYC-Q-YY-301.002 ～ 007。

六、培育壮苗

（一）育苗形式

全面推广漂浮育苗、专业化育苗。

（二）壮苗标准

苗龄（出苗到移栽）50～60 d，烟苗整齐一致；叶片数 7～8 片，茎高 8～15 cm，茎围 6～7 cm；叶片干净清秀，无病虫害；茎秆健壮，根系发达，茎叶韧性强，绕指一周不断。

七、适时移栽

（一）露地烟移栽

1. 栽前准备

整地。秋收后及时灭茬，适时冬耕、晒垡，深度以打破犁底层（25 cm 以上）为宜，起垄在移栽前 15～20 d 进行，在 4 月中旬前全面完成开厢起垄。

起垄方向：顺着风向开沟，以利于通风透光。

起垄规格：一般按厢宽 110～120 cm 开厢起垄，厢面底宽 60 cm，上宽 40 cm，垄高 25～30 cm。

起垄要求：沟直、厢匀、饱满、土细、垄体无杂物。

2. 移栽期

视海拔、气候条件、种植制度而定。一般在 4 月下旬开始移栽，集中在 5 月 5 日至 15 日这一时段，同一片区移栽期相差不超过 7 d。5 月 20 日前必须结束移栽。

3. 移栽密度

根据土壤肥力和地力条件确定，田烟及中上等肥力地烟行距为 120 cm，株距为 50～55 cm；中下等肥力地烟行距为 110～120 cm，株距为 50 cm。

4. 移栽要点

（1）拉绳定距打窝，等距移栽，达到横竖成行。

（2）窝大底平，农药与窝底肥拌匀。

（3）选苗移栽，移栽时选择生长一致的壮苗，剔除弱苗、病苗，确保整齐。

（4）确保深栽，根据烟苗茎高，适当深栽，上齐下不齐。移栽时烟苗茎秆大部分要埋入土墒中，仅 2～3 cm 茎秆裸露在墒土外，同时又不能过度深栽，把心叶都埋入墒土中。

（5）苗要扶正，面上盖细土。

（6）浇足定根水，水里要加杀虫药和适量的速效肥。

（二）地膜烟移栽

1.盖膜待栽

（1）烟地的耕整、开厢、施肥和起垄。

①整地。秋收后及时灭茬，适时冬耕冬炕，耕层深度以打破犁层（深25 cm以上）为宜，以增加活动层，减少病虫害及杂草。

②开厢。移栽前25 d左右，按110～120 cm开厢。

③施肥。每厢开5 cm深、15～20 cm宽的一条浅沟，将所需的肥料（基肥）撒施入沟内。

④起垄。利用福建永顺旋耕机（卸掉中间旋耕刀两把）或江苏凯马KM610机器进行起垄，或采用人工起垄。垄面宽40 cm，垄高25～30 cm，要求垄土细碎，垄面平整，垄体饱满，垄距、垄高、宽窄一致。

（2）盖膜。

盖膜时间：起好垄后，当土壤具有足够的水分（透雨）即盖膜等苗移栽。

地膜规格：使用0.0005 cm厚、80 cm宽的薄膜，推广使用配色膜和银灰色膜。

盖膜方法：盖膜时先把地膜覆盖在垄面上，而后四周膜脚用土盖好，垄基部应露出膜外10～15 cm（露脚式盖膜）。

（3）开沟排水。每块烟地四周开边沟，且均应比厢沟略深，保证春夏多雨季节烟田雨后排水通畅，不积水。

2.移栽

选择最佳移栽期的原则：一是要考虑海拔、气候条件、烟苗长势、耕作制度，遵循在最佳移栽期内移栽的原则，既要充分利用有利的生态条件，又要尽可能避开不利因素的影响；二是要根据不同品种的生长发育特点，既要考虑栽后烟株的正常生长，更要重视烟叶成熟期处于适宜的气候条件下，以确保烟叶的产量和质量。最佳移栽期：膜下烟于4月25日至5月5日移栽；膜上烟于5月5日至15日移栽；同一片区，移栽期相差不超过7 d。

移栽密度：土壤肥力较好、土层深厚的地块，株距60～63 cm，亩植烟株数1000株；土壤肥力较差、土层较浅的地块，株距55 cm左右，行距110～120 cm，亩植烟株数1100株左右。

移栽方法如下。

（1）择时移栽。在最佳移栽期内选择阴天或阴雨天移栽；晴朗高温天气，避免中午移栽，宜选择傍晚移栽。

（2）择苗移栽。选择无病、大小均匀一致的壮苗移栽。

（3）膜上烟移栽。移栽时先用移栽器按株距在植烟位置上方开穴打孔，而后在穴内放入穴肥，并把穴肥与穴土拌均匀，再栽上烟苗，然后浇定根水，待水分下渗结束后封土固苗，并将苗四周地膜用土压严。

（4）膜下烟移栽。将地膜的一边揭开露出垄面，在垄面打约 13 cm 深的窝，然后下苗浇定根水（肥料兑水并加入杀虫药），边栽边盖膜，压严。栽后烟苗心叶与地膜距离达到 6 cm。移栽后，在烟苗苗心四周膜面扎直径 0.1 ～ 0.2 cm 的小孔 3 ～ 4 个，待烟苗叶片生长到顶膜时，破膜将烟苗引出膜外，用细土填平洞穴，压严地膜。也可边栽边盖膜。

移栽具体要求：移栽时烟苗要深栽。根据烟苗茎高，尽量深栽，上齐下不齐。移栽时烟苗茎秆大部分要埋入土墒中，仅 2 ～ 3 cm 茎秆裸露在墒土外，同时又不能过度深栽，把心叶都埋入墒土中。注意不能栽在肥料上，也不能远离肥料，一般深度控制在 12 ～ 15 cm。移栽后要浇上适量定根水，并在定根水中加入杀虫药剂预防地老虎等虫害。

移栽规格规范：拉绳定距打窝，等距移栽，达到横竖成行。

八、平衡施肥

（一）施肥原则

遵循平衡施肥和测土施肥的原则，实施"适氮、稳磷、增钾"的方针，做到氮、磷、钾含量平衡，基追肥比例协调，有机肥与无机肥相结合，硝态氮与氨态氮相结合，适量增加有机肥，保证烟株既能健壮生长又能适时落黄。

（二）施肥种类、时间及方法

1. 农家肥

经过发酵腐熟后在开厢起垄时施入，每亩 1000 kg 左右。另每亩增加油枯 10 kg。

2. 化学肥

根据品种需肥特性确定施肥量和施肥方法。

（1）施肥量。云烟 85、云烟 87 烤烟品种每亩施烟草专用复合肥 50 kg、硝酸钾 15 kg、专用提苗肥 5 kg；K326 烤烟品种每亩施烟草专用复合肥 45 kg、硝酸钾 15 kg。各烟站的普查统计数据要进行汇总、分析，并负责日常的测报管理工作。

（2）施肥方法及时间。重底早追，三七比例，七成作基肥，三成作追肥。基肥每亩一次性施用烟草专用复合肥 35 kg + 油枯 10 kg + 农家肥。追肥在移栽后 6 ～ 7 d 用硝酸钾 2.5 kg/ 亩或专用提苗肥 2.5 kg/ 亩兑水淋施提苗；在烟株团棵期时用硝酸钾 12.5 kg/ 亩配复合肥 15 kg/ 亩作上厢肥。所有肥料应在移栽后 30 d 内全部施完。

九、大田管理

（一）查苗补缺

烟苗移栽后，及时查苗补苗，确保全苗。对弱小苗施偏心肥，保证烟苗的整齐一致。

（二）追肥

具体操作按照《烤烟施肥技术规程》执行。

（三）中耕、培土、锄草

1. 中耕

一般在移栽后 7 ～ 10 d、15 d、25 d 时分别进行 3 次中耕，做到头次浅（6 ～ 7 cm），二次深（10 ～ 13 cm），三次不伤根。窝边浅，行间深。

2. 培土上厢

团棵时（田间单个烟株长相近似半球形时）培土上厢应去除底脚叶，将烟地行间或沟间土壤培土至烟株基部，形成高厢；垄高 27 ～ 33 cm，做到垄体饱满，垄直沟平，并清除田间杂草。

（四）适时打顶，合理留叶，化学抑芽

1. 打顶原则

根据烟叶品种、烟株当前长势、田（地）块肥力、肥料施用数量及时间等因素，合理留叶，保证上部叶充分开片，做到先打健株后打病株。

2. 打顶方法及合理留叶数

（1）生长正常、整齐一致的烟田，在大部分烟株现蕾，50% 烟株第一朵中心花开时一次性打顶，并将小于 15 cm 的叶片打掉，保证足够的留叶数。

（2）脱肥烟田或坡地应适当提前打顶，单株有效留叶数 16 ～ 18 片。

（3）长势过旺的烟田应适当推迟打顶，单株有效留叶数 20 ～ 22 片。

（4）采用化学抑芽，烟叶打顶后抹去腋芽，用抑芽剂进行化学抑芽。

（五）田间卫生

（1）田间去除的烟花烟杈及时清理出烟田并妥善处理，避免传播病害。

（2）应及时去除底脚叶及清除田间杂草，增强烟株的通风透光，防止底烘和病害流行。

（3）雨季时注意及时排除田间积水，降低田间湿度，减少病害发生。

（六）病虫害综合防治

按《烟草病虫害综合防治技术规程》实施。

第十三节　烤烟缺素症鉴定技术规程

一、范围

本规程规定了烤烟缺素症的生理特征、诊断方法及防治措施。本规程适用于烤烟缺素症的诊断及防治。

二、术语和定义

缺素症：因肥料中缺乏或肥料供应量不够，造成氮、磷、钾、钙、镁、硫、铁、硼、锰、锌、铜、钼、氯等13种主要靠从土壤中吸收的元素不能满足生长需要，从而影响烟株正常生长发育的症状。

病理症：因病原物侵染影响烟株正常生长产生的病症。

三、缺素症的诊断方法

（一）缺素症与病理症区别

缺素症与病理症有些症状十分相似，因此，首先要予以区别，以确定是否为营养失调所引起。缺素症与病理症的区别见表8-4。

表8-4　缺素症与病理症的区别

项目	病理症	缺素症
发生、发展过程	一般有明显的发病中心	无发病中心
与土壤关系	与土壤类型、特性无关，但与土壤的肥力水平有关，通常肥力高的田块有多发倾向	与土壤类型、特性有明显的关系，土壤类型不同，发病与否常截然不同，不同肥力的土壤都可发生，贫瘠薄田块为多
与天气关系	一般阴雨高温多湿的天气多发，群体荫蔽时更甚	与地上部温度关系不大，但土壤长期干燥或积水可促发某些缺素症

（二）形态诊断

烟草外表形态的变化是内在生理代谢异常的反映。烟草植株处于营养失调时，生长发育不正常，就会出现异常的形态症状。形态诊断对于一些常见的典型或特异症状的失调症，常常可以一望而知，不需任何仪器设备，简单方便，这是形态诊断的最大优点。但这种方法有它的局限性，因凭视觉判断，当诊断人员实践经验不足时，有误诊的可能，因此，还要借助于其他方法来进一步诊断。

（三）现场化学速测

对于比较简单的缺素诊断，通过现场的土壤、烟株组织液的化学速测，结合形态诊断大都可以判断。即使是疑难问题，化学速测也可作为梳理头绪、收缩目标范围的一种很好的方法，如测试 pH 值、氮含量、磷含量、钾含量等，可以帮助判断可能缺乏哪一类元素。

（四）采样化学分析

在现场化学速测不能作出肯定判断或需要进一步研究缺素原因时，需采集烟株和土壤样本进行分析。

1. 土壤分析

土壤样本一般应包括病株地块和邻近健康烟株地块的土样，测定项目按形态和现场速测来初步判断。通过分析土壤的有效养分，进行测定土壤的养分含量与参比标准比较，以判断丰缺，这是确诊烟株营养缺素症很重要的方法。

2. 植株分析

在田间分别选取有病的和健康的烟株作为植株分析样本，测定项目按初步的结果判断而定。烟草植株营养失调时，体内某些养分元素含量必然失常，将烟株体内元素含量与参比标准进行比较，做出丰缺判断。烟株的成分分析通常是测定烟株体内元素的全量分析。全量分析需要仪器设备，需在实验室进行。按目前的分析技术可以测定烟株所需的全部必需元素以及可能涉及的元素，精确度高，所得数据可作为诊断缺素症的依据。

（五）施肥试验

在对烟草进行营养失调诊断时，对一些疑似症，通过外形诊断、化学诊断等仍难以确诊，此时可以根据各种诊断方法得到的结果，在发病地块取土进行这些营养元素的盆栽施肥试验，也可就地进行田间小区施肥试验，以烟草植株对某种元素的直接反应为依据来判断缺素症。

四、具体缺素症症状、诊断及防治措施

（一）缺氮

1.症状

在大田条件下，氮元素是一种最常见的易缺乏的营养元素，从幼苗期至成熟期的任何生长发育阶段都可能出现氮元素的缺乏症状。

烟草缺氮时首先表现在下部老叶片正常的绿色减退，呈柠檬色或橙黄色，而后逐渐干枯脱落。落叶的多少，依氮元素缺乏的程度而异。没有脱落的叶片向上直立，与茎秆成一个较狭的角度，由于氮元素体内流动性大，可以从较老叶片转移到幼嫩的部分，能重新被利用，因而叶芽仍保持正常的状态，缺素症状从下向上扩展；同时烟株生长缓慢，植株矮小，叶面积显著减小，叶片薄，烘烤后叶薄色淡，缺乏弹性。

2.诊断方法

（1）形态诊断。烟株缺氮症状如上述，以黄、小为其特征，通常容易判断，但单凭形态判断难免误诊，仍需结合土壤、植株诊断。

（2）土壤诊断。土壤有效氮包括无机的矿物态氮和部分有机质中易分解的、比较简单的氮，它是铵态氮、硝态氮、氨酸、酰胺和易水解的蛋白质氮的总和，通常也称水解氮，它能反映土壤内氮元素供应情况。土壤的氮元素诊断一般以水解氮为指标，通常应用碱解扩散法进行测定，其丰缺指标见表8-5。

表8-5　土壤水解氮丰缺指标

土壤水解氮（μg/g）	等级
＜20	极低
20～40	低
＜40～60	中
＜60～80	高

（3）烟株组织液速测法。生产上为争取时间，尽快判断，对氮元素诊断常在现场采用烟株组织液速测法，现场取病株和健康株中部叶片各5片，提取鲜叶组织液，采用硝酸试粉法测定硝态氮含量。硝态氮含量分级标准见表8-6。

表8-6　烟株组织液中硝态氮含量分级指标

色别	微红色—极淡红色	中等桃红色	深桃红色
氮元素营养状况	缺乏	一般	丰富

3. 防治措施

选用适宜烟株生长发育的氮肥形态，并给以合理搭配。硝态氮肥是烤烟的理想氮肥形态，使烟株吸收快、发棵早、前期生长好，但由于硝态氮不被土壤胶体所吸附，在降水量大的年份常有脱肥现象，因此除施用硝态氮肥外，尚要配用一部分铵态氮肥，能更好发挥肥效。

依据土壤供氮情况，增施化学氮肥，烟草氮元素营养前期的供应要求是要足，以促进生长，不能徒长，不能使下部叶片过分肥厚；后期氮元素供应要求是少而不缺，使叶片适时成熟、不早衰。因此氮肥施用原则是前期足而不过，后期是少而不缺，才能使氮元素营养适当。

增施氮肥的同时，要配施适宜的磷肥、钾肥以均衡供应烟株养分。

（二）缺钾

1. 症状

烟株生长早期不易观察到缺钾症状，即处于潜在性缺钾阶段，此时表现为烟株生长缓慢，植株矮小、瘦弱。缺钾症状通常在烟株生长的中期、后期表现出来，严重缺钾时首先在烟株下部老叶上呈现叶色暗绿无光泽，最显著的症状是沿着叶缘或叶尖出现淡绿色或杂色的斑点，发展下去呈棕褐色或烧焦状。当严重缺钾时杂色连成一片，且组织死亡，叶缘及叶尖破碎呈褴褛状；由于叶尖、叶缘先停止生长而叶肉组织仍继续生长，就出现了叶尖向下勾、叶缘下卷、叶面凹凸不平的症状，同时发病烟株的根系发育不良，根毛及细根生长很差。

2. 诊断方法

（1）形态诊断。外部症状如上述，典型症状是下部老叶叶尖及边缘黄化变褐色。在氮肥较多的情况下，有时在旺长期在中部叶片也会出现缺钾症状。

（2）烟株组织液速测法。常用的速测法为亚硝酸钴钠比浊法。取病株及健康株中部叶片各 5 片，浸提出组织液后与亚硝酸钴钠作用，生成黄色亚硝酸钴钠沉淀，再加乙醇使沉淀溶解度降低而析出，黄色沉淀的多少与钾浓度呈正相关（表 8-7）。

表 8-7　组织液中钾元素供应状况

钾营养水平	极缺	缺乏	中等	丰富
沉淀量	无～微	少量	中量	大量
浊度、色度	澄清、棕色	稍混、棕黄色	混、黄色	极混、乳黄色

（3）土壤诊断。土壤全钾量只代表土壤供钾能力，一般不作为诊断指标。土壤交换性钾和缓效（酸溶性）钾含量常作为诊断指标来说明土壤供钾水平（表 8-8）。

土壤交换性钾用 1 mol/L 的 NH_4OAc 浸提，缓效钾用 1 mol/L 的 HNO_3 浸提，浸出液用火焰光度计测定钾含量。

表8-8 土壤供钾水平

单位：μg/g

测定项目	缺	中等	高
土壤交换性钾	＜ 50	50 ～ 100	＞ 100
土壤缓效性钾	＜ 200	200 ～ 500	＞ 500

3. 防治措施

（1）充足供应钾肥。烟草是喜钾作物，与其他大田作物相比，需钾量更高，钾肥一定要充足供应。

（2）采用合理的施用方法。施用钾肥时应适当深施，这样既利于烟草根系的吸收，又可避免表土干湿交替引起钾的固定。在砂壤上，钾肥不宜全部一次施用作基肥，而应加大追肥的比例，分次施用，以减少钾的淋失。

（3）适施氮肥，增施磷肥。钾肥的肥效只有在充分供给氮、磷养分的基础上才能很好地发挥作用。在一定氮肥用量范围内，钾肥的肥效随氮肥施用水平的提高而提高。钾肥的肥效与磷肥的供应水平也有密切的关系，磷肥供应不足，钾肥的肥效常受影响，为了充分发挥钾肥肥效，必须增施磷肥。

（三）缺镁

1. 症状

缺镁症状通常在烟株长得较高大，特别在旺长至打顶后，烟株生长速度较为迅速时才会表现出来，且在砂质壤或大雨后较易发生。缺镁时在烟株的最下部叶片的尖端和边缘处以及叶脉间失去正常绿色，其色度可由淡绿色至近乎白色，随后向叶基部及中央扩展，但叶脉仍保持其正常的绿色。即使在极端缺镁的情况下，当下部叶片已几乎变为白色时，叶片也很少干枯或形成坏死的斑点。

缺镁严重的烟叶烘烤后呈现黑色及不规则的色度，重量减轻，叶的韧性、弹性消失，烟灰呈黑色。

2. 诊断方法

（1）外形诊断。外部症状如上述。但缺镁症状易与缺钾、缺铁、生理衰老症状相混淆，需注意鉴别：缺铁在上部新叶，缺镁在中部、下部叶；缺镁褪绿常倾向于白化，缺钾为黄化；由于缺镁症状大多在生长发育后期发生，因而易与生理衰老混淆，衰老叶片均匀发黄，而缺镁则叶脉绿色，叶肉黄白色，且在较长时期内保持鲜活不脱落。

（2）植株诊断。烟株镁含量与镁营养有着密切的关系。常规测定采用干燥烟叶，经 HNO_3-$HClO_4$-H_2SO_4 消毒，其消毒液再用 EDTA 结合滴定或用原子吸收分光光度法测镁全量，当叶片中含镁量小于 0.2% 时，可能出现缺镁症状。

3. 防治措施

烟草是需镁较多的作物，在交换性镁含量少的土壤，要及时补充镁肥。一般以硫酸镁为好，用量以含镁量计，每公顷用 15～18 kg 作基肥施，若应急矫正，以叶面喷施为宜，浓度 0.1%～0.2%，连续 2～3 次。由于 NH_4^+ 对 Mg^{2+} 有拮抗作用，当大量施用铵态氮肥时，可能诱发缺镁。因此在缺镁的土壤上最好控制铵态氮肥的施用，配合施用硝态氮肥。

（四）缺硼

1. 症状

缺硼烟株矮小、瘦弱，生长迟缓或停止，生长点坏死，停止向上生长。顶部的幼叶淡绿色，茎部呈灰白色，继后幼叶茎部组织发生溃烂，若这些叶片继续生长，则卷曲畸形，叶片肥厚、粗糙、失去柔软，上部叶片从尖端向茎部作半圆式的卷曲，并且变得硬脆，其主脉或支脉易折断，它们的维管束组织即变成深暗色。同时，主根及侧根的伸长受抑制，甚至停止生长，使根系呈短粗丛枝状，呈黄棕色，甚至枯萎。

2. 诊断方法

（1）外形诊断。缺硼症状如上所述，由于缺硼时形态、症状多样，较为复杂，重点应注意顶芽组织萎缩死亡，叶片变厚，叶柄变粗、变硬、变脆，蕾、花异常脱落，花粉发育不良等。

（2）植株诊断。叶片全硼含量能很好地反映烟株硼营养状况，烟株全硼含量常经干灰化加水得到提取液后用姜黄素法测定。成熟叶片硼含量小于 15 μg/g 时就会表现出硼元素的不足；硼含量为 20～100 μg/g 时属于硼丰富而不过量；硼含量大于 200 μg/g 时，往往会出现硼的毒害。

（3）土壤诊断。土壤有效硼通常以热溶性硼作为指标，提取的水土比为 2∶1，在有冷凝回流的装置下煮沸 5 min，滤液用姜黄素比色法测定，土壤有效硼含量与硼营养水平关系见表 8-9。

表 8-9　土壤有效硼含量与硼营养水平关系

土壤有效硼含量（μg/g）	硼素营养水平
＜ 0.25	很低
0.25 ～ 0.50	低
＜ 0.50 ～ 1.00	适量
＜ 1.00 ～ 2.00	丰富

3. 防治措施

对缺硼土壤种植的烟草要加施硼肥矫正。用作硼肥的有硼砂、硼酸，一般用量基施为 7.5 ～ 8.5 kg/hm^2，喷施用的浓度为 0.1% ～ 0.2%。这两种硼肥溶解情况不一样，硼砂溶解慢，作喷施用时应先用热水促溶后再兑足量水施用。烟草含硼适宜范围狭窄，适量与过剩的界限很接近，极易过量，因此用量宜严格控制。

土壤干燥是导致缺硼的因素之一，遇长期干旱时应及时灌水。

第九章 奉节烟叶绿色防控标准化技术

第一节 正确认识病虫害与识别主要病害

围绕"生态优先、环境友好、产品安全"的工作要求，坚持"服务烟农、服务生产、服务质量"的原则，按照"公司主导、站社主责、'技术片＋烟农'主体"的组织形式，以农残零超限、除草剂零检出为总体目标，以综合治理为核心，以示范区打造为主要抓手，构建叶部病害轻简一体化绿防技术推广示范区，精耕综合引领、辐射带动的示范网片建设，探索政企联动的绿防机制，推动年度绿色防控工作上水平，切实为奉节乡村振兴贡献力量。

掌握烟叶生长全程病虫害防控风险节点（图 9-1）。实际生产中，农田精耕细作是基础，做好健苗培育、规范移栽、及时追肥围菀、及时处理下部脚叶、精准植保用药、合理烟株留叶等田间管理，是保证烟株健康生长的基础工作。

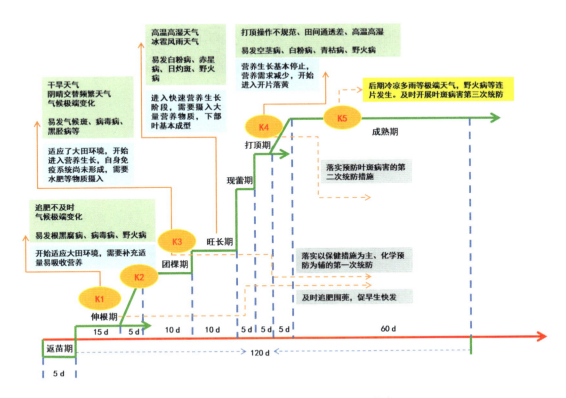

图 9-1　烟叶生长全程病虫害防控风险节点

正确认识病虫害发生的本质。在正常的气候环境下，烟株的抵抗力强于病虫害侵染力，烟株健康生长，烟田无病虫害发生；当气候条件发生变化，导致烟株抵抗力下降并弱于病虫害侵染力时，病虫开始侵染为害烟株，烟田发生病虫害。因此，加强田间管理，精细田间操作，提升烟株抵抗力，是控制田间病虫害的基础；科学采用化学、物理等措施，减少病虫源基数，能在一定程度上削弱病虫害侵染力，有效延缓或预防烟田病虫害，保护烟株健康生长。

以下介绍几种烟叶主要病害及发生趋势。

（1）普通花叶病。

典型症状：嫩叶先发病；叶色不均呈花叶状；叶片厚薄不均，皱缩扭曲；植株矮化，生长缓慢（图9-2）。

好发区域：烟苗剪叶、炼苗不到位烟田；移栽不规范烟田；土壤干旱缺水烟田；前期发生脱肥（缺肥）烟田。

图9-2　普通花叶病

（2）黄瓜花叶病。

典型症状：叶片明脉；新叶花叶、变窄、伸直呈拉紧状；感病叶片茸毛稀少、无光泽；部分烟株具有闪电斑（图9-3）。

好发区域：烟苗剪叶、炼苗不到位烟田；移栽不规范烟田；土壤干旱缺水烟田；前期发生脱肥（缺肥）烟田。

图9-3　黄瓜花叶病

（3）马铃薯 Y 病毒病（PVY）。

典型症状：花叶，初期叶片明脉，脉与脉间叶色变浅，成系统斑驳；脉坏死，病株叶脉变暗褐色至黑色坏死，叶片黄污；茎坏死，根系发育不良（图 9-4）。

好发区域：有发病历史烟田；土壤干旱缺水烟田；前期发生脱肥（缺肥）烟田；烟粉虱、烟蚜虫害发生严重烟田。

图 9-4　马铃薯 Y 病毒病

（4）根黑腐病。

典型症状：侧根根尖发黑，严重的根系变黑坏死，茎基部多白色须根；植株矮小，脚叶黄花；晴天萎蔫，阴雨天或晚上无萎蔫状，萎蔫叶片变黄变薄（图 9-5）。

好发区域：冬耕不彻底烟田；地膜破损严重烟田；前期积水烟田；连作久、有病史烟田。

图 9-5　根黑腐病

（5）黑胫病。

典型症状：黑胫，茎基部开始向上蔓延；"穿大褂"，叶片不同程度萎蔫；髓部萎缩成碟片状；黑膏药斑，病原侵染中下部叶；烂腰，病原侵染中部叶（图 9-6）。

好发区域：连作久、有病史烟田；碱性或弱碱性烟田；经常积水烟田；温度高、湿度大，不揭膜烟田。

图 9-6　黑胫病

（6）青枯病。

该病为烤烟"癌症"，奉节植烟区基本无发生，发现感病烟田后应及时上报，现场诊断，统一防治。烟草青枯病又称黏液病、烟瘟、半边疯，是由青枯雷尔氏杆菌侵染所引起的、发生在烟草上的病害。烟草青枯病是典型的维管束病害，根、茎、叶各部均可受害，最典型的症状是枯萎（图 9-7）。

图 9-7　烟草不同生长期青枯病症状

（7）空茎病。

典型症状：一般打顶后发生；发生点在打顶抹芽伤口处；茎空，内有白色或黑褐色脓状物，并散发恶臭味；严重时，上部叶随茎开裂下垂，难以成熟（图 9-8）。

好发区域：阴雨天打顶抹芽的烟田；打顶时操作工具消毒不严格的烟田。

图 9-8　空茎病

（8）野火病。

该病俗称火烧病，是由丁香假单胞烟草致病变种侵染所引起的，主要为害叶片，叶片发病初期产生褐色水渍状小圆点，周围产生很宽的黄色晕圈，以后病斑逐渐扩大，直径1～2 cm，病斑愈合后形成不规则大斑，上有不规则轮纹。前期野火病主要侵染或为害脚叶等叶龄偏老的下部叶。心叶漏出膜口期、遇到连续低温易发生，移栽烟苗偏大、移栽过浅的烟苗易发生。后期野火病主要侵染或为害青嫩的上部叶（图9-9）。

好发区域：基肥中复合肥或农家肥过量的烟田；追肥时氮钾复合肥使用时间较晚、后期土壤偏肥、贪青晚熟的烟田；槽口田、背阴田等寡照田块；冰雹损坏烟田相邻区域；连续阴雨后的骤晴、昼夜温差大的区域。

图9-9　野火病

（9）赤星病。

该病俗称烟叶"老年斑"，是由链格孢菌侵染所引起的，主要感染过熟的中下部叶等衰老烟叶。在背阴通风不良的烟田易发生，中下部叶过熟采摘易发生，肥力不足、出现假熟的中下部叶易发生，高温高湿、通风不良的中下部叶易发生（图9-10）。上部叶在成熟过程中偶感此病，该病暴发性较差，不会短时间内连片暴发，不影响烟叶成熟度的培育。

图 9-10　赤星病

（10）气候斑。

该病病斑初为针尖大小的水渍状灰白色或褐色小点，后可扩展为直径 1 ～ 3 mm 近圆形大斑，中间坏死，四周失绿，严重时多个病斑融合成大块枯斑，叶脉两侧的病斑呈不规则形焦枯，叶肉枯死，叶片脱落（图 9-11）。气候斑的出现标志着气候变化的异常，是烟株自身抗性下降的体现，是开展植保防治的"晴雨表"。移栽过浅、栽后追肥不及时、烟苗发育不正常的烟田易发生；病毒类病害严重的烟田易发生；烟田遇到连续阴雨后的骤晴天气、雷雨后的骤晴天气等异常气候时易发生（臭氧含量决定）。感染此病后不要急着打掉下部病叶，待异常气候恢复正常后，再处理病叶。

图 9-11　气候斑

（11）破烂叶斑病。

该病主要为害叶片（图9-12），可能在幼苗期和成株期发生，但多发生在旺长期至打顶期。以植株中下部叶片发病多，茎秆发病较少。奉节7月、8月为发病盛期。低温、多雨年份有利于病害蔓延。

图9-12　破烂叶斑病

第二节　烟草病虫害综合防治技术规程

一、范围

本规程规定了烤烟苗期、大田期病虫害防治方法及技术要求。本规程适用于烤烟种植区烟草病虫害防治。

二、术语和定义

综合防治：是对有害生物进行科学管理的体系。它从农业生态系统总体出发，根据有害生物与环境间的相互关系，充分发挥自然控制因素的作用，因地制宜，协调应用必要的措施，将有害生物控制在经济损害允许水平之下，以获得最佳经济效益、生态效益和社会效益。

三、防治原则

贯彻"预防为主，综合防治"的植保方针，采取"以抗性品种为中心，以栽培防病为基础，以药剂防治为辅助"的综合防治对策，尽量选用高效、低毒、低残留农药，实行统防统治，经济安全有效地控制病虫害。

四、主要防治对象

（1）病害。包括烟草病毒病（TMV、CMV、PVY）、烟草青枯病、烟草黑胫病、烟草根黑腐病、烟草赤星病。

（2）虫害。包括地老虎、烟青虫、烟蚜等。

五、防治措施

（一）培育无病虫壮苗

按照《烟草原种、良种生产技术规程》（YC/T 43—1996）、《烟草育苗基本技术规程》（YC/T 143—1998）、《烤烟直播漂浮育苗技术规程》和《烤烟常规育苗技术规程》的各项技术要求，培育无病虫壮苗。

（1）统一采用包衣种子。按照《烟草包衣九代种子》（YC/T 141—1998）的规定执行。

（2）大棚场地选择。按照《烟草育苗基本技术规程》（YC/T 143—1998）、《烤烟直播漂浮育苗技术规程》和《烤烟常规育苗技术规程》的规定执行。

（3）苗床消毒。按照《烟草育苗基本技术规程》（YC/T 143—1998）、《烤烟直播漂浮育苗技术规程》和《烤烟常规育苗技术规程》的规定执行。

（4）加强苗床管理。苗床农事操作前，用肥皂水对手以及操作工具进行严格消毒，严禁在苗床内吸烟，一旦发现病株或杂草应及时拔除，进风处以不低于 40 目的防虫网遮挡防止烟蚜迁入苗床。

（二）喷药防治

药剂使用原则：在烟草上使用的农药必须具有"三证"，即农药登记证、产品生产许可证及农药标准。应严格使用国家烟草局允许在烟草上使用的农药品种。应尽量使用高效低毒低残留农药，应避免长时期使用同一农药品种，提倡不同类型、不同品种、不同剂型的农药交替使用。

六、具体病虫害药剂防治

（一）病毒病

（1）喷药保护。大十字期和成苗期各喷 1 次金叶宝、菌克毒克等药剂预防病毒病。移栽前 1 ～ 2 d 喷施 1 次金叶宝药剂。

（2）防蚜避病。烟蚜迁飞期对苗床及周围环境（桃树及蔬菜上）用 50% 抗蚜威可湿性粉剂喷雾防治。

（二）炭疽病

采用硫酸铜：生石灰：水为 1：1：（150 ～ 200）的波尔多液、80% 代森锌、70% 甲基托布津等药剂喷施，每 7 ～ 10 d 喷 1 次，共喷 2 ～ 3 次。

（三）猝倒病

采用 25% 甲霜灵、50% 甲基托布津等药剂喷施，每 7 ～ 10 d 喷 1 次，一般喷 2 ～ 3 次。

（四）地下害虫

采用麦麸、菜籽饼、玉米面（糁）等作饵料，先将饵料炒熟，再拌入90%敌百虫可溶性粉剂或40%氧化乐果乳油，药量、水量及饵料量掌握在1:（10～30）:100的比例，毒饵拌成后稍闷片刻，即可施于田间，进行毒饵诱杀；或用90%敌百虫、40%辛硫磷等药剂喷施或灌根。

七、大田期病虫害综合防治

（一）农业防治

（1）合理轮作。轮作作物以不感病为原则，以禾本科作物为主，轮作年限以2～3年为宜，禁止与茄科、十字花科等作物轮作。

（2）种植抗病品种。应避免在同一地区长期种植单一品种，应进行品种轮换种植。在发病区可种植相应的抗病品种。

（3）搞好田间卫生。全面清除田间烟株残体和田间杂草，消灭病虫害侵染源。秋收结束后，进行一次卫生大清理，铲除田间杂草，彻底清除田间烟株残体，把烟株残体清出田间，集中到远离烟田的地方晒干并烧毁，所烧的灰土不得用作烟田肥料。

（4）及时翻耕晒白。烟田要在秋收结束后及早进行翻耕炕土，减少病虫害初侵染源。

（5）土壤改良。对酸性较大的土壤，可撒施白云石粉和石灰调节土壤的酸碱度。大力推广秸秆、绿肥回田，改善土壤理化结构，提高烟株抗病力。

（6）适时移栽。适时移栽，争取烟株能避开生长后期高温高湿而引发的根茎病的暴发流行。

（7）肥水管理。

①平衡施肥。在施足基肥的基础上，合理施用追肥，并根据田间营养状况合理喷施微量元素肥，协调烟株营养，提高烟株抗病性。旺长期如发现病毒病，用0.1%～0.2%尿素液进行叶面喷施。禁止施用含烟株或其他茄科作物残体的农家肥或垃圾土杂肥。

②合理规划排灌系统。干旱时及时灌水，雨后及时排水，做到干旱垄体不发白，雨后田间不积水。烟田间要防止串灌。

（8）规范农事操作。

①移栽时剔除病苗、弱苗和病苗周围烟苗。

②农事操作前及时清洗农具和用肥皂水洗手，不得在烟田吸烟。

③培土、清除脚叶、打顶等农事操作应先健株后病株，应选择晴天进行。

④要尽量做到少伤根、少伤茎，减少病原菌自伤口侵入的机会。要全面推广化学抑芽。

⑤农事操作时打下的黄烂脚叶、烟杈、烟花应集中处理销毁，不得随意乱扔。

（二）药剂防治

1. 病毒病

施用金叶宝、0.1% ～ 0.2% "$CuSO_4 + ZnSO_4$" 溶液或菌克毒克等药剂。在伸根期、团棵期、旺长期、打顶期各喷 1 次进行防治。

2. 青枯病

施用农用链霉素等药剂。在烤烟生长中后期遇到高温高湿天气时，每隔 7 ～ 10 d 灌根或喷施茎秆，连续 2 ～ 3 次。

3. 黑胫病

施用 25% 甲霜灵可湿性粉剂、58% 甲霜灵锰锌可湿性粉剂、96% 敌克松可溶性粉剂等药剂。在发病初期喷淋茎基部，每隔 7 ～ 10 d 喷 1 次，连续喷 2 ～ 3 次。

4. 根黑腐病

每亩可用 50% 福美双可湿性粉剂 0.5 kg 与 500 kg 湿细土混合均匀，移栽时进行土壤处理；或用 36% 甲基硫菌灵悬浮剂 400 ～ 500 倍稀释液喷淋烟株茎部，每亩 50 ～ 75 kg。

5. 赤星病

在烟草赤星病发病初期，结合采摘底脚叶，用 40% 菌核净喷雾，每亩用药 50 g。

6. 虫害

（1）地下害虫。按照以上规定执行。

（2）烟蚜。田间烟蚜密度达到 100 头 / 株时应开始防治。施用 50% 抗蚜威可湿性粉剂、40% 氧化乐果乳油等药剂喷雾防治。喷雾时应保证烟叶腹背面喷洒均匀。

（3）烟青虫。3 龄幼虫以前为防治适期，选用 90% 万灵粉剂、2.5% 敌杀死乳油等药剂喷雾防治。

第三节　烟草病虫害预测预报技术规程

一、范围

本规程规定了烟草病虫害的测报网络组成、烟草主要病虫害预测预报、调查内容及方法。本规程适用于烤烟种植区主要病虫害如烟草赤星病、黑胫病、野火病（包括角斑病）、蚜传花叶病毒病、根结线虫病、烟蚜等的预测预报。

二、术语和定义

烟草病虫害的预测预报：根据病虫害发生、发展的基本规律和必然趋势，结合当前病虫害情况、烟草生育期、气象预报等有关资料进行全面的分析，对未来病虫害的发生时期、发生数量和为害程度等进行估计，预测病虫害未来的发生动态，并以某种形式提前向有关部门和领导、植保工作人员等提供烟草病情虫情报告的工作。

三、测报网络组成

（一）测报网络

测报网络由重庆市烟草病虫害预测预报及综合防治网络和各区县网络组成。重庆市局（公司）成立"全市烟草病虫害预测预报及综合防治站"，为二级测报站。主要植烟区县建立烟草病虫害预测预报及综合防治站，为三级测报站。

（二）各级测报站的主要任务

二级测报站的主要任务：负责对全市测报网络进行日常管理工作，及时统计并向全国烟草病虫害测报站汇报调查结果，发布本市病虫害情报，并对下级测报站进行业务指导。

三级测报站的主要任务：负责田间病虫害发生情况调查及必要的田间小气候观测，及时向二级测报站汇报，发布当地病虫害短期预报，并负责综合防治技术的推广。

四、烟草主要病虫害预测预报调查内容及方法

（一）测报对象

以"五病一虫"即烟草赤星病、黑胫病、野火病（包括角斑病）、蚜传花叶病毒病、根结线虫病、烟蚜等为测报重点，各级测报站可根据当地实际情况作相应增减。

（二）基本情况调查

包括植烟面积、各品种所占面积、连作情况、上一年病虫害情况、播种及移栽时间、近年全年气象资料、当前病虫害情况等。每次调查情况资料要及时整理、上报和保存。

（三）病情虫情调查

1. 调查的基本要求

为了保证各级测报工作按质按量正常开展，各级都要统一将调查内容、时间、工具、方法等以表格的方式固定化，要使测报工作在生产上真正发挥作用，首先要保证测报人

员的长期稳定，积累系统的历史资料。设有系统观测的测报站要有 2 块代表当地主要栽培品种（以当地主栽品种为主，适当搭配种植感病品种）的烟田作为预测圃进行系统调查，同时在某种病虫害发生期临近时进行较全面的普查，主要了解发病始期和范围，普查面积不少于植烟面积的 1/10，从而决定防治适期并进行防治指导。

2. 病情虫情系统调查点的要求

针对每个调查对象设立面积为 0.067 ~ 0.133 hm² 的调查点，以当地主栽品种为主，保持相对稳定（4 年不变），在整个调查期内不对调查对象进行防治，栽培措施以当地总体水平为准。

五、几种主要病虫害的调查方法（系统调查）

（一）烟蚜

（1）春季越冬寄主调查。越冬蔬菜（油菜）及杂草上虫源基数调查，主要调查油菜、十字花科蔬菜及其他主要越冬寄主，一般在 4 ~ 5 月烟蚜迁移前，采用 5 点取样法，每个点调查 20 株，计算有蚜株率和烟蚜数。调查 2 ~ 3 次。

（2）烟蚜田间种群数量系统调查。每块田采用 5 点取样法或平行线取样法，定点定株，每个点调查 10 株，全田共调查 50 株，从移栽 10 d 后开始，每 5 d 调查 1 次（即每月 5 日、10 日、15 日、20 日、25 日、30 日调查），每次都对固定烟株进行调查，采用以株为单位从下到上的叶位顺序，对烟株每片叶片上的烟蚜数量进行分级，详细记载每株烟上烟蚜的级别，直至烟株开始采烤。

（3）有翅蚜调查。从苗床露苗开始在苗床区内设置黄皿，直径 35 cm，高 5 cm，皿内底及内壁涂黄油漆，外壁涂黑色油漆，加入约 3 cm 的洗衣粉水。皿距地面高度为 100 cm，两皿相距 3000 ~ 5000 cm，当皿内颜色减弱（褪色时），用新涂黄皿更换，每天上午 9 : 00 收集皿内全部烟蚜，计数并注明日期，每个地区选一个点将烟蚜保存于盛有 75% 酒精的小瓶内。移栽后，将黄皿移入大田，继续进行调查。

（二）烟草赤星病

（1）田间空中孢子动态观测。栽烟 20 d 后在预测圃内设置孢子诱集器，即涂有凡士林的载玻片 3 片，距地面 50 cm、100 cm、150 cm 各 1 片，3 次重复，每 3 d 取回载玻片镜检赤星病菌孢子数量（检查视野数不少于 30 个）计算单位面积上孢子数量。

（2）田间病情调查。移栽 40 d 后开始调查，每月逢 5 日、10 日、15 日、20 日、25 日、30 日进行调查，直至烟株采烤结束止。调查前将田间烟株的 4 片底脚叶剔除后采用 5 点取样法，每个点固定调查 20 株，共调查 100 株。对固定烟株（若固定烟株生长不正常或病虫害较重，则更换固定烟株；若固定烟株邻近有其他重病烟株则将其铲除）进行调查。每次调查时按从下到上的叶位顺序对固定烟株进行逐叶分级调查。同时，要进行全面普查，并在防治适期进行指导性防治。

（3）烟草赤星病年度发生情况调查。在每年赤星病盛发期，每个测报点选择主栽品种，每个品种选有代表性的烟田若干块，采用 5 点取样法，每个点调查 20 株，按上述定点调查方法进行调查。根据各品种占栽培总面积的比重推算总体病情。

（三）烟草黑胫病

（1）苗床期发病率调查。在成苗期调查 1 次，选用不同品种的苗床 20 个，调查发病率。

（2）大田期调查。开始以普查为主，普查重点为连作有病史的烟田，随机平行线取样调查，只记载发病率，但群体要大，不得少于 500 株。当病株出现后，在预测圃进行定点调查，采取 5 点取样法或平行线取样法，每个点调查 50 株，在移栽 10 d 后开始调查，每月逢 5 日、10 日、15 日、20 日、25 日、30 日进行调查，直至烟株死亡或采烤结束为止。计算发病率和病情指数。

（3）烟草黑胫病年度发生情况调查。盛发期后（即采烤至中部叶病情趋向稳定时），对各测报点所属范围内烟草黑胫病发生情况进行全面普查，根据当地耕作方式、品种等情况，随机选取 20～50 块田。先目测估计发病情况，再采取 5 点取样法或平行线取样法，每个点调查 50 株，共调查 250 株，计算发病率和病情指数。

（四）烟草根结线虫病

（1）越冬基数调查。于秋季选取来年准备种烟的田块，取垂直土样，用漏斗法或筛网法测定每 100 g 土壤中幼虫数和卵数。秋季在病区选 5 块田，每块田随机取 10 个点，20 cm 深土样，混匀后进行上述处理，于春季栽烟前再在同一田块取样调查。

（2）田间根结线虫调查。成苗期在病区选若干苗床进行发病情况调查。大田期在移栽 10 d 后开始调查，每月逢 5 日、10 日、15 日、20 日、25 日、30 日进行调查，采用 5 点取样法，每个点调查 50 株，直至烟株死亡或采烤结束为止，在收获后期挖根调查。根据根结数量分级调查记载，计算发病率和病情指数，必要时采集线虫病根及根际土壤标本送市烟草科研机构进行种和生理小种鉴定。

（五）烟草野火病

此病是一种暴发性病害，它在烟草生长的各个时期均可发生，它的发生与气象因素关系十分密切，一旦暴发就难以控制。

（1）苗床期病情调查。野火病应在烟苗大十字期和移栽前 10 d 选 50 个以上苗床进行野火病普查。先目测有无发病，然后每块苗床取 3 个 0.5 m² 的区域进行逐株调查，统计病株率、病叶率。

（2）大田期病情调查。在移栽 10 d 后开始调查，每月逢 5 日、10 日、15 日、20 日、25 日、30 日进行调查，直至采烤结束为止。采用 5 点取样法，每个点调查 20 株，共调查 100 株，每次调查时按从下到上的叶位顺序对固定烟株进行逐叶分级调查，并记录调查烟株每片烟叶的病害程度，计算病株率、病叶率和病情指数。

（3）大田年度发生率普查方法与赤星病的普查方法相同。

（六）蚜传病毒病（CMV、PVY）

（1）大田期调查。在移栽 10 d 后开始调查，每月逢 5 日、10 日、15 日、20 日、25 日、30 日进行调查，直至烟株开始采烤。采用 5 点取样法，每个点调查 50 株，共调查 250 株，调查发病率、病情指数。必要时采集病株标本进行病毒种类鉴定，以明确优势病毒种类。

（2）大田年度发生率普查方法同黑胫病。采用 5 点取样法，每个点调查 50 株，调查发病率、病情指数。

六、烟草主要病虫害普查

（一）苗期主要病虫害普查

1. 调查地点

各测报站在每个主要植烟乡镇选择有代表性的 3 个较大的育苗（包括常规育苗、漂浮育苗、湿润育苗）场地进行调查。

2. 调查对象

炭疽病、野火病、黑胫病、立枯病、根黑腐病、病毒病、烟蚜及烟白粉虱等当地烟草苗期主要病虫害。

3. 调查时间

常规育苗的调查从烟苗假植上袋开始，在烟苗假植成活后每 10 d 调查 1 次，移栽大田之前再调查 1 次。

漂浮育苗在苗出齐后每 5 d 调查 1 次，移栽大田之前必须调查 1 次（第一次调查日期根据当地出苗的具体情况确定）。

4. 调查方法

常规苗以子床为单位取样，每个育苗场地随机选取 5 畦子床，每畦按 5 点取样法，每个点调查 100 株，共调查 500 株，记录各种病虫害的病株数及虫株数。

漂浮苗或湿润苗以育苗棚或育苗池为单位取样，每个育苗场地随机取样 5 个育苗棚或育苗池，每棚或每池随机调查 5 盘烟苗，共调查 25 盘烟苗。记录调查的烟苗数、各种病虫害的病株数及虫株数，统计每个调查场地苗期各种病虫害的病株率、虫株率。

（二）大田期主要病虫害普查

1.调查地点

各测报站选择 2 ～ 3 个主要植烟乡镇（包含山区与平坝区），每个主要植烟乡镇选择 3 片连片面积较大（50 亩以上）的植烟田块。

2.普查对象

病毒病、猝倒病、炭疽病、立枯病、野火病、根黑腐病、青枯病、黑胫病、赤星病、角斑病、根结线虫病、烟草丛顶病等烟草病害，烟蚜、烟青虫、斜纹夜蛾、地老虎、金龟子等烟草害虫。

3.普查方法

每片采用 5 点取样法，每个点调查 50 株，共调查 250 株。烟苗移栽大田 10 d 后开始普查。每月逢 10 日、20 日、30 日分别进行 1 次调查，直至田间烟株采烤结束为止。记录调查烟株各种病虫害的病株数及虫株数，统计每片调查田各种病虫害的病株率及虫株率。

注意事项：普查点应能代表整个县（市、区）田间烟株病虫害发生及为害的基本情况。

七、病虫害损失估计调查

（一）病害损失估计

1.叶斑型病害

从第一次采收开始取样，一般采 3 ～ 4 次，即分别采下二棚、腰叶、上二棚或顶叶；每病级至少取 100 片叶，根据病害严重度分级烘烤，烘烤后分别计产、计值，3 次重复。

2.蚜传病毒病（CMV、PVY）

采收前 1 ～ 2 d 以株定病级并挂牌，分次采收，做全株损失估计。也可在人工接种条件下获得各级病叶（株）。每重复观察值至少来自 20 ～ 30 株的调查结果，3 次重复。

3.品质损失估计

将各病害烟样按每病级至少取 500 g 样本，进行品质分析，取样时同病级烤后烟样按分级后的各等级重量比取样。

（二）烟青虫损失估计

在系统调查田，对不同虫量或不同为害程度的烟株进行计产计值，并进行化学分析，根据计值结果计算烟青虫的为害经济阈值，提出防治指标。

第四节　烟蚜茧蜂繁育与防治烟蚜技术

一、概念

烟蚜茧蜂繁育与防治烟蚜技术是利用烟蚜茧蜂和烟蚜之间的天敌寄生关系来控制杀灭烟蚜的一种生物防治技术。

烟蚜的天敌有很多种，如烟蚜茧蜂、瓢虫、草蛉、食蚜蝇等（图9-13）。烟蚜茧蜂是烟蚜的优势寄生性天敌。

烟蚜茧蜂

图 9-13　烟蚜的天敌

二、烟蚜的生活习性

（一）烟蚜的形态特征

烟蚜又名桃蚜、赤蚜，别名腻虫；在形态上有无翅蚜和有翅蚜之分；体色变化较大（体色多态性），有绿色、黄绿色、黄色、赤褐色、暗绿色或橘红色等（图9-14）。

图 9-14　烟蚜

（二）烟蚜的生育过程

烟蚜的生育过程如图 9-15 所示。

图 9-15　烟蚜的生育过程

（三）烟蚜的生殖特性

烟蚜属于孤雌生殖，假胎生。在正常的情况下，成蚜产下的都是无翅雌蚜；环境变化（低温、数量过多、生存空间有限、季节的转换等）会刺激成蚜产下有翅雌蚜，通过迁飞产仔以保证种族的延续；在需要越冬的情况下，会产生雌雄两种性别的烟蚜，它们交配后产卵，卵即可越冬。

（四）烟蚜的生活习性

烟蚜具有避光性和趋嫩性，通常在叶片背面和心叶的部位分布较多；有翅蚜对黄色呈正趋性，对银灰色和白色呈负趋性。

烟蚜具有假死性，稍受惊动，立即落地，在春季表现比较明显。

烟蚜活动的适宜温度为 12.5 ～ 26 ℃。最适温度为 25 ℃，相对湿度为 80% ～ 88%。当 5 日平均温度高于 30 ℃或低于 6 ℃、相对湿度小于 40% 时，烟蚜种群数量会迅速下降；当温度高于 26 ℃、相对湿度高于 80% 时，烟蚜种群数量亦下降；如温度不超过 26 ℃、相对湿度达 90% 时，烟蚜种群数量仍可继续上升。

（五）烟蚜的年生活史

（1）全周期型：一年内有孤雌生殖世代与两性生殖世代交替。如东北和西北植烟区。

（2）非全周期型：全年行孤雌生殖，不发生性蚜世代（有性世代）。如西南和南方植烟区。

（3）兼性周期型：产生的个体有孤雌生殖蚜和雄蚜，但不产生有性雌蚜。

（4）世代：北方地区多为10代，南方地区多为30～40代，云南为19～23代。

（六）烟蚜为害情况

1. 为害对象

其寄主植物十分广泛，已知寄主达35科875种，主要有茄科、十字花科、菊科、豆科、藜科、旋花科、蔷薇科等植物。

2. 为害方式

（1）直接为害：成蚜、若蚜吸食植物体内的汁液，使叶片卷缩、变黄，使茎、花梗扭曲、畸形，植株短小甚至死亡（图9-16）。排泄蜜露诱发烟叶煤烟病等。

（2）间接为害：传播多种病毒病。

图9-16　烟蚜为害烟叶

3. 发生特点

（1）单峰型：多发于云南植烟区、东北植烟区，6～7月，常造成严重虫害。

（2）双峰型：多发于河南、山东、湖南、贵州和安徽的烟田（图9-17）。

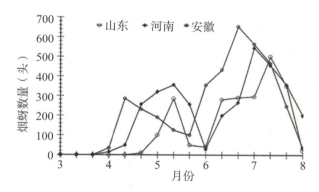

图9-17　山东、河南、安徽烟蚜虫害发生时间

（七）蚜情指数计算方法

首先应对叶片烟蚜数量进行分级。0 级为全叶腹背面均无烟蚜；1 级为 1 ～ 5 头 / 叶；3 级为 6 ～ 20 头 / 叶；5 级为 21 ～ 100 头 / 叶；7 级为 101 ～ 500 头 / 叶；9 级为大于 500 头 / 叶。其次根据公式统计每株烟的蚜情指数。

$$蚜情指数 = \frac{\sum(级别的级值 \times 该级别的叶数)}{最高级的级值 \times 调查的总叶数} \times 100$$

（八）影响烟蚜繁殖的因素

1. 气候条件

适宜温度为 12 ～ 26 ℃，最适温度为 25 ℃。相对湿度为 80% ～ 88%。当 5 d 平均温度高于 30 ℃或低于 6 ℃、相对湿度小于 40% 时，烟蚜种群数量会迅速下降。

2. 天敌因素

饲养过程中管理不到位，天敌昆虫入侵，烟蚜繁殖数量上升存在困难。

3. 寄主因素

（1）对寄主营养反应不同。寄主中氨基酸的含量不同会影响烟蚜的生长发育和繁殖，烟蚜的发生量与寄主体内谷氨酸、蛋氨酸、亮氨酸的含量呈正相关。

（2）烟草品种不同，其生物碱的含量和叶面组织结构不同，因而对烟蚜的抗性也不同，进而导致烟蚜的繁殖力也不同。据 Thurston 等报道，烟草抗烟蚜的材料，其茸毛分泌物中的烟碱等生物碱的浓度始终高于普通烟草品系。关于生物碱是植物抗蚜的原因的观点仍有争论，有待深入研究。

（3）在不同寄主植物上，尽管烟蚜为多食性，但不同世代个体对寄主植物的适应性仍有差异。如在越冬寄主上孵化出的无翅蚜（干母）仅可在桃树上取食才能存活，在其他树上就会死亡。

（4）转换寄主会影响种群的存活率及生殖率。在云南昆明蔬菜上越冬的烟蚜可转移到烟草上为害，而河南许昌的烟蚜却不能。

三、烟蚜茧蜂的生活习性

（一）烟蚜茧蜂的生育过程

烟蚜茧蜂从寄生到羽化大概经历卵、幼虫、蛹、成虫 4 个阶段（图 9-18）。雌蜂将卵产于烟蚜体内，其幼虫在烟蚜体内利用其营养物质生长发育，最终导致烟蚜死亡，形成僵蚜；成蜂羽化后，又寻找新的烟蚜产卵、寄生。

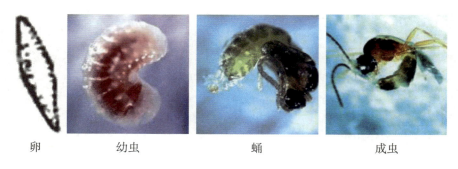

| 卵 | 幼虫 | 蛹 | 成虫 |

图 9-18　烟蚜茧蜂生长阶段

（二）烟蚜茧蜂的生殖特性

烟蚜茧蜂营两性生殖（图 9-19）和产雄孤雌生殖（图 9-20）。两性生殖的多为雌蜂，孤雌生殖产下的为雄蜂。

图 9-19　两性生殖

图 9-20　产雄孤雌生殖

烟蚜茧蜂有雌雄之分，通常雌蜂多于雄蜂。雌蜂尾部有一个尖状突起（图 9-21），雄蜂尾部呈钝圆形（图 9-22）。

图 9-21　烟蚜茧蜂雌蜂

图 9-22　烟蚜茧蜂雄蜂

（三）烟蚜茧蜂的寄生特性

烟蚜茧蜂是专性内寄生蜂，寄主范围较窄，主要寄生于烟蚜，也可寄生于萝卜蚜和麦长管蚜。烟蚜茧蜂对各龄若蚜、有翅成蚜和无翅成蚜均能寄生，对 2 龄、3 龄若蚜有较强的嗜好性。

一头雌蜂每次可连续寄生 1 ～ 3 头烟蚜，多者可达 9 ～ 21 头，每头雌蜂一生可平均寄生 92.3 头烟蚜。每次产卵动作仅 1 ～ 2 s，每次产卵 1 粒，在数头烟蚜身上产卵后略停又继续产卵。

一头烟蚜可被多次重复寄生产卵，存在明显的过寄生现象。在过寄生时，初孵幼虫经相互残杀而竞争淘汰多余的个体，最后只有一个个体能够正常发育羽化出一头成蜂（图 9-23）。

图 9-23　烟蚜茧蜂的寄生特性

（四）烟蚜茧蜂的产卵特点

雌蜂羽化当天就可产卵，但较少，第二天至第三天进入高峰期，产卵高峰期可维持 3 ～ 4 d，从开始产卵到结束可维持 6 ～ 8 d。在产卵的前 4 d 即可产出总卵量的 90%，每头雌蜂一生可平均产卵 110 ～ 200 粒，最高达 433 粒。雌蜂产卵以 8 : 00 ～ 10 : 00、16 : 00 ～ 18 : 00 为最多，其总卵量的 80% 左右产在白天，夜间产卵量只占总卵量的 20% 左右。

（五）烟蚜茧蜂的羽化特点

烟蚜茧蜂从寄生到羽化需要 18 ～ 20 d（羽化周期与温湿度有密切关系）。烟蚜茧蜂多在早晨羽化，羽化时从僵蚜背部咬一圆孔飞出。在温度为 15 ～ 27 ℃、相对湿度 75% ～ 95% 时，羽化率通常在 90% 以上，高温 30 ℃以上和低温 10 ℃以下对成蜂羽化有不良影响。成蜂的寿命也随环境条件而变化，一般为 7 ～ 10 d，随着温度的升高，寿命逐步缩短。

（六）烟蚜茧蜂的活动习性

烟蚜茧蜂成蜂有较强的趋光性，白天多在烟株的中下部活动，晚间多数在下部叶背面停歇（图 9-24）。

图 9-24　烟蚜茧蜂的趋光性

（七）烟蚜茧蜂的分布

烟蚜茧蜂在我国各植烟区均有分布。据山东、河南、陕西、福建等省报道，烟蚜茧蜂常年自然寄生率为 20% ～ 30%，个别年份或地块寄生率高至 60% ～ 80%。在云南省大多数植烟区，烟蚜茧蜂一年发生约 20 代，无滞育越冬现象，可周年产卵寄生，世代重叠明显。

（八）烟蚜茧蜂的跟随现象和滞后性

烟蚜茧蜂的发生与烟蚜呈显著的跟随关系，其种群数量的消长与烟蚜种群数量的消长基本一致，但滞后 7 ～ 10 d。冬季至翌年初春，烟蚜茧蜂在冬春烟株、萝卜、油菜、荠菜等植物上寻找烟蚜产卵寄生，3 月中下旬随烟蚜迁入苗床，5 月中下旬随烟蚜迁入烟田寄生烟蚜，至 7 月中下旬种群数量达到高峰。

（九）烟蚜重寄生蜂对烟蚜茧蜂的影响

烟蚜茧蜂也有天敌，而最具影响力的是烟蚜重寄生蜂。我国烟蚜重寄生蜂有 8 种，主要为蚜虫宽缘金小蜂（图 9-25）。烟蚜、烟蚜茧蜂和蚜虫宽缘金小蜂三者间种群消长关系如图 9-26 所示。

图 9-25　蚜虫宽缘金小蜂

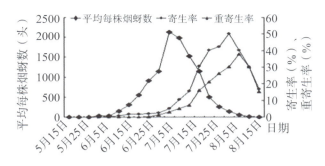

图9-26 烟蚜、烟蚜茧蜂和蚜虫宽缘金小蜂三者间种群消长变化

（十）影响烟蚜茧蜂数量的因素

在田间，有多种因素影响烟蚜茧蜂的种群数量和寄生率，如降水量、覆膜烟田（图9-27）、农药施用（图9-28）等。因此，在利用烟蚜茧蜂防治烟蚜时，应协调好化学农药的施用。

图9-27 覆膜烟田

图9-28 农药施用

四、烟蚜茧蜂如何控制烟蚜

烟蚜茧蜂成虫寄生时，将卵产于烟蚜体内。烟蚜茧蜂幼虫孵化后，取食烟蚜体内组织和器官，造成烟蚜死亡（图9-29）。

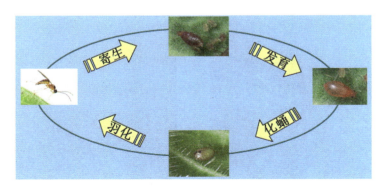

图9-29 烟蚜茧蜂控制烟蚜过程

对烟蚜产仔量的影响：未被寄生烟蚜平均产仔 74.9 头，1 龄若蚜被寄生后不能发育至成蚜产仔；2 龄、3 龄、4 龄若蚜和成蚜被寄生后的平均产仔量分别为 1.7 头、3.1 头、5.5 头和 7.9 头。

对烟蚜寿命的影响：烟蚜被寄生后寿命缩短 38.3% ～ 65.6%，可见烟蚜茧蜂对烟蚜种群有较强的抑制作用（图 9-30）。

图 9-30　烟蚜茧蜂对烟蚜的影响

五、烟蚜茧蜂繁殖技术

（一）成株繁蜂法

1. 技术特点

成株繁蜂法是以烟草成株作为饲养载体来繁育烟蚜茧蜂的方法。其特点是单株饲养量大，操作方便，饲养质量高。不足是饲养周期长，管理强度大，用工多。

2. 寄主培育

按照漂浮育苗的操作技术要求，培育具有 5 ～ 6 片真叶，清秀、整齐、健壮的烟苗，供培育繁蜂烟株使用。培育繁蜂烟株的方式有两种，一是盆栽式（图 9-31），二是地栽式（图 9-32）。

图 9-31　盆栽烟株　　　　　　　　图 9-32　地栽烟株

（1）盆栽烟株寄主培育。

①装盆土。栽烟前 3 ～ 5 d 将配制好的盆土装入栽烟盆内，每盆装土至 2/3 处。规范整齐地放入繁蜂棚，每盆间距不少于 40 cm。栽烟盆为直径 25 ～ 30 cm、高约 26 cm 的塑料盆。盆土为 1000 kg 栽烟土加入 300 kg 农家肥、20 kg 钙镁磷肥、80 ～ 100 kg 杀菌剂和杀虫剂，拌匀堆捂发酵。

②移栽烟苗。将具 5 ～ 6 片真叶的烟苗移栽至烟盆内，用千分之三提苗肥液浇足定根水。

③水肥管理。盆栽烟株浇水以确保盆土有一定的湿度为宜。烟株移栽后每 1000 株每隔 10 d 用 4 kg 复合肥浇施 1 次。之后，看烟株叶色决定施肥次数，一般浇 4 ～ 5 次为宜。确保通风透光，温度 17 ～ 27 ℃、湿度 50% ～ 80%。

（2）地栽烟株寄主培育。

①栽烟地整理。移栽前对繁蜂棚内（小棚）的栽烟地块进行深翻、晒垡、平整、开墒起垄、打塘（图 9-33）。一个棚内开 2 行烟墒，墒高 15 cm，墒距 100 cm，塘距 50 cm，深度 15 ～ 20 cm。

②移栽。选择健壮无病烟苗深栽。每墒栽烟 2 行，每行栽烟 7 株；或每墒栽烟 3 行，每行栽烟 5 株（图 9-34）。每棚栽烟 28 ～ 30 株，烟株距四周棚边 25 cm。

图 9-33　栽烟地整理　　　　　　　　　　　　　　　　图 9-34　移栽

③水肥管理。烟株浇水不宜过多，做到勤浇少浇，以防烟墒表面土壤板结。看烟株叶色决定浇肥次数，每次浇肥以 1000 株用 4 kg 复合肥为宜。

④搭建小棚。为了方便田间操作管理，待烟株长到 10 片左右真叶，大约移栽 25 d 后烟株准备接蚜前，再搭建繁蜂小棚，加盖防虫网。

3. 烟蚜繁育

接蚜时间：烟株 9 ～ 12 片叶，有效叶 6 ～ 8 片；移栽后 20 ～ 25 d。

接蚜数量：20 ～ 30 头 / 株 3 龄、4 龄未被寄生无翅若蚜（图 9-35）。

图 9-35　烟蚜繁育

接蚜方法：（1）挑接法，挑选 3～4 龄生长健壮、光泽好、质量高的烟蚜 20～30 头均匀挑接在烟株中部叶片基部背面上。（2）放接法，将带有烟蚜的叶片剪成小片放在烟株中间部位叶片腹面距茎秆约 1/3 处（图 9-36）。

图 9-36　放接法

繁蚜管理：加强通风和光照管理，保持棚内温度在 17～27 ℃，湿度 50%～80%，为烟蚜生长创造良好环境；加强烟株水肥管理，防止脱肥，保持盆土湿润；接蚜 7 d 后，防止蚜霉菌侵染（喷施多菌灵）；繁殖烟蚜 15～20 d（单株蚜量 2000～3000 头）。

4. 烟蚜茧蜂繁育

接蜂时间：当单株蚜量 2000～3000 头时，即可从蜂种保存室中吸取烟蚜茧蜂成蜂放入棚中寄生烟蚜（图 9-37）。

接蜂数量：将群体交配过的烟蚜茧蜂蜂种按蜂蚜比 1∶100～1∶50 放入繁蜂棚内，任其自然寻找烟蚜寄生。每棚至少放入 800 头成蜂。

图 9-37　放入烟蚜茧蜂蜂种

　　繁蜂管理：繁蜂棚内保持温度 17 ～ 27 ℃，湿度 50% ～ 80%；防止脱肥，保持湿润；繁殖 15 ～ 20 d（图 9-38）。

图 9-38　繁蜂管理

（二）幼苗繁蜂法

1. 技术特点

　　幼苗繁蜂法是利用烟草幼苗作为饲养载体来繁育烟蚜茧蜂的方法。其特点是饲养周期短，管理方便，饲养效率高。不足是接蚜操作不方便，饲养过程湿度不好控制。

2. 幼苗繁蜂法之一

　　（1）寄主培育。按照漂浮育苗技术的操作要求，培育清秀、整齐、健壮、无病的烟苗。采用 504 穴育苗盘播种，四周不播，中间隔 2 行播 1 行，每盘播 140 穴左右，成苗 120 株左右。

　　（2）烟蚜繁育。

　　接蚜时间：3 ～ 4 片真叶。在晴天的 10∶00 ～ 18∶00，寄主上的露水干后进行（图 9-39）。接蚜过早，抑制烟苗生长。接蚜过晚，后期管理难度大。

　　接蚜量：2 ～ 3 头 / 株。

种蚜质量：无寄生蚜和僵蚜的无翅纯蚜。

图 9-39　烟蚜繁育

接蚜方法：①放接法。背面向上，20 个接蚜位点 / 盘，136 个位点 /m²。②杆接法，又称绳接法。将种蚜苗夹在接蚜绳上，然后放在寄主上进行接蚜（图 9-40）。接蚜后，每隔 2 h 换位 1 次，一共换位 5 ~ 6 次即可，换位后移除接蚜材料，防止对烟蚜的生长造成不良影响。

图 9-40　杆接法

接蚜后管理：①药剂防治。清除接蚜材料后，喷施多菌灵 1000 倍稀释液，防治烟苗真菌类病害。隔 7 d 1 次，连续使用 2 次。②接蚜后 36 h 内适当降低光照管理。36 h 后加强通风和恢复充足的光照，保证烟苗正常生长。③相对湿度高的环境不利于烟蚜产仔，易增加烟苗发生病害的概率。

施肥管理：在整个饲养周期内，避免脱肥引起病蚜、死蚜大量产生；烟苗及烟蚜营养应供应充足，约需常规育苗 1 倍的肥量。

（3）烟蚜茧蜂繁育。

接蜂时间和数量：接蚜后 10 d 左右；单株蚜量达到 100 头；按蜂蚜比 1∶50 计算接蜂量。

接蜂具体操作：按照单株平均蚜量和每盘烟株数量来判断需要接蜂的数量；用锥形瓶或吸蜂器吸取所需数量的烟蚜茧蜂均匀散放到需要接蜂的烟苗上，尽量减少烟蚜茧蜂的损失（图 9-41）。第一次接蜂 3 d 后开始调查，每天调查 1 次，当盘表面有 15 头 / 盘左右的烟蚜茧蜂活动时，接蜂完成。

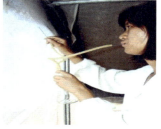

图 9-41　接蜂

接蜂后要加强遮阴管理，增加繁蜂棚内的湿度，降低温度，提高寄生率（烟蚜茧蜂在温度稍低、湿度稍大的条件下寄生率提高）；加强通风管理，保持良好通风；按常规管理进行第一次剪叶，依据具体情况进行第二次剪叶；做好施肥工作，防止脱肥。

一般情况下，在接蜂后 15 d 左右可形成僵蚜苗（图 9-42），此时，叶片上70% ～ 80% 的烟蚜形成寄生蚜。单株僵蚜量以不超过 180 头为宜。

图 9-42　烟蚜尾须和四肢僵直

烟蚜茧蜂从寄生到羽化需要 18 ～ 20 d，随温度的升高而缩短，因此通常在18 ～ 20 d 之后，便可以出蜂。

3. 幼苗繁蜂法之二

（1）寄主培育。按照漂浮育苗技术的操作要求，培育清秀、整齐、健壮、无病的烟苗。播种采用 504 穴育苗盘全播，在大十字期假植到 162 穴育苗盘，隔 1 行假植 1 行，每盘假植 81 株烟苗（图 9-43）。

图 9-43　寄主培育

（2）烟蚜繁育。

接蚜时间：烟株为 5 ～ 6 片叶；在晴天的 10∶00 ～ 18∶00、寄主上的露水干后进行。

接蚜量：10 头 / 株。

种蚜质量：无寄生蚜和僵蚜的无翅纯蚜。

接蚜方法：铺接法。种蚜叶背面向下，接触烟苗（如果是阴天，种蚜转移慢，叶腹面向下）。5 ～ 12 头 / 株（平均每株烟苗上着蚜约 10 头），及时更换。接蚜完成后移除接蚜材料。

接蚜后注意：①罩网问题。接蚜后随即罩网，防止天敌昆虫入侵（图 9-44）。②接蚜不均、不足。及时更换种蚜叶进行补接。③种蚜叶残留应及时清除。

图 9-44　罩网

（3）烟蚜茧蜂繁育。在 20 ～ 28 ℃条件下，接蚜后 10 d 左右，单株蚜量 150 ～ 200 头，此时即可接蜂、繁蜂。接蜂量按蜂蚜比 1∶10 计算，以僵蚜苗为种蜂，分散摆在育苗池内，任其成蜂羽化、寄生。将僵蚜叶挂在棚内（图 9-45），或将成蜂接入棚内。

图 9-45　将僵蚜叶挂在棚内

接蜂后管理。①水肥管理：以保持烟苗健壮生长为原则。接蚜前追肥 1 次，以后每隔 7 ～ 10 d 或根据烟苗生长状况追肥 1 次，直至僵蚜大量形成为止。②接蜂后及时罩网，补接种蜂。③降温措施：通过遮阳避光、加强通风透气等措施，可起到较好的降温作用。如采用开顶窗方式对四连体大棚进行改造，可使棚内温度降低 5 ～ 7 ℃（图 9-46）。

图 9-46　接蜂后管理

繁育过程中注意做好各个环节时间衔接规划，避免出现"断接"现象，如到接蚜、接蜂时间无种蚜、种蜂，大田散放期无蜂等；加强管理，杜绝出现寄主营养不良和感病现象，避免出现温湿度极端现象。

许多植烟区在繁蜂期正好处于高温高湿季节，空气相对湿度经常处于 90% 以上，加之土壤表面及育苗池水分蒸发，烟叶表面水汽凝结，烟蚜、寄生蚜、僵蚜感病严重，对繁蜂工作影响极大。因此，一方面要降低繁蜂棚湿度，在阴雨天与夜间及时放下繁蜂棚膜，晴天及时掀起棚膜，可降低棚内湿度，此方法对大棚繁蜂和田间小棚繁蜂有一定效果（图 9-47）；另一方面要降低烟苗密度，此方法适用于漂浮烟苗繁蜂，对高湿条件出现时间不多的效果较好。此外，要滴灌控水，在大棚内以膜下小苗移栽方式培育烟株，以滴灌方式进行水肥管理，可有效降低水汽的蒸发。

图 9-47　控制湿度

六、烟蚜茧蜂散放技术

烟蚜茧蜂散放采取分区分类防控策略（表9-1）。

表9-1　烟蚜茧蜂散放防控策略

发生程度	为害指标	释放方式	烤烟防控策略		其他作物防控策略	
			放蜂量（蜂蚜比）	放蜂次数	放蜂量（蜂蚜比）	放蜂次数
零星发生	蚜株率＜5% 单株蚜量＜20头	点状释放成蜂	1:50～1:30	1次	1:25～1:15	1次
普遍发生	蚜株率＞50% 单株蚜量20～30头	面状释放成蜂＋僵蚜	—	1～2次	—	1～2次（化学防治1次）
严重发生	蚜株率＞50% 单株蚜量＞30头	区域释放成蜂＋僵蚜，同时化学防治	—	3次（化学防治1次）	—	3次（化学防治2次）

注：依据持续放蜂年限确定参考放蜂量，1～5年放蜂1500～2000头/亩·次；5～10年放蜂1000～1500头/亩·次；10年以上放蜂500头/亩·次。

根据烟株的生育期，结合烟株的生长和烟蚜的发生情况，选择烟蚜始发期投放烟蚜茧蜂。放蜂次数根据当地烟蚜为害次数而定，一般情况下1～2次。放蜂方式根据烟蚜发生特点采用点状放蜂和区域放蜂两种方式。

放蜂数量根据监测的烟蚜种群数量而定，单株蚜量小于5头时按每公顷最少3000头进行投放；单株蚜量30头左右时，按每公顷最少15000头进行释放（表9-2）。顺风释放，上午放蜂，下雨天不放蜂。

表9-2　烟蚜发生程度对应放蜂量参照表

烟蚜发生程度	蚜量（头/株）	放蜂量（头/hm²）
初发生	1～5	3000～7500
轻度发生	6～20	7500～15000
中度发生	21～30	15000～18000

（一）成株繁蜂法放蜂方式

（1）放僵蚜（图9-48）。

图 9–48　放僵蚜

（2）放成蜂（图 9-49）。

图 9–49　放成蜂

（二）幼苗繁蜂法放蜂方式

（1）放僵蚜（图 9-50）。

图 9–50　放僵蚜

（2）放成蜂（图 9-51）。

图 9–51　放成蜂

（3）其他放蜂方式（图9-52）。

图9-52　其他放蜂方式

七、保种问题

（一）越冬种蚜的来源

每年投放工作结束，继续小规模分批次繁育烟蚜即可，为来年的种蚜扩繁做准备。越冬种蚜主要利用小春作物进行收集，包括种植萝卜、油菜作为烟蚜的越冬作物；从野生荠菜上选取越冬烟蚜；从桃树上收集越冬烟蚜（图9-53）。

图9-53　越冬种蚜收集

（二）越冬种蚜的定殖筛选、脱毒和扩繁

收集的越冬种蚜有可能是菜蚜、豌豆蚜、甘蓝蚜，而烟蚜茧蜂主要寄生烟蚜，也可寄生萝卜蚜和麦长管蚜，因此需要定殖筛选（图9-54）。

脱毒流程：选择无异常的烟蚜放到萝卜上，15 h左右后剔除母蚜，将在萝卜上繁育的还没有取食的小蚜再转移到准备好的烟株上，饲养20 d左右即可完成种蚜的脱毒工作（图9-55）。然后进行扩繁，为规模接种做准备（图9-56）。

图 9-54　种蚜定殖　　　　　图 9-55　萝卜脱毒　　　　　图 9-56　种蚜扩繁

（三）越冬种蜂的来源

每年投放工作结束，继续小规模分批次繁育烟蚜茧蜂即可，为来年的种蜂扩繁做准备。越冬种蜂来源包括：（1）从小春作物上选取，将采集的油菜、萝卜下部带僵蚜的叶片挂在饲养室内，可获得一定蜂量。（2）烟蚜定殖过程中本身就有一定的蜂（部分越冬种蚜本身已经被寄生）。（3）自然引蜂。将带有 2000 头左右烟蚜的烟株放置在越冬作物田块附近，吸引烟蚜茧蜂寄生。

（四）越冬种蜂的筛选

越冬种蜂中也可能混杂有麦蚜茧蜂、菜蚜茧蜂等，因此需通过烟苗几个批次的饲养筛选，通过寄主的不适应性，逐步剔除非烟蚜的其他蚜虫；同时通过对烟蚜的适应性，确保烟蚜茧蜂的纯度。

无论是越冬种蚜的定殖筛选还是越冬种蜂的筛选，均可选用烤烟成株或幼苗。

第五节　病虫害防治技术标准与农药配比方法

烤烟病虫害防治技术指导标准见表 9-3。农药配比方法见表 9-4。

表9-3　烤烟病虫害防治技术指导标准

施用时间	防治对象	药剂名称	亩用量	覆盖范围	施用方式与方法
移栽当天	防病促根	20%恶霉灵	30 mL	全覆盖	淋施，每亩兑入100～150 kg清洁水，每窝沿孔壁淋入100～150 mL，并用少量接身土（肥）围基
	地下害虫	5.5%高氯甲维盐	50 mL		窝施，定根水淋后施用，每窝施入8～12颗
	烟牛、蛞蝓	6%四聚乙醛	100 g		喷施，每亩兑水15 kg，分田块进行，对垄间和垄体进行全田喷雾
	地表害虫	5.5%高氯甲维盐	15 mL		移栽结束后，立即对垄间和垄体进行全田喷雾
栽后30～40 d	黑胫病	200亿芽孢/g甲基营养型芽孢杆菌LW-6可湿性粉剂	50 g	部分覆盖	灌根，由烟农自行到烟站购买农药物资，对有发病史的烟田，每亩平均兑水80～100 kg，充分混匀后淋施，预防病害发生
		1000亿/g枯草芽孢杆菌	100 g	部分覆盖	全县配套2000亩。灌根，由烟农自行到烟田，用1000亿/g枯草芽孢杆菌，对有发病史的烟田，充分混匀后淋施，预防病害发生。对已轻度发病的烟田用25%甲霜霜霉威防治，每亩平均兑水100 kg，充分混匀后淋施，对病薯进行防治。2种药剂禁止混用，围基培土
		25%甲霜霜霉威	100 mL		
适时	保健预防，病毒病防治	74%波尔多液水分散粒剂	100 g	覆盖50%	喷雾，实施统防统治，每亩平均兑水50～60 kg，全田叶面喷雾；74%波尔多液水分散粒剂与3%氨基寡糖素可混合使用，但配制药液时注意等波尔多液充分溶解后再加入氨基寡糖素，且需现配现用，以免发生化学反应（74%波尔多液水分散粒剂不能与磷酸二氢钾混合使用）
		3%氨基寡糖素	50 mL		
		磷酸二氢钾	100 g		
	烟青虫	5.5%高氯甲维盐	15 mL	全覆盖	喷雾，对有烟青虫为害的烟田施用，每亩平均兑水20～30 kg，对有发病史的烟田进行重点喷雾
烟叶打顶前后3～5 d	野火病、赤星病	50%氯溴异氰尿酸	50 g	覆盖30%	喷雾，对发病初期的烟田进行防治，每亩平均兑水40～50 kg，全田叶面喷雾
		磷酸二氢钾	100 g		喷雾，对有发病史的烟田进行统防统治，实施统防统治，每亩平均兑水40～50 kg，全田叶面喷雾

续表

施用时间	防治对象	药剂名称	亩用量	覆盖范围	施用方式与方法
打顶期	抑芽	25%氟节胺可分散油悬浮剂	100 mL	全覆盖	沿茎淋施，每亩平均兑水约15 kg，混匀后，在打顶后7 d以内，在处理掉2 cm以上的侧芽后，选择晴天施用
8月中下旬降温后	野火病、赤星病	50%氯溴异氰尿酸	50 g	覆盖20%	喷雾，8月中下旬后出现气温骤降，昼夜温差大，连续阴雨等极端气候后，对溶黄较慢，成熟度较差的烟田进行喷雾预防，实施防统统治，每亩平均兑水40～50 kg，全田叶面喷雾
		磷酸二氢钾	100 g		

表9-4　农药配比方法

稀释倍数	不同水量时添加的药剂量				当药剂量为1袋或1瓶时的稀释剂量		
	每10 kg水的药量（g或mL）	每15 kg水的药量（g或mL）	每18 kg水的药量（g或mL）	每50 kg水的药量（g或mL）	每100 g/袋（或100 mL/瓶）药剂的水量（L）	每250 g/袋（或250 mL/瓶）药剂的水量（L）	每500 g/袋（或500 mL/瓶）药剂的水量（L）
100	100.0	150.0	180.0	500.0	10.0	25.0	50.0
200	50.0	75.0	90.0	250.0	20.0	50.0	100.0
300	33.3	50.0	60.0	166.7	30.0	75.0	150.0
400	25.0	37.5	45.0	125.0	40.0	100.0	200.0
500	20.0	30.0	36.0	100.0	50.0	125.0	250.0
600	16.7	25.0	30.0	83.3	60.0	150.0	300.0
700	14.3	21.4	25.7	71.4	70.0	175.0	350.0

续表

稀释倍数	不同水量时添加的药剂量				当药剂量为1袋或1瓶时的稀释剂量		
	每10 kg水的药量（g或mL）	每15 kg水的药量（g或mL）	每18 kg水的药量（g或mL）	每50 kg水的药量（g或mL）	每100 g/袋（或100 mL/瓶）药剂的水量（L）	每250 g/袋（或250 mL/瓶）药剂的水量（L）	每500 g/袋（或500 mL/瓶）药剂的水量（L）
800	12.5	18.8	22.5	62.5	80.0	200.0	400.0
900	11.1	16.7	20.0	55.6	90.0	225.0	450.0
1000	10.0	15.0	18.0	50.0	100.0	250.0	500.0
1200	8.3	12.5	15.0	41.7	120.0	300.0	600.0
1500	6.7	10.0	12.0	33.3	150.0	375.0	750.0
2000	5.0	7.5	9.0	25.0	200.0	500.0	1000.0

注：药剂重量＝稀释剂量（水量）/稀释倍数；兑水量＝药瓶量×稀释倍数，单位需统一。

第六节　烟叶绿色防控关键农业管理措施指导标准与烟叶农药精准使用指导标准

一、施用除草剂的危害

（1）对植物的影响：抑制植物生长所需酶的合成，导致蛋白质合成受到影响，植物变黄后死亡。

（2）对土壤的影响：破坏土壤肥力，根系生长受到抑制，功能降低。强烈抑制土壤放线菌、固氮菌的活性；纤维素分解及氨基酸积累的活性下降，使用时间越久，对土壤破坏越大。

（3）对生态的影响：长期频繁使用除草剂，引起土壤中分解这些除草剂的微生物数量增长，耐药性杂草滋生，诱导杂草产生抗药性。

二、实用技术推广

全面落实"农业措施为基，生物/物理措施为要，化学措施为辅"的绿防技术体系，大力推广绿防实用技术。

（1）农业措施。壮苗培育、"321"小苗移栽、及早追肥、小围蔸、不适用烟叶处理、科学打顶等技术推广覆盖率100%，到位率95%。

（2）生物/物理措施。烟蚜茧蜂防蚜技术烤烟覆盖率100%；推广性诱装置防治斜纹夜蛾技术、蠋蝽防治食叶类害虫技术、"捕食螨＋低毒化学药剂"防治烟粉虱技术。

（3）化学措施。叶际病害轻简一体化防控、无人机飞防、叶部病害（病毒病）统防，化学药剂精准施用技术覆盖率100%；除草剂替代技术（机器除草）覆盖率50%。

三、烟叶绿色防控关键农业管理措施指导标准

烟叶绿色防控关键农业管理措施指导标准见表9-5。

四、烟叶农药精准使用指导标准

烟叶农药精准使用指导标准见表9-6。

表9-5 烟叶绿色防控关键农业管理措施指导标准

措施类别	技术标准	工作要求	适用范围	责任部门	备注
健苗培育	苗龄50～60 d，功能叶4～5片，茎高3～5 cm，茎粗直径5 mm以上；烟苗大小一致，长势整齐，苗色浓绿，清秀无病；剪叶2～3次，断水炼苗2 d，盘底不滴水，根系发达，手提烟苗基质不散落	3月10日前，按照"6216"播种流程完成播种；严格执行流程苗床水肥及温湿度管控技术，4月28日至5月7日完成烟苗供应	全覆盖	各烟站、合作社	参照年度烟叶育苗工作方案
"321"小苗移栽	窝距50～55 cm，行距110～120 cm，苗植1050～1100株；穴口直径10～12 cm，穴深15～20 cm，栽后烟苗顶叶距膜口2～3 cm；每亩按"5%高氯甲维盐50 mL+提苗灵30 mL+提苗肥2 kg，兑水100～150 kg"的标准配制和施用定根水	按分步移栽流程实施移栽操作，于5月10日前完成移栽，定根水每窝淋入100～150 mL，干移栽当天完成	全覆盖	各烟站	参照年度烟叶生产方案、移栽技术工作方案
及早追肥	（1）移栽当天，提苗肥2 kg/亩，兑水100～150 kg，混匀后施。 （2）栽后7～10 d，提苗肥3 kg/亩，兑水100～150 kg，混匀后窝淋施。 （3）栽后20 d，待烟株心叶露出膜口2～3 cm，结合小窝环节，氮钾复合肥5 kg/亩+复合肥5 kg/亩，兑水100～150 kg，混匀后打孔淋施（烟情好的田块打孔淋施，用细土封窝）。 （4）栽后约35 d，将7.5 kg/亩（K326品种9.5 kg/亩）的硫酸钾混匀后打孔淋施	要根据天气变化，抢抓天时，按照要求早准备、对存在的问题及时整改，全面提升追肥质量	全覆盖	各烟站	参照年度烟叶生产方案、移栽田管技术方案
小窝揭膜	待烟苗心叶露出膜面2～3 cm时，先撕大膜口（破膜直径≥20 cm），再用膜下熟土围满窝口（或我用提前制备的火土友或揭身肥封窝围窝），最后用垄间细碎本土过膜	小窝揭膜操作是必须做技术，栽后20 d左右完成，并达到围窝质量	全覆盖	各烟站	参照年度烤烟生产方案、移栽田管技术方案
不适用烟叶处理	栽后40 d左右，与揭膜培土同步开展，打掉感病脚叶或脚叶2～3片；栽后60 d左右，在打顶前打掉下部3～4片下部不适用烟叶，减少小斑病病源数量	分批处理，处理出田的鲜烟叶及时清出田外，并在不适用烟叶池集中销毁	全覆盖	各烟站	参照年度烤烟生产方案、移栽田管技术方案
科学打顶	全面执行"三看三定"打顶技术，以中心叶开放为时间节点，结合气候条件，烟田肥力状况确定的打顶方式，保证顶部3～4片叶间距充分抽伸，以最靠下一片副花叶为界，实施断顶处理	统一使用剪刀进行断顶操作，断顶后单株有效叶片数16～18片，株型呈塔形或腰鼓形，打顶后及时落实化学抑芽技术	全覆盖	各烟站	参照年度烤烟生产方案、移栽田管技术方案

表 9-6　烟叶农药精准使用指导标准

施用时间	防治对象	药剂名称	亩用量	覆盖范围	施用方式与方法
移栽当天	防病促根	20%恶霉稻瘟灵	30 mL		灌施，每亩兑水 100～150 kg，每窝沿孔壁灌入 100～150 mL，并用少量搀身土（肥）围基
	地下害虫	5%高氯甲维盐	50 mL	全覆盖	窝施，定根水灌施后施用，每窝施入 8～12 颗
	蜗牛，蛞蝓	6%四聚乙醛	100 g		
	地表害虫	5.5%高氯甲维盐	15 mL		喷施，每亩平均兑水 15 kg，分垄块进行，移栽结束后，立即对垄间和垄体进行全田喷雾
栽后 30～40 d	黑胫病	1000 亿/g 枯草芽孢杆菌	100 g	部分覆盖	灌根，由烟农自行到烟站购买农药物资，对有发病史的烟田，用 1000 亿/g 枯草芽孢杆菌，每亩平均兑水 100 kg，充分混合后灌施，每株灌施药水约 100 mL，并撕窝培土、围基
		25%甲霜霜霉威	100 mL		对发病史度的烟田用 25%甲霜霜霉威进行防治。2 种药剂禁止混用
	烟叶保健，预防病毒病	74%波尔多液分散粒剂	50 g	全覆盖	喷雾，实施统防统治，每亩平均兑水 50～60 kg，全田叶面喷雾。74%波尔多液再加入氨基寡糖剂与 3%氨基寡糖素可混合使用，但配药时注意让波尔多液充分溶解后再现用，以免发生化学反应（74%波尔多液不能与磷酸二氢钾混合使用）
		3%氨基寡糖素	25 mL		
		磷酸二氢钾	100 g		
适时	烟青虫	5.5%高氯甲维盐	15 mL	全覆盖	喷雾，对有烟青虫出害为害的烟田进行重点喷雾
烟叶打顶前后 3～5 d	野火病，赤星病	50%氯溴异氰尿酸	50 g	覆盖 30%	喷雾，对有发病史的烟田进行预防，对发病初期的烟田进行防治，实施统防统治，每亩平均兑水 40～50 kg，全田叶面喷雾
		磷酸二氢钾	100 g		
打顶期	抑芽	25%氟节胺乳油	100 mL	全覆盖	沿茎灌施，每亩平均兑水约 15 kg，混匀后，在打顶后 7 d 以内，选择晴天施用。沿主茎自上而下的侧芽 2 cm 以上的均可施用
8 月中下旬后降温前	野火病，赤星病	50%氯溴异氰尿酸	50 g	覆盖 20%	喷雾，8 月中下旬出现气温骤降，昼夜温差过大，连续阴雨等现象后，对溶黄较慢，成熟度较差的烟田进行喷雾预防，实施统防统治，每亩平均兑水 40～50 kg，全田叶面喷雾
		磷酸二氢钾	100 g		

第七节　烤烟生产农药管理规范

一、范围

本规范规定了烤烟生产农药选择、农药保管、农药储存、农药发放、农药使用安全防护等管理办法及要求。本规范适用于烤烟种植区的农药管理。

二、规范性引用文件

下列标准所包含的条文，通过在本规范中引用而构成为本规范的条文。本规范出版时，所示版本均为有效。所有标准都会被修订，使用本规范的各方应探讨使用下列标准最新版本的可能性。

三、农药选择

（1）严格遵守国家烟草局及重庆市局（公司）颁发的"农药安全使用标准"和"农药合理使用准则"进行施药，禁止使用剧毒和高残留农药。

（2）禁止使用无三证（产品生产许可证、农药标准和农药登记证）和国家明令禁止的农药。

（3）选择农药作用明确具体，非广谱杀虫剂，对害虫的天敌不构成危害。

四、农药保管

（1）农药由专人保管，并须加锁，应有出入登记账簿，禁止和食物混放在一室，更不能放在卧房。

（2）用过的空瓶、药袋、药盒要集中妥善处理，不得随意拿放，更不能用于盛装食物。

（3）用药的器具如喷雾器、稀释农药用的桶等也应有明显的标记，不可随便乱用。

（4）如果发现药瓶上的标签脱落，应立即补上，以防误用。

五、农药储存

（1）农药储存应确保安全，防止水资源受农药的污染。

（2）对处理和储存农药的人员应配给适当的个人保护装置。

（3）农药储存时应远离包装材料和烟叶。

（4）应按照农药安全储存说明书上推荐的方法储存所有的农药，确保农药储存于适宜的环境条件。检查事项包括燃点、最大安全储存温度／湿度限制（防止颗粒结块、容器腐蚀）。

（5）应标识所有易燃的产品，将农药与其他物品隔离并清楚地标识所有的危险，包括如果在仓库内或室外发生火灾所应该采取的具体措施。

（6）应保证所有农药的储存安全，让农药远离不相关的人员，尤其是小孩，以及农场的动物和野生生物。清楚标明恰当的警告语和危险信号，防止意外事故发生。

（7）应确保在储存范围内，采用有效方法来控制溢出的或冲洗下来的物质，如用吸水材料来抑制溢出，地面应朝入口处倾斜。

（8）用原装容器储存农药，保存原生产商标签。任何单独使用的容器必须封闭严密。

（9）应让所有的农药远离任何易燃物质。

（10）应制定可行的应急措施，及时处理无法预见到的情况，如偶然溢出、火灾、水灾。

（11）应制定库存、材料安全数据清单和样本标签，确保它们可用于应急服务。

（12）应严格按计划定量购药，将农药库存降到最低。

六、农药发放

（1）专人按需发放农药，并记录农药的发放及出库记录。

（2）用过的农药空容器应集中销毁或深埋。

七、农药使用

（1）应积极推进烟草病虫害的统防统治工作，完善植保社会化服务体系。

（2）应加强对烟技员和烟农的培训，提高"预防为主，综合防治"的植保意识，并能够正确识别田间病虫害，了解药剂的性能及防治对象，安全合理用药，避免出现药害。

（3）应发挥烟技员在田间作业的指导作用，正确指导烟农科学、合理、安全地施用农药，遇病情田间指导操作，组织烟农现场操作，合理使用烟草农药，全心全意为烟农提供技术指导和技术服务，规范烟农用药程序，以发挥最大的社会效益，确保烟叶产量和烟叶品质安全性。

（4）烟技员对农药使用进行跟踪，用量、效果都进行登记，保证科学施药技术得到推广和应用。

（5）应坚持对症用药、适时用药和适量用药。

（6）施药时间应选择晴天露水干后施药，大风天气和雨天禁止施药，施药后6 h内下雨要重施。

八、农药清除

正确清除不需要的浓缩产品和空容器是保护人类安全和环境的必要环节。

（1）购买大批农药时，合同上应包括用户有权将没用过的农药库存在协商的期限内退回给供货商。

（2）在处理农药库存时，容器被送去处理之前应处于完好状态。

（3）在处理和归还不可再用的容器（如穿孔）之前，必须将所有的空容器用清水冲洗至少3次。禁止将空容器用于其他任何用途。

（4）应将农药冲洗水加到原装农药喷雾液中，并施用到作物上。

（5）确定供货商或生产商对空容器是否有再循环处理的方式。

（6）必须根据当地法规处理空容器，禁止通过燃烧、埋藏、倒入下水道、弃入排水系统等方式处理不需要的浓缩化学农药。

九、农药使用安全防护

（1）药剂的包装上应有详细的标签、说明书和明显有毒标识。使用农药时，应该用多少就配多少，用完后的余药要妥善保管，存放在隐蔽处。

（2）配药实行专人负责。配药时，药液要用量杯量，药粉要用秤称，不能随意用手抓或倒，必须按规定的倍数进行稀释，不得任意提高或降低使用浓度。

（3）配药、分药、装药、施药时，操作人员穿戴专门的防护服。没有条件的地区，也必须做好个人安全防护，穿好长衣长裤、鞋袜，戴好口罩、风镜、橡皮手套，扎紧袖口、裤脚等，并用肥皂涂手，不允许赤脚露背、穿短裤。打开瓶塞或药粉袋要轻，脸要避开药瓶口和药粉袋。搅拌配制药液时，严防药液溅出。配药、分药地点必须远离住宅、居民点、饮用水源、打谷场、粮仓等地方，严防农药丢失乱放，造成人、畜、家禽误食。在清洗施药用具时，不应污染人、畜饮用水源。

（4）药剂拌种或搅拌药液时，严禁直接用手操作，必须用工具或木棍搅拌。

（5）施药前，要检查和修理好配药和施药的工具，如喷雾器的喷头、接头、开关、滤网等处螺丝有无拧紧，药桶有无渗透或破损等，防止流到人体上造成中毒。

（6）施药人员要求身体健康，工作认真细致，经过一定技术培训。患有肺病、肾病、心脏病、精神病、外伤、情绪不稳定、体弱多病、皮肤病或农药中毒治愈不久的人员，孕期、经期、哺乳期的妇女，16岁以下儿童和60岁以上的老年人，都不得参加施药。

（7）施药时要站在上风头，不能迎风施药，防止药液吹到人体上造成中毒。高温天气，12：00～16：00禁止施药。

（8）施药工具中途出现故障，要先放气减压，将工具洗干净后修理，修好后再使用。修理时禁止用嘴吹、吸喷头或滤网等。

（9）施药人员每天的操作时间不宜超过6 h，每隔2 h休息一次，休息时要用肥皂水洗净手、脸，并适当远离施药地点。连续打药3～4 d后应换工一次。

（10）每次施药结束后，要用肥皂及时洗净手、脸，换洗衣裤等。凡接触过药剂的用具，应先用5%～10%碱水或石灰水浸泡，再用清水洗净。污水不得随意倾倒，以防污染饮用水源和池塘。

（11）操作人员在施药过程中如感到不舒服或头痛、头晕、恶心等，要立即远离现场，及时清洗手脚，更换衣服，到空气新鲜阴凉处静卧休息。如发生呕吐、恶心、腹痛或大量出汗，可先服阿托品等解毒药品，并立即送医院抢救治疗。

（12）在进行农药操作时，禁止说笑打闹，禁止吃、喝、抽烟，以免农药从口腔进入人体，禁止用手擦汗、揉眼睛等。

（13）广泛宣传、培训农药使用安全防护措施，未落实好工作而造成烟农使用农药中毒的，应追究相关人员的责任。

第八节　烟草农药合理使用规范

一、范围

本规范规定了在烟草上使用的杀虫剂、杀菌剂、除草剂、土壤消毒剂、植物生长调节剂的种类、使用方法及安全间隔期。本规范适用烟叶种植区的农药使用。

二、术语和定义

植物生长调节剂：用于促进或抑制植物生长的药剂。

安全间隔期：指农药在作物上使用，距作物收获期的安全天数。

烟草农药使用原则：（1）在烟草上使用的农药必须具有"三证"，即农药登记证、产品生产许可证及农药标准。（2）应严格使用烟草生产上允许使用的农药品种，具体使用应依据国家烟草局当年发布的农药公告。（3）应尽量使用高效、低毒、低残留农药，应避免长时期使用同一农药品种，提倡不同类型、不同品种、不同剂型的农药交替使用。

三、烟草生产允许使用农药种类、方法及安全间隔期

（一）杀虫剂

1.乙酰甲胺磷（高灭磷、杀虫灵）

剂型：30%或40%乳油、25%可湿性粉剂。

防治对象：烟青虫。

使用方法：在烟青虫卵孵盛期至幼虫3龄期前，每亩用30%乳油50～100 mL（有效成分15～30 g），兑水50 kg喷雾。

毒性：低毒，大白鼠急性经口半数致死量（LD50）为823 mg/kg。

安全间隔期：不少于7 d。

注意事项：不能与碱性农药混用；本品易燃，注意防火。

2. 辛硫磷（肟硫磷、倍腈松）

剂型：50% 或 45% 乳油。

防治对象：蛴螬、蝼蛄、地老虎、烟青虫。

使用方法：每亩用 50% 乳油 25 ～ 50 mL（有效成分 12.5 ～ 25 g）兑水 50 kg，叶面喷施防治烟青虫以及 3 龄期前地老虎幼虫。灌根可防治地老虎、蛴螬、蝼蛄。

毒性：低毒，雄性大白鼠急性经口 LD50 为 2170 mg/kg，小鼠 LD50 为 2000 ～ 2500 mg/kg。

安全间隔期：5 d。

注意事项：辛硫磷在光照条件下易分解，因此田间喷雾最好在傍晚施用；药液要随配随用，不可与碱性农药混用。

3. 敌百虫

剂型：80% 或 90% 可溶性粉剂、50% 乳油、25% 油剂、2.5% 粉剂、80% 晶体。

防治对象：烟青虫、蝼蛄、地老虎等。

使用方法：每亩用 80% 晶体或可溶性粉剂 100 g（有效成分 80 g），兑水 50 kg 喷雾。也可用作毒饵进行防治，毒饵的配制方法为每亩用有效成分 50 ～ 100 g，先以少量水将敌百虫溶化，然后与 4 ～ 5 kg 炒香的麦麸、菜籽饼拌匀，亦可与切碎鲜草 20 ～ 30 kg 拌匀制成毒饵，在傍晚撒施于烟株根部土表诱杀害虫（防治烟青虫可用 90% 可溶性粉剂 500 倍稀释液喷雾）。

毒性：低毒，雄性大白鼠急性经口 LD50 为 630 mg/kg。

安全间隔期：10 d。

注意事项：不可与碱性农药混用；药液随配随用，不能放置过久。

4. 万灵（灭多威、灭索威、乙肟威）

剂型：24% 水剂、90% 可溶性粉剂。

防治对象：烟青虫，兼治烟蚜、象甲。

使用方法：每亩用 24% 水剂 50 ～ 70 mL（有效成分 12 ～ 16.8 g）兑水 50 kg，在烟青虫卵孵化盛期至 3 龄期前喷施。

毒性：高毒，大白鼠急性经口 LD50 为 24 mg/kg。

安全间隔期：10 d。

注意事项：不可与碱性农药混用。

5. 赛丹（硫丹、硕丹）

剂型：35% 乳油。

防治对象：烟青虫、蓟马、地老虎、烟蚜、蜷象、象甲等。

使用方法：每亩用 35% 乳油 80 ～ 125 mL（有效成分 28 ～ 44 g）兑水 50 kg，在烟青虫、地老虎幼虫 3 龄期前喷施，烟蚜、蛴螬、象甲发生初期施用。

毒性：高毒，大白鼠急性经口 LD50 为 22.7 ～ 160 mg/kg。

安全间隔期：10 d。

注意事项：对鱼毒性大，养鱼地区谨慎使用；遇酸、碱易分解，不可与酸、碱农药混用。

6. 铁灭克（涕灭威、神农丹）

剂型：5% 或 15% 颗粒剂。

防治对象：烟蚜、烟草根结线虫。

使用方法：每亩用 5% 颗粒剂 600 g（有效成分 30 g），移栽时穴施，防治烟蚜。每亩用 5% 颗粒剂 3000 g（有效成分 150 g），移栽时穴施，防治烟草根结线虫。烟草生育期只能使用一次。

毒性：高毒，大白鼠急性经口 LD50 为 0.93 mg/kg。

安全间隔期：60 d。

注意事项：施药不要离根部太近；只能移栽时穴施，不能喷雾；此药易随雨水淋溶，污染地下水，仅限在地下水位低的地区使用。

7. 抗蚜威（辟蚜雾）

剂型：50% 可湿性粉剂、50% 水分散粒剂。

防治对象：烟蚜。

使用方法：每亩用 50% 可湿性粉剂 16 g（有效成分 8 g）兑水 50 kg，均匀喷施于烟蚜寄生叶片上。

毒性：高毒，大白鼠急性经口 LD50 为 147 mg/kg。

安全间隔期：7 d。

注意事项：晴天施用，可提高防效。

8. 啶虫脒（莫比朗、农家盼）

剂型：3% 乳油。

防治对象：烟蚜、蓟马。

使用方法：防治烟蚜采用 3% 啶虫脒乳油 1500 ～ 2500 倍稀释液均匀喷雾。

毒性：中毒，大白鼠急性经口 LD50 为 146 ～ 217 mg/kg。

安全间隔期：15 d。

注意事项：喷药时不要裸露皮肤，并避开高温时段，以免中毒；对蜜蜂、蚕、水生动物为高毒，应注意忌避；不可与强碱剂混用。

9. 吡虫啉（石敢当）

剂型：5% 吡虫啉乳油。

防治对象：烟蚜、烟草粉虱、烟草叶蝉、烟蓟马。

使用方法：每亩用 5% 吡虫啉乳油 1000 ～ 1200 倍稀释液喷雾。

毒性：低毒，大白鼠急性经口 LD50 为约 1260 mg/kg。

安全间隔期：15 d。

注意事项：不宜在强光下使用，以免降低药效；不可与碱性农药或物质混用，以免失效。

10. 苦参碱（绿宇）

剂型：0.5% 苦参碱水剂。

防治对象：烟青虫、蚜虫、烟蓟马、烟粉虱。

使用方法：防治烟青虫、烟蚜等，将 0.5% 苦参碱水剂稀释 600 ～ 800 倍喷雾处理。

毒性：高毒，大白鼠急性经口 LD50 为 11.8 ± 0.6 mg/kg。

安全间隔期：15 d。

注意事项：本品无内吸性，喷药时注意喷洒均匀周到；严禁与碱性药剂混合使用；不可直接接触鱼和家蚕，注意不要污染鱼塘和桑园；贮存应放置在避光、通风处，避免在高温和烈日下存放。

11. 密达（四聚乙醛）

剂型：6% 颗粒剂。

防治对象：烟田蜗牛、野蛞蝓。

使用方法：6% 颗粒剂 6 ～ 8.5 kg/hm², 均匀撒施于烟株周围。

毒性：中毒，大白鼠急性经口 LD50 为 283 mg/kg。

注意事项：在低温（低于 15 ℃）或高温（高于 39 ℃）情况下，因防治对象活动能力减弱，对药效有影响；用药后应用肥皂水清洗手及接触的皮肤；避免儿童接触，远离食物、饮料或饲料。

12. 溴氰菊酯（敌杀死、凯素灵、凯安保、卫害净）

剂型：2.5% 乳油、2.5% 可湿性粉剂。

防治对象：烟青虫。

使用方法：每亩用 2.5% 乳油 10 ～ 20 mL（有效成分 0.25 ～ 0.5 g）兑水 50 kg, 在烟青虫幼虫 3 龄期前喷施。

毒性：高毒，大白鼠急性经口 LD50 为 70 ～ 140 mg/kg。

安全间隔期：15 d。

注意事项：不可与碱性农药混用；对鱼、蜜蜂有伤害，应远离鱼塘、蜂场。

13. 顺式氰戊菊酯（来福灵、高效杀灭菊酯）

剂型：5% 乳油。

防治对象：烟青虫、地老虎。

使用方法：每亩用 5% 乳油 15 mL（有效成分 0.75 g）兑水 50 kg，在幼虫 3 龄期前喷施。

毒性：中毒，大白鼠经口 LD50 为 325 mg/kg。

安全间隔期：10 d。

注意事项：不可与碱性农药混用；对蜜蜂、蚕、鱼高毒，使用时注意。

14. 三氟氯氰菊酯（劲彪、功夫）

剂型：2.5% 乳油。

防治对象：烟青虫。

使用方法：每亩用 2.5% 乳油 15 mL（有效成分 0.38 g）兑水 5 kg，在烟青虫幼虫 3 龄期前喷施。

毒性：中毒，大白鼠急性经口 LD50 为 79 mg/kg。

安全间隔期：7 d。

注意事项：不可与碱性农药混用；对蜜蜂、蚕、鱼有剧毒，不要污染鱼塘、蜂场、桑园。

15. 苏云金杆菌（敌宝）

剂型：100 亿活芽孢 /mL 悬浮剂，150 亿活芽孢 /g 可湿性粉剂，2000 单位 /μL、4000 单位 /μL、8000 单位 /μL 悬浮剂，1600 单位 /mg 可湿性粉剂。

防治对象：烟青虫。

使用方法：每亩用 50 g（活芽孢量 100 亿 /g 以上）制剂加水 50 kg 喷雾，施用期应控制在烟青虫产卵盛期及幼虫初孵期。

毒性：低毒，大白鼠经口 LD50 大于 2×10^{22} 活芽孢。

注意事项：本菌对家蚕和蓖麻蚕毒力强，在养蚕地区使用时应注意；紫外线和阳光对此药有破坏作用，应避免在强烈光线下施用。

（二）杀菌剂

1. 退菌特（三福美、福美甲胂）

剂型：50% 可湿性粉剂。

防治对象：炭疽病。

使用方法：每亩用 50% 可湿性粉剂 62.5 ～ 100 g（有效成分 31.25 ～ 50 g），在炭疽病发病初期喷雾，用药间隔期 7 ～ 10 d。

毒性：中毒，大白鼠急性经口 LD50 为 48 mg/kg。

安全间隔期：在采收前 21 d 停止使用。

注意事项：不可与含铜铅药剂混用，可与有机磷杀虫剂混用，但在混用时须现配现用；避免药液接触皮肤和眼睛。

2. 甲基托布津（甲基硫菌灵）

剂型：50%或70%可湿性粉剂、36%悬浮剂。

防治对象：根黑腐病、白粉病、炭疽病、猝倒病、立枯病。

使用方法：50%可湿性粉剂 1 g/m²，拌若干细土，播种时分层施，或移栽时拌细土穴施；或加水 50 kg 浇施；或在发病初期每亩用 50% 可湿性粉剂 50 g（有效成分 25 g）喷施。防治白粉病、炭疽病、猝倒病、立枯病，应于发病初期每亩用 50% 可湿性粉剂 62.5 ～ 100 g（有效成分 31.25 ～ 50 g）喷雾，用药间隔期 7 ～ 10 d，视病情用 2 ～ 3 次。

毒性：低毒，大白鼠急性经口 LD50 为 7500 mg/kg。

安全间隔期：14 d。

注意事项：不可与碱性农药及含铜制剂混用。

3. 福美双

剂型：50%可湿性粉剂。

防治对象：立枯病、猝倒病、根黑腐病。

使用方法：防治苗期病害采用土壤处理，每 500 kg 湿土用 50% 可湿性粉剂 500 g（有效成分 250 g）。

毒性：中毒，大白鼠急性经口 LD50 为 378 ～ 865 mg/kg。

安全间隔期：土壤用药不影响采收。

注意事项：不可与铜、汞制剂及碱性药剂混用或前后紧接使用；防止药液污染手脚和脸。

4. 代森锌

剂型：65%或80%可湿性粉剂。

防治对象：炭疽病、立枯病、白粉病。

使用方法：在发病初期每亩用 80% 可湿性粉剂 80 ～ 100 g（有效成分 64 ～ 80 g），兑水 50 kg 喷雾，苗期每隔 3 ～ 5 d 喷施 1 次，定植后施药间隔期 7 ～ 10 d。

毒性：低毒，大白鼠急性经口 LD50 大于 5200 mg/kg。

安全间隔期：7 d。

注意事项：不可与碱性农药混用；本品为保护剂，一定要在发病初期使用。

5. 波尔多液

剂型：硫酸铜、石灰、水，随配随用，一般用石灰等量式。

防治对象：炭疽病、立枯病、角斑病、野火病、赤星病、蛙眼病。

使用方法：发病前施用，按硫酸铜∶石灰∶水 =1∶1∶（150 ～ 200）比例喷雾。

毒性：低毒。

安全间隔期：20 d。

注意事项：波尔多液为保护性杀菌剂，一定要在发病前使用，随配随用；不可与碱性农药混用。

6. 敌克松（地克松、敌磺钠）

剂型：75% 或 95% 可溶性粉剂、55% 膏剂。

防治对象：黑胫病。

使用方法：每亩用 95% 可溶性粉剂 350 g（有效成分 332.5 g）与 15 ～ 20 kg 细土混匀，在移栽时和起垄培土前，将药土撒在烟株基部周围，并立即覆土。也可用 95% 可溶性粉剂稀释液喷洒在烟苗茎基部及周围土面，每亩用药液 50 kg，施药间隔期 15 d，共喷 2 ～ 3 次。

毒性：中毒，大白鼠急性经口 LD50 为 75 mg/kg。

安全间隔期：移栽时施用，不影响烟叶采收。

注意事项：不可与碱性农药和农用链霉素混用；敌克松见光易分解，施用后应立即覆土。

7. 甲霜·霜霉威

剂型：25% 可湿性粉剂。

防治对象：黑胫病。

使用方法：25% 可湿性粉剂 600 ～ 800 倍稀释液喷淋茎基部。

毒性：低毒。

安全间隔期：10 d。

注意事项：使用本品的地区应与其他杀菌剂轮换使用；施药时要穿戴保护性衣物、手套、口罩，不得进食、饮水、吸烟；本品无特效解毒剂，如发生中毒，需携带标签并及时送往医院对症治疗。

8. 甲霜·锰锌

剂型：72%（敌霜）或 58% 可湿性粉剂。

防治对象：黑胫病。

使用方法：移栽 7 d 后开始喷药，每隔 10 ～ 14 d 喷药 1 次，最多不超过 3 次，每亩用 58% 可湿性粉剂 120 ～ 150 g（有效成分 70 ～ 87 g）加水喷雾，使药液沿茎基部流渗到根际周围的土壤里，起到局部保护的作用，稀释浓度一般为 600 ～ 800 倍。

毒性：中毒，58% 可湿性粉剂大白鼠急性经口 LD50 为 5189 mg/kg。

安全间隔期：5 ～ 10 d。

注意事项：本品不要和铜及强碱性药剂混用；本品无特效解毒剂，如不慎中毒，需携带标签及时送往医院对症治疗。

9. 菌核净

剂型：40% 菌核净可湿性粉剂。

防治对象：赤星病。

使用方法：在烟草赤星病发病初期，结合采摘底脚叶，用 40% 菌核净喷雾，每亩用药液 50 kg。

毒性：低毒，大白鼠急性经口 LD50 为 1688 ～ 2552 mg/kg。

安全间隔期：7 ～ 10 d。

注意事项：菌核净能通过食道引起中毒，在贮藏和运输过程中，不可与食品及日用品放在一起。

10. 多抗霉素（多氧霉素、多效霜素、宝丽安、保利霉素）

剂型：10% 宝丽安可湿性粉剂，1.5%、2%、3% 多氧霉素可湿性粉剂。

防治对象：赤星病。

使用方法：在赤星病发生初期，结合采收底脚叶，每亩用 10% 宝丽安可湿性粉剂 50 g（有效成分 5 g）均匀喷施烟叶，施药间隔期 7 ～ 10 d，共喷 1 ～ 2 次。

毒性：低毒，大白鼠急性经口 LD50 大于 20000 mg/kg。

安全间隔期：7 ～ 10 d。

注意事项：不可与碱性或酸性农药混合使用。

11. 农用链霉素

剂型：1000 万单位或 500 万单位可湿性粉剂。

防治对象：青枯病、角斑病、野火病、空茎病等细菌病害。

使用方法：用 200 ppm 农用链霉素灌根或喷雾，施药间隔期 7 ～ 10 d，共喷 2 ～ 3 次。

毒性：低毒。

注意事项：不可与碱性农药及青虫菌、杀螟杆菌、苏云金杆菌等生物制剂混用，可与抗菌素农药、有机磷农药混用。

12. 青萎散

剂型：荧光假单胞菌 3000 亿个 /g 粉剂。

防治对象：烟草青枯病。

使用方法：因其是微生物农药，故使用较严格，为确保药效，请参考说明书或请教有关专业人员。

毒性：微毒。

安全间隔期：15 d。

13. 青枯灵

剂型：20% 噻菌茂可湿性粉剂。

防治对象：烟草青枯病。

使用方法：在发病初期采用浇根、茎基部喷淋或喷雾方式进行防治。用 20% 可湿性粉剂 400 ～ 600 倍稀释液喷雾，每亩用量 100 ～ 200 g。

毒性：低毒。

安全间隔期：15 d。

注意事项：避免吸入人体内或接触皮肤及眼睛。

14. 康地蕾得

剂型：0.1 亿 cfu/g 多黏类芽孢杆菌水分散细粒剂。

防治对象：烟草青枯病。

使用方法：因其是新型微生物药剂，故使用较严格，为确保药效，请参考说明书或请教有关专业人员。

毒性：低毒。

安全间隔期：15 d。

15. 吗啉胍·乙铜（病毒特、病毒清）

剂型：20% 吗啉胍·乙铜可湿性粉剂（病毒特）、18% 吗啉胍·乙铜可湿性粉剂（病毒清）。

防治对象：烟草病毒病。

使用方法：用 20% 可湿性粉剂 500 ～ 700 倍稀释液在苗期和大田期喷雾 2 ～ 3 次，每隔 7 ～ 10 d 喷雾 1 次。

毒性：低毒。

安全间隔期：7 ～ 10 d。

注意事项：不可与碱性药剂混用；作物苗期慎用。

16. 金叶宝

剂型：22% 羟烯腺·铜·烯腺·锌可湿性粉剂。

防治对象：烟草病毒病。

使用方法：在烟草苗期和大田期用 22% 可湿性粉剂 300 ～ 400 倍稀释液喷雾，苗期一般用药 1 ～ 2 次，大田期用药 2 ～ 3 次，每隔 7 ～ 10 d 喷雾 1 次。

毒性：低毒。

安全间隔期：7 ～ 10 d。

注意事项：本药剂宜在晴天 15∶00 以后喷施；不可与碱性农药混用。

17. 抑毒星

剂型：18% 丙多·吗啉胍可湿性粉剂。

防治对象：烟草病毒病。

使用方法：在烟草苗期、大田发病前期施药，每亩用 100 g 18% 可湿性粉剂 750 ～ 1000 倍稀释液均匀喷雾施药，连续施药 2 ～ 3 次，每次间隔 7 ～ 10 d。

毒性：低毒，大白鼠急性经口 LD50 大于 2150 mg/kg。

安全间隔期：7 ～ 10 d。

注意事项：不能与碱性药剂混用。

18. 病毒必克 2 号

剂型：3.95% 可湿性粉剂。

防治对象：烟草病毒病。

使用方法：在烟草苗期、大田发病前期用 3.95% 可湿性粉剂 600 倍稀释液均匀喷洒在植株上，连续使用 3 ～ 4 次，每次间隔 7 ～ 10 d。

毒性：低毒，大白鼠急性经口 LD50 大于 1000 mg/kg。

安全间隔期：7 ～ 10 d。

注意事项：不可与碱性物质混合；避光保存。

（三）除草剂

1. 砜嘧磺隆（宝成）

剂型：25% 干悬浮剂。

防治对象：单、双子叶杂草。

使用方法：待烟田杂草基本出齐后，一般针对苗后杂草，草龄 2 ～ 4 叶期时必须施药。用宝成 2 ～ 5 g/ 亩，兑水 32 kg。

毒性：低毒，大白鼠经口 LD50 大于 5000 mg/kg。

注意事项：配置好的药液应尽快喷尽，不可放置很长时间；使用前应仔细阅读产品标签和说明书。

2. 异恶草松 · 仲灵（烟舒）

剂型：40% 乳油。

防治对象：一年生杂草。

使用方法：在烟苗移栽前，用 40% 乳油 150 ～ 200 g/ 亩，常用量 175 g/ 亩，加水 50 kg 配成药液，均匀喷于土表。

注意事项：使用前应仔细阅读产品标签和说明书。

3. 异丙甲草胺

剂型：72% 乳油。

防治对象：一年生杂草。

使用方法：在烟草移栽前，每亩用 72% 乳油 125 ～ 150 g，兑水 35 kg，均匀喷雾于土表。

毒性：低毒，大白鼠急性经口 LD50 大于 2780 mg/kg。

注意事项：异丙甲草胺对萌发而未出土的杂草有效，对已出土的杂草基本无效，故只做土壤处理使用；其他问题请参考产品标签和说明书。

4. 草乃敌

剂型：90% 可湿性粉剂。

防治对象：一年生禾本科杂草。

使用方法：烟田起垄后，杂草出土前喷施（若用地膜覆盖时，则在盖膜之前喷施），一般每亩用 90% 可湿性粉剂 370 g（有效成分 333 g），最多用 430 g（有效成分 387 g），兑水 50 kg 一次喷施。

毒性：低毒，大白鼠急性经口 LD50 为 970 mg/kg。

注意事项：杂草出土前一次性施入。

5. 大惠利（草萘胺、萘丙胺、萘丙酰草胺、敌草胺）

剂型：50% 可湿性粉剂。

防治对象：一年生禾本科杂草和部分阔叶杂草。

使用方法：烟田起垄后，杂草出土前喷施（若用地膜覆盖时，则在盖膜之前喷施），每亩用 100 ～ 260 g（有效成分 50 ～ 130 g），兑水 50 kg 喷施。土壤干旱时，可浅混土 3 ～ 5 cm，为节约用药量，可采用苗区施药，行间结合人工除草。

毒性：低毒，工业品对大白鼠急性经口 LD50 大于 5000 mg/kg。

安全间隔期：移栽前用药一次。

注意事项：对已出土杂草效果不好，用药要在杂草出土前施入，用药 90 d 内，对后茬作物有影响。

（四）土壤消毒剂

1. 威百亩（斯美地、适每地）

剂型：32.7% 或 33.6% 水剂。

防治对象：地下害虫、线虫、土壤病菌、杂草。

使用方法：做好苗床后，播种之前，每平方米用 50 mL 兑水 3 kg 均匀浇洒于土表，在密封条件下保持 10 d，揭膜散毒 5 ～ 7 d 后播种。

毒性：低毒，大白鼠经口 LD50 为 820 mg/kg。

安全间隔期：苗床期土壤熏蒸剂，不影响烟叶采收。

注意事项：本剂使用时土壤湿度必须为 60% ～ 70%，方能达到最好效果；使用时避免皮肤、眼睛与药液接触和沾染衣服。

2. 必速灭

剂型：98% 棉隆颗粒剂。

防治对象：线虫，可兼治土壤真菌、地下害虫及杂草。

使用方法：每平方米用 29.4 ～ 39.2 g 颗粒剂集中均匀撒施在土壤上，立即翻动土壤深至 20 ～ 30 cm，浇水后覆膜，3 ～ 7 d 后揭膜，松土 1 ～ 2 次，再过 3 ～ 7 d 后种植。

毒性：低毒，雄性大白鼠急性经口 LD50 为 420 ～ 588 mg/kg。

注意事项：使用时土壤温度应大于 6 ℃，12 ～ 18 ℃ 最宜，土壤湿度大于 40%。

（五）植物生长调节剂

1. 氟节胺（抑芽敏、灭芽灵）

剂型：12.5% 乳油（抑芽敏）、25% 乳油（灭芽灵）。

防治对象：适用于烤烟的侧芽抑制。

使用方法：打顶后 24 h 内施药，通常随时打顶随即施药。12.5% 和 25% 氟节胺常用量都是 300 ～ 400 倍稀释液，顺主茎淋下，简便快速，也可用毛笔蘸取药液涂抹各侧芽。

毒性：低毒，大白鼠急性经口 LD50 大于 5000 mg/kg。

安全间隔期：7 ～ 10 d。

注意事项：氟节胺药液对 2.5 cm 以上的侧芽效果不好，不可与其他农药混用；对鱼类和人的眼、口、鼻及皮肤有刺激作用，对金属有轻度腐蚀作用，应避免接触；误服本药，可服大量医用活性炭，但不要给昏迷者喂食任何东西。

2. 二甲戊灵（除芽通、菜草通）

剂型：33% 乳油。

防治对象：适用于各类烟草的侧芽抑制。

使用方法：用 33% 除芽通乳油 333 mL（有效成分 110 g），兑水 50 kg，采用杯淋法，每株 15 ～ 20 mL，边打顶边施药。也可采用喷雾法或涂抹法。

毒性：低毒，大白鼠急性经口 LD50 为 1250 mg/kg。

安全间隔期：7 ～ 10 d。

注意事项：药液要接触每一叶腋；施药时要边打顶边施药。

3. 仲丁灵（止芽素、芽畏、烟净）

剂型：36% 乳油（止芽素、烟净）、37.3% 乳油（芽畏）。

防治对象：适用于各类烟草的侧芽抑制。

使用方法：烟草打顶后 24 h 内用止芽素、芽畏、烟净乳油 100 倍稀释液从烟草打顶处倒下，使药液沿茎而下流到各腋芽处，每株用药液 15 ～ 20 mL，使用 1 次，烟田中只能使用杯淋法或涂抹法进行施药，不能进行喷雾。

毒性：低毒，大白鼠急性经口 LD50 为 28350 mg/kg。

安全间隔期：7 ～ 10 d。

注意事项：为保证药剂的效果，打顶和用药应同时进行，并避免药液与烟草叶片直接接触，施药应选择在晴天。

4. 抑芽丹

剂型：30.2% 水剂（奇净）、25% 水剂（灭芽清）。

防治对象：适用于各类烟草的侧芽抑制。

使用方法：烟草打顶后 24 h 内用 25% 抑芽丹水剂（灭芽清）70 倍稀释液或 30.2% 抑芽丹水剂（奇净）50 倍稀释液，对烟草叶面进行喷雾处理。

毒性：低毒，大白鼠急性经口 LD50 为 5000 mg/kg。

安全间隔期：7 ～ 10 d。

注意事项：抑芽丹对 2 cm 以上侧芽效果不好，施药时应事先打去；抑芽丹抑制细胞分裂，而不影响细胞延长，在烟草叶片尚小而细胞尚未达到应有数量时，不宜用抑芽丹抑芽。

第十章　奉节烟草烘烤标准化技术

第一节　烟叶成熟采收技术规程

一、范围

本规程规定了烤烟成熟标准、成熟度、烟叶采收规范等。本规程适用于烤烟生产。

二、术语和定义

成熟度（maturity）：田间烟叶的成熟程度。即烟叶在田间生长发育和干物质积累过程中，其生理生化变化达到工艺成熟的变化程度。通常划分为欠熟、尚熟、成熟、完熟、过熟和假熟 6 个档次。

欠熟（immature）：烟叶生长发育接近完成，干物质尚欠充实，叶片呈绿色。

尚熟（mature，生理成熟 physiological mature）：烟叶完成生长发育，达到生物学最高产量，干物质积累最多，开始呈现某些成熟特征。

成熟（ripe，工艺成熟 technical ripe）：烟叶在生理成熟后，内含物开始分解转化，化学成分趋于协调，外观呈现明显的成熟特征。

完熟（mellow）：营养充足、发育完全的烟叶中上部叶在工艺成熟之后，内含物进一步分解转化，达到充分成熟，叶面出现较多的成熟斑。

过熟（overripe，工艺过熟 technical overripe）：烟叶在成熟或完熟后未及时采收，内含物消耗过度，叶片变薄，叶色变淡，呈全黄色或黄白色，甚至枯焦。

假熟（premature）：泛指脚叶，在各种不良条件下，外观似成熟，实质上未达到真正成熟，呈现黄色。

三、烤烟成熟特征

（一）总成熟特征

叶色落黄，呈现绿黄色，中上部叶面出现黄白色成熟斑。成熟烟叶的特征是容易采摘，采摘时声音清脆，断面整齐，不带茎皮，叶色由绿变黄。烟叶主脉变白发亮，支脉褪青变白。叶面有光泽，发皱，手摸有黏手感。叶尖下垂，茎叶角度增大。叶基部产生分离层，容易摘下。

（二）不同部位烟叶的成熟特征

1. 下部叶

叶色由绿色转为黄绿色，主脉基部发白，茸毛部分脱落，叶尖稍下垂，叶面落黄五至六成，叶龄 50 ～ 60 d。

2. 中部叶

烟叶基本色为浅黄色，叶面充分落黄、发皱、成熟斑明显，有枯尖、焦边出现，茎叶角度明显增大，叶面落黄七至八成，主脉全白发亮，支脉变白，叶尖、叶缘下卷，叶面起皱，有成熟斑，叶龄 70 ～ 90 d。

3. 上部叶

烟叶基本色为淡黄色、黄色，叶面充分落黄、发皱、成熟斑明显，有枯尖、焦边出现，茎叶角度明显增大，叶面落黄九成左右，叶面多皱褶，叶耳呈浅黄色，主脉乳白发亮，支脉三分之二以上至全白，黄白色成熟斑明显，叶尖及叶缘发白下卷，叶龄 70 ～ 90 d。

四、烟叶采收

（一）采收原则

下部叶适熟早收，中部叶成熟采收，上部叶充分成熟采收，不熟不采，熟而不漏。一般在打顶后 10 ～ 15 d 开始采收下部叶，其后每隔 10 d 采收一次，每次每株采收 2 ～ 3 片叶，上部最后 5 ～ 6 片叶充分成熟后一次采收。尽量减少采收次数，要求下部叶采烤完后停炉 10 d，中部叶采烤完后停炉 10 d。

（二）采收时间

为有利于烟叶保湿变黄，采烟时间一般在早晨或上午进行，多云、阴天时整天均可采收，晴天采露水烟。烟叶成熟后，若遇阵雨，在雨后立即采收，以防返青。若降水时间过长，出现返青烟则待其重新落黄后再采收。

（三）采收要求

采收时应统一标准，每次采收的品种、部位、成熟度要一致。采收时确保鲜烟质量不受损。掌握"不熟不采，熟而不漏"的原则，根据田间烟株长相，下部叶特别是脚叶应适当早采。下二棚烟叶采收后要停采 7 d，促使中部叶成熟，中部叶应严格掌握成熟度；上部叶应达充分成熟，4 ～ 6 片一次性采收。

（1）下部叶采收：烟叶呈现黄绿色，叶尖茸毛部分脱落，主脉一半变白，茎叶夹角接近 90°，采摘时响声清脆，叶柄不带茎皮。

（2）中部叶采收：叶片绿色减退，叶面浅黄色，主脉和侧脉变白发亮，叶尖和叶缘下垂，茸毛多数脱落，茎叶夹角增大，近90°，采收时有清脆响声，叶柄不带茎皮。

（3）上部叶采收：叶片淡黄显现黄斑，叶尖、叶缘下垂，主、支脉全白发亮，茎叶夹角大于90°，采摘时响声清脆，叶柄不带茎皮。

（四）采收方法

按照"多熟多采、少熟少采、不熟不采"的原则，做到不漏采，不漏株，不漏叶，成熟一片采一片，不采生叶，不丢熟叶。采收时用食指和中指托住叶基部，大拇指在叶基上捏紧，向下压，并向两边一拧。采下的烟叶叶柄对齐，整齐堆放。

（五）灾害抢救

对于成熟或接近成熟的病叶及遭冰雹危害的烟叶应及时抢收，并清理病残叶以防危害整片烟田。

五、采收烟叶应注意的事项

（1）采收数量应与烤房容量相配套。

（2）采收时应根据品种、部位、栽培水平和气候情况，正确识别成熟烟叶，确保采收烟叶成熟度的一致性。

（3）采收和运输时轻拿轻放，避免挤压、摩擦、日晒损伤烟叶。

（4）采收后烟叶应摆放在遮阴之处，避免暴晒。

第二节　烤烟基本烘烤技术规程

一、范围

本规程规定了烤烟烟叶成熟采收、编烟、装烟和烘烤技术。本规程适用于烤烟规范化生产的烟叶采收和烘烤。

二、定义

本规程采用下列定义。

成熟度（maturity）：田间烟叶的成熟程度。即烟叶在田间生长发育和进行干物质积累过程中，其生理变化达到烟草工艺要求的变化程度。通常划分为欠熟、尚熟、成熟、完熟、过熟和假熟6个档次。

欠熟（immature）：烟叶生长发育接近完成，干物质尚欠充实，叶片呈绿色。

尚熟（mature，生理成熟 physiological mature）：烟叶完成生长发育，达到生物学最高产量，干物质积累最多，外观呈现某些成熟特征。

成熟（ripe，工艺成熟 technical ripe）：烟叶在生理成熟后，内含物开始分解转化，化学成分趋于协调，外观呈现明显的成熟特征。

完熟（mellow）：营养充足、发育完全的烟叶中上部叶在工艺成熟之后，内含物进一步分解转化，达到充分成熟，叶面出现较多的成熟斑。

假熟（premature）：泛指脚叶，在各种不良条件下，外观似成熟，实质上未达到真正成熟，呈现黄色。

烘烤（flue curing）：把田间采收的成熟烟叶挂在烤房中，人为地控制适宜的温湿度、时间等条件，促进烟叶发生必要的生理变化，使烟叶逐渐变黄、失水、干燥的工艺过程。

干湿球温度计（dry and wet bulb thermometer）：烟叶烘烤必备的测试仪表，由两支完全相同的温度计组成，单位均为摄氏度。其中右边一支温度计感温球上包有干净的脱脂纱布，纱布下端浸入盛有水的特制水管中，水管口与感温球垂直，相距 1 ～ 1.5 cm，这支温度计为湿球温度计；左边一支感温球不包纱布的温度计为干球温度计。

干球温度（dry-bulb temperature）：干球温度计上所显示的温度值，单位为摄氏度。代表烤房内空气的温度。

湿球温度（wet-bulb temperature）：在烤房内空气中相对湿度的水蒸气压与湿球表面的水蒸气压相等时，湿球温度计上所显示的温度值，单位为摄氏度。

干湿差（difference between dry and wet bulb temperature）：干球温度与湿球温度的差值，单位为摄氏度，反映烤房内空气的相对湿度高低。

烟叶变化（leaf change）：烟叶变黄程度与相应的干燥程度。一般以烤房内底层或二层烟叶变化为主，兼顾其他各层。

变黄程度（yellowing degree）：烟叶变黄的程度。通常以"几成黄"来表示，划分为一、二、三……八、九、十成黄，十成黄为黄片黄筋。

干燥程度（drying degree）：烟叶含水量的减少反映在外观上的干燥状态。通常划分为叶片变软、主脉变软、勾尖卷边、小卷筒状、卷筒状、干筋。

三、烟叶成熟采收

（一）成熟外观特征

叶色呈现黄绿色，中上部叶面出现黄色成熟斑。叶脉变白发亮，下部叶主脉大部分变白，支脉 1/3 变白；中上部叶主脉全白，支脉 1/2 以上变白。叶面茸毛脱落，富有光泽，叶面发皱，手摸有黏手感。叶尖、叶缘下垂，茎叶角度增大。

（二）烟叶采收

一般在打顶后 2 个星期左右开始采收，根据成熟标准，按部位自下而上逐叶采收，掌握"不熟不采，熟而不漏"的原则。烟株生长成熟一致的烟田，每次每株可采收 2 ～ 3 片叶，每隔 5 ～ 10 d 采收一次，上部 4 ～ 6 片叶在充分成熟后一次采收完；烟株生长不一致的烟田，应按部位选择成熟一致的烟叶采收。

采收时间宜在早上或上午进行，以便正确识别成熟度。天气干旱宜采收露水烟；烟叶成熟遇雨返青后，应待其重新呈现成熟特征时再采收。

采收时应统一标准，每次采收的品种、部位、成熟度要一致。

采收时确保鲜烟质量不受损。

四、编烟装烟

（一）编烟

鲜烟分类，分别编烟，使同一杆烟叶部位、成熟度、大小基本一致。每杆数量适当，均匀一致。每杆编烟数量应根据烟叶部位、大小、含水量多少等灵活调整。一般 1.5 m 长的烟杆编烟 90 ～ 140 片，下部叶或含水量多的烟叶应适当编稀些，上部叶或含水量少的烟叶应适当编密些。要求 2 片一束，叶基对齐，叶背相靠，编扣牢固，束间距离均匀一致。编烟时防止损伤烟叶。

（二）装烟

1. 装烟质量

同一烤房应装品种、田间营养、部位、成熟度、采收时间一致的烟叶。在分类编烟的基础上，将成熟度稍差的烟叶装在上层，成熟烟叶装在中间层，过熟烟叶或病叶装在底层。观察窗周围装具有代表性的烟叶，以便观察掌握烘烤进程。

2. 装烟数量

应根据鲜烟数量、天气情况和烤房烘烤能力灵活掌握。装烟时上下层杆距均匀一致，通常为 20 cm 左右。也可掌握上层密、下层稀、同层均匀一致的原则。上层杆距 16 ～ 18 cm，每下降一层杆距增大 1 cm。当含水量多或天气阴雨时，适当稀装；当含水量少或天气干旱时，适当密装。

五、烘烤技术

干湿球温度计挂在烤房底层，干球温度、湿球温度以底层为准。

（一）基本原理

在烘烤过程的不同时期，提供适宜的温度、湿度、时间等条件，促进叶内发生必要的生理生化变化，使烟叶变黄、失水、干燥协调一致，实现烟叶干制。烘烤过程划分为以下 3 个时期。

1.变黄期

在较低的温度和较高的湿度条件下，控制烟叶变黄时的干球温度为 36 ～ 43 ℃，湿球温度为 35 ～ 38 ℃。使烟叶充分变黄，适当失水，达到与变黄协调一致，保持烟叶生理活性，促进叶内物质充分转化分解，主要是叶绿素分解，黄色素呈现，淀粉转化为糖，蛋白质转化为氨基酸等，形成丰富的香气前体物质。当烟叶基本变黄后，再升温进入定色期。

2.定色期

当烟叶变黄达到要求后，慢升温，并加强通风排湿，湿球温度稳定在 37 ～ 40 ℃。50 ℃前促使烟叶残存的叶绿素充分分解，烟筋变黄，减少烟叶含水量，抑制棕色化反应。50 ～ 55 ℃稳定温度，促进叶内香气物质的缩合形成，逐渐干片定色。此期不可升温过快或降温，以防烟叶烤青、蒸片、挂灰等。

3.干筋期

当烟叶干片后，升温至 68 ℃，湿球温度稳定在 40 ～ 43 ℃，及时排除主脉中的水分，使烟筋全部干燥。干筋最高温度不得超过 70 ℃，防止叶内香气物质挥发或出现烤红。

（二）基本原则

1.四看四定

看鲜烟叶质量，定烘烤技术；看烟叶变化，定干球、湿球温度高低；看干球温度，定火力大小；看湿球温度，定排气窗和进风洞开度大小。

2.四严四灵活

鲜烟叶质量与烘烤技术相适应要严，具体掌握要灵活；干球、湿球温度与烟叶变化相适应要严，各阶段维持时间长短要灵活；干球温度在规定范围内要严，火力大小要灵活；湿球温度适宜且稳定要严，排气窗、进风洞开度要灵活。

3.三表一计相互对照

烘烤技术图表、钟表、记载表与干湿球温度计相互对照，科学烘烤。

4.稳湿球温度，升干球温度

保持湿球温度适宜且稳定，干球温度随烟叶变化同步上升且适宜。

（三）优质烟叶烘烤技术

优质烟叶烘烤流程如图 10-1 所示。

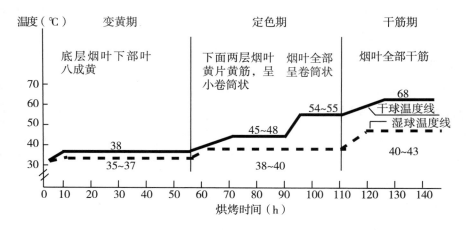

图 10-1 优质烟叶烘烤流程图

1. 变黄期

点火时，关闭门窗和排气窗、进风洞。干球温度由室温以每 2 h 升 1 ℃ 的速度升至 38 ℃，湿球温度同步上升至 35 ～ 37 ℃。稳定温度，保持干湿温度差 2 ℃ 左右，直到底层烟叶变化达到要求为止，下部叶变黄程度达到八成黄左右，中部、上部叶变黄程度达到九至十成黄，且主脉变软至勾尖卷边。变黄期时间为 48 ～ 72 h。

2. 定色期

当烟叶变黄达到要求时，干球温度由 38 ℃ 以每 2 ～ 3 h 升 1 ℃ 的速度升至 45 ℃，并逐渐开大排气窗、进风洞，加强通风排湿。适当延长由 45 ℃ 升至 48 ℃ 的时间，使下面两层烟叶达到黄片黄筋、呈小卷筒状。再以每 1 ～ 2 h 升 1 ℃ 的速度升至 54 ～ 55 ℃，稳温至烟叶全部呈卷筒状。此期随干球温度的上升，湿球温度同步上升且稳定在 38 ～ 40 ℃。定色期时间为 36 ～ 48 h。

3. 干筋期

当烟叶呈卷筒状后，干球温度由 55 ℃ 以每 1 h 升 1 ℃ 的速度升至 68 ℃，最高不得超过 70 ℃，湿球温度稳定在 40 ～ 43 ℃，同时逐渐关小进风洞、排气窗，稳定温度使烟叶全部干筋。干筋期时间为 24 ～ 36 h。

（四）含水量多的烟叶烘烤技术

含水量多的烟叶指 9 kg 以上鲜烟烤出 1 kg 干烟的成熟鲜烟叶。含水量多的烟叶烘烤流程如图 10-2 所示。

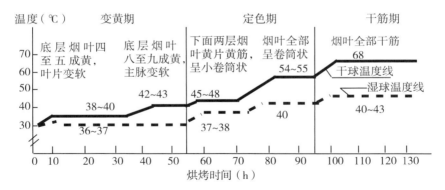

图 10-2　含水量多的烟叶烘烤流程图

1. 变黄期

点火时，关闭门窗、进风洞。排气窗可适当开启。干球温度由室温以每 1 h 升 1 ℃ 的速度升至 38 ℃，稳定温度使底层烟叶变黄程度达到四至五成，叶片变软，再以每 1 h 升 1 ℃ 的速度升至 42 ～ 43 ℃，稳定温度使底层烟叶变黄程度达到八至九成，主脉变软。此期随干球温度的上升，湿球温度同步上升且稳定在 36 ～ 37 ℃。

2. 定色期

干球温度以每 2 ～ 3 h 升 1 ℃ 升的速度至 45 ℃，并逐渐开大排气窗、进风洞，延长由 45 ℃ 升至 48 ℃ 的时间，湿球温度稳定在 37 ～ 38 ℃，促进烟叶充分变黄，直至下面两层烟叶达到黄片黄筋、呈小卷筒状，再以每 1 ～ 2 h 升 1 ℃ 的速度升至 54 ～ 55 ℃，湿球温度不超过 40 ℃，稳定温度至烟叶全部呈卷筒状。

3. 干筋期

同优质烟叶干筋期操作。

（五）含水量少的烟叶烘烤技术

含水量少的烟叶烘烤流程见图 10-3。

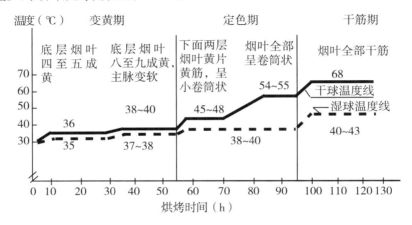

图 10-3　含水量少的烟叶烘烤流程图

1. 变黄期

点火时，关严门窗及排气窗、进风洞。干球温度由室温以每 1 h 升 1 ℃的速度升至 36 ℃，稳定温度使底层烟叶变黄程度达到三至四成黄。再以每 1 h 升 1 ℃的速度升至 38 ～ 40 ℃，稳定温度使底层烟叶变黄程度达到九至十成黄，且主脉变软。此期随干球温度的上升，湿球温度同步上升。保持干湿球温度差 1 ～ 2 ℃，超过 3 ℃时，应人为补湿。

2. 定色期

同优质烟叶定色期操作。

3. 干筋期

同优质烟叶干筋期操作。

第三节 烤烟密集烘烤操作规程

一、范围

本规程规定了烤烟烘烤技术要求。本规程适用于优质烟叶栽培条件下烟叶的绑杆、装烤及烘烤。

二、术语和定义

密集烤房：装烟室内空气由上向下运动与烟叶进行湿热交换的密集烘烤烟叶调制专用设备。基本结构包括装烟室和热风室，主要设备包括供热设备、通风排湿设备、温湿度控制设备。基本特征是装烟密度较普通烤房密度大，强制通风，热风循环，温湿度自动控制。

装烟室：挂（放）置烟叶的空间，设有装烟架等装置，在与热风室相连接的隔墙上部和下部开设通风口与热风室连通。

热风室：安装供热设备的空间，内置火炉和换热器并在适当的位置安装风机。设有通风口与装烟室连通，风机运行时向装烟室输送热空气。

供热设备：热空气发生装置，包括火炉和换热器，按烟叶烘烤工艺要求加热空气。

通风排湿设备：推动热空气从热风室向装烟室运动，实现烤房内外空气交换，维持装烟室内空气适宜湿度的装置。包括循环风机及排湿装置。

温湿度控制设备：用于监测、显示和调控烟叶烘烤过程工艺条件的专用设备，包括温湿度传感器、控制主机和执行器。通过对供热和通风排湿的调控，实现烘烤自动控制。

风机：要求大风量，低成本，低风压，小功率。通常使用轴流风机，电机和风扇一体。

隔墙：把烤房的内部空间分为热风室和装烟室的墙，用火砖或其他特殊材料砌成，厚度不能超过 120 mm。

检修门：当加热设备或供热系统出现异常情况时，便于工作人员及时采取适当补救措施的专门设施。在热风室侧墙的一边。

观察窗：长方形，专门用来观察烟叶变化的装置。

阶段升温：在烘烤过程中采用阶梯式升温的方法，分为升温阶段和稳温阶段。

烟叶外观变化：叶片发软、开始变黄、黄片青筋、主脉发软、九成黄、勾尖卷边、全黄、小卷筒状、大卷筒状和干筋。

外动力排湿：在干球温度不变的情况下，拉大干湿差，稳定时间降低烤房湿度，从而使水分从烟叶内向环境排出的操作过程。

三、工作要求

（一）烤前准备

1.烘烤工作方案策划和任务下达

奉节县局（分公司）烟叶科于每年7月中旬应对当年成熟采收与科学烘烤工作一同进行策划，形成采收烘烤工作方案，内容应包括成熟标准、采收时间与方法、采收要求、编烟装炕、烤房检修、自控仪使用、特殊烟叶烘烤、下杆回潮等技术要求，同时应包括工作目标、工作要求、过程检查、考核细则等具体内容。将方案下发到各烟叶工作站，作为当年采收烘烤工作指令，并对其进行安排部署。烟站根据烟叶科采收烘烤工作安排部署，及时将采收烘烤工作任务分解到烟草点执行。烟技员、烟叶生产合作社社长召开烟农会议，落实烟农采收烘烤阶段工作任务。

2.技术培训

烟叶科根据《人员培训管理程序》要求，结合年初制订的培训计划，采取层层培训的方式对科学烘烤技术进行理论和现场培训。注意保留相应的培训工作记录。

培训人员包括：（1）奉节县局（分公司）烟叶科培训烟站站长、副站长；（2）烟站培训烟草点点长、包片技术员、烘烤工场主管、烘烤工场烘烤调制工和烟农。

3.烤房检修

烟技员应在投入烘烤前，按照烤房基本性能要求，对基本种植单元内的烤房设施进行全面检查和维修，如实填写《烤房设施设备检查表》，确保烤房设施正常投入使用。

（二）绑烟方法

（1）分类绑杆。先对鲜烟叶按品种、成熟度、部位、大小、颜色、病虫害叶进行分类，再分别进行编杆，确保同杆同质。

（2）稀密适当，距离均匀。编烟数量根据烟叶部位、大小、含水量而定，编烟杆长约1.4 m，每杆绑鲜烟叶10～15 kg，110～130片。一般下部叶和含水量大的烟叶适当稀些，上部叶和含水量小的烟叶适当密些。旱天应密些，雨天应稀些。编烟 2 片一束，每束之间距离应均匀一致。

（3）叶柄对齐，叶背相靠。每束烟叶基部应对齐，基部露出烟杆 3 ～ 4 cm。

（三）装烤原则与方法

当天采收当天上炕。同一烤房烟叶应品种相同、部位相同、鲜烟叶质量相近，才能保证烘烤质量。同一层烟叶应鲜烟叶质量相同，做到同层同质。把成熟度差、叶片厚的烟叶装在低温层，适熟叶装在中层，含水量多、过熟叶、病叶装在高温层。烟叶观察窗处装几杆有代表性的烟叶以便观察。挂杆应稀密一致，定距挂杆。烟杆中心间距 12 ～ 13.3 cm，每房总装烟量 360 ～ 400 杆，下部叶或含水量多的烟叶应装稀些，上部叶或叶片小的烟叶应装密些，天气旱时装烟宜密。

（四）干湿温度测量

温湿度传感器或干湿球温度计应放置在顶层具有代表性的烟层内，感温球高过叶尖 10 cm 左右，干湿温度以此为准。

（五）三段六步式烘烤工艺步骤

三段六步式烘烤工艺基于传统三段式烘烤工艺，结合本地生产实际，对烟叶的温度、湿度、稳温时间、风机转速 4 个因素进行耦合，通过创新烘烤理论、细化操作步骤、优化工艺流程，在烘烤关键点提出具体操作措施，将传统三段式烘烤分解成 6 个步骤。

1. 烟叶预处理

点火打开风机，以 1 ℃/h 的速度将干球温度升至 35 ～ 36 ℃，并控制湿球温度为 34 ℃，稳温烘烤 8 ～ 12 h。观察烟叶变化，当顶层烟叶叶尖 1/3 变黄、烟叶失水 10% 后，以 0.5 ℃/h 的速度将干球温度升至 38 ℃，在前 3 h，风机进行高速运转，转速为 1440 r/min，然后变为 960 r/min 连续运转。

2. 叶片变黄期

干球温度 38 ℃，控制湿球温度在 35 ～ 36 ℃，顶层烟叶七至八成黄，失水 20% 左右，手摸烟叶叶片发软，再稳温烘烤 12 ～ 24 h，风机以 960 r/min 运转。然后以 0.5 ℃/h 的速度将干球温度升至 41 ～ 43 ℃。

3. 支脉变黄期

干球温度 41 ～ 43 ℃，控制湿球温度在 36 ～ 37 ℃，稳温烘烤 8 ～ 20 h（下部叶 8 h 左右，中上部叶 12 ～ 20 h），顶层烟叶 80% 达到黄片青筋后，以 0.5 ℃/h 的速度将干球温度升至 45 ～ 47 ℃。40 ℃ 以后风机转速变为 1440 r/min，连续运转至 50 ℃。

4. 主脉变黄期

干球温度 45 ～ 47 ℃，保持湿球温度在 37 ～ 38 ℃，该温度段是黄金烘烤点，稳温烘烤 12 ～ 24 h 至主脉变黄，顶层烟叶达到黄片黄筋后以 0.5 ℃ /h 的速度将干球温度升至 52 ～ 54 ℃。

5. 香气合成期

干球温度 52 ～ 54 ℃，控制湿球温度在 38 ～ 39 ℃，叶面、叶背色差逐渐缩小，要求加大火力，准确升温，严防湿球温度超过 40 ℃或忽高忽低。稳温烘烤 12 ～ 20 h 至全炕叶片干燥。50 ℃以后风机转速变为 960 r/min，直至烘烤结束。

6. 干筋期

叶片干燥定色后进入本阶段，以 1 ℃ /h 的速度将干球温度升至 60 ～ 62 ℃，稳温烘烤 6 h 后，以 1 ℃ /h 的速度将干球温度升至 65 ～ 68 ℃，湿球温度控制在 41 ～ 42 ℃，稳温烘烤至全炕烟叶干筋，逐渐关小风洞、天窗，继续稳温，直到主脉全干停火。注意此期间干球温度不超过 70 ℃，湿球温度不超过 43 ℃。

四、非正常情况应注意事项

（1）脚叶或水分大的烟叶在变黄阶段干球温度要适当提高 1 ～ 2 ℃，转火时变黄程度控制在五至六成，特别要注意利用天窗进行排湿，使叶片发软，防止变硬变黄。定色期要使湿球温度控制在 37 ℃，并加强排湿；干球温度控制在 47 ～ 49 ℃，使烟叶全部达到勾尖卷边至小卷筒状。

（2）上部或含水量少的烟叶升温速度应慢，变黄期应保湿变黄。定色期升温转火速度应减慢（升温速度以平均 0.5 ℃ /h 为宜，定色期 47 ℃后升温速度以 0.3 ℃ /h 为宜）。

（3）不符合标准要求的烤房和其他非正常的烟叶应根据其特性来确定其烘烤工艺。

（4）各地应根据品种、气候等方面的具体变化灵活掌握烘烤方法。

（5）烘烤季节结束后，应及时检修、保养烤房设备。

第四节　烤烟密集烤房散叶堆积式烘烤技术规程

一、范围

本规程规定了烤烟采用散叶堆积式烘烤设备、散叶堆放装烟、烘烤、回潮及卸烟的工艺参数和操作方法。本规程适用于密集烤房散叶堆积式烟叶烘烤。

二、术语和定义

密集烤房（bulk curing barn）：烤烟生产中密集烘烤加工烟叶的专用设备。一般由装烟室、热风室、供热系统设备、通风排湿和热风循环系统设备、温湿度控制系统设备等部分组成。基本特征是装烟密度较大（为普通烤房装烟密度的 2 倍以上），使用风机进行强制通风，热风循环，实行温湿度自动控制。

分风板（clapboard for inclined air distribution）：散叶烘烤专用的既能承重足量鲜烟叶，又可以起到分风作用的装烟支撑板。

散叶堆放装烟方式（loose-leaves loading by accumulating）：直接将鲜烟叶以叶尖朝上、叶基部朝下竖立堆放在分风板上。

烟叶变化（the change of tobacco leaf）：烘烤过程中烟叶变黄程度与相应的干燥形态变化，一般以烤房内挂置温湿度计所在层的烟叶变化为主，兼顾其他各层。具体变化包括以下几点。

（1）叶片倒伏（leaf lodging slightly）：叶片八至九成黄，整体呈倒伏状态。

（2）全黄塌架（fully cured leaf falling down）：叶片全黄，叶片主脉变软呈倒塌状态。

（3）叶尖干燥（drying leaf apex）：叶片先端部分长 100 ～ 150 mm 处干燥。

（4）主脉收缩（shrinking of the main stem）：叶片主脉呈现干缩状态。

（5）干筋（dry stem）：叶片主脉完全干燥。

三、烘烤设备

（一）电机和循环风机

1. 技术参数

配置电机功率为 1.5 ～ 2.2 kW，风机风压 90 ～ 130 Pa，风量 15000 ～ 18000 m^3/h。

2. 操作方法

密集烤房循环风机有 2 个排挡，分别是高速挡（三相 1440 r/min 或单相 2900 r/min）和低速挡（三相 960 r/min 或单相 1450 r/min）。在各个时期操作如下：点火前后开启高速挡运转 2 ～ 3 h 后转入低速挡；干球 40 ℃升温以前开启低速挡；干球 40 ℃开始升温至54 ℃期间开启高速挡；54 ℃以后至烘烤结束开启低速挡。

（二）温湿度传感器

1. 安装位置

（1）主传感器。气流上升式烤房安装在第一层距热风室隔墙 2 m 的烤房正中装烟支架位置，气流下降式烤房安装在第三层距热风室隔墙 2 m 的烤房正中装烟支架位置。

（2）辅助传感器。安装在第二层距热风室隔墙 2 m 的烤房中间装烟支架位置。

2. 安装高度

传感器安装在分风板上方，底端置于分风板面上。

3. 散叶堆放装烟设备

散叶堆放装烟设备主要技术参数及结构见表10-1、图10-4和图10-5。

表 10-1　散叶堆放装烟设备主要技术参数

序号	名称	技术参数
1	装烟支架	由金属制作。 中间一排装烟支架由角钢制作，角钢规格 50 mm×50 mm。三层装烟支架由 30 mm×50 mm 方管或 40 mm 直径圆管作固定支撑，固定支撑管间隔 2000 mm。 两侧的固定装烟支架用角钢制作，角钢规格 50 mm×50 mm
2	分风板	由竹（木）条和金属方管制作。分风条为竹（木）条，边框为金属方管。 成型规格：宽 400 mm，长 1320 mm。 材料规格：竹条，宽 20 mm、厚 6～8 mm；木条和金属方管，宽 20 mm、厚 20 mm。 竹（木）条或金属方管宽度与分风空隙比例为 1：1

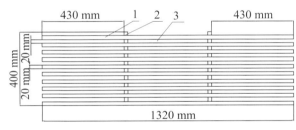

1. 木条或竹条，规格（20～25）mm×1320 mm；

2. 固定木条或竹条，规格（30～40）mm×400 mm；

3. 木条间的空隙，规格 20 mm

图 10-4　竹（木）条结构分风板示意图（规格 400 mm×1320 mm）

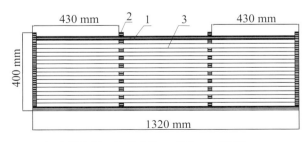

1. 金属边框，规格（20～25）mm×1320 mm；

2. 固定木条或竹条，规格（30～40）mm×400 mm；

3. 木条间的空隙，规格 20 mm

图 10-5　竹（木）条、金属边框分风板示意图（规格 400 mm×1320 mm）

4.强制排湿调节板

强制排湿调节板示意图如图 10-6 和图 10-7 所示。

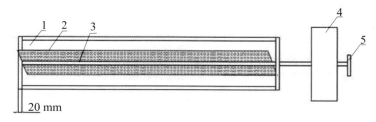

1.烤房回风口；2.调节板；3.调节板旋转轴；4.烤房墙体；5.手动控制调节杆

图 10-6　手动操作强制排湿调节板示意图

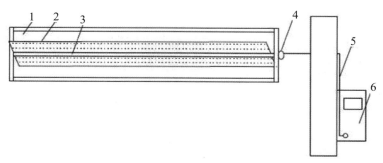

1.烤房回风口；2.调节板；3.调节板旋转轴；4.烤房墙体；

5.电机驱动连接线；6.温湿度自动控制器

图 10-7　自动控制强制排湿调节板示意图

　　强制排湿调节板有 3 个档位，分别是全关、半开、全开。在各个时期操作如下：干球温度 38 ℃以前保持全开状态；由 38 ℃升温至 54 ℃期间在排湿不畅时保持调节板半开状态，湿度恢复正常后立即转为全开状态；干球温度 54 ℃以后保持全开状态。

四、散叶堆放装烟

（一）装烟要求

　　同一烤房应装品种、栽培管理、部位和采收时间一致的烟叶；烟叶装入烤房前应存放于阴凉处，防止日晒；当天采收的烟叶要当天装炕烘烤。

（二）装烟方法

　　先将分风板平放在装烟支架上，双手握住距叶尖 1/3 位置，将鲜烟叶轻轻抖散，使叶片基部整齐、避免过多重叠，叶柄向下、叶尖向上堆放于分风板上，以自然堆紧不过度挤压为宜。当一块分风板堆满烟叶后，再摆放另一块分风板，由内向外循序装烟。同层堆放的烟叶要向同一方向倾斜堆放，角度一般 85°～90°，且每层烟叶应装满、不留空隙。

（三）装烟数量

每座标准散叶烤房每炕装鲜烟叶 4500～5500 kg，密度为 70～85 kg/m²。下棚应装烟 4500～5000 kg，中棚、上棚应装烟 5000～5500 kg。

五、烘烤

（一）下部叶烘烤

1. 变黄期

（1）变黄前期。装炕完成后关闭烤房门、进风口和排湿窗，打开循环风机高速运转 2～3 h 打通循环通道。点火后以每 1 h 升温 1 ℃的速度将干球温度升至 35 ℃，控制湿球温度 34 ℃。稳温烘烤 8～12 h 至高温层烟叶叶尖变黄、轻微倒伏。

（2）叶片变黄。以每 2 h 升温 1 ℃的速度将干球温度升至 38 ℃，控制湿球温度在 35～36 ℃，稳温烘烤 20～25 h 至高温层烟叶达到八成黄时，调低湿球温度至 34～35 ℃，稳温烘烤 3～5 h 至高温层烟叶达到九成黄、叶尖倒伏。

（3）支脉变白。以每 2～3 h 升温 1 ℃的速度将干球温度从 38 ℃升至 42 ℃，控制湿球温度在 34 ℃，稳温烘烤 20～25 h 至高温层烟叶支脉几乎全白时，调低湿球温度至 33 ℃，稳温烘烤 5～8 h 至高温层叶片塌架全倒伏、叶尖卷曲并开始干燥，低温层烟叶达到九成黄后转入定色期。

2. 定色期

（1）主脉变白。转火进入定色期后，控制湿球温度在 32～33 ℃，以每 2～3 h 升温 1 ℃的速度将干球温度升至 45～47 ℃，稳温烘烤 18～24 h 至高温层烟叶主脉泛白、叶尖干燥。

（2）香气物质合成。以每 2 h 升温 1 ℃的速度，将干球温度升至 52～54 ℃，控制湿球温度在 34～35 ℃，稳温烘烤 15～20 h 至全炕叶片干燥、颜色固定后转入干筋期。

3. 干筋期

将干球温度以每 1 h 升温 1 ℃的速度升至 60 ℃，控制湿球温度在 37～38 ℃，稳温烘烤 8～10 h 至烟叶主脉开始脱水，出现收缩现象。以每 1 h 升温 1 ℃的速度将干球温度升至 68～70 ℃，控制湿球温度在 38～39 ℃，稳温烘烤至烟叶主脉全部干燥。

（二）中部叶烘烤

1. 变黄期

（1）变黄前期。装炕完成后关闭烤房门、进风口和排湿窗，打开循环风机高速运转2～3 h打通循环通道。点火后以每1 h升温1 ℃的速度将干球温度升至34 ℃，控制湿球温度在33～34 ℃，稳温烘烤8～12 h至高温层烟叶发软、开始变黄，叶尖轻微倒伏。

（2）叶片变黄。以每2 h升温1 ℃的速度将干球温度升至38～39 ℃，控制湿球温度在35～36 ℃，稳温烘烤25～30 h至高温层烟叶达到八至九成黄时，调低湿球温度至33～34 ℃，稳温烘烤5～8 h至高温层烟叶几乎全黄、叶尖倒伏。

（3）支脉变白。以每2～3 h升温1 ℃的速度将干球温度从38 ℃升至42 ℃，控制湿球温度为34 ℃，稳温烘烤20～25 h至高温层烟叶支脉几乎全白时，调低湿球温度至33 ℃，稳温烘烤8～10 h至高温层叶片塌架全倒伏、叶尖卷曲开始干燥，低温层烟叶达到九成黄后转入定色期。

2. 定色期

（1）主脉变白。转火进入定色期后，控制湿球温度在33～34 ℃，以每2～3 h升温1 ℃的速度将干球温度升至46～48 ℃，稳温烘烤18～24 h至高温层烟叶主脉泛白，叶尖干燥。

（2）香气物质合成。以每2 h升温1 ℃的速度将干球温度升至52～54 ℃，控制湿球温度在34～35 ℃，稳温烘烤20～25 h至全炕叶片干燥、颜色固定后转入干筋期。

3. 干筋期

将干球温度以每1 h升温1 ℃的速度升至60 ℃，控制湿球温度在37～38 ℃，稳温烘烤10～15 h至烟叶主脉开始脱水，出现收缩现象。以每1 h升温1 ℃的速度将干球温度升至68～70 ℃，控制湿球温度在38～39 ℃，稳温烘烤至烟叶主脉全部干燥。

（三）上部叶烘烤

1. 变黄期

（1）变黄前期。装炕完成后关闭烤房门、进风口和排湿窗，打开循环风机高速运转2～3 h打通循环通道。点火后以每1 h升温1 ℃的速度将干球温度升至34 ℃，控制湿球温度在33～34 ℃，稳温烘烤8～12 h至高温层烟叶发软、开始变黄，叶尖轻微倒伏。

（2）叶片变黄。以每2 h升温1 ℃的速度将干球温度升至38～40 ℃，控制湿球温度在35～36 ℃，稳温烘烤25～30 h至高温层烟叶达到九成黄时，调低湿球温度至33～34 ℃，稳温烘烤8～12 h至高温层烟叶几乎全黄、叶尖倒伏。

（3）支脉变白。以每2～3 h升温1 ℃的速度将干球温度升至42 ℃，控制湿球温度在 34 ℃，稳温烘烤 24 ～ 30 h 至高温层烟叶支脉几乎全白时，调低湿球温度至 33 ℃，稳温烘烤 10 ～ 15 h 至高温层叶片塌架全倒伏、叶尖卷曲开始干燥，低温层烟叶基本变黄后转入定色期。

2. 定色期

（1）主脉变白。转火进入定色期后，控制湿球温度在 34 ℃，以每 2 ～ 3 h 升温 1 ℃ 的速度将干球温度升至 46 ～ 48 ℃，稳温烘烤 18 ～ 24 h 至高温层烟叶主脉泛白、叶片半干。

（2）香气物质合成。以每 2 h 升温 1 ℃ 的速度将干球温度升至 52 ～ 54 ℃，控制湿球温度在 34 ～ 35 ℃，稳温烘烤 20 ～ 25 h 至全炕叶片干燥、颜色固定后转入干筋期。

3. 干筋期

将干球温度以每 1 h 升温 1 ℃ 的速度升至 60 ℃，控制湿球温度在 37 ～ 38 ℃，稳温烘烤 10 ～ 15 h 至烟叶主脉开始脱水，出现收缩现象。以每 1 h 升温 1 ℃ 的速度将干球温度升至 68 ～ 70 ℃，控制湿球温度在 39 ～ 40 ℃，稳温烘烤至烟叶主脉全部干燥。

六、回潮

（一）自然回潮

按照《烤烟烘烤技术规程》（GB/T 23219—2008）执行。

（二）人工辅助回潮

在烤房或回潮室进行人工辅助回潮。方法见表 10-2。

表 10-2　烤后烟叶人工辅助回潮推荐技术参数表

序号	名称	技术参数
1	蒸汽回潮	采用锅炉生产的蒸汽，通过管道引入烤房进行加湿回潮。当烤房内温度降低至 50 ℃ 以下时，关闭烤房门窗及进风口，开启循环风机加湿回潮 1 ～ 2 h。加湿结束后，保持风机运行 15 ～ 20 min，停机后及时卸烟
2	水雾回潮	采用水泵泵水喷雾加湿器，通过将冷水加压引入烤房进行喷雾加湿回潮。加湿器喷头临时固定在热水室预留的加湿口处。当烤房内温度降低至 55 ～ 50 ℃ 时，关闭烤房门窗及进风口，开启循环风机进行喷雾加湿，回潮时间 2 ～ 3 h。加湿结束后，保持风机运行 15 ～ 20 min，停机后及时卸烟
3	超声波喷雾回潮	采用超声波雾化水移动式加湿器，通过超声波雾化器将水雾化引入烤房进行喷雾加湿回潮。当烤房内温度降低至 55 ～ 50 ℃ 时，关闭烤房门窗及进风口，开启循环风机进行喷雾加湿，回潮时间 2 ～ 3 h。加湿结束后，保持风机运行 15 ～ 20 min，停机后及时卸烟
4	回潮室加湿回潮	采用在回潮室蒸汽加湿、保湿回潮方法，将烤后装满烟叶的烟箱、烟筐直接从烤房内运到回潮室，先通过蒸汽加湿回潮 1 ～ 2 h，再进行恒温保湿回潮 1 ～ 2 d

七、卸烟

按从上至下、从外至内的顺序将分风板上的烟叶卸下，整齐收扎成捆，装入烟仓。

第五节　烤烟烟夹密集烘烤技术规程

一、范围

本规程规定了烤烟成熟采收、烟夹装夹烟、烘烤、回潮的工艺参数和操作方法。本规程适用于密集烤房烟叶烘烤。

二、术语和定义

《烟草术语 第 1 部分：烟草类型与烟叶生产》（GB/T 18771.1—2015）所确立的术语以及下列术语和定义适用于本文件。

密集烤房（bulk curing barn）：烤烟生产中密集烘烤加工烟叶的专用设备。一般由装烟室、热风室、供热系统设备、通风排湿和热风循环系统设备、温湿度控制系统设备等部分组成。基本特征是装烟密度较大（为普通烤房装烟密度的 2 倍以上），使用风机进行强制通风，热风循环，实行温湿度自动控制。

烘烤温湿度自控仪（temperature and humidity auto-controlled appartus）：用于检测、显示和调控烟叶烘烤工艺条件过程的专用设备，包括温湿度传感器、控制主机和执行器。通过对供热和通风排湿设备的控制，实现烟叶烘烤自动控制。

梳式烟夹（comb type cigarette holder）：烟叶烘烤时用于夹持烟叶的一种专用设备。金属材料制造，由 U 形装烟框架、装有烟针的似梳形部件和锁扣组成。U 形装烟框架深 80 mm，烟针直径 2.2 ～ 3 mm，针距 12 ～ 25 mm。

烟夹操作台（the cigarette clamp operation table）：专门用于夹持烟叶的工作台，由台架、台面、烟夹卡槽和用于对齐基部且可调节烟针扦插位置的挡板组成。

夹烟（clip tobacco leaf）：将松散的鲜烟叶按照基部对齐、松紧有度、不叠放的要求固定在烟叶夹持设备上的过程。梳式烟夹一般采用单排针穿孔固定方式夹烟。

采收成熟度（collecting leaf maturity）：采摘时烟叶生长发育和内在物质积累与转化达到的成熟程度和状态。

叶龄（leaf age）：烟叶自发生（长 2 cm 左右，宽 0.5 cm 左右）到成熟采收时的天数。

烟叶变化（leaf change）：烘烤过程中烟叶的变黄程度与相应的干燥形态变化。一般以烤房内挂置温度计棚次的烟叶变化为主，兼顾其他各层。

变黄程度（yellowing degree）：烟叶变黄整体状态的感官反应，以烟叶变为黄色的面积占总面积的比例（几成黄）表示。较常涉及的有以下几种说法。

（1）五至六成黄：烟叶叶尖、叶缘变黄，叶中部开始变黄，叶面整体 50% ～ 60% 变黄。

（2）七至八成黄：烟叶叶尖、叶缘变黄，叶中部变黄，叶基部、主支脉及两侧绿色，叶面整体 70% ～ 80% 变黄。

（3）九成黄：烟叶黄片青筋，叶基部微带青，或称基本全黄，叶面整体 90% 变黄。

（4）十成黄：烟叶黄片青筋。

失水程度（dry degree）：烟叶含水量的减少反映在外观上的干燥状态。通常以叶片变软、充分凋萎塌架、主脉变软、勾尖卷边、小卷筒状、大卷筒状、干筋表示。

（1）叶片变软：烟叶失水量相当于烤前含水量的 20% 左右。烟叶主脉两侧的叶肉和支脉均已变软，但主脉仍呈膨硬状，用手指夹在主脉两侧一折即断，并听到清脆的断裂声。

（2）主脉变软：烟叶失水量相当于烤前含水量的 30% ～ 35%。烟叶失水达到充分凋萎，手摸烟叶具有丝绸般柔感，主脉变软变韧，不易折断。

（3）勾尖卷边：烟叶失水量相当于烤前含水量的 40%。叶缘自然向腹面反卷，叶尖明显向上勾起。

（4）小卷筒状：烟叶失水量相当于烤前含水量的 50% ～ 60%。烟叶有一半以上的面积达到干燥发硬程度，叶片两侧向腹面卷曲。

（5）大卷筒状：烟叶失水量相当于烤前含水量的 70% ～ 80%。叶片几乎全干，更加卷缩，主脉有 1/2 ～ 2/3 未干燥。

（6）干筋：烟叶主脉水分基本全被排出，此时叶片含水量 5% ～ 6%，叶脉含水量 7% ～ 8%。

三、烟叶成熟采收

按照《烤烟烘烤技术规程》（GB/T 23219—2008）执行。

四、夹烟与装烟

当天采收的烟叶要当天夹烟、装烟，并点火烘烤。

（一）夹烟

1.夹烟原则

（1）在阴凉处进行夹烟，夹烟应在烟夹操作台上完成。

（2）分类夹烟。夹烟前需先按照烟叶成熟度（尚熟烟叶、成熟烟叶、过熟烟叶）、病残叶等分类，然后分别夹烟，达到同夹同质。

（3）已夹烟叶应分类挂放在挂烟架上或在洁净地面堆放，并避免日晒，防止损伤烟叶。

2. 夹烟方法

（1）每一批次烟叶在大量夹烟之前要先试夹，以烟夹饱满夹紧为准，确定本批次烟夹夹持鲜烟量。

（2）同一批次烟夹夹持量相同，夹烟不得过量或欠量。夹烟时烟叶要排放均匀，密度均匀。一般下部叶每夹夹烟量 10 kg 左右，中上部叶每夹夹烟量 12 ～ 15 kg。

（3）夹烟时叶基部对齐，叶片抖散，不宜叠放，叶基部紧靠作业台挡板。插针位置控制在距鲜烟叶基部 9 ～ 13 cm。

（二）装烟

1. 分类装烟

（1）同一烤房所装烟叶须同一品种、同一部位、同一批次的烟叶。

（2）气流上升式烤房，成熟度略高的鲜烟叶及轻度病叶装在下棚，成熟度表现正常的鲜烟叶装在中棚，尚熟的鲜烟叶装在上棚。

（3）气流下降式烤房，成熟度略高的鲜烟叶及轻度病叶装在上棚，成熟度表现正常的鲜烟叶装在中棚，尚熟的鲜烟叶装在下棚。

2. 装烟密度

（1）烟夹与烟夹必须靠紧，不留空隙。

（2）适宜装烟量：下部叶 55 ～ 60 kg/m² （单炕 3500 ～ 4000 kg）、中部叶 60 ～ 68 kg/m² （单炕 4000 ～ 4500 kg）、上部叶 68 ～ 75 kg/m² （单炕 4500 ～ 5000 kg）。

（3）密集烤房装烟应装满，不留空隙。

五、烘烤操作技术

（一）传感器挂置位置

气流下降式烤房温湿度自控仪传感器应挂置在顶棚挂烟架上，气流上升式烤房挂置在下棚挂烟架上，感温头距隔墙 2 m，高出叶尖 8 ～ 10 cm。

（二）烟叶变化的掌握

上升式烤房以底层烟叶的变化为准；下降式烤房以顶层烟叶的变化为准。

（三）风机操作

（1）点火前后先开启风机高速运转 2 ～ 3 h，打通循环通道后用低速运转。

（2）变黄期：密集式烤房风机连续低速运转（单相电机 1450 r/min 或三相电机

960 r/min）；当干球温度升至 40 ℃时，连续高速运转（单相电机 2900 r/min 或三相电机 1440 r/min）。

（3）定色期：密集式烤房风机连续高速运转（单相电机 2900 r/min 或三相电机 1440 r/min）。

（4）干筋期：密集式烤房风机连续低速运转（单相电机 1450 r/min 或三相电机 960 r/min）。

（5）为避免高温损坏风机，停电时要关闭炉门，打开冷风进风门、风机检修门，立即启动备用电源，然后恢复正常操作；干筋熄火后，必须保持风机持续运转，待烤房温度降至 45 ℃左右时，方可关闭风机。

（四）烟夹烘烤工艺关键技术

1.阶段升温工艺

起火时、干筋阶段每 1 h 升温 1 ℃，变黄期每 2 h 升温 1 ℃，变黄期转定色期及定色期每 2 ～ 3 h 升温 1 ℃；在 38 ～ 40 ℃、42 ℃、46 ～ 48 ℃、52 ～ 54 ℃、60 ℃、68 ℃几个主要温度段上烘烤时间相对较长较足。

2.控时延时烘烤技术

变黄后期（干球温度 42 ℃）和定色初期（干球温度 46 ～ 48 ℃）阶段控制湿球温度较常规挂杆低 1 ～ 2 ℃，延长烘烤时间 8 ～ 12 h；定色期（干球温度 52 ～ 54 ℃）控制湿球温度较常规挂杆低 2 ～ 3 ℃，延长烘烤时间 8 h 左右。

3.先排湿、后升温的操作方法

当下部叶七至八成黄、中上部叶八至九成黄时，稳定干球温度在 40 ℃左右，适当调低湿球温度 1 ～ 2 ℃（控制在 34 ～ 35 ℃）少量排湿，烘烤 8 ～ 12 h，烟叶叶片发软后再升温烘烤；当烟叶达到黄片青筋时，控制干球温度在 43 ℃左右，适当调低湿球温度 1 ～ 2 ℃（控制在 34 ℃），排湿达到支脉全黄、叶片勾尖后再升温定色。

（五）烘烤基本操作

1.下部叶烘烤操作技术

下部叶特点：含水量较高，叶片较薄，变黄速度较快。

下部叶采收成熟度要求：尚熟至成熟。

下部叶烘烤流程如图 10-8 所示，技术要点见表 10-3。

2.中部叶烘烤操作技术

中部叶特点：含水量适中，叶片厚薄适中，变黄速度适中。

中部叶采收成熟度要求：成熟。

中部叶烘烤流程如图 10-9 所示，技术要点见表 10-4。

3. 上部叶烘烤操作技术

上部叶特点：含水量较低，叶片较厚，变黄速度较慢。

上部叶采收成熟度要求：成熟。

上部叶烘烤流程如图 10-10 所示，技术要点见表 10-5。

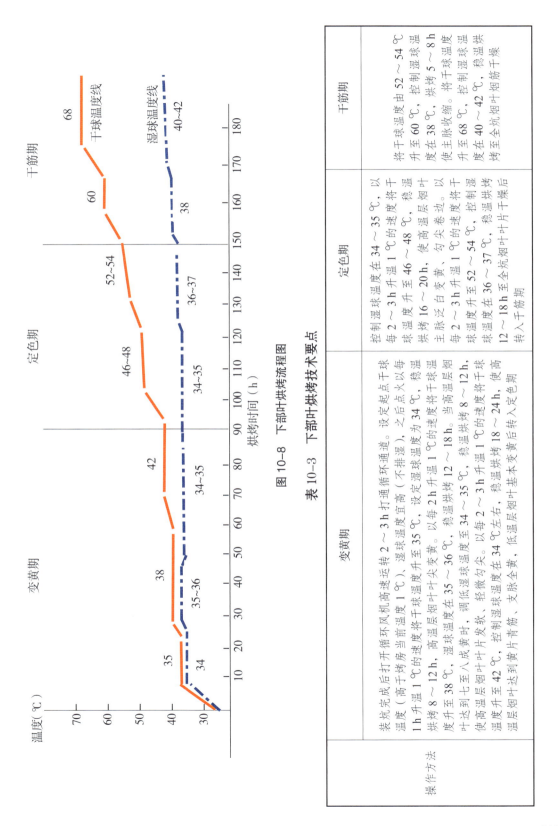

图 10-8　下部叶烘烤流程图

表 10-3　下部叶烘烤技术要点

	变黄期	定色期	干筋期
操作方法	装坑完成后打开循环风机高速运转 2~3 h 打通循环通道。设定起点干球温度（高于烤房当前温度 1℃），湿球温度宜高（不排湿），1 h 升温 1℃的速度将干球温度升至 35℃，烘烤 8~12 h，高温层烟叶失去变青。以每 2 h 升温 1℃的速度将干球温度升至 38℃，烘烤七至八成黄，湿球温度在 35~36℃，使高温层烟叶片发软、轻微勾尖，调低湿球温度至 34~35℃，使高温层烟叶片发软、轻微勾尖。以每 2~3 h 升温 1℃左右，稳温烘烤 18~24 h，控制湿球温度 42℃，控制湿球温度 34℃左右，高温层烟叶青筋，支脉变片青筋，低温层烟叶达到黄片黄筋、基本变黄后转入定色期	控制湿球温度在 34~35℃，以每 2~3 h 升温 1℃的速度将干球温度升至 46~48℃，稳温烘烤 16~20 h，使高温层烟叶主脉泛白变黄，勾尖卷边。以每 2~3 h 升温 1℃的速度将干球温度升至 52~54℃，控制湿球温度升至 52~54℃，稳温烘烤 12~18 h 至全炕烟叶片干燥后转入干筋期	将干球温度由 52~54℃升至 60℃，控制湿球温度在 38℃，烘烤 5~8 h，使主脉收缩。将干球温度升至 68℃，控制湿球温度 40~42℃，稳温烘烤至全炕烟叶烟筋干燥

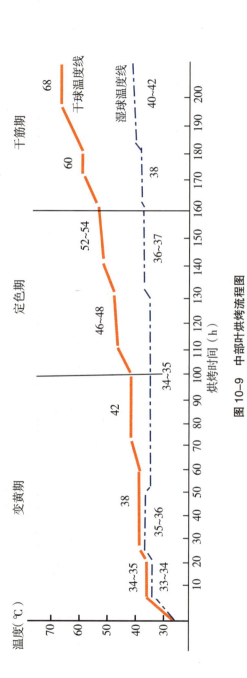

图10-9 中部叶烘烤流程图

表10-4 中部叶烘烤技术要点

	变黄期	定色期	干筋期
操作方法	装炕完成后打开循环风机高速运转2~3h打通循环通道。设定起点干球温度（高干烤房当前温度1℃），湿球温度宜高（不排湿），之后湿球温度在33~34℃。以每1h升温1℃的速度将干球温度升至34~35℃，设定湿球温度将干球升至8~12h，高温烘烤8~12h，稳温烘烤将干球温度升至38℃，湿球温度在35~36℃。当高温层烟叶达到八至九成黄，使高温层烟叶达到八至九成黄，轻微湿球勾尖。以每2~3h升温1℃的速度将干球温度升至42℃，使高温层烟叶达到青筋、支脉全黄、低温层烟叶基本变黄18~24h，使高温层烟叶达到黄片青筋、支脉全黄、低温层烟叶基本变黄后转入定色期	控制湿球温度在34~35℃，以每2~3h升温1℃的速度将干球温度升至46~48℃，使高温层烟叶烘烤18~24h，主脉泛白变黄，勾尖卷边。以每2~3h升温1℃的速度将干球温度升至52~54℃，控制湿球温度在36~37℃，稳温烘烤12~18h至全炕烟叶叶片干燥后转入干筋期	将干球温度由52~54℃升至60℃，控制湿球温度38℃，烘烤5~8h使主脉收缩。将干球温度升至68℃，控制湿球温度在40~42℃，稳温烘烤至全炕烟叶叶片干燥

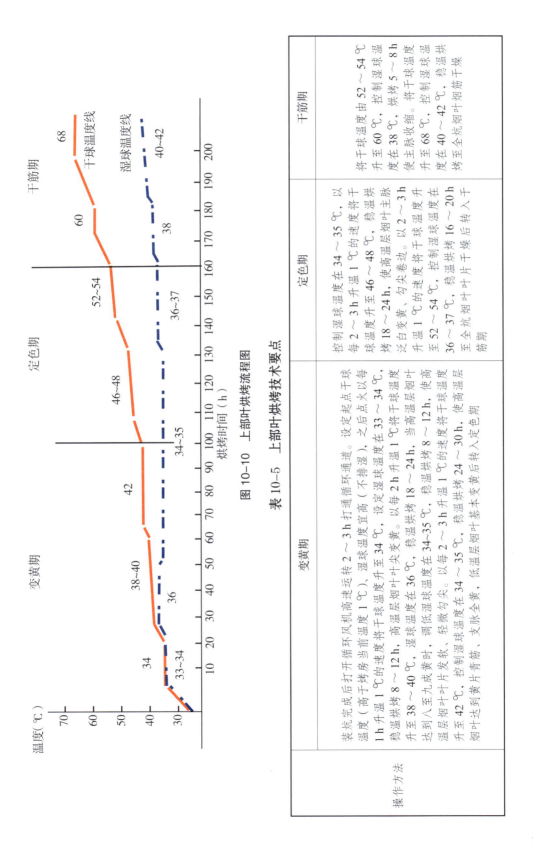

图 10—10　上部叶烘烤流程图

表 10—5　上部叶烘烤技术要点

	变黄期	定色期	干筋期
操作方法	装炕完成后打开循环风机高速运转 2～3 h 打通循环通道。设定起点干球温度（高于烤房当前温度 1 ℃），湿球温度宜高（不排湿），之后点火以每 1 h 升温 1 ℃的速度将干球温度升至 34 ℃，设定湿球温度在 33～34 ℃，稳温烘烤 8～12 h，高温层烟叶尖变黄。以每 2 h 升温 1 ℃将干球温度升至 38～40 ℃，湿球温度 18～24 h，稳温烘烤 18～24 h，使高温层烟叶达到入至九成黄。湿球温度在 34-35 ℃，稳温烘烤 8～12 h，温度升至烟叶叶片发软、调低湿球温度，轻微勾尖。以每 2～3 h 升温 1 ℃的速度将干球温度升至 42 ℃，控制湿球温度 34～35 ℃，稳温烘烤 24～30 h，使高温层烟叶达到叶片全黄、支脉青筋，低温层烟叶基本变黄后转入定色期	控制湿球温度在 34～35 ℃，以每 2～3 h 升温 1 ℃的速度将干球温度升至 46～48 ℃，稳温烘烤 18～24 h，使高温层烟叶泛白变黄，勾头卷功。以每 2～3 h 升温 1 ℃的速度将干球温度升至 52～54 ℃，控制湿球温度在 36～37 ℃，稳温烘烤 16～20 h，至全炕烟叶片干干燥后转入干筋期	将干球温度由 52～54 ℃ 升至 60 ℃，控制湿球温度在 38 ℃，烘烤 5～8 h 使主脉收缩。将干球温度升至 68 ℃，控制湿球温度 40～42 ℃，稳温烘烤至全炕烟叶烟筋干燥

第十一章 烤后烟叶标准化管理

第一节 烤后烟叶处理操作规程

一、范围

本规程规定了烤后烟叶处理技术要求。本规程适用于科学烘烤条件下的烟叶的回潮、堆放、初分。

二、术语和定义

回潮：对水分不同的烟叶采用相应的方法，增加烟叶水分和温度，从而使烟叶柔软、有韧性、易于松散，减少烟叶搬运和加工过程中的损耗。

三、工作要求

（一）环境要求

（1）贮藏场所要干净、无堆放杂物、干燥、遮光、凉爽、密闭和无异味。

（2）在烟叶堆放前 5～7 d，确保场所无杂物、虫源存在，然后关闭门窗，用敌敌畏乳剂 800 倍稀释液或 37%～40% 的甲醛（福尔马林）200 倍稀释液，对空间周围全面喷雾。2～3 d 后，开启门窗，使空气流通，消除杂味。

（3）烘烤结束后，由烟农具体负责烤后烟叶的处理，基层站技术员根据本标准的内容对烟农进行宣传指导，对过程进行检查监督，并填写《烤后烟叶堆放、贮藏场所环境检查表》。

（二）烟叶出炉

（1）全炉烟叶彻底干筋后，要及时停火，选择傍晚或凌晨时间出炉。停火 5 h 后，待烤房内温度降至 40 ℃以下后出炉。

（2）下烟时由专人从底层向顶层依次卸下烟杆，并由专人接杆传递，确保烟叶不丢落、不碰碎。

（3）出炉后在地面上铺一层垫物，将后卸下的烟杆的叶尖与先卸下一杆的叶基相对，水平叠放于垫物上，做到自然平稳，减少烟叶破碎，避免雨天下烟。

（4）出炉的烟叶在搬运途中，要防止日晒雨淋，及时解绳，贮藏时水分要控制在 14%～15%。

（三）烟叶回潮

短期（12 个月以内）贮藏，含水量控制在 14% ～ 15%。烟叶分级出售时，含水量控制在 16% ～ 17%。

1. 自然回潮

烟叶烤干后，及时将炉膛内的火熄灭，同时将天窗、辅助风洞、观察窗和烤房门全部打开，使烟叶吸收空气中的水分进行回潮。待叶片稍发软，侧脉稍软易断，主脉脆而易断，摇叶片有沙沙响声时，将烟叶下房。

2. 露水回潮

烟叶烤干后，将天窗、地道热风洞、辅助风洞、观察窗和烤房门全部打开，待叶片稍微回软后，于晴天傍晚或黎明将烟叶卸下，叶尖朝一个方向轻拿轻摆在露天，并使后一杆的叶尖搭在前一杆的叶基上，一杆杆之间略微重叠，避免叶尖触地吸湿过多，待接触地面的一面烟叶回软后再翻转。

3. 室内悬空回潮

在空房、棚子或绑烟房内，用木头、竹子、粗铁线等搭起烟架，把出炉的烟杆放在烟架上回软。烟架层间距离为 60 ～ 70 cm，保证烟叶回潮一致。

4. 室内堆放回潮

将烟叶脱杆或整杆顺序散于地面，地面湿度大时要铺草席等防潮物，当回潮达到要求时，要及时处理集中贮藏，以防造成回潮不均匀或回潮过度。待烟叶回软到支脉微软但容易折断、主脉还干燥时为宜。

（四）烤后烟堆放与贮藏

1. 堆放

（1）以炉为单位进行小格堆放，不能从第一炉到最后一炉在同一堆放面逐层堆放。

（2）不同的烟叶分类堆放。将部位、颜色、等级比较接近的烟叶集中堆放以便分级扎把。

（3）烟叶上堆时，叶尖朝内，叶基朝外，层层压紧。

（4）堆放的宽度与长度在 1.3 ～ 1.7 m 范围内，防过高使烟叶压出"印油"。

（5）烟堆离墙 30 cm，堆与堆之间留 70 cm 左右的走道，便于操作。

2. 贮藏

在含水量 14% ～ 15% 条件下，初烤烟叶经过 1 ～ 3 个月的堆放贮藏，颜色更均匀、更鲜明，青杂气和刺激性减轻，吃味较醇和，香气较好。

（1）覆盖物宜选用塑料薄膜等无孔隙隔湿物，内围及烟堆周边宜选用干稻草、麻片、草席等物。

（2）用塑料薄膜等隔潮物将贮藏空间密封，在底部铺 5 cm 厚的干稻草或草席，待烟叶堆放到一定程度时，再用麻片或干稻草等将周围和顶面盖严盖紧。

（五）烤后烟初分

烟叶在交售前需要进行初分级，初分时要注意场所和气候的选择。在雨天或湿度大的天气尽量不进行初分，以防烟叶吸湿过度，确保水分不超过 17%，在晴天进行初分时要防止阳光直射烟叶造成烟叶褪色。

第二节　烤烟初分操作规程

一、范围

本规程规定了烤烟初分、扎把规格、注意事项等。本规程适用于烤烟初分工作。

二、术语和定义

分组：在烟叶着生部位、颜色和与其总体质量相关的某些特征的基础上，将密切相关的等级划分成组。

分级：将同一组列内的烟叶按质量的优劣划分级别。

三、工作要求

（一）方案制订和任务下达

奉节县局（分公司）在烟叶投入烘烤前根据烟叶收购计划、烟站、烟草点和烟叶基本种植单元分布状况、本操作规程以及其他相关政策的要求，编制烟叶初分预检工作方案。方案应包括质量目标、工作流程、工作要求、过程检查、考核细则等具体内容，并下发烟站执行。

（二）烤烟初分

1.监督与指导

基地单元烟农综合服务社组建专业化分级服务队，按烤烟国家标准进行分级，基层站分级技术员在分级过程中进行监督指导。分级后的烟叶要进行预检，合格的收购，不合格的烟叶退回重新分级。对专业分级队的分级技术水平进行培训和评价，并填写《烤烟初分情况登记表》《烟叶初分质量统计表》。

2.初分扎把技术

（1）初分烟叶标准。

①"三一致"：颜色一致，部位一致，长短一致。

②"三无"：无大把头、黑把头烟，无水分超限烟，无掺杂使假烟。

③扎把规格：自然把，把头周长为 8 ～ 10 cm，绕宽 5 cm；下部叶 25 ～ 30 片；中部叶 20 ～ 25 片；上部叶 15 ～ 20 片。

（2）分级场地。尽量选择光线较好的场所进行，要求光源为自然散射光源，周围不应有影响判断烟叶颜色的不良色彩（红、黄、蓝、绿等色彩）建筑物。

（3）时间要求。

①晴天宜选 7 : 00 ～ 11 : 00、16 : 00 ～ 19 : 00，中午尽量不选烟。

②雨天尽量不要选烟，如需选烟，应选择湿度较小的场所进行。选烟扎把后，及时覆盖保管，防止水分超标。

（4）操作过程。

①将地面清扫干净，并在地上垫一薄膜，防止污染烟叶。

②将烤后烟叶从烟杆（烟夹）中取下，同时将同一烟杆（烟夹）烟叶中相差明显的烟叶分出来。为便于扎把，一次可拆 2 杆（夹）以上的烟叶。

③对取下的烟叶根据部位、颜色等进行初次分类，并分成几个烟堆。

④对同一个烟堆中的烟叶按照身份、长度、残伤、含青度和杂色比例再进一步分成几个烟堆。

⑤对以上所分出的几个烟堆进行扎把。注意用同色烟叶扎把。

第三节　烟叶预检操作规程

一、范围

本规程规定了烟叶预检实施方案编制、预检员管理、预检流程等方面的操作方法及技术要求。本规程适用于烤烟 GAP 生产烟叶预检操作规程。

二、术语和定义

分组：在烟叶着生部位、颜色和与其总体质量相关的某些特征的基础上，将密切相关的等级划分成组。

分级：将同一组列内的烟叶按质量的优劣划分级别。

三、工作要求

（一）烟叶预检工作的总体要求

烟叶预检工作应坚持"标准先导、关口前移"指导思想，确保做到"提前介入、入户指导、分炕回潮、分炕初分、分部位预检、约时限时交售"。

（二）工作方案制订和工作任务下达

奉节县局（分公司）应在烟叶投入烘烤前根据烟叶收购计划，按照烟站、烟草点和烟叶基本种植单元分布状况以及其他相关政策的要求，与烟叶收购工作一起编制烟叶预检收购实施方案，方案应明确工作目标、工作要求、检查过程、考核细则等具体内容，并下发到各烟叶工作站，作为当年烟叶预检工作指令，并对其进行安排部署。烟站根据方案的安排部署，及时将烟叶预检工作任务分配到烟草点执行。烟技员、烟叶生产合作社社长召开烟农会议，落实烟农烟叶预检阶段工作任务。

（三）预检员的来源

预检员的来源由两部分组成，一部分为在职烟技员担任；另一部分面向社会公开选拔招聘。

预检员数量的确定。原则上要求 800～1000 担配备一名预检员。奉节县局（分公司）应根据设立收购站（点）的规模及预检收购数量，测算收购期间每天的大约收购量，然后根据本收购站（点）区域内植烟村、植烟社的烟叶种植规模、集中度及收购站（点）与烟农的距离等确定预检员的数量。

预检员主要采取公开招聘的形式。

招聘条件：思想品德好、吃苦耐劳、身体健康、善于做群众工作，有一定学历和熟悉烟叶分级技术知识。

报名及资格审查：烟站按照预检员招录计划组织开展预检员招聘工作，填写《烟叶预检员报名表》，进行资格审查，将拟担任预检员的烟技员和拟招聘的预检员一起形成《预检员花名册》，上报烟叶科，由烟叶科统一组织培训考试。

（四）实施技术培训

预检员培训。烟叶科应在烟叶预检工作前对预检员开展烟叶分级理论知识、烟叶实物样本的辨认、《初烤烟分级扎把技术标准》以及烟叶预检收购实施方案等方面的培训，并统一进行理论知识及实物操作的考试，为考试合格者配发上岗证，烟叶科应做好培训记录。

预检员现场培训烟农。预检员分 3 次对所负责的基本种植单元内的烟农召开分级扎把现场培训会。第一次：烟农第一棚烟叶烘烤出来后，确定下部叶分级扎把实物样本，召开下部叶分级扎把现场会。第二次：第一棚中部叶烘烤出来后，确定中部叶分级扎把实物样本，召开中部叶分级扎把现场会。第三次：第一棚上部叶烘烤出来后，确定上部叶分级扎把实物样本，召开上部叶分级扎把现场会。现场会采用实物和理论相结合的形式，向广大烟农传授《烤烟》（GB 2635—1992）和《初烤烟分级扎把技术标准》中的相关要求，让广大烟农熟悉和掌握分级扎把标准和操作步骤。

（五）预检员管理

奉节县局（分公司）应制定严格的预检员绩效考核管理办法，按照"定人员、定目标、定基本种植单元、定考核奖惩"的"四定"原则对预检员进行管理，确保烟叶预检达到预期目标。

（六）入户指导初分

1. 初分烟叶标准

（1）"三一致"：颜色一致，部位一致，长短一致。

（2）"三无"：无大把头、黑把头烟，无水分超限烟，无掺杂使假烟。

（3）扎把规格：自然把，把头周长为 8 ～ 10 cm，绕宽 5 cm；下部叶 25 ～ 30 片；中部叶 15 ～ 20 片；上部叶 10 ～ 15 片。

2. 入户指导

预检员应在入户预检前，按照《初烤烟分级扎把技术标准》和本规程规定的标准，指导烟农对烤后烟叶进行分炕堆放回潮，并依据"定部位→定颜色→定长短→扎把"的程序进行烟叶初分，指导烟农对下炕后的烟叶按部位进行分炕初分扎把，按部位进行堆放保管，并填写《烟农初分情况登记表》。

（1）定部位：按《烤烟》（GB 2635—1992）规定，将烟叶分为上、中、下 3 个部位，同一部位烟叶放在一起。

（2）定颜色：按《烤烟》（GB 2635—1992）规定，对初分的同一部位烟叶进行颜色分类。一般先初分出黄色烟叶，再初分出杂色烟和青黄烟叶，从黄色烟叶中按颜色深浅分出橘色烟叶、柠檬色烟叶。

（3）定长短：对同一部位烟叶、同一颜色烟叶，按长短进行归类。

（4）扎把：将已经完成定部位、定颜色、定长短的烟叶按同级烟叶进行扎把。

（七）入户预检

1.预检时间

烟草点应通过对烟农的烘烤情况进行调查摸底，掌握本辖区烟农烘烤情况，制订预检计划和收购计划，在收购前合理安排预检员开展入户预检。烟农交烟前，预检员应对烟农拟交售的烟叶实施预检，具体时间由烟农提出预检申请或预检员根据自己掌握的实际情况决定。

2.预检方式

预检员入户对烟农已初分合格的烟叶采取"逐把验收"的方式进行预检。

3.预检实施

（1）初分合格烟叶的判断。预检员按照"初分烟叶标准"规定，对烟农已初分并分部位堆放的烟叶进行随机抽检，抽样50把以上，合格率达95%以上视为初分合格；合格率95%以下或有大把头、黑把头烟，水分超限烟，掺杂使假烟视为初分不合格（现场指导烟农重新初分，直至合格）。

（2）预检条件。烟农初分不合格的烟叶不予预检；只有初分合格的烟叶方可进行预检。

（3）预检实施。

①逐把预检。预检员按"初分烟叶标准"的要求，对烟农已初分合格并分部位堆放的烟叶进行逐把检验，对达不到要求的烟叶，指导烟农进行现场整理，直至合格。

②装袋。预检员对预检合格的烟叶进行装袋，并贴上封口标签。

③开具售烟通知单。预检员给预检合格的烟叶填写售烟通知单，并在封口标签和售烟通知单上写明交烟日期、烟叶部位、烟叶数量和预检员姓名。

④售烟通知单的保存。售烟通知单一式两份：一份由预检员保存，作为检查、核对、结算预检报酬的依据；另一份由烟农保存，作为交烟依据，售烟时烟草点收回保存，并作为对预检员检查、核对、结算的依据。

⑤数据的收集。每户预检完后，预检员应填写《烟叶初分质量情况统计表》。

（八）预检结果统计

1.预检合格率计算

烟草点验级人员应按"初分烟叶标准"要求，对烟农待验级交售的烟叶进行随机抽样检查，随机抽样50把进行检验，计算合格率；此合格率作为预检员对该户烟农该批次烟叶预检的合格率。

2.预检合格数量统计

烟草点责任人按验级人员计算的合格率，结合烟农当次所交烟叶的数量，计算预检员预检合格数量，在《预检收购登记簿》中进行统计，作为兑现预检员报酬的依据。

第四节 初烤烟储存保管运输标准

一、范围

本标准规定了初烤烟烟农储存保管标准、烟草点储存保管标准、烟叶仓库储存保管标准及初烤烟运输标准等。本标准适用于初烤烟储存保管及运输。

二、烟农储存保管标准

（一）储存、保管地点选择

（1）选择遮光、密闭、干燥的房屋或谷仓储存。

（2）应对储存地进行清扫，用安全型杀虫药水进行消毒。

（二）水分要求及堆放规格

1.水分要求

烟叶自然回潮，水分控制在 14%～15% 范围内，即折叶脉易断，叶片不易碎。

2.堆放规格

（1）架空 0.3 m，离墙 0.5 m，堆高不超过 1.5 m。

（2）烟堆六面采用薄膜加经药水消毒过的稻草或棉被、毛毯遮盖。

（3）堆放烟叶时叶尖朝内。

（4）分烤次、分部位堆放。

（三）检查及防治

定期检查烟堆，防止漏风、受潮、虫蛀等。

三、烟草点储存保管标准

（一）烟草点保管场所选择

（1）清洁、通风、干燥、无虫、无异味，配有防火配套设施。

（2）收购前 5～10 d 对仓库进行清扫，用安全型杀毒药水进行消毒。

（3）当天收购的烟叶要当天打包；打包好的烟包3 d内必须调走。

（二）堆放要求

烟包：堆垛应离墙0.5 m，垛与垛间隔0.5 m，烟包叠高不超过5包。挂有垛卡，垛卡标明等级、品种等标识。

把烟：堆垛应整齐有序，堆高不超过1.5 m，不同等级间应用栅栏隔离，各等级上方墙上有明显标识。

四、烟叶仓库储存保管标准

（1）保管场所：清洁、通风、干燥、无虫、无异味，并有防火等配套设施。

（2）场所处理：对仓库进行清扫，并用安全型杀毒药水进行消毒。

（3）按照先进先出的原则复烤加工烟叶。

（4）堆放要求：①烟包堆垛应离地0.3 m，离墙0.5 m，垛与垛间隔0.5 m，烟包叠高不超过5包。②烟包的堆垛应整齐有序，并在各烟垛挂垛卡，垛卡标明等级、品种、调进日期、调入地等标识。③雨淋烟、污染烟另外堆垛，及时处理。

五、初烤烟运输标准

（1）烟叶运输应单装专运、即装即走。

（2）运烟的车厢应干燥、干净、无污染、无异味。

（3）装车时烟包叠高不超过6包，装好后烟包要用篷布遮盖防日晒、雨淋。

（4）装卸时必须小心轻放，不得摔包、钩包。

第五节　烟叶收购操作规程

一、范围

本规程适用于烟叶收购管理工作。

二、术语和定义

烟包：适合于烟叶仓储和运输的一种包装形式。

非烟物质：不属于烟叶和烟梗的所有物质，包括但不局限于土粒、纸类、绳类、金属碎片、烟茎和烟杈、塑料、泡沫材料、木头、杂草、油类和抹布纤维。

烟叶收购对照样：烟叶工作站为满足收购工作的需要，按照经省级烟草公司烟叶标样审定小组审定的烟叶仿制样制作的烟叶样本。

判定差异校正：对照烟叶国家标准和实物标样，统一烟叶等级和／或监督检验人员对烟叶等级质量的判定尺度，并对可能存在的差异进行校正，平衡等级眼光的过程。

三、工作要求

（一）收购准备

6月上旬前，应做好收购准备工作。

1.烟叶收购站点设置申报与审批

（1）奉节县局（分公司）烟叶科于6月底前，根据本公司烟叶生产现状及标准化烟叶收购站点建设规划，将本公司当年拟设置的烟叶收购站点编制形成《烟叶收购站点设置申报表》，报公司主管领导批准后上报重庆市局（公司）生产管理部初审。

（2）重庆市局（公司）生产管理部将奉节县局（分公司）上报的《烟叶收购站点设置申报表》进行汇总，形成《全市烟叶收购站点设置汇总申报表》，并根据全市标准化烟叶收购站点建设规划及国家烟草局、重庆市局（公司）烟叶收购站点设置的相关要求，对《全市烟叶收购站点设置汇总申报表》实施初审，并得出初审意见，报主管领导同意后，上报重庆市局（公司）专卖管理处备案。

2.机构设置

（1）奉节县局（分公司）岗位设置和职责如下。

①质检组的设置：烟叶科内设质检组，组长由质量总检或一名副科长兼任，组员由烟叶科调配。

②质检组的职责：负责本辖区内烟叶收购眼光的确定，收购质量的指导、把关、监督；收购验级人员的培训、考核。

（2）烟站岗位设置和职责如下。

①岗位设置：各烟站设一名质量主检，由烟站站长担任。

②质量把关人员职责：负责辖区内烟叶收购质量的把关，负责辖区内烟叶收购站点眼光的平衡。

3.烟叶收购站点岗位设置和职责

（1）岗位设置如下（人员的配备由烟站站长负责调配）。

①年收购量3000担以上的站点（秤支）原则上配备主验、验级员、微机员、堆码员、打包员。

②年收购量3000担以下的站点（秤支）原则上配备验级员、微机员、堆码员、打包员。

③年收购量较少的特殊站点原则上配备验级员、微机员。

④年收购量特别大的站点（秤支）可增设验级员。

（2）职责如下。

①主验：负责按质检组制定的收购眼光，确定该站点（秤支）的等级收购眼光，对收购质量负总责；参与验级，解决与烟农的质量争议。

②验级员：负责按主验确定的收购眼光进行验级、定级。

③微机员：负责计量设备的维护、保养和正确使用；负责按验级人员确定的等级输入收购 POS 机准确计量，出具烟叶收购发票。

④堆码员：负责入库烟叶整齐堆码、烟叶保管、出库管理和仓库环境卫生维护。

⑤打包员：负责所收购的烟叶打包成件，堆码、搬运上车。

（3）人员培训安排。

①奉节县局（分公司）烟叶科质检组对验级人员进行理论和实物培训，培训后进行考试。对考试合格的发放上岗证，验级人员凭上岗证持证上岗；对考试不合格的进行补考，对补考不合格的取消验级人员资格。

②奉节县局（分公司）信息科、财务科对会计、微机员进行财务培训、烟叶收购系统管理和 POS 机操作培训。培训后对微机员进行考试。对考试合格的发放上岗证，微机员凭上岗证持证上岗；对考试不合格的进行补考，对补考不合格的取消微机员资格。

4. 测量装置、设备和收购物资准备

（1）测量装置的准备。机械秤支和电子秤由信息科联系质量技术监督局的计量质量检测中心校准并做标识。

（2）设备的准备。

①收购计算机：由各站点微机员负责调试，发现问题及时报信息科进行检修。

②打包机：由各站点负责调试，发现问题及时报相关职能部门进行检修。

③电子合同本：由信息科审核，授权烟站完成信息录入后发放到烟草收购站点；烟草收购站点发放到烟农手中。

（3）收购物资的准备。

①包装物：由各烟站进行领取，调运到烟叶收购站点。

②票据：由各烟站会计到财务科领取，送到各烟叶收购站点。

5. 收购场地准备

（1）收购场地的检修：由烟站对收购场地进行检查，对需要检修的，提出检修申请交综合科，综合科实施检修。

（2）宣传资料的制作张贴：奉节县局（分公司）烟叶科负责统一印制《烤烟》（GB 2635—1992）、收购价格、服务承诺、收购纪律规定、举报电话等有关资料，下发至各烟叶收购站点，由各烟叶收购站点按规定进行张贴。

（3）收购环境的整治：由各烟站对收购环境进行整治。

（4）服务设施的准备：各烟叶收购站点应设置烟农休息场所，配备开水桶等服务设施。

（5）入库等级标识的准备：烟叶科统一制定等级标识，烟叶收购站点对入库烟叶等级进行挂牌标识。

6. 预检和约时准备

预检员入户预检；烟叶收购站点按约时、定点、定量收购的要求，约定烟农交售烟叶的时间。

7. 收购样烟准备

烟叶收购站点每天由专人制作收购仿制样并悬挂在站点显著位置。

（二）收购实施

围绕"坚持国标，立足发展，稳定眼光，平衡收购"的收购指导思想，实行"一证一卡""约时、定点、定量"和"不预检不收购"的收购制度。

1. 售烟排序

约定时间当日，售烟烟农按"先来后到"的原则，排定当日售烟序号。

2. 验证、验卡、验售烟通知单

（1）验级员按售烟序号，对烟农身份证、电子合同本、售烟通知单进行核对。核对无误后将身份证、电子合同本、售烟通知单交微机员。

（2）微机员按电子合同本上填写的相关内容，输入计算机，记入《预检收购登记簿》；售烟通知单相关内容记入《烟叶收购进度报表》。

3. 收购验级

验级人员对初检合格的烟叶，对照收购仿制样，逐把定级，定级后的烟叶由烟农整齐装入烟筐内，抬上电子秤。定级结果报微机员。

4. 过磅、制票

（1）微机员用读写器读取烟农 IC 卡（种植收购合同本），在收购软件界面菜单中选择称重的烟叶等级。

（2）等待电子秤读取烟叶重量，数据稳定后予以确认。

（3）核对无误后，将种植收购合同本平铺于打印机入纸口，点击完成发票打印，连同合同本一并交回烟农。

5. 入库、堆码

（1）堆码员和烟农将过磅后的烟叶抬入仓库相应等级挂牌处。

（2）堆码员核对等级与挂牌一致后，整齐堆码。

（三）打包成件、标识

1. 打包成件

（1）打包员对收购的烟叶进行打包成件。

（2）每包烟叶应是同一等级。

（3）实行麻片包装。

（4）成包规格长 × 宽 × 高 =80 cm×60 cm×40 cm。等级及重量：B2L（含 B2L）以上的等级 40 kg/ 包，其余等级 50 kg/ 包。

（5）原烟打包应做到方整，应实行三横两竖（麻绳），2 片麻片打包。

（6）原烟打包时烟叶把头应整齐有序，叶尖朝内，叶柄朝外，叶片不外露。

（7）当天收购烟叶当天打包成件完毕。

（8）将打包成件烟叶的等级、件数填写《打包成件登记簿》。

2. 标识

（1）打包员做好打包成件烟叶的标识。

（2）烟包内应有内标签，标签注明品种、等级、重量、日期及产地。

（3）烟包外应有吊牌，吊牌应注明品种、等级、重量、日期及产地。

（4）每日收购结束，烟叶收购站点站长组织收购人员对收购环境、仓库卫生进行清洁、整理。

第六节　烟叶等级质量检查操作规程

一、范围

本规程规定了对烟叶等级质量进行检查的要求，确保烟叶等级质量检查的规范性。本规程适用于烟叶生产等级质量检查工作。

二、术语和定义

分组：在烟叶着生部位、颜色和与其总体质量相关的某些特征的基础上，将密切相关的等级划分成组。

分级：将同一组列内的烟叶按质量的优劣划分级别。

成熟度：指调制后烟叶的成熟程度（包括田间成熟度和调制成熟度）。成熟度划分为下列档次：完熟、成熟、尚熟、欠熟。

叶片结构：指烟叶细胞排列的疏密程度。叶片结构分为下列档次：疏松、尚疏松、稍密、紧密。

身份：指烟叶厚度、细胞密度或单位面积的重量。以厚度表示，身份分为下列档次：薄、稍薄、中等、稍厚、厚。

油分：烟叶内含有的一种柔软半液体或液体物质。根据感官感觉，油分分为下列档次：多、有、稍有、少。

长度：从叶片主脉柄端至尖端间的距离，以厘米（cm）为单位。

残伤：烟叶组织受破坏，失去成丝的强度和坚实性，基本无使用价值（包括由于烟叶成熟度的提高而出现的病斑、焦尖和焦边），以百分数表示。

破损：叶片因受到机械损伤而失去原有的完整性，且每片叶破损面积不超过50%，以百分数表示。

颜色：同一型烟叶经调制后烟叶的相关色彩、色泽饱和度和色值的状态。

柠檬黄色：烟叶表观全部呈现黄色，在习惯称呼的淡黄色、正黄色色域内。

橘黄色：烟叶表观呈现橘黄色，在习惯称呼的金黄色、深黄色色域内。

红棕色：烟叶表观呈现红黄色或浅棕黄色，在习惯称呼的红黄色、棕黄色色域内。

微带青：黄色烟叶上叶脉带青或叶片含微浮青面积在10%以内者。

青黄色：黄色烟叶上有任何可见的青色，且不超过三成者。

光滑：烟叶组织平滑或僵硬。任何叶片上平滑或僵硬面积超过20%者，均列为光滑叶。

杂色：烟叶表面存在的非基本色颜色斑块（青黄烟除外），包括轻度泅筋、蒸片及局部挂灰，全叶受污染，青痕较多，严重烤红，严重潮红，受烟蚜损害叶等。凡杂色面积达到或超过20%者，均视为杂色叶片。

青痕：烟叶在调制前受到机械擦压伤而造成的青色痕迹。

纯度允差：混级的允许度。允许在上、下一级总和之内。纯度允差以百分数表示。

非烟物质：烟叶以外的一切影响烟叶产品质量的物质，即经过不同途径进入烟叶产品，造成烟叶污染或给烟叶带来异味，从而影响烟叶产品质量的一切不安全因素。

三、工作要求

（一）成立质量巡回检查工作组

1.重庆市局（公司）检查组

重庆市局（公司）主管领导任质量巡回检查组组长，生产管理部负责人任副组长，工作级成员由生产管理部抽派相关人员组成。工作组负责检查收购、入库、工商交接烟叶等级质量，平衡收购眼光，反馈收购信息。

2.奉节县局（分公司）检查组

奉节县局（分公司）主管领导任辖区内质量巡回检查组组长，烟叶科或质检负责人任副组长，工作组成员由分管领导抽派相关人员组成。工作组负责检查收购、入库复验及工商交接出库烟叶等级质量，平衡收购眼光，反馈收购信息。

（二）确定检查内容

1. 收购质量检查内容

预检质量：检查把头、检查水分、检查等级纯度、检查"三一致"。

收购眼光：按公司确定眼光与仿制收购样本检查外观、非烟物质、等级质量等。

等级合格率：对随机抽取的烟把进行现场检查统计，求出合格百分比。

2. 烟叶入库复验检查内容

烟叶质量：检查把头，检查水分，检查包内等级纯度，检查烟叶等级质量、非烟物质等。

包装质量：标识挂置、烟包打包质量。

等级合格率：对随机抽取的烟把进行现场检查统计，求出合格百分比。

（三）确定检查方法

1. 市局（公司）检查方法

在烟叶收购期间，重庆市局（公司）对各县局（分公司）的烟叶收购质量检查不得少于3次，检查范围应包括分公司烟叶仓库和烟叶收购站点，每个县局（分公司）抽取1～2个烟站，每个烟站抽取2个以上烟叶收购站点，实行抽样检查，在每个站点入库烟堆中，分等级随机抽取50把以上烟把进行现场检查、验收，实行散叶收购的站点，先将片烟扎把，再取样50把进行检查、验收。

2. 县局（分公司）检查方法

检查范围应包括县局（分公司）烟叶仓库和烟叶收购站点。对各烟叶收购站点调入县局（分公司）烟叶仓库的烟叶应按30%比例进行抽样检查，并认真填写《烟叶等级质量检验单》《烟叶收购质量检查汇总表》；对烟叶收购站点的收购质量检查每月不得少于2次，对收购量较大的烟叶收购站点，每月检查不得少于3次。每个烟站应抽取2个以上烟叶收购站点，在每个站点入库烟堆中，分等级随机抽取50把以上烟把进行现场检查、验收，实行散叶收购的站点，先将片烟扎把，再取样50把进行检查、验收。

3. 烟站检查方法

对烟叶收购站点的收购质量检查每月不得少于3次，并认真填写《烟叶等级质量检验单》《烟叶收购质量检查汇总表》；对收购量较大的烟叶收购站点应重点进行监督检查；每个烟站应抽取2个以上烟叶收购站点，在每个站点入库烟堆中，分等级随机抽取

50 把以上烟把进行现场检查、验收。

（四）实施检查

1.检查组人员分工

（1）市局（公司）人员分工。质量巡回检查工作组副组长负责将工作组人员划分为 3～4 个工作小组，由质量巡回检查工作组组长指定小组长，工作小组实行分线作业，巡回检查。

（2）县局（分公司）人员分工。质量巡回检查工作组副组长负责工作组人员分工，工作组实行分线作业，巡回检查。

2.现场抽样检查

工作组工作人员到指定的烟草收购站点根据确定的检查方法进行抽样检查，并将检查结果记入《烟叶等级质量检验单》。

3.检查信息反馈

（1）市局（公司）信息反馈。

①现场反馈：工作小组工作人员将抽检情况现场与县局（分公司）陪同人员进行沟通；对出现质量问题的当场提出，并将该信息反馈给县局（分公司）主管领导或经理。

②情况通报：工作小组在检查完毕后，将检查结果汇总通报给受检县局（分公司）主管领导或经理。出现重大质量问题的报工作组组长并进行全市通报。

（2）县局（分公司）信息反馈。

①现场反馈：工作组工作人员将抽检情况现场与烟技员或验级人员进行沟通；对出现质量问题的当场提出，并将该信息反馈给烟站站长。

②情况汇报：工作组成员每天将检查信息反馈给工作组组长，工作组组长将检查情况汇总后报县局（分公司）主管领导。

（五）不合格控制

对检查中出现的不合格项，市局（公司）工作小组或县局（分公司）工作组应出具不合格报告，对情节严重的由市局（公司）责成县局（分公司）整改或县局（分公司）自行做专项处理。具体执行按以下不合格控制程序进行整改，直至合格为止。

1.不合格项的分类

（1）一般不合格。在检查及其他管理过程中存在一般的、偶发、不会造成较严重后果的问题等，但能及时采取纠正措施和预防措施进行纠正和预防。

（2）严重不合格。在检查及其他管理过程中出现重复的、可能造成较严重后果的问题，或可能给烟农、企业造成较大经济损失（负面影响），或引起客户重大投诉等。

2. 对不合格项的处理

（1）对一般不合格项的处理。责任单位填写《纠正／预防措施表》，对发生的不合格项做好记录，对产生的原因进行分析，确定不合格原因，评价确保不合格项不再发生的措施，确定和实施所需的措施，报单位分管领导审批后执行。

（2）对严重不合格项的处理。在烟叶生产和服务过程各阶段按照公司规定进行检验、验收、检查或验证时，一旦发现产品、服务过程、措施、内容、质量等违反法律法规、公司规章制度和专业规范而造成严重错误，发生较严重不合格情况并构成事故（质量、安全、设备等方面），导致严重的不良后果，应立即对具体情况进行记录，形成《烟叶经营事故调查报告》，并报告主管领导。各责任部门负责人获得上报的事故信息后，应及时对事故进行核实、分析和评估，提出具体的处理方案，编制《烟叶经营事故处理意见》，报经理或上级公司相关部门审批。对涉及多个部门的烟叶生产及服务事故，由责任部门报经理进行处理。

3. 纠正／预防措施的验证

检查组对开具的不合格项纠正／预防措施实施效果进行跟踪验证，并将验证的结果报告县局（分公司）分管领导。必要时，应将验证结果通报相关方。

4. 记录的要求

对所有发现的不合格项，以及对其采取的纠正措施与预防措施，各单位（部门）应保留相关记录。

各单位（部门）填写的针对不合格项所采取的纠正／预防措施的各类记录，应按记录管理的相关要求进行收集、整理、归档和保存。

第七节　奉节烟叶收购流水线标准化技术规程

一、范围

本规程规定了烟叶自动收购流水线收购管理流程、智能设备主要技术参数和智能设备配置标准要求。

本规程适用于重庆市烟叶散叶收购条件下烟叶的预约、排号、初检、派工、分级、定级、过磅、赋码、打包、存储及出库。

二、规范性引用文件

下列标准所包含的条文，通过在本规程中引用而构成为本规程的条文。本规程出版时，所示版本均为有效。所有标准都会被修订，使用本规程的各方应探讨使用下列标准最新版本的可能性。

国家烟草局办公室关于印发烟叶收购管理规范的通知（国烟办综〔2011〕367号）关于《烟叶收购管理规范》的要求。

三、术语和定义

（一）射频识别技术

1. 术语

电子标签：以电子数据形式存储识别物体信息的标签。

读写器：用于读取电子标签的电子数据设备。

标签容量：电子标签在写入操作时所能写入的字节数或逻辑位数。

产品电子码（EPC）：自动识别体系中用来唯一标识对象的编码。

供电电压：12 V 直流、220 V 交流、110V 交流。

天线数量和形式：单口、双口、4口、内置。

天线接头：SMA、TNC。

通信接口：RS232、Wiegand、RS485、TCP/IP。

空口协议：ISO/IEC 18000-6B，ISO/IEC 18000-6C/EPC C1G2，GB/T 29768—2013，GJB 7377.1A—2018。

读写器的分类：根据功能需求及结构形式，射频识别技术读写器可以分为固定式、手持式；固定式读写器根据与天线的组合方式又可分为固定分体式和固定一体式。

天线的分类：根据天线的极化方式可分为圆极化天线和线极化天线，其中线极化天线又分为水平极化和垂直极化两种。

2. 定义

射频识别技术（RFID）是一种非接触的自动识别技术，其原理为读写器与电子标签之间进行非接触式的数据通信，达到识别目标的目的。RFID 系统由 RFID 读写器与电子标签两部分组成。

（二）电子秤

1. 术语

最大称量：一台电子秤不计皮重的最大称重能力（满载值），即所能称量的最大载荷。

额定载荷：正常称量范围。

允许误差：等级检定时允许的最大偏差。

最小刻度：起跳值。如 60 kg×5 g，5 g 即最小刻度，也是最小感量。

精密度：感量与全称量的比值。如秤量 6000 g 最小刻度（感量）为 0.5 g。即 0.5/6000=

1/12000，1/12000 即为此秤之精密度。

解析量：一台具有计数功能的电子秤所能分辨的最小刻度。

2. 定义

电子秤（electronic balance）是衡器的一种。衡器是利用胡克定律或力的杠杆平衡原理测定物体质量的工具，按结构原理可分为机械秤、电子秤、机电结合秤三大类。

（三）LED 点阵屏

1. 术语

LED：发光二极管，是一种常用的发光器件，通过电子与空穴复合释放能量发光，在照明领域应用广泛。

显示点阵：在显示屏上长和宽各能显示出多少个像素点，或在 LED 显示屏上长和宽有多少个 LED 会同时发光。

点阵数：用以表示水平和垂直方向有效像素数。

RS-232 标准接口：又称 EIA RS-232，是常用的串行通信接口标准之一，由美国电子工业协会（Electronic Industry Association，EIA）联合贝尔系统公司、调制解调器厂家及计算机终端生产厂家于 1970 年共同制定，其全名是"数据终端设备（DTE）和数据通信设备（DCE）之间串行二进制数据交换接口技术标准"。

2. 定义

LED 点阵屏由发光二极管（LED）组成，以灯珠亮灭来显示文字、图片、动画、视频等，是各部分组件都模块化的显示器件，通常由显示模块、控制系统及电源系统组成。

（四）分选控制器

1. 术语

防护等级：按标准规定的检验方法，外壳对接近危险部件、防止固体异物进入或水进入所提供的保护程度。以《外壳防护等级（IP 代码）》（GB 4208—2008）给出的 IP 代码表示。

ISO 18000-6C 协议：第一类第二代 UHF RFID 860 ～ 960 MHz 通信协议，速度快，数据速率为 40 ～ 640 kbps，可以同时读取的标签数量多，具有多种写保护方式，安全性强，主要适用于物流领域中大量物品的识别。

RS485 串行通信接口：一个定义平衡数字多点系统中的驱动器和接收器的电气特性的标准，该标准由电信行业协会和电子工业联盟定义。

2.定义

分选控制器是用于烟叶专业化分级过程，通过读取 RFID 派工卡、烟筐卡来实现烟叶信息传递的个性定制设备。

（五）皮带传输机

1.术语

带速：皮带传送物体的传动速度。

托辊：带式输送机的重要部件，用于支撑输送带和物料重量。

驱动辊：冶金学 - 钢铁冶金行业专业术语，由复合辊筒、连接堵头、辊轴组成。

2.定义

皮带传输机是带传输动力、以皮带为承载构件的物体传送设备，一般包含牵引件、承载构件、驱动装置、张紧装置、改向装置和支承件等。

（六）PLC 电控柜

1.术语

PLC：Programmable Logic Controller 的缩写，中文名为可编程逻辑控制器。

2.定义

PLC 电控柜指用于安装存储 PLC 的柜子。PLC 是专门为在工业环境下应用而设计的数字运算控制器。它采用一种可编程的存储器，在其内部存储执行逻辑运算、顺序控制、定时、计数和算术运算等操作的指令，通过数字信号或模拟信号的输入输出来控制各种类型的机械设备或生产过程。

（七）成包赋码

1.术语

赋码：通过 RFID 读写器赋予烟包电子标签烟包的属性信息。

2.定义

成包赋码是指在辅助烟叶打包过程中，称取与记录烟叶、烟包重量，并完成烟包电子标签发放与信息打印的个性定制设备。

（八）手持机

手持机是指能与其他设备进行数据通信(Wi-Fi/GPRS/Bluetooth 等)的手持型终端机。

（九）扫码一体机

扫码一体机是用于传送烟包与自动扫描电子标签的一体化设备，是集传送、扫描、显示、自动控制于一体的个性化定制设备。

四、收购流程

（一）预约

1. 流程介绍

烟站通过对站点总计划量、当天最大收购量、烟农已烘烤烟叶量等数据进行综合评估，预约次日交售的烟农、烟叶数量，实现宏观调控、精准预约、均衡收购的管理。

2. 作业要求

烟站根据本站当前烟叶初分量和交售进度合理确定日交售量，经烟叶收购站点站长确认后由预约管理员推送至片区技术员；技术员依据本片区烟农初分进度和质量按序审核烟农预约交售申请，系统自动通知烟农预约交售情况；预约成功的及时告知烟农交售日期、时间段、叶位、预约数量；微机员提前一天审核预约交售信息并张榜公示。

（二）排号

1. 流程介绍

烟农携带身份证、银行卡等烟农身份识别介质到烟叶收购站点，在排号机上刷取烟农个人合同信息，排号机会打印烟农交售排号单，确认并完成烟叶交售排号。

2. 作业要求

预约管理员提前预约烟农于指定日期时段到烟叶收购站点等待交烟；烟农持个人银行卡（必须与合同姓名一致）到排号一体机刷银行卡取号；排号一体机打印出排号单，烟农手持排号单，随烟叶进入烟叶待检区等待初检。

（三）初检

1. 流程介绍

初检员对烟叶进行初检，合格的烟叶将进入派工环节，不合格的烟叶则通过"初检退烟"功能进行称重并退还给烟农。通过对初检烟叶重量进行记录，计算出烟农交烟履约率与上户预检合格率。

2. 作业要求

初检员根据系统排号单核对烟农身份信息，确认"三一致"（烟农、烟叶、身份证或银行卡）后进入初检；烟农将烟叶逐捆摆放到初分台上，同一时间台上烟叶不得超过3捆；初检员逐捆解开尾部捆烟绳，从烟叶尾部拨开烟叶分层检查水分、部位、青杂情况；对水分大于18%（手捏湿润、叶片倒立主脉弯曲）或混部位超5%或混青杂超5%的烟叶视为不合格烟叶，初检员将其捆好并放置在返工秤上；初检员刷烟农银行卡或录入排号编号获取烟农信息，并称取退烟烟叶重量；退烟烟叶重量记入系统后装入退烟车，将其退回烟农；初检合格烟叶由初检辅助工搬上喂料线进入分选派工环节。

（四）派工

1. 流程介绍

烟农依据排号顺序，依次流转至派工环节，派工系统根据排号顺序及分级桌繁忙状态，由派工员将烟叶称重并分派至分级桌。

2. 作业要求

初检员将烟农排号单交给派工员，同时烟叶自动流入派工电子秤上；派工员在派工界面录入排号编号，系统自动获取烟农信息；当天首次派工，派工员先派离得远的分级桌，再派离得近的分级桌，之后可手动或由系统自动选择分级桌，并完成派工烟叶称重、发放派工卡；派工员将派工卡放置在烟筐上，随烟筐一同流转入分级场；派工员可派不超过3筐烟叶至同一分级组同时分选；完成当天派工工作后，派工责任人检查并确认分选控制器恢复"空闲"的状态和关机状态。

（五）分级

1. 流程介绍

系统通过接口实现与硬件数据交互，将派工卡上的烟农、排号、派工信息传递给烟筐卡，用于烟叶交售过磅时自动识别烟筐所属烟农。

2. 作业要求

2名分级工兼任待分级烟叶和已分级烟叶搬运辅助工；辅助工1从来料口将派工到本小组的待分级烟叶搬运分发到各个工位；辅助工1从多张派工卡中抽取一张派工卡，在分选控制器上刷卡，辅助工2核验刷卡是否成功；各分级工对照分级样本，灵活工位分工进行分级；分级后烟叶分等级装入烟筐内，装满后统一放置在过道正中位置，等待检验；组长逐筐验收分级质量，质检员随机抽查验收分级质量，确认合格与不合格烟叶；辅助工1在分选控制器上输入本次分选出的烟筐数（含合格与不收购烟叶烟筐数），辅助工2使用移动读写器刷烟筐卡，直至刷取的烟筐数大于或等于输入的烟筐数，按确认键结束本次分级；分级工将"退烟卡"放至不收购烟叶烟筐，与合格烟叶一起搬运至传送设备，传送至定级区；每天开始分选前，由小组长开启分选控制器，如发现不是"空闲"

状态，及时设置成"空闲"状态或反馈给派工人员或系统管理员；中午下班后，如当前派工已完成分选，必须结束分选；每天分选结束后，分选控制器必须结束分选；当天下班后，分选责任人关闭分选控制器。

3.分级工位安排标准

分级工位安排标准见表 11-1。

表 11-1　分级工位安排标准

轮次时段	1 工位	2 工位	3 工位
下部叶	去青去杂及分出非收购等级	—	—
中下部叶	去青去杂及分出非收购等级	分出 X2F	分出 C3F、C4F
中部叶	去青去杂及分出非收购等级	分出 C2F	分出 C3F、C4F
中上部叶	去青去杂及分出非收购等级	分出中部叶等级	分出 B1F、B2F、B3F
上部叶	去青去杂及分出非收购等级	分出 B3F	分出 B1F、B2F

（六）定级

1.流程介绍

烟筐流转至定级区，定级员逐筐进行质量验收，质量合格的对照收购大样分等定级，并给予对应的电子等级卡标记，对质量不合格的对应给予返工卡直至返工合格。

2.作业要求

定级员逐筐查看烟叶质量，等级合格率大于或等于80%、等级纯度大于或等于90%、水分16%～18%、无非烟物质视为合格，对照新烟样本评定烟叶等级，并将对应的电子等级卡放入烟筐；当烟筐内烟叶等级合格率小于80%或等级纯度小于90%或水分大于18%或有非烟物质或混青杂、混部位突出时，定级员放置返工卡在烟筐上，返工的烟筐最终流转至下烟口（即最后一个退烟口）；返工的烟叶通过过磅处，系统语音播报此烟筐所属"分级组号"，并在分级大屏显示"分级组号"；听到语音播报后，由组长安排对应"分级组号"的分级工到返工台开展返工分级；分级台返工人员刷返工卡，开始返工分级；返工烟按正常流程完成烟叶分级后，由分级工录入"烟筐数"，并刷取烟筐卡；返工分级工核对烟筐数正确后，将重新分选出的烟叶搬运至传送设备，送入定级环节，完成后续交售；定级员对重新分级的烟叶进行定级，如果不合格，则重复返工流程，直至烟叶全部合格。

（七）过磅

1. 流程介绍

烟叶流转至过磅处，系统连接 RFID 读写器与电子秤设备，自动读取烟农信息、烟叶等级和烟叶重量，系统根据烟叶单价自动计算出烟叶金额，并将交售信息发送至显示屏展示。

2. 作业要求

设备断电重启时，必须完成去皮操作；完成当天过磅后，过磅责任人关闭传送设备电源，并关闭电控柜总开关。

（八）分等下线

1. 流程介绍

烟叶完成过磅后，通过传送设备，按预先设置好的等级将烟叶自动流转至烟叶打包区。

2. 作业要求

烟筐卡回收：须在烟筐成功过磅后，离开过磅 RFID 读写区域 1 m 后进行，避免回收的卡被误读。

烟筐缓存区管理：烟筐分等下线后，进入烟筐缓存区，管理人员必须及时将烟筐抬离缓存区。

（九）分选后退烟

1. 流程介绍

经过专业化分级后，不合格的烟叶将被赋予一个退烟卡，并通过专用烟筐，一起转运至退烟出口。在退烟出口的 RFID 读写器上刷退烟卡，识别出所属烟农，并通过电子秤称重，实现分选后退烟烟叶的记录与管理。

2. 作业要求

烟筐识别管理：每个退烟的烟筐，必须在退烟工位刷取退烟卡和称重，以识别所属烟农及退烟重量；退烟的烟筐，必须在识别出所属烟农后统一放置、统一退还给烟农。

（十）成包赋码

1. 流程介绍

烟叶自动流转至打包区后，打包员将烟叶堆放入打包箱，并刷取烟筐卡完成烟农信息传递向赋码一体机，当烟包重量满足标件重量后，打包员操作赋码一体机，完成打印烟包电子标签及赋予烟农信息。

2. 作业要求

装烟工将烟筐搬运至打包烟箱处；赋码员将等级卡放在读写器上进行刷卡；刷等级卡后，如果烟叶已全部放入打包箱，则赋码员将等级卡分等级回收；如果烟箱烟叶已达到标件重量，烟筐中还有剩余烟叶，则将等级卡重新放入烟筐，等待下一个烟箱打包时再次刷等级卡。装箱要求为叶尖朝内、叶柄朝外，每包铺放不少于 4 层，每层铺放整齐有序，四角装满烟叶，不得混级打包，烟包内不得夹入杂物、霉烟和碎烟。烟包重量达到标件标准 40 kg 时，赋码员点击"确认"，赋码一体机自动打印出烟包标签；装烟工将烟包标签系在烟箱挂钩上，随烟箱一起自动传送至打包流水线等待打包。同收购线打包，必须是同一条收购线的烟叶；同一个烟包，必须是同一个品种，同一个等级；打包时严禁将烟筐卡、等级卡等非烟物质混入烟包。

（十一）打包作业

1. 流程介绍

同一烟叶等级通过赋码称重达到 40 kg 后装入打包机筐栏内，按照装箱顺序放入自动打包机进行打包。

2. 作业要求

装好烟的烟箱自动流转至自动打包机，打包成长 × 宽 × 高 =80 cm × 60 cm × 40 cm 的烟包，并随出烟口自动退出；2 名缝包工将打好的麻片套在出烟口上，将打包绳铺放在翻转箱对应槽口内，待打包机自动退出压好的烟叶时，两人配合拧紧打包绳，并将另一端麻片缝合好，缝针不少于 5 针，封口到位，不得出现裂缝、脱线等现象；缝包工将烟箱上的成件封签缝合在烟包人工缝线端斜角上，确保烟包标记位置一致、标示清晰；一名缝包工按下传送带启动键将打包好的烟包自动传送至机械臂抓包区。

（十二）仓储堆垛

1. 流程介绍

将烟站仓库按所属收购线、等级等规则划分出存储区，将烟叶进行有序存放。

2. 作业要求

机械臂将烟包抓起，并自动识别烟包等级，分等级将烟包抓取到对应托盘的对应位置上，按"442"排列摆放 3 层，每个托盘 10 包，要求摆放整齐、烟包不掉落；叉车工将堆码好烟包的托盘用电动叉车经物流通道转运至对应等级仓储区进行堆垛；堆垛时托盘必须摆放在仓储区黄线以内，对发生偏移或易掉落烟包要辅以人工整理，确保横竖成行，便于清点烟包数量；烟叶按收购线进行区域划分，并分别堆放；同一条收购线的区域，烟叶再按等级划分小区域，并分别存放。

（十三）出库

1. 流程介绍

当烟草点烟叶可用库存量不足时，需要将烟叶从站点仓库调运至中心仓库，通过RFID扫码设备实现逐包、批量扫码，配套传送设备将烟包传送至运输车辆，并通过系统打印调运单实现烟叶调运出库。

2. 作业要求

仓管员根据库容情况合理规划烟包调运，按日制订调运计划并及时报储运科审批，收购入库烟叶原则上在站点仓储堆放时间不超过 10 d；仓管员根据储运科审批情况，协调好驾驶员到点时间，及时组织搬运工人到点搬运；仓管员打开烟叶物流管理系统，并开启扫码设备，等待扫码出库；搬运工将烟叶搬运至扫码出库口，等待出库，扫码设备周边半径 2 m 范围内不允许堆放其他烟包；搬运工逐包将烟包搬运至扫码传送带上，烟包通过扫码设备逐包扫码出库，扫码期间，烟包之间间隙不小于 40 cm；扫码出库完成后，仓管员审核并打印出库单交付给驾驶员；驾驶员运输烟叶到指定中心仓库按相关流程入库。

五、智能设备相关参数

（一）排号 / 初检一体机

1. 主机配置

3 G 主频，四线程，内存 4 G，硬盘剩余空间 100 G，显示屏为 19 寸工控显示屏，分辨率 1280×1024，单点触摸寿命不低于 3000 万次，光学透光率不低于 85%。

2. 烟农身份识别

须根据项目要求配置身份证或银行卡等烟农身份介质识别设备。

（二）初选桌

制作材质及工艺要求：桌面采用 1.2 mm 不锈钢板，桌面外框采用 50 mm×50 mm 不锈钢方管框架，桌脚采用 1.8 mm×50 mm 不锈钢圆管，全桌外形尺寸 2400 mm×600 mm×800 mm 或 1800 mm×600 mm×800 mm。

（三）派工／定级显示屏

全点阵 LED 显示屏；点阵数 256×32/ 单元，共 4 个单元；通信接口 RS232；供电 AC220 V/50 Hz。

（四）交售显示屏

全点阵 LED 显示屏；点阵数：256×32/ 单元，共 6 个单元，通信接口 RS232；供电 AC220 V/50 Hz。

（五）派工操作台

外形尺寸 1100 mm×710 mm×1060 mm，采用组合式电器控制台，四周均有封板，防护等级为 IP22，柜体内部有冲孔梁柱，可自由方便地安装各种支架。上部为电脑显示屏、称重显示控制系统安装部位。整组柜体采用特厚 2 mm 电解钢板，经成型酸洗、烘焗、喷塑、再烤干等工序，确保其不易掉漆、腐蚀生锈。底座用 U 型槽钢支撑，安装 4 个带刹车的静音万向轮以便自由移动位置。

（六）中心控制器

配置要求：工业控制主板，i5 处理器四核四线程，主频 3.2 GHz，8 G 内存，256 G 固态硬盘，双网口，10 串口，10USB，集音频 19 寸显示屏，配套键盘、鼠标。

（七）台式超高频读写器

读写器对符合 ISO 18000-6C 协议的烟筐卡进行读取；使用符合 ISO 18000-6C 协议的电子标签进行读写；选配 RS232C 及 RS485 串行通信、网络接口。

（八）单通道超高频读写器

读写器对符合 ISO 18000-6C 协议的烟筐卡进行读取；线极化天线，读卡距离 0.2～4 m，对符合 ISO 18000-6C 协议的电子标签进行读写；选配 RS232C 及 RS485 串行通信、网络接口。

（九）多通道超高频读写器

支持符合 EPC Class1 Gen2（ISO 18000-6C）、ISO 18000-6B 标准的电子标签；工作频率 FCC 902～928 MHz 或 CE 865～868 MHz（可以按不同国家或地区要求调整）；以广谱跳频（FHSS）或定频发射方式工作；输出功率达 30 dBm（可调）；4 个外接 TNC 天线接口；支持主动方式、应答方式、扫描方式等多种工作模式；低功耗设计，单＋9V 电源供电；支持 RS232、RS485 和 TCPIP 网络等多种用户接口；必须与国家烟草局烟叶基础软件无缝连接。

（十）输送带式电子秤（1 m×1 m）

最大量程 500 kg，1 m×1 m 台面。称重显示器Ⅲ级精度，RS232 通信接口。秤台上放置 1 m 长的传输带。电子秤与国家烟草局烟叶基础软件无缝连接。

（十一）派工卡

Impinj H47（多角度可读写）支持协议 EPC Class 1 Gen2；ISO 18000-6C 工作频率860 ～ 960 MHz，天线尺寸 44 mm×44 mm。

（十二）分选桌

桌面采用 1.2 mm 碳钢板，镂空，桌面外框采用 50 mm×50 mm 方管框架，桌脚采用 1.8 mm×50 mm 圆管，整体采用酸洗、烘焗、喷塑、再烤干等工序，确保其不易掉漆、腐蚀生锈。全桌外形尺寸 2400 mm×600 mm×800 mm 或 1800 mm×600 mm×800 mm。

（十三）分选桌光源

配置须满足色温达到 5000±200 K，显色指数 Ra ≥ 90，光照度 2000±200 lx，均匀度不小于 0.8。

（十四）分选确认器

采用组合式电器控制箱，可防烟尘、烟灰，防护等级为 IP22，集成电路控制；显示屏 7 TFT LCD，分辨率 800×480；触摸屏为 4 线式工业电子触摸屏，支持电容式触摸屏；CPU 32-bit、600 MHz 主频，ARM9 内置 32 MB DDR 内存。工业主板：主机配置 2 G 主频，四线程，内存 4 G，固态硬盘 64 G；接口：电源接口 ×1（AC220 V/50 Hz），USB2.0×4，USB3.0×2，PS/2×1，LPT×1，LAN×1，VGA×1，HDMI×1、音频 ×2，COM×10；读写器对符合 ISO 18000-6C 协议的电子标签进行读取；选配 RS232C 及 RS485 串行通信、网络接口。IO 控制单元参数：工作电压 DC12 ～ 24 V/1 A，通信接口 RS232，信号输入四路（DC12 ～ 24 V）电平信号输入，信号输出四路开关量输出。

（十五）PLC 电控柜

额定电压 AC380 V50 Hz（三相五线制）；额定电流 60 A；防护等级 IP54，总功率 20 路要求 25 kW，30 路要求 35 kW；工作电压 AC220 V、DC24 V；功率开关为交流接触器；控制方式为 PLC 控制（SIMATIC S7-200SMART）。

（十六）RS232 转网络模块

输入电压 DC 5～7 V；工作电流 150 mA（aver）@5 V；功耗小于 1 W；以太网端口数 1，接口标准 RJ45。速率 10/100 Mbps，MDI/MDIX 交叉直连自动切换；2 kV 电磁隔离，外壳隔离保护；网络协议 IP，TCP，UDP，ARP，ICMP；串口端口数 1；接口标准 RS-232：DB9 孔式；数据位 5，6，7，8；停止位 1，2；校验位 None，Even，Odd，Space，Mark；波特率 RS-232 300 bps～460.8 Kbps；无流控；3.3 mm 输送带，带速 20 m/min（定速），长度 1～6 m，有效宽度 810 mm，高度 500～600 mm，可调节；皮带选用 PVC 带，宽度 810 mm，厚度 2 mm，绿色。不锈钢机架 160 mm×110 mm×（1000～2000）mm 按需求组装，机架采用实足壁厚不小于 2.0 mm 不锈钢经激光数控剪折而成，边框高 160 mm，宽 50 mm，PVC 带缝隙加装不锈钢挡边防止皮带跑偏和异物进入。驱动辊筒体使用直径 106 mm、壁厚 5 mm 无缝碳钢管制作，车加工后滚花，轴为碳钢材质，直径 40 mm，表面镀锌处理；从动辊筒体使用直径 106 mm、壁厚 5 mm 中间带导向槽无缝碳钢管制作，轴为碳钢材质，直径 40 mm，表面镀锌处理；托辊筒体使用直径 60 mm、壁厚 3 mm 中间带导向槽无缝碳钢管制作，表面抛光后镀锌处理，轴为碳钢材质，直径 15 mm，表面镀锌处理；辊中心间距 1 m。支腿由 60 mm×40 mm×2 mm 不锈钢方管焊接制作，底部配备可调节杯脚，调节范围 100 mm，每对支腿间隔不大于 1 m。托板由厚度 2.0 mm 钢板剪折，增加加强筋，用于承托皮带，表面磷化处理后喷塑灰色。电机为台湾晟邦 380 V/50 Hz 三相减速电机。功率根据皮带长度调整（所运送烟筐重量按 80 kg 计算），配备电机驱动架，磷化处理后喷塑暗蓝色。采用链条传动，配备不锈钢防护罩。

（十七）脚踏开关

发热电流 5 A，机械寿命 100 万次，开关元件 YBLX-191K，额定电压 AC380 V、DC220 V，额定电流 AC0.8 A、DC0.16 A，电气寿命 30 万次；外壳材料为铸铝合金。

（十八）光电开关

检测距离 3 m（100 mm）（使用 E39-R1S 时）；指向角 2～10°；电源电压 DC12～24 V±10%；应答时间为动作、复位各 1 ms 以下。

（十九）接近开关

检测距离 5 mm，工作电压 DC6～36 V；输出方式三线常开 NPN 非埋入式。

（二十）两位按钮

发热电流 5 A，机械寿命 100 万次，开关元件 YBLX-191K，额定电压 AC380 V、DC220 V；电气寿命 30 万次；外壳材料为铸铝合金。

（二十一）音箱

1. 功放

类型为定阻功放；声道 5.1；蓝牙支持；USB 音频格式为 MP3；同轴支持；模拟音频支持；USB 支持；话筒输入支持；音箱输出支持；输出支持；无源低音炮支持；额定功率 60 W。

2. 音响

频率响应为 55 Hz ～ 18 kHz（±3 dB）；低音 1×10，高音 1×1.37；额定功率 300 W；峰值功率 750 W；阻抗 8 Ω；灵敏度 96 dB；最大声压级 122 dB；防磁功能支持。

（二十二）摄像头

成像颜色为彩色；智能类型：焦距 2.8 mm/4 mm/6 mm；焦段标准；清晰度 4MP/960p/1080p；感光面积 1/3 英寸；有效距离 10（含）～ 30（不含）m；镜头大小规格 2.8 mm。

（二十三）单向推烟筐机

推烟筐机规格 1000 mm×936 mm×520 mm，碳钢材料，由 40 mm×40 mm×2.5 mm 方管焊接组成，表面磷化处理后静电喷塑灰色。左右方向都可以推出烟筐，电机采用精密齿轮电机一台和伺服电机一台。辊筒筒体使用直径 78 mm、壁厚 3 mm 无缝碳钢管制作，表面抛光后镀铬处理；轴为碳钢材质，直径 15 mm，表面镀铬处理后卡式镶嵌。

（二十四）转弯机

皮带宽 810 mm，长 2545 mm，线速度大于或等于 20 m/min，工作效率大于或等于 500 包 /h，电机额定功率 0.75 kW，电压 AC380 V。输送机皮带采用进口 PVC 式皮带。输送机架长 2545 mm，宽 936 mm，高 550 mm，半径 1800 mm；输送机钢板采用 Q235 材料制作。

（二十五）赋码一体机

外形尺寸 650 mm×285 mm×265 mm。制作工艺采用组合式电器控制柜，两面均有封板，防护等级为 IP22，正面为触摸显示屏及称重仪表显示器安装部位，上部为导轨门及左侧导轨式抽屉，方便操作人员检修操作。整组柜体采用特厚 1.5 mm 电解钢板，经成型酸洗、烘焗、喷塑、再烤干等工序，确保其不易掉漆、腐蚀生锈。屏幕为 10.1 寸全铝十点电容触摸显示屏，分辨率 1280×800。主机配置 i3 处理器，4 G 内存，128 G 固态硬盘；1 个 VGA、1 个 HD Video、2 个 RJ-45 网口、4 个 COM 口、2 个 USB2.0 口、2 个 USB3.0 口；输入电压 DC12 V/2 A，鼠标。称重仪表准确度 Ⅲ 级，最大分度数 3000，供桥电压 DC5 V，执行标准《称重传感器》（GB/T 7724—2015）。读写器对符合 ISO 18000-6C 协议的电子标签进行读取；带断电保护；选配 RS232C 及 RS485 串行通信、网络接口。产品类型为工业级，分辨率 203 dpi。打印方式为热敏打印和热转印；打印速度 127 mm/s，最大打印宽度 108 mm，最大打印长度 2286 mm。条形码类型为一维码 Code 39，Code 39C，Code 128UCC，Code 128 subsets A.B.C.，Code 11，Codebar，interleaved 2 of 5，EAN-13，EAN-128，UPC-A，PUC-E，EAN and UPC 2（5）dights add-on，CHINA POST，MSI，PLESSEY，POSTNET。可选附件包括单机操作键盘（KU-200/KU-007 Plus）、外接式无线网络模组、接触式光罩条码扫描器、长距离线性影像条码扫描器、闸刀式切刀、旋刀式厚纸切刀。

（二十六）手持机

处理器为高速四核 64 位处理器，1.4 GHz；操作系统 Android 7.1（64 位版本），存储 为 2 GB RAM + 16 GB ROM， 接 口 Type-C（OTG）PSAM×2，SIM×1，SD×1；物理参数尺寸 170 mm（W）×80 mm（D）×18 mm（H），重量 385 g（含电池）；显示屏为 5.5 寸（分辨率 1440×720）多点电容式触摸屏，支持手套或湿手操作；键盘为 7 寸键盘（含左右侧按键），2 个虚拟按键指示振动器、扬声器和 2 个指示灯；主电池 3.8 V，4500 mAh + 5200 mAh，手柄电池；后摄像头 1300 万像素，自动对焦，LED 灯，前摄像头 500 万像素；GPS（AGPS），Glonass，BeiDou；Micro SD 卡扩展（最多 128 GB），电源适配器输出 DC 5 V、2.0 A，输入 AC 100 ～ 240 V、50 ～ 60 Hz；工作温度为 –20 ～ 50 ℃，储存温度为 –20 ～ 70 ℃；相对湿度 5% ～ 96%（无凝结）；静电防护为 ±15 kV（空气放电），±8 kV（直接放电）；6 次 6 个面不低于 1.5 m 的水泥地面跌落（6 个面各一次）；防护等级 IP65。标准配件为电池 ×1，电源适配器 ×1，数据线 ×1，腕带 ×1，可选配件为单电单充底座或四联充底座。

（二十七）水洗唛 RFID 电子标签

水洗唛（150 mm×50 mm），表面图案定制印刷，内置 RFID 芯片 Impinj H47（3D 天线多角度可读写）。支持协议 EPC Class 1 Gen 2、ISO 18000-6C。工作频率 860 ～ 960 MHz。天线尺寸 44 mm ×44 mm。

（二十八）扫码一体机

1. 输送皮带

皮带宽度 810 mm，长度 4 m，线速度大于或等于 20 m/min，读卡距离大于或等于 1 m。工作效率大于或等于 500 包 /h，电机额定功率 0.75 ～ 1.5 kW，电压 AC380 V。输送机皮带采用进口 PVC 式皮带。

2. 输送机架

机架长 2 ～ 6 m，宽 936 mm，高 550 mm。输送机采用全不锈钢材料制作。

3.RFID 读写器

KD-IC-2184B + 4 天线充分支持符合 EPC Class1 Gen2（ISO 18000-6C）、ISO 18000-6B 标准的电子标签；工作频率 FCC 902 ～ 928 MHz 或 CE 865 ～ 868 MHz（可以按不同国家或地区要求调整）；以广谱跳频（FHSS）或定频发射方式工作；输出功率达 30 dBm（可调）；4 个外接 TNC 天线接口；支持主动方式、应答方式、扫描方式等多种工作模式；低功耗设计，单 + 9V 电源供电；支持 RS232、RS485 和 TCPIP 网络等多种用户接口，必须与国家烟草局烟叶基础软件无缝连接，同时可与原物流软件匹配。

4. 中心控制器

主机 3 GHz 主频，四线程，内存 4 G，硬盘 500 G；19 寸显示器；配套键盘、鼠标。

5. 全点阵 LED 显示屏

像素间距 4.75 mm，像素密度 44321 dot/m^2，像素构成为 1R，LED；封装方式为 SMD2020；模组分辨率 64×32，模组规格 304 mm×152 mm×14 mm，模组重量 214 g；推荐最小观看距离大于或等于 5 m；模组最大电流 2.8 A，模组最大功耗 14 W，视角 H 大于或等于 120°，V 大于或等于 120°，最大功率 303 W/m^2，平均功率 151.5 W/m^2，屏幕亮度大于或等于 150 cd/m^2；扫描驱动方式为 1/16 扫描，恒流驱动，工作电压 5 V，使用寿命大于 50000 h；外壳材质 PC + GF；使用环境温度 –20 ～ 40 ℃，相对湿度 10% ～ 60%。

6. 收购规模与设备匹配标准

（1）计划量在 5000 ～ 10000 担，采用"一进一出"进行配置。具体配置见表 11-2。

表 11-2　"一进一出"配置明细表

序号	环节	设备	单位	匹配设备数量	人员角色	匹配岗位人员（名）	备注
1	排号	排号一体机	台	1	辅助工（兼）	1	
2	预检	初检退烟一体机	台	1	辅助工（兼）	1	

续表

序号	环节	设备	单位	匹配设备数量	人员角色	匹配岗位人员（名）	备注
3	派工	派工一体机	台	1	派工员	1	
4	分选	分选控制器	台	9	分级工	24	含1台返工台
5	过磅	称重扫码一体机	套	1	定级员	1	
6					过磅员	1	
7	分等下线	下烟口	个	5	辅助工	1	
8	退烟	退烟设备	套	1	退烟操作工	1	
9	赋码	赋码一体机	台	1	赋码操作员	1	
10	打包	普通打包机	套	3	打包工	6	
11	仓管	手持机	台	2	仓管员	1	
12		叉车	台	1	叉车工	1	
13	出库	出库扫码一体机	套	1	仓管员（兼）	1	仓管员关注扫码状态
14					搬运工	5	

（2）计划量在10000～18000担，采用"一进两出"进行配置。具体配置见表11-3。

表11-3 "一进两出"配置明细表

序号	环节	设备	单位	匹配设备数量	人员角色	匹配岗位人员（名）	备注
1	排号	排号一体机	台	1	辅助工（兼）	1	
2	预检	初检退烟一体机	台	1	辅助工（兼）	1	
3	派工	派工一体机	台	1	派工员	1	
4	分选	分选控制器	台	18	分级工	48	含2台返工台
5	过磅	称重扫码一体机	套	2	定级员	2	
6					过磅员	1	
7	分等下线	下烟口	个	10	辅助工	2	
8	退烟	退烟设备	套	1	退烟操作工	1	
9	赋码	赋码一体机	台	2	赋码操作员	2	

续表

序号	环节	设备	单位	匹配设备数量	人员角色	匹配岗位人员（名）	备注
10	打包	自动化打包机	套	1	打包工	11	
11	仓管	手持机	台	2	仓管员	1	
12	仓管	叉车	台	1	叉车工	1	
13	出库	出库扫码一体机	套	1	仓管员（兼）	1	仓管员关注扫码状态
14					搬运工	5	

（3）计划量在18000～25000担，采用"两进三出"进行配置。具体配置见表11-4。

表11-4 "两进三出"配置明细表

序号	环节	设备	单位	匹配设备数量	人员角色	匹配岗位人员（名）	备注
1	排号	排号一体机	台	1	辅助工（兼）	1	根据现场布局配置排号机
2	预检	初检退烟一体机	台	1	辅助工（兼）	1	根据现场布局配置初检退烟一体机
3	派工	派工一体机	台	2	派工员	2	
4	分选	分选控制器	台	27	分级工	72	含2台返工台
5	过磅	称重扫码一体机	套	3	定级员	3	
6					过磅员	2	
7	分等下线	下烟口	个	15	辅助工	3	
8	退烟	退烟设备	套	1	退烟操作工	1	
9	赋码	赋码一体机	台	3	赋码操作员	3	
10	打包	自动化打包机	套	2	打包工	16	待定
11	仓管	手持机	台	2	仓管员	1	
12	仓管	叉车	台	2	叉车工	2	
13	出库	出库扫码一体机	套	1	仓管员（兼）	1	仓管员关注扫码状态
14					搬运工	5	

（4）计划量在 25000 ～ 30000 担，采用"三进三出"进行配置。具体配置见表11-5。

表 11-5　"三进三出"配置明细表

序号	环节	设备	单位	匹配设备数量	人员角色	匹配岗位人员（名）	备注
1	排号	排号一体机	台	1	辅助工（兼）	1	根据现场布局配置排号机
2	预检	初检退烟一体机	台	1	辅助工（兼）	1	根据现场布局配置初检退烟一体机
3	派工	派工一体机	台	3	派工员	3	
4	分选	分选控制器	台	27	分级工	72	含2台返工台
5	过磅	称重扫码一体机	套	3	定级员	3	
6					过磅员	2	
7	分等下线	下烟口	个	15	辅助工	3	
8	退烟	退烟设备	套	1	退烟操作工	1	
9	赋码	赋码一体机	台	3	赋码操作员	3	
10	打包	自动化打包机	套	2	打包工	16	待定
11	仓管	手持机	台	3	仓管员	1	
12	仓管	叉车	台	2	叉车工	2	
13	出库	出库扫码一体机	套	1	仓管员（兼）	1	仓管员关注扫码状态
14					搬运工	5	

（5）计划量在 30000 担以上，参照以下标准，结合实际布局进行配置。

①派工：按 20000 担 1 条派工线配置，不足 20000 担按 1 条计算。

②分选：按 10000 担 9 组分选台（含 1 组返工台）配置，不足 10000 担按每增加 1250 担配置 1 组递增。

③过磅：按 10000 担 1 条过磅线配置，不足 10000 担按 1 条计算。

④赋码：每 10000 担配置 1 台赋码一体机。

⑤打包：自动化打包机按 20000 担 / 台配置，超过量大于 2000 担另配置 1 台，超过量小于 2000 担不另配置。

⑥排号、初检退烟、分选后退烟等，根据现场布局进行灵活配置。

第十二章 奉节烟叶标准化种植技术集成成果

第一节 奉节太和基地单元浓透清香型烟叶成因分析及关键技术研究应用

广西中烟从 2006 年开始调拨奉节烟叶，2007 年开始与重庆市局（公司）合作建设奉节烟叶基地，2010 年起调拨量达到 70000 担，2013 年国家烟草局正式批复奉节太和烟叶基地为国家级烟叶基地单元。经过重庆市局（公司）和广西中烟多年的努力以及众多科研院校的大力支持、精心指导，奉节基地烟叶质量不断提高，逐步成为"真龙"品牌重要的优质烟叶原料产区。

近年来，郑州烟草研究院与广西中烟合作，相继开展了"广西中烟基地烟叶质量风格定位""广西中烟烟叶原料质量评价体系研究与建立"等科研项目。项目研究过程中，对奉节基地烟叶的质量状况和在"真龙"品牌中的使用情况进行了分析。

研究表明，奉节基地烟叶在"真龙"品牌配方中的使用比例在 10% 以上，主要作为调味料使用。烟叶的主要优点在于浓度较浓，香气风格特色较凸显，需加以改进的方向在于提高香气量和降低杂气。外观质量方面，奉节基地 C3F 和 B2F 等级烟叶样本的颜色以金黄色为主，但两部位均有近 15% 的烟叶属杂色或微带青范畴；20% 左右烟叶的成熟度较差，属尚熟质量档次；叶片结构整体较疏松；中部叶身份相对偏薄，上部叶较适中；烟叶油润感较强，尤其是上部叶近 50% 属高质量档次；多数烟叶色度属中质量档次，上部叶颜色的饱和度和均匀度略差。化学成分方面，奉节基地烟叶的化学成分整体相对协调，个别上部叶存在烟碱和淀粉含量偏高的问题。物理特性方面，烟叶耐加工性整体较好，叶片柔软富有弹性，吸湿性较好，个别中部叶含梗率略偏高。总体而言，奉节基地烟叶的叶片结构相对疏松，油润感较强，化学成分相对协调，耐加工性较好。从卷烟品牌中的使用情况和烟叶质量的跟踪分析来看，奉节基地烟叶存在的主要问题为烟叶成熟度相对较差，部分烟叶含青或杂色相对明显，烟叶地方性杂气偏重，香气品质有待改进。

广西中烟技术人员在对比评吸奉节各乡镇烟叶样本时发现，太和乡金子收购站点的烟叶与其他乡镇收购站点的烟叶在吸味风格上有较明显的区别：金子收购站点烟叶具有浓透清香型特征，香气丰富高雅，特别是具有较明显的焦甜香和优雅的花香，烟气顺喉舒畅，劲头适中，杂气、刺激性较小，余味干净醇甜，完全具备优质卷烟原料的使用价值，能真正体现奉节基地烟叶"香馥静雅，醇甜和顺"的特点；而其他收购站点烟叶均为典型的中间香型，香气较单薄，略显沉闷，杂气稍明显，缺少甜润感，总体比较中庸。

经过各种评吸论证，广西中烟特别要求在收购和打叶时，金子收购站点的烟叶与奉节其他收购站点烟叶分开，以利于配方使用。经过几年的配方使用验证，均证明了金子收购站点的烟叶无论从内在品质，还是配方适用性方面均明显好于其他收购站点的烟叶。金子收购站点的上等烟叶已大量使用到一类"真龙"品牌卷烟产品中，而其他收购站点的烟叶只能在稍低档次的"真龙"品牌卷烟产品中使用，且使用的比例也有限。

因此，针对奉节金子烟叶的特征和工业需求，系统研究奉节金子烟叶的基本风格特色、明确形成的原因，揭示金子烟叶健康栽培的技术效果，为金子烟叶的扩大种植提供基本依据是工商研三方共同关注的重要科学问题，立项研究具有重要价值。通过该研究项目，对比分析金子收购站点的烟叶与其他乡镇收购站点的烟叶，从吸味风格、外观质量、生态条件、种植习惯等方面进行科学剖析，试图找出金子收购站点浓透清香型烟叶的特色成因，再通过一系列应用技术的研究，把金子烟叶种植的成功经验复制到其他各个乡镇，努力提高其他乡镇的烟叶质量水平，逐步向金子收购站点的烟叶质量靠拢，实现整个基地单元各乡镇烟叶质量均能明显体现浓透清香型风格特征，达到"香馥静雅，醇甜和顺"的质量目标。

奉节太和基地单元浓透清香型烟叶成因分析及关键技术研究应用项目的成功开展，有效提升了奉节太和基地单元的经济效益，同时也为"真龙"品牌提供更多的优质卷烟原料，有效缓解"真龙"品牌在销量高速增长过程中面临的浓透清香型烟叶不足的状况，对"打造真龙升级版，卷烟全面上水平"的目标实现将起到重要的贡献，其意义重大。

一、工作开展情况

（一）项目前期调研及开展情况

2014 ～ 2016 年，在重庆市局（公司）、广西中烟、奉节县局（分公司）、中国农业科学院农业资源与农业区划研究所、郑州烟草研究院、西南大学等单位的共同协作努力下，该项目严格按照年度计划任务顺利推进。项目实施过程中，为了保证项目各项研究内容的有效落地，项目组组织召开项目启动会、中期总结会、年度总结会，查漏补缺，并在一定程度上有效地督促各层次、各方面的研究开展，最终确保了项目年度任务、指标顺利完成。在此过程中，项目组在重庆市奉节县太和乡建立了项目示范园区，有效地将室内研究与田间生产示范相结合，推动理论技术及时生产实践化；建立项目讨论群，及时发布项目研究进展简报，极大地推动了项目组内部的交流。

1. 项目评审、启动会召开

2014 年 3 月 3 日，奉节县局（分公司）主持召开了《真龙—太和基地单元浓透清香型烟叶成因分析及关键技术研究》项目方案评审会，项目主管单位重庆市局（公司）科技处、广西中烟技术中心及项目主持承担单位中国农业科学研究院农业资源与农业区划所、中国烟草总公司郑州烟草研究院、西南大学、奉节县局（分公司）等 6 家单位的领导、专家及相关人员 20 余人参加会议（图 12-1）。

　　会议主要针对项目方案进行评审。在评审过程中，领导、专家们认真听取了项目组的汇报，审阅了项目方案评审材料，并对有关问题进行了提问和质疑，为项目研究方案的设计思路、研究内容及研究细节提出了宝贵的意见，为方案设计的科学性、实施的针对性、成果的实用性奠定了坚实基础。

图 12-1　真龙—太和基地单元浓透清香型烟叶成因分析及关键技术研究启动会召开

2.项目示范园区建设

　　该项目采取室内研究与田间应用相结合，通过建立示范园区，有效地将室内研究关键调控技术应用于生产实践。2014 ～ 2016 年，在基地建设 300 亩科技示范园区，完善示范园基础设施，重点开展与浓透清香型烟叶成分、精准施肥技术、健康栽培技术、精益植保技术、品质彰显技术等相关的试验示范。最后进行技术集成应用，辐射带动整个基地烟叶生产，基地特色烟叶生产能力显著提升，产生了良好的经济效益与社会效益（图 12-2）。

图 12-2　2014 ～ 2016 年项目示范园区

3. 数据采集

（1）气象数据采集：气象数据是分析太和基地单元烟叶特色品质形成的关键素材。为了准确获取基地单元内主要植烟区气象数据，2014 ～ 2016 年在基地单元兴隆镇桃源村、兴隆镇东坪村、太和乡良家村、太和乡石盘村、云雾乡码头村、吐祥镇樱桃村等 6 个有代表的植烟村，设置 6 个气象观测装置，采集气象数据 15 万组，为基地单元特色烟叶形成原因分析提供了丰富的气象数据（图 12-3）。

（2）土壤数据采集：为保证项目数据的科学、完整性，本研究对太和基地单元主要植烟村进行烟田土壤样本采集（图 12-4）。取样点遍布太和基地单元 37 个植烟村，采集有代表性烟田土壤样本 50 份；对项目示范园区进行大密度土壤取样，并绘制项目园区土壤肥力空间分布图，保证园区内田间试验规划科学、合理。

（3）试验过程数据采集：为了掌握各试验示范处理对烟叶长势及病虫害发生情况的影响，项目组长期驻点人员按照"统一方法、统一表格、统一标准"原则，采取"分工到人、负责到底"形式，开展各试验示范烟草农艺性状调查工作（图 12-5）；测产方法一律采用"依据试验、按照处理、逐批定向测产，每个试验、每个处理、定株定叶、最后分级测产"，保证试验数据的准确性。

（4）样烟采集：大区取样，为了全面了解基地单元内烟叶内在品质差异情况，结合土壤、气象条件，综合分析生态条件与烟叶品质形成的关系，2014 年项目组规划设置 50 个取样点，取样点涵盖 37 个植烟村有代表性的烟田，连续 3 年，完成 200 份烟叶样本的采集。样烟采集采取定点定户的原则，保证烟叶样本的稳定性与连续性；收购大样，以收购点为单位，连续 3 年在基地 3 个收购点选取收购等级大样共 100 份；试验小区取样，3 年来，在项目示范园区开展小区试验 30 余项，采集试验样烟 600 余份（图 12-6）。

（5）样烟评吸：为保证项目所取样烟得到公正、准确的评吸结果，项目所取样烟的评吸特邀请广西中烟、郑州烟草研究院相关专家进行评吸打分（图 12-7）。为保证评吸效果，样烟评吸分组进行，每组成员由郑州烟草研究院和广西中烟评吸专家共同组成。

图 12-3　气象数据采集

图 12-4　烟田土样采集

图 12-5　农艺性状调查

图 12-6　样烟采集

图 12-7　样烟评吸

4. 领导重视，调研视察

项目实施过程中，受到各级领导、专家的重视。中国烟叶公司副总经理吴洪田等相关领导 2014 年 7 月莅临项目示范区进行调研；2016 年 6 月，重庆市烟草专卖局副总经理冉幕寿一行到项目示范区进行调研，并指导工作开展（图 12-8）。

图 12-8　国家烟草局、重庆市烟草专卖局领导及相关专家进行调研指导

5. 项目实施过程，及时交流总结

2015 年 3 月 13 日至 14 日，广西中烟·真龙—奉节太和基地单元特色烟项目总结暨 2015 年工作启动会在西南大学召开。广西中烟、西南大学、中国农科院、郑州烟草研究院、重庆市局（公司）科技处、烟科所、奉节县局（分公司）共 20 余人参会。广西中烟原料部相关负责人表示，2014 年在项目组努力下，项目取得了较好的效果，积累了大量基础数据，另外通过取样分析，发现除太和乡外，九通、川鄂等植烟区的烟叶也达到或接近了"特色烟"的品质。本项目的实施，对重庆植烟区烟叶品牌的形成具有重要意义。

2015 年 10 月 21 日至 22 日，项目中期总结交流会在万州召开。广西中烟、中国农科院、郑州烟草研究院、西南大学、奉节县局（分公司）共 20 余人参会。会议期间，项目组回顾了 2014 年取得的研究成果，汇报了 2015 年的研究进展，探讨了如何保持浓透清香型烟叶风格的稳定与发展，前瞻性地探索了 2016 年的研究方向。围绕项目任务目标，针对项目后期数据庞杂、任务繁重的现实，项目组进一步明确了各承担单位任务分工，约定了完成时间。

2016 年 3 月 3 日至 4 日，项目 2016 年度工作启动会在西南大学召开。会上，广西中烟参会代表通报了奉节基地烟叶 2015 年度质量评价情况，肯定了 2 年来项目在提升基地烟叶质量水平上的客观成绩；中国农科院、郑州烟草研究院、西南大学、奉节县局（分公司）作为项目承担实施单位，分别汇报了 2015 年度项目研究进展情况及存在问题、2016 年度工作计划及初步设计。

2016 年 7 月 19 日至 20 日，项目中期总结交流会在奉节县兴隆镇召开。广西中烟、中国农业科学院、郑州烟草研究院、西南大学、奉节县局（分公司）共 20 余人参会。会议期间，项目组回顾了项目实施 2 年来取得的研究成果，各课题组汇报了 2016 年的研究进展情况。围绕项目任务目标，项目组进一步明确了各课题组任务分工，约定了完成时间（图 12-9）。

图 12-9　项目总结交流会

6. 项目研究简报编写

在项目研究工作开展过程中，项目组及时对项目开展中的工作动态进行更新，发布研究进展、研究成果、研究思路，并从 2014 年 4 月开始编印项目研究简报，积极与其他单位进行技术、经验、成果交流，更有助于推进研究工作的开展（图 12-10）。2014 ~ 2016 年编印了 12 期简报，对项目的深入研究起到了重要的促进作用。

图 12-10　项目研究简报

7. 项目田间鉴评

2016 年 8 月 17 日至 18 日，项目田间鉴评会在奉节召开。会议邀请中国农业科学院烟草研究所、云南省烟草农业科学研究院、江西省烟叶科学研究所、重庆烟草科学研究所、巫溪县局（分公司）的有关专家、学者对项目进行田间现场鉴评（图 12-11）。

专家组实地查看了奉节太和基地单元烟叶田间长势及烘烤情况，通过听取汇报，查阅资料，经质询、答疑和充分讨论认为，基地单元内烟株长势整齐、清秀，个体发育均衡，群体结构合理，分层落黄明显，具有明显中棵烟特征；烤后烟叶呈橘黄色，色泽鲜亮、油分充足、闻香突出。该项目通过分析基地单元内气象、土壤等生态数据，找到了影响浓透清香型烟叶形成的关键生态因子；明确了基地烟叶感官质量、化学品质、香气风格与生态因子的关系；通过工业验证，界定了基地单元内浓透清香型烟叶生产区域；通过连续定点取样分析，初步构建了浓透清香型烟叶化学成分适宜性评价体系；研究了浓透清香型烟叶关键栽培技术，构建了浓透清香型烟叶生产技术体系并推广应用。项目采取边研究、边推广应用的模式，集成应用了 5 项技术措施：一是健苗培育技术，二是小苗井窖"三带"移栽技术，三是中棵烟培育技术，四是保健预警系统控制的植保技术，五是以提高成熟度为中心的采烤分一体化技术。有力地提高了优质原料供应能力，更好地彰显了基地单元烟叶浓透清香型风格特色。

专家组一致同意该项目通过田间鉴评，并对下一步研究工作提出了具体意见与建议。

图 12-11　项目田间鉴评会

（二）技术方案论证和研究工作的组织与管理

1.反复研讨、出台项目年度实施方案

项目开展 3 年来，奉节县局（分公司）项目组每年年初组织召开一次项目启动与方案评审会，项目各课题组齐聚一堂，结合项目总体研究目标，总结上一年度研究进展情况，讨论本年度研究目标、方案，对项目研究方案的设计思路、研究内容及研究细节提出意见与建议。为方案设计的科学性、实施的针对性、成果的实用性奠定了坚实基础。

奉节县局（分公司）项目组结合项目启动会上，各位专家教授对项目设计思路、研究建议、管理方法等方面提出的建议进行认真梳理、总结，并通过产区生产调研，形成项目年度实施方案初稿，并邀请公司领导及烟叶科、财务科、内管办、审计委派办等部门相关人员，针对项目年度实施方案初稿进行研讨，针对项目实施思路、考核办法、研究内容、经费管理、人员组织等方面进行深度讨论，在达成一致意见的情况下，形成正式方案。

2.项目组织管理与实施保障

（1）强化人员组织、明确任务分工。为了保证该项目研究任务的顺利完成，成立项目专项工作领导小组，下设技术组、实施组、监管组。项目专项工作领导小组主要负责整个项目的统筹管理工作，项目技术小组主要负责年度技术方案编制与审定、实施技术指导等，项目实施小组主要负责各项具体研究内容的设计、规划与实施，并负责各项研究内容的效果追踪、数据收集与汇总，研究报告撰写等工作，项目监管小组主要负责项目实施监督、过程考核、经费管理等。

（2）搭建信息共享平台、加强交流沟通。为了加强项目组成员间的交流与沟通，保证项目各承担单位及时了解项目研究动态，实现项目数据及时共享，项目组统计各负责人、参与人的手机号码、QQ 号码、邮箱等通信信息，编制项目组人员通信信息手册，并发至各人员手中，实现项目组人员及时交流与沟通、研究数据及时共享。

（3）强化痕迹管理、定期报告研究动态。及时向主管部门、各承担单位报告项目研究动态，有利于主管部门第一时间了解项目研究进展情况，便于各承担单位及时发现项目开展过程中存在的问题，及时准备并采取科学补救措施，保证项目整体研究方向与项目最终目标吻合一致。项目组十分重视痕迹管理，在项目开展过程中定期报告整个项目研究动态。该报告由奉节县局（分公司）负责编制。

（4）重视技术交流、定期召开交流会。项目技术交流会的召开，有利于项目组及时总结项目阶段性研究成果、及时发现项目开展过程中存在的问题，有利于加强项目组成员间的交流与沟通，对项目的整体推进意义重大。项目组研究决定，于 2014 年 2 月底，组织召开"项目方案评审与项目启动会"；于 2014 年 7 月底，组织召开"项目研究中期经验交流与现场中期考评会"；于 2014 年 12 月中旬，组织召开"项目研究年度工作总结及经验交流会"。3 个会议的形式、组织单位、时间地点、内容等以项目组的会前通知为准。

（5）及时总结、快速申报成果。瞄准项目研究目标，扎实推进年度研究任务，各承担单位要及时对所承担的试验示范数据进行阶段性梳理、汇总、分析，并形成阶段性结果，对效果明显的试验示范，快速形成总结报告，并申报相关科技成果。

（6）边研究边推广，促进项目研究成果落地。项目组有效地将理论研究与示范园区建设、技术推广相结合，边研究边推广，做到研究结果及时转化为田间生产力，在全县烟叶生产工作中，以项目研究为平台，创新组织管理模式、强化人员培训、统一技术标准，最终保证技术落地，烟叶生产水平一年上一个新台阶。

二、主要研究结果和工作成效

（一）项目取得的成果

1. 主要成果

通过 4 年的实施，项目圆满完成目标任务，摸清了浓透清香型烟叶风格形成的关键生态因子是温度变化和降水累积；明确了浓透清香型烟叶区域定位可分为 3 个不同区域；分析了奉节基地烟叶质量风格特色，感知出 10 种香韵，明确了不同化学成分与质量特色的关系；建立了品牌导向的烟叶化学成分适宜性评价方法；探索出太和基地烤烟养分吸收规律和配套的施肥技术，研究出一系列健康栽培保障技术，明确了奉节基地病虫害发生规律及其与气候因子的关系，研究出主要叶部病害发生与烟叶品质质量的关系，特别研究出叶部病害的保健—预警—系统控制技术体系，配套开发出相应的烤烟烘烤技术，形成了针对太和基地单元的烟叶特色彰显和保障的技术体系，建立了相应的示范区，并推广应用到整个太和基地单元，有效地保障了烟叶的质量提升和原料供应。

项目实施期间，获得了专利授权 4 项，发表了论文 7 篇，获得中华农业科技奖三等奖 1 项，获得中国烟草总公司科学技术进步奖三等奖 1 项，培养研究生 5 名，培训技术人员 50 多人次，培训职业烟农 200 多人次。

2.技术创新点

（1）为奉节金子烟叶的风格质量特色进行了精准定位。（2）找到了影响金子烟叶风格质量特色形成的关键生态因子。（3）研发出一系列彰显风格质量特色的关键技术，基本包括所有烟叶生产环节，研究的全面性、系统性强。（4）明确了影响烟叶质量的病害发生因子，找到了系列控制烟草病害的关键技术。（5）项目研究按照"先定位、再发现、后完善"的思路逐步开展，与传统的"发现问题、分析问题、解决问题"的研究思路相比，方法上具有创新性。

3.经济效益

本项目提升了烟叶质量，稳定了烟叶生产，推动了工业公司对烟叶的调拨。烟草的调拨量从 2013 年的金子烟叶 2 万担，增加到 2016 年的 4.4 万担；广西中烟总调拨量从 2014 年的 7 万担，增加到 2017 年的 10.24 万担；基地单元从 1 个基地单元扩大到 2 个；奉节县局（分公司）的销售额从 2013 年的 1.9849 亿元提高到 2016 年的 2.8358 亿元。经济效益提高了 8509 万元。

（二）主要技术成果

1.奉节烟叶品牌定位

真龙—太和基地单元位于重庆市奉节县南部，南接湖北省恩施土家族苗族自治州，境内属于中亚热带湿润季风气候，四季分明、无霜期长、雨水充沛、日照时间长，生态条件好，又是全国两大富硒地之一，具有生产优质特色烟叶得天独厚的环境条件。真龙—太和基地单元是广西中烟与重庆市局（公司）合作共建、重点打造的烟叶生产基地，该基地烟草种植规模常年稳定在 3 万亩左右，年产量 8 万余担、产值逾亿元，是当地农民经济收入的重要来源之一。近年来，该单元在烟叶生产中以广西中烟"真龙"品牌为导向，始终坚持"优化结构、提高质量、突出特色、保障供应"的工作方针，经过多年的发展，该单元田块连片面积广、基础配套设施日趋完善、烟农科学种烟水平日渐提高、烟叶品质稳步提升，是渝东北最具发展潜力的烟叶基地单元之一。

2010 年以来，广西中烟技术中心配方人员在对比评吸奉节各乡镇烟叶样本时发现，太和乡金子收购站点的烟叶与其他乡镇收购站点的烟叶在吸味风格上有较明显的区别：太和乡烟叶具有浓透清香型特征，香气丰富高雅，特别是具有较明显的焦甜香和优雅的花香，烟气顺喉舒畅，劲头适中，杂气、刺激性较小，余味干净醇甜，完全具备优质卷烟原料的使用价值，能真正体现奉节烟叶"香馥静雅，醇甜和顺"的特点。而其他区域烟叶均为典型的中间香型，香气较单薄，略显沉闷，杂气稍明显，缺少甜润感，总体比较中庸。

经过各种评吸论证，2011 年起，广西中烟技术中心特别要求在收购和打叶时，将太和乡的烟叶与奉节其他区域烟叶分开，以利于配方使用。经过几年的配方使用验证，均证明了太和乡烟叶无论从内在品质，还是配方适用性方面均明显好于其他收购站点的烟叶，太和乡的上等烟叶已大量使用到高端"真龙"品牌卷烟产品中，其他收购站点的烟叶也在中低档次的"真龙"品牌卷烟产品中使用。综合来看，奉节烟叶在"真龙"品牌"巴马天成""海韵""起源""鸿韵""祥云""珍品"等产品配方中得到广泛运用，综合使用比例为 7% ～ 10%。

通过多年使用论证，奉节烟叶特别是太和乡烟叶，感官质量方面既具有浓香型烟叶的香气浓郁饱满、劲头给力等特点，又兼备清香型烟叶的香气飘逸静雅、典型的花香、余味醇甜等风格特征，又与典型的中间香型烟叶有明显的区别，表现出浓透清香的风格特点，因此定位为"浓透清香型"，吸味风格特点表现为"香馥静雅、醇甜和顺"，其内在品质与广西中烟"真龙"品牌产品对原料的要求高度契合，目前已在"真龙"品牌产品配方中处于不可替代的地位。

2. 奉节烟叶风格解读及质量特征

结合 2014 年和 2015 年奉节不同植烟区烟叶风格特色、感官质量、外观质量、主要化学成分等的分析检测数据，分析奉节烟叶的质量风格特色，并与我国 3 类香型典型产区进行对比。

（1）感官风格特色。奉节浓透清香型代表性烟叶样本香韵评价结果如图 12-12 所示。根据烤烟感官质量风格特色评价方法中规定的 15 种香韵（特色烟重大专项），奉节烟叶共感知出 10 种有效香韵，强弱依次为干草香、正甜香、坚果香、清甜香、焦甜香、焦香、青香、木香、辛香和果香。

奉节与不同香型典型产区烟叶香韵对比结果见表 12-1。奉节烟叶与浓香型典型产区湖南桂阳烟叶有干草香、焦甜香、坚果香、正甜香 4 个共有香韵，与中间香型典型产区贵州遵义烟叶有干草香、正甜香 2 个共有香韵，与清香型典型产区云南昆明和普洱烟叶有干草香、清甜香 2 个共有香韵。

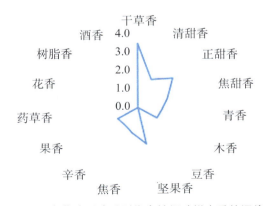

图 12-12　奉节浓透清香型代表性烟叶样本香韵评价结果

表12-1 奉节与不同香型典型产区烟叶香韵对比

产区	主要香韵（分值＞1.5）
重庆奉节	干草香、正甜香、坚果香、清甜香、焦甜香
浓香型（湖南桂阳）	干草香、焦甜香、焦香、坚果香、正甜香
中间香型（贵州遵义）	干草香、正甜香、木香
清香型（云南昆明、普洱）	干草香、清甜香、青香、木香、辛香

（2）感官评吸质量。2014～2015年奉节不同产烟点烟叶感官质量评价分值及变异情况如图12-13至图12-16所示。从感官质量来看，九通、金子产烟点烟叶感官质量相对较好且年度间相对稳定。从变异来看，长安产烟点内烟叶感官质量的变异较大，九通、金子产烟点的变异较小。综合2年评价结果，九通、金子产烟点烟叶感官质量相对较好且产烟点内变异较小，大石包产烟点烟叶感官质量相对较差，吐祥、云雾产烟点烟叶感官质量的年度间波动较大，长安产烟点烟叶感官质量的年度变异和产烟点内变异较大。

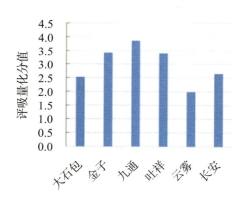

图12-13 2014年奉节各产烟点烟叶感官质量
评价分值

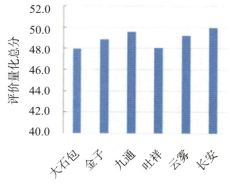

图12-14 2015年奉节各产烟点烟叶感官质量
评价分值

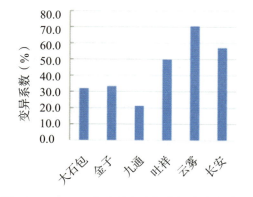

图12-15 2014年奉节各产烟点烟叶感官质量
评价分值变异

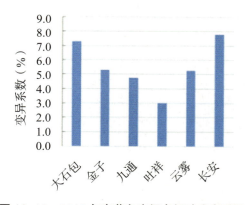

图12-16 2015年奉节各产烟点烟叶感官质量
评价分值变异

（3）外观质量。

①定性评价。各产烟点烟叶中部叶外观质量指标定性评价结果如图12-17至图12-22所示。各产烟点烟叶颜色总体以橘黄色偏浅色域（金黄色）为主（80%左右），长安产烟点烟叶颜色相对较浅，18%的烟叶属柠檬黄色域（正黄色），各产烟点均存在不同程度的微带青烟叶，吐祥、大石包、九通产烟点含青烟叶比例相对较高（13%～17%），各产烟点杂色烟叶比例均较低（5%以内）。烟叶成熟度以"成熟"档次为主（80%左右），云雾和长安产烟点烟叶成熟度较好，"成熟"档次比例在90%以上，但云雾有个别烟叶"假熟"。烟叶叶片结构以"疏松"档次为主（90%以上）。烟叶身份在产烟点之间差异较大，云雾和长安产烟点烟叶以"稍薄"档次为主（约60%），九通和金子产烟点烟叶身份相对适中，"中等"档次比例超过60%。烟叶油分以"有"档次为主（55%以上），云雾产烟点烟叶油润感相对稍差。烟叶色度以"中"档次为主，比例在70%以上。

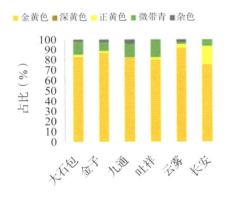

图12-17　奉节各产烟点烟叶颜色评价

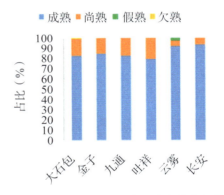

图12-18　奉节各产烟点烟叶成熟度评价

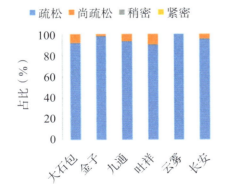

图12-19　奉节各产烟点烟叶叶片结构评价

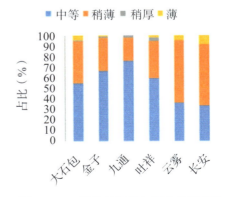

图12-20　奉节各产烟点烟叶身份评价

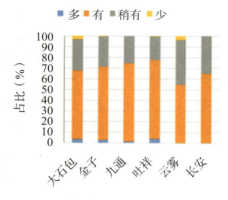

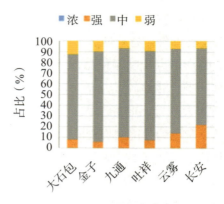

图 12-21 奉节各产烟点烟叶油分评价　　图 12-22 奉节各产烟点烟叶色度评价

②量化赋分。奉节各产烟点烟叶外观质量指标量化评价分值及变异情况见表 12-2、表 12-3。从外观质量来看，长安、云雾和金子产烟点烟叶的外观质量总体较好，长安、云雾产烟点烟叶颜色相对纯正，成熟度较高，叶片结构相对疏松，但身份相对偏薄，油润感稍差（尤其是云雾产烟点），金子产烟点烟叶各项指标相对均衡。大石包产烟点烟叶外观质量相对略差，主要表现在成熟度相对较差。从变异情况来看，大石包产烟点烟叶油润感的变异较大，吐祥产烟点烟叶色泽的均匀饱满程度变异较大，长安产烟点烟叶的身份变异较大。

表 12-2 奉节各产烟点烟叶外观质量评价分值

产烟点	颜色	成熟度	叶片结构	身份	油分	色度	总分
大石包	7.79	7.63	8.12	7.12 ab	5.57	5.00	72.75
金子	7.88	7.77	8.43	7.45 ab	5.69	4.95	74.30
九通	7.70	7.72	8.05	7.79 a	5.75	5.14	73.68
吐祥	7.79	7.65	8.06	7.24 ab	6.00	5.22	73.47
云雾	8.14	8.06	8.68	6.39 b	5.08	5.13	74.43
长安	8.28	8.18	8.54	6.24 b	5.44	5.44	75.38

注：表中不同小写字母表示在 $P < 0.05$ 水平存在差异，下同。

表 12-3 奉节各产烟点烟叶外观质量分值变异

产烟点	颜色	成熟度	叶片结构	身份	油分	色度	总分	平均变异
大石包	5.9%	7.5%	7.5%	16.7%	16.3%	13.0%	5.8%	10.4%
金子	6.6%	7.6%	5.3%	9.5%	13.5%	11.2%	5.4%	8.4%
九通	7.4%	8.5%	7.5%	8.9%	10.8%	9.1%	6.6%	8.4%
吐祥	6.0%	5.5%	4.2%	14.1%	14.7%	16.2%	4.0%	9.2%
云雾	4.9%	5.3%	3.2%	16.4%	14.5%	13.8%	5.7%	9.1%
长安	0.3%	4.3%	9.3%	21.1%	11.5%	4.9%	0.6%	7.4%

（4）主要化学成分。

①奉节烟叶主要化学成分指标与典型香型产区对比。从表12-4可以看出，奉节烟叶的烟碱含量与清香型和中间香型产区的相当，低于浓香型产区的；还原糖含量相对低于3类香型典型产区的；总糖含量略高于浓香型产区的，略低于中间香型和清香型典型产区的；钾含量和钾氯比值高于3类香型典型产区的；淀粉含量与清香型产区的相当，低于中间香型和浓香型典型产区的；糖碱比值与浓香型产区的相当，低于中间香型和清香型典型产区的；氮碱比值高于3类香型典型产区的；两糖比值低于3类香型典型产区的。

表12-4　奉节烟叶主要化学成分与典型香型产区对比

产区	主要化学成分									
	烟碱（%）	总氮（%）	还原糖（%）	总糖（%）	钾（%）	淀粉（%）	糖碱比（%）	氮碱比（%）	钾氯比（%）	两糖比（%）
奉节	2.18	1.99	22.96	30.98	2.19	4.31	11.33	0.99	16.23	0.75
清香型	2.24	1.92	27.17	32.74	1.99	4.40	12.96	0.89	10.96	0.83
中间香型	2.22	1.83	26.89	31.88	1.94	5.15	13.14	0.86	12.01	0.85
浓香型	2.42	1.92	25.41	28.47	1.97	5.14	11.56	0.83	8.36	0.89

注：不同香型典型产区数据来源于中国烟叶质量白皮书。

②奉节各产烟点烟叶化学成分。各产烟点烟叶主要化学成分及变异情况见表12-5、12-6。2015年较2014年烟叶的烟碱含量总体有所上升，还原糖和总糖含量有所上升，氮碱比值有所下降。综合2年的分析结果，稳定出现的规律包括：不同产烟点化学成分变异相对较大的指标为淀粉和糖碱比值，两糖比值和总糖的变异较小；烟叶化学成分指标中的两糖比值较低，各产烟点平均值小于0.8；吐祥产烟点烟叶的烟碱含量较高，蛋白质含量较低，淀粉含量较高，氮碱比值和两糖比值较低；长安产烟点烟叶的还原糖、总糖、淀粉含量较高，钾含量较低。

进一步利用2年的分析结果，对各产烟点烟叶化学成分的相似性进行聚类分析（图12-23），金子、云雾产烟点烟叶化学成分的相似性较强，长安、吐祥产烟点烟叶化学成分与其他产烟点的差异较大。

表12-5　各产烟点烟叶主要化学成分指标（2014年）

产烟点	主要化学成分											
	烟碱（%）	总氮（%）	蛋白质（%）	还原糖（%）	总糖（%）	钾（%）	氯（%）	淀粉（%）	糖碱比（%）	氮碱比（%）	钾氯比（%）	两糖比（%）
大石包	1.9 ab	2.1 ab	11.4 abc	21.7 ab	28.0 a	2.4 ab	0.2 a	3.5 bc	13.0 a	1.3 a	14.4 ab	0.78 a
金子	2.0 ab	2.2 a	11.9 a	19.3 c	24.9 b	2.6 ab	0.2 a	3.6 bc	10.5 ab	1.2 a	15.6 a	0.79 a
九通	1.7 b	2.2 ab	11.7 abc	19.7 bc	26.7 ab	2.5 ab	0.1 b	3.7 bc	14.3 a	1.5 a	21.8 a	0.74 ab

续表

产烟点	主要化学成分											
	烟碱（%）	总氮（%）	蛋白质（%）	还原糖（%）	总糖（%）	钾（%）	氯（%）	淀粉（%）	糖碱比（%）	氮碱比（%）	钾氯比（%）	两糖比（%）
吐祥	2.4 a	2.1 ab	10.4 bc	18.9 bc	27.0 ab	2.1 b	0.2 a	5.5 a	8.2 b	0.9 b	12.4 b	0.70 b
云雾	1.9 ab	2.3 ab	12.2 ab	20.4 abc	27.8 ab	2.7 ab	0.2 ab	2.6 c	11.2 ab	1.3 ab	19.1 a	0.73 ab
长安	1.9 ab	1.9 b	9.6 c	24.0 a	31.2 a	1.9 b	0.2 ab	5.0 ab	13.2 ab	1.0 ab	15.4 ab	0.77 ab
变异系数	13.3	6.9	8.9	9.2	7.5	13.0	22.2	26.0	19.0	18.1	20.8	4.2

表 12-6　各产烟点烟叶主要化学成分指标（2015 年）

产烟点	主要化学成分											
	烟碱（%）	总氮（%）	蛋白质（%）	还原糖（%）	总糖（%）	钾（%）	氯（%）	淀粉（%）	糖碱比（%）	氮碱比（%）	钾氯比（%）	两糖比（%）
大石包	2.22	1.77 ab	8.66 ab	26.30 ab	37.73 a	1.75 b	0.14	5.72 ac	12.12 ab	0.81	14.33 b	0.70 b
金子	2.51	1.93 a	9.35 a	26.60 ab	35.56 ab	1.97 ab	0.13	3.80 bcd	10.99 abc	0.79	15.58 ab	0.75 ab
九通	2.53	1.93 ab	9.32 a	23.45 b	32.58 b	2.06 ab	0.11	3.52 d	9.49 c	0.76	19.14 a	0.72 ab
吐祥	2.46	1.66 b	7.74 b	24.76 ab	35.02 ab	1.77 b	0.10	6.23 a	10.50 bc	0.69	17.93 ab	0.71 ab
云雾	2.37	1.73 ab	8.22 ab	24.59 ab	32.34 ab	2.34 a	0.13	3.61 cd	10.43 abc	0.73	17.46 ab	0.76 ab
长安	2.11	1.65 ab	8.06 ab	29.03 a	36.47 ab	1.57 b	0.11	7.76 a	14.41 a	0.78	14.67 ab	0.80 a
变异系数	7.2	6.9	7.8	7.6	6.1	14.2	12.6	34.1	15.4	5.7	11.7	5.1

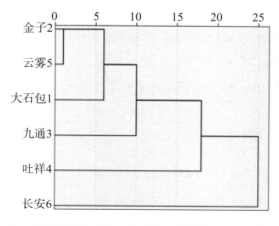

图 12-23　奉节不同产烟点化学成分相似性归类（2 年数据综合）

太和乡烟叶与不同香型典型产区香韵评价的对比结果表明，太和乡烟叶与浓香型典型产区湖南桂阳有干草香、焦甜香、坚果香、正甜香4个共有香韵，与中间香型典型产区贵州遵义有干草香、正甜香2个共有香韵，与清香型典型产区云南昆明和普洱有干草香、清甜香2个共有香韵。

3.品牌导向的烟叶化学成分适宜性评价方法

利用连续2年采集的奉节地区大货烟叶样本，以对感官质量的影响为主，运用区间分析、方差分析、因子分析等方法，研究烟叶主要化学成分指标的适宜范围和适宜性评价方法。

（1）烟叶化学成分与感官质量关系的初步分析。

①含氮相关指标。烟叶感官质量随烟碱、总氮、蛋白质含量变化的散点图如图12-24至图12-26所示。总体来看，随着含氮相关指标的上升，烟叶感官质量呈下降趋势。含氮相关指标不同含量范围内烟叶感官质量与外观质量分值及变异情况见表12-7。

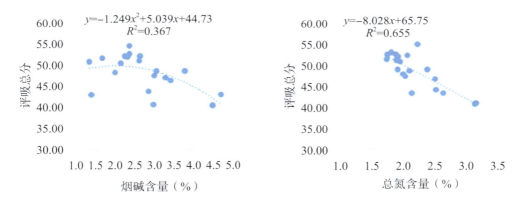

图 12-24 烟叶感官质量随烟碱含量变化散点图　图 12-25 烟叶感官质量随总氮含量变化散点图

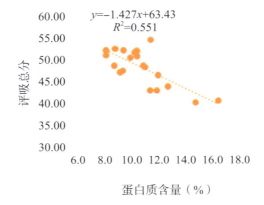

图 12-26 烟叶感官质量随蛋白质含量变化散点图

表 12-7　含氮相关指标不同含量范围内烟叶感官质量与外观质量分值及变异情况

含氮相关指标	含量范围（%）	感官质量		外观质量	
		平均分值	变异系数	平均分值	变异系数
烟碱	< 1.9	48.45 AB	9.8%	72.67 ab	8.0%
	1.9 ～ 2.8	51.59 A	3.4%	77.17 a	5.0%
	≥ 2.8	45.06 B	7.1%	71.73 b	6.5%
总氮	< 2.2	50.07 A	5.9%	75.74	6.1%
	≥ 2.2	43.76 B	7.3%	71.25	7.3%
蛋白质	< 11.0	50.16 A	3.8%	75.23	5.2%
	≥ 11.0	44.51 B	10.8%	73.28	9.7%

注：表中同列数据后不同大写字母表示在 $P < 0.01$ 水平存在差异，不同小写字母表示在 $P < 0.05$ 水平存在差异，下同。

②碳水化合物相关指标。烟叶感官质量随还原糖、总糖和淀粉含量变化的散点图如图 12-27 至图 12-29 所示。总体来看，随着碳水化合物相关指标的上升，烟叶感官质量呈上升趋势。碳水化合物相关指标不同含量范围内烟叶感官质量与外观质量分值及变异情况见表 12-8。

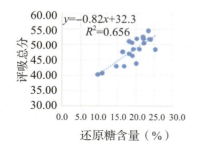

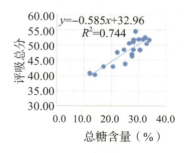

图 12-27　烟叶感官质量随还原糖含量变化散点图　　图 12-28　烟叶感官质量随总糖含量变化散点图

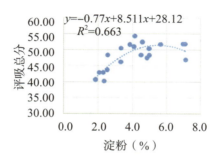

图 12-29　烟叶感官质量随淀粉含量变化散点图

表 12-8　碳水化合物相关指标不同含量范围内烟叶感官质量与外观质量分值及变异情况

碳水化合物相关指标	含量范围（%）	感官质量		外观质量	
		分值	变异系数	分值	变异系数
还原糖	＜18.0	42.90 B	6.7%	66.25 B	0.3%
	≥18.0	49.94 A	5.6%	75.81 A	5.2%
总糖	＜24.0	42.90 B	6.7%	66.25 B	0.3%
	≥24.0	49.94 A	5.6%	75.81 A	5.2%
淀粉	＜2.5	42.15 B	3.7%	69.83	8.9%
	≥2.5	50.19 A	4.7%	73.67	11.7%

③相互协调关系指标。烟叶感官质量随糖碱比值、氮碱比值、两糖比值、钾氯比值、（还原）糖蛋比值、（总）糖氮比值变化的散点图如图 12-30 至图 12-35 所示。总体来看，烟叶感官质量随糖碱比值、糖蛋比值、糖氮比值的提高呈上升趋势，随两糖比值的提高呈下降趋势。相互协调关系指标不同范围内烟叶感官质量与外观质量分值及变异情况见表 12-9。

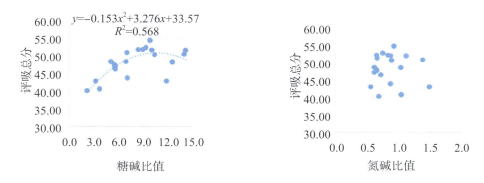

图 12-30　烟叶感官质量随糖碱比值变化散点图　　图 12-31　烟叶感官质量随氮碱比值变化散点图

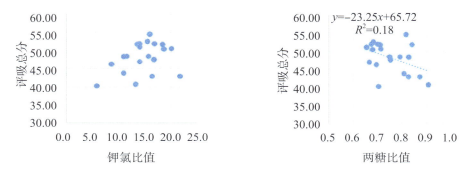

图 12-32　烟叶感官质量随钾氯比值变化散点图　　图 12-33　烟叶感官质量随两糖比值变化散点图

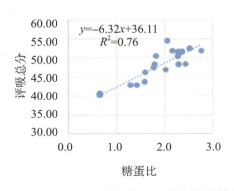
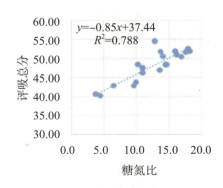

图 12-34　烟叶感官质量随糖蛋比值变化散点图　图 12-35　烟叶感官质量随糖氮比值变化散点图

表 12-9　相互协调关系指标不同范围内烟叶感官质量与外观质量分值及变异情况

相互协调关系指标	范围	感官质量		外观质量	
		分值	变异系数	分值	变异系数
糖碱比	＜ 8.0	45.42 B	7.7%	71.44 b	6.5%
	＞ 8.0	51.56 A	3.3%	77.09 a	4.8%
糖蛋比	＜ 2.0	45.08	7.6%	70.93	6.9%
	＞ 2.0	51.29	3.6%	76.83	4.7%
糖氮比	＜ 12.0	44.13 B	6.9%	70.22 B	7.2%
	＞ 12.0	50.88 A	4.1%	76.62 A	4.6%
两糖比	＜ 0.85	48.89	7.6%	75.17	6.1%
	＞ 0.85	41.84	3.9%	66.40	—

　　根据烟叶感官质量随各指标的变化趋势，初步确定烟叶化学成分适宜性要求，见表 12-10。

表 12-10　"真龙"品牌导向的奉节基地烟叶化学成分适宜性要求（初步）

类型	指标	适宜性要求
含氮相关	烟碱	1.90 ～ 2.80
	总氮	＜ 2.20
	蛋白质	＜ 11.00
碳水化合物相关	还原糖	＞ 18.00
	总糖	＞ 24.00
	淀粉	＞ 2.50
相互协调关系	糖碱比	＞ 8.00
	糖（还原糖）蛋比	＞ 2.00
	糖（总糖）氮比	＞ 12.00
	两糖比	＜ 0.85

（2）烟叶化学成分适宜区间分析。进一步结合相关研究结果，确定烟叶总氮含量下限、碳水化合物指标上限、糖碱比值、糖蛋比值、糖氮比值上限和两糖比值下限。初步确定的奉节浓透清香型烟叶化学成分指标适宜范围见表12-11。

表 12-11　"真龙"品牌导向的奉节基地烟叶化学成分适宜范围

类型	指标	适宜性要求
含氮相关	烟碱	1.90～2.80
	总氮	1.40～2.20
	蛋白质	＜11.00
碳水化合物相关	还原糖	18.00～32.00
	总糖	24.00～36.00
	淀粉	2.50～7.00
相互协调	糖碱比	8.00～18.00
	糖（还原糖）蛋比	2.00～4.00
	糖（总糖）氮比	12.00～27.00
	两糖比	0.65～0.85

（3）烟叶化学成分指标权重分析。对烟叶样本化学成分指标进行主成分分析，以特征根大于1、累计贡献率大于80%为条件，共提取2个公因子（表12-12），累计代表烟叶化学成分信息的84.154%。从表12-13可以看出，与第一个公因子相关程度较高的指标为总氮、蛋白质、总糖、淀粉、糖蛋比、糖氮比、两糖比，贡献率为68.681%，与第二个公因子相关程度较高的指标为烟碱、还原糖、糖碱比，贡献率为15.473%。

表 12-12　烟叶化学成分提取公因子

公因子	特征值	贡献率（%）	累计贡献率（%）
1	6.868	68.681	68.681
2	1.547	15.473	84.154

表 12-13　各公因子与化学成分指标的相关性

指标	第一个公因子	第二个公因子
烟碱	−0.07	−0.92
总氮	−0.78	−0.54
蛋白质	−0.89	−0.26

续表

指标	第一个公因子	第二个公因子
还原糖	0.51	0.74
总糖	0.75	0.60
淀粉	0.78	0.13
糖碱比	0.13	0.96
糖蛋比	0.80	0.53
糖氮比	0.80	0.57
两糖比	−0.78	0.07

根据各个公因子的贡献率及各指标对公因子的特征向量值，计算化学成分各指标权重，结果见表 12-14。

表 12-14　烟叶化学成分指标权重

指标	权重（%）
烟碱	6.5
总氮	11.3
蛋白质	13.1
还原糖	5.2
总糖	10.9
淀粉	11.4
糖碱比	6.7
糖蛋比	11.7
糖氮比	11.7
两糖比	11.4

（4）烟叶化学成分赋值方法。采用指数和法计算烟叶化学成分协调性分值，若指标在适宜范围以内，赋值为 1，反之赋值为 0。具体计算见公式（1）：

$$A = \left(\sum Bi \times Ci \right) \times 10 \tag{1}$$

式中，A 为烤烟化学成分协调性综合质量分值；Bi 为第 i 个化学成分指标分值；Ci 为第 i 个化学成分指标的权重。

（5）化学成分赋值方法验证。

①模型内样本验证。利用模型内样本数据对烟叶化学成分协调性赋值方法进行验证。烟叶样本化学成分协调性分值与感官质量总分的散点图如图 12-36 所示，烟叶化学成分协调性分值与感官质量总分呈极显著正相关，决定系数接近 0.84，说明烟叶化学成分协调性分值与感官质量总分呈现较好的共变关系。进一步比较不同化学成分协调性分值区间内烟叶样本感官质量和外观质量分值（表 12-15），化学成分协调性分值较高的样本感官质量、外观质量总分显著或极显著较高。

综上看出，利用烟叶化学成分协调性赋值方法获得的化学成分协调性分值与感官总分呈现一致的共变关系，验证效果较好。

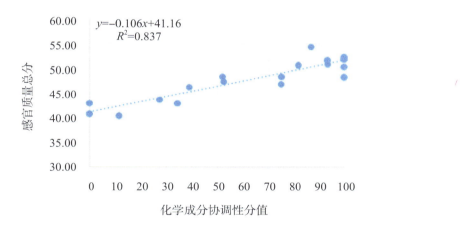

图 12-36　烟叶化学成分协调性分值与感官质量总分散点图（模型内样本）

表 12-15　不同化学成分协调性分值区间内烟叶感官质量和外观质量分值（模型内样本）

化学成分协调性分值	感官质量分值		外观质量分值	
	平均值	显著性检验	平均值	显著性检验
＜ 60	44.14	B c	70.22	c
60 ～ 80	47.75	AB b	73.60	b
＞ 80	51.50	A a	76.92	a

②同年份模型外样本验证。利用相同年份模型外烟叶样本的评价结果进行验证。烟叶样本化学成分协调性分值与感官质量总分的散点图如图 12-37 所示。烟叶化学成分协调性分值与感官质量总分呈极显著正相关，决定系数约为 0.46，说明烟叶化学成分协调性分值与感官质量总分呈现较好的共变关系。进一步比较不同化学成分协调性分值区间烟叶样本感官质量和外观质量分值（表 12-16），化学成分协调性分值较高的样本感官质量总分显著或极显著较高。

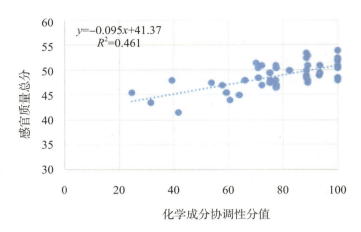

图 12-37　烟叶样本化学成分协调性分值与感官质量总分散点图（同年份模型外样本）

表 12-16　不同化学成分协调性分值区间烟叶感官质量和外观质量分值（同年份模型外样本）

化学成分协调性分值	感官质量分值		外观质量分值	
	平均值	显著性检验	平均值	显著性检验
＜ 60	45.50	C c	71.79	a
60 ～ 80	48.26	B b	74.57	a
＜ 80 ～ 90	50.30	AB a	74.78	a
＞ 90	50.54	A a	73.19	a

③不同年度模型外样本验证。利用不同年份模型外烟叶样本的评价结果对化学成分协调性赋值方法进行验证。从表 12-17 可以看出，随着感官质量档次的上升，烟叶样本化学成分协调性分值呈上升趋势，感官质量好档次样本的化学成分协调性分值显著高于感官质量较差的档次，且组内变异较小，说明化学成分赋值方法较好地体现了烟叶感官质量的优劣。

表 12-17　不同感官质量档次烟叶样本的化学成分协调性分值

感官质量档次	化学成分协调性分值	
	平均值	变异系数（%）
较差	56.19 b	47.96
一般	65.20 ab	37.53
好	82.94 a	20.35

4. 浓透清香型烟叶成因分析

（1）浓透清香型烟叶形成的生态基础——太和基地单元生态特征。

①地形地貌。奉节位于长江上游地区、重庆东北部，属山地地貌，区境以山地为主，最高海拔吐祥猫儿梁为 2123 m。北部为大巴山南麓的一部分，东部和南部为巫山和七曜山的一部分，长江横切七曜山形成瞿塘峡。地貌总体为东南、东北高而中部偏西稍平缓，南北约为对称分布，以长江为对称轴，离长江越远海拔越高，有少量平缓河谷平坝。奉节平均海拔 888.9 mm，烤烟多种植在海拔较高的区域，非植烟乡镇平均海拔 729.1 mm，植烟乡镇平均海拔 1115.3 mm，植烟乡镇远高于非植烟乡镇（图 12-38）。植烟的 12 个乡镇海拔中太和、龙桥、云雾 3 个乡镇的海拔最高。

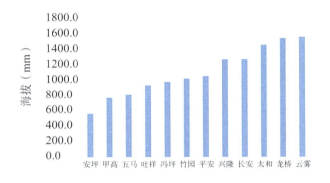

图 12-38　奉节植烟乡镇平均海拔

②区域气候。奉节日均温年变化趋势如图 12-39 所示。1 月温度最低，日均温度为 2.49 ℃，之后温度不断升高，至 7 月、8 月日均温达到全年最高，9 月温度开始下降，全年日均温为 14.12 ℃。奉节植烟区温度变化趋势与奉节一致，年均温为 12.86 ℃。奉节非植烟区的温度变化趋势与奉节一致，年均温为 15.01 ℃。植烟区年均温较非植烟区低 2.16 ℃。

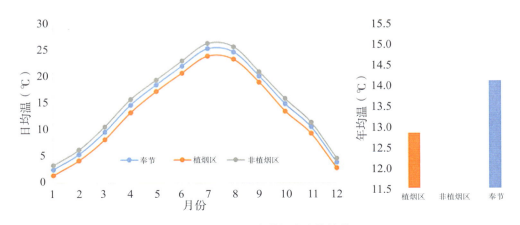

图 12-39　奉节温度变化趋势

　　奉节植烟的部分乡镇温度变化如图12-40所示。乡镇的全年温度变化趋势相同，但不同乡镇温度差异较大，其中安坪的年均温最高，为15.9 ℃，甲高年均温为14.7 ℃、五马年均温为14.5 ℃、吐祥年均温为13.8 ℃、冯坪年均温为13.6 ℃、竹园年均温为13.3 ℃、平安年均温为13.1 ℃、兴隆年均温为11.9 ℃、长安年均温为11.9 ℃，太和的年均温最低，为10.9 ℃。

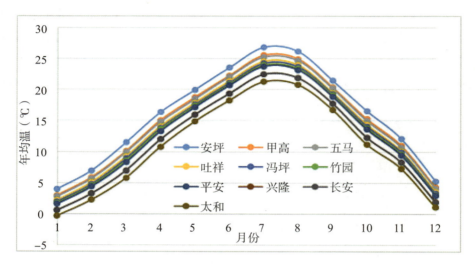

图 12-40　奉节部分植烟乡镇温度变化

　　奉节烤烟大田期一般在5～9月，全县5～9月平均积温3336.4 ℃。植烟乡镇5～9月积温分布在2736.4～3618.2 ℃，平均3138.2 ℃。非植烟区5～9月积温分布在3135.7～3655.3 ℃，平均3476.4 ℃。非植烟区积温高于植烟区积温。植烟的12个乡镇5～9月积温差异也较大，积温由高到低依次为安坪、甲高、五马、吐祥、冯坪、竹园、平安、兴隆、长安、太和、龙桥、云雾。

　　奉节降水丰富，年降水量973.3～1332.2 mm，平均为1122.6 mm。植烟的12个乡镇年降水量1024.2～1332.2 mm，平均年降水量1191.9 mm；非植烟乡镇年降水量973.3～1192.5 mm，平均年降水量1073.7 mm，表明奉节植烟区年降水量比较大。植烟的12个乡镇年降水量由低到高依次为安坪、甲高、五马、吐祥、冯坪、竹园、平安、兴隆、长安、太和、龙桥、云雾，降水量分别为1024.2 mm、1089.7 mm、1103.4 mm、1138.6 mm、1153.1 mm、1167.0 mm、1177.7 mm、1243.3 mm、1245.0 mm、1301.4 mm、1327.0 mm、1332.2 mm。

　　从全年降水量的分布趋势来看（图12-41），奉节1月、2月降水量很低，烤烟移栽期（5月）降水量较高，6月降水量降低，7月降水量全年最高，之后降水量不断下降。其中长安、甲高、云雾、吐祥、太和、龙桥、兴隆5～9月降水量分别为632.0 mm、766.5 mm、807.7 mm、829.0 mm、859.9 mm、921.4 mm、970.7 mm，表明吐祥、太和、龙桥、兴隆降水相对较多，长安、甲高、云雾降水相对较少。

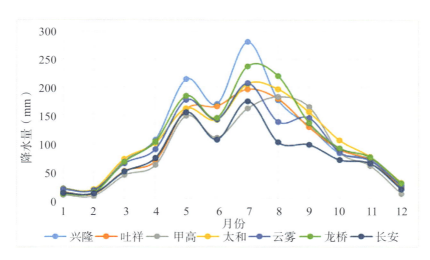

图 12-41 奉节部分植烟乡镇全年降水量分布趋势

③土壤特性。最适宜烤烟生长的 pH 值范围为 5.5～7.0，奉节各植烟片区的 pH 值差异显著。九通片区土壤 pH 值为 4.33～6.28，平均为 5.61，对于优质烤烟来说部分土壤 pH 值偏低。大石包片区土壤 pH 值为 5.24～6.69，平均为 6.07，部分土壤偏酸。云雾片区土壤酸碱度适中。金子片区土壤 pH 值为 5.86～7.49，吐祥片区土壤 pH 值为 5.79～7.45，土壤适宜烤烟生长，部分区域土壤呈微碱性。

表 12-18 太和基地单元不同片区植烟土壤 pH 值

植烟片区	均值	差异显著性	极小值	极大值	标准差	样本量（份）
九通	5.6125	a	4.33	6.28	0.67192	8
大石包	6.0721	ab	5.24	6.69	0.53793	14
云雾	6.4425	bc	6.22	6.58	0.16378	4
金子	6.5429	bc	5.86	7.49	0.41089	17
吐祥	6.7757	c	5.79	7.45	0.67828	7

从表 12-19 可以看出，奉节太和基地单元土壤有机质含量为 18.06～37.98 mg/kg，平均值约为 28.27 mg/kg，90% 以上植烟土壤速效磷含量在 20 mg/kg 以上，因此植烟土壤肥力较高。各植烟片区有机质含量由低到高依次为吐祥、云雾、大石包、金子、九通。但土壤数据统计显示各片区土壤速效磷含量差异不显著。

表 12-19　太和基地单元不同片区植烟土壤有机质含量

植烟片区	平均值（mg/kg）	差异显著性	极小值（mg/kg）	极大值（mg/kg）	标准差	样本量（份）
大石包	27.8021	a	22.29	34.23	3.74320	14
金子	28.0906	a	18.06	35.51	4.92347	17
九通	31.5613	a	28.26	37.98	3.82245	8
吐祥	26.4886	a	19.80	32.88	5.02205	7
云雾	27.2075	a	25.44	28.20	1.21484	4

　　从表 12-20 可以看出，奉节太和基地单元土壤碱解氮含量均大于 100 mg/kg，最低值为 115.19 mg/kg，表明土壤供氮丰富，但不同片区之间供氮能力存在显著差异。其中吐祥片区供氮能力最低，平均值约为 131.85 mg/kg；大石包、金子和云雾片区供氮能力居中，九通片区供氮能力最高，达到了 173.51 mg/kg。

表 12-20　太和基地单元不同片区植烟土壤碱解氮含量

植烟片区	平均值（mg/kg）	差异显著性	极小值（mg/kg）	极大值（mg/kg）	标准差	样本量（份）
吐祥	131.8529	a	115.19	158.93	17.71449	7
大石包	153.7229	b	115.19	173.51	19.48334	14
金子	158.9300	bc	115.19	188.09	17.85678	17
云雾	162.5750	bc	158.93	173.51	7.29000	4
九通	173.5113	c	158.93	202.68	15.58935	8

　　从表 12-21 可以看出，奉节太和基地单元速效磷含量为 6.15 ～ 61.30 mg/kg，平均值约为 37.27 mg/kg，90% 以上植烟土壤速效磷含量在 20 mg/kg 以上，因此植烟土壤速效磷含量丰富。各植烟片区速效磷含量由低到高依次为金子、云雾、吐祥、大石包、九通。但土壤数据统计显示各植烟片区土壤速效磷含量差异不显著。

表 12-21　太和基地单元不同片区植烟土壤速效磷含量

植烟片区	平均值（mg/kg）	差异显著性	极小值（mg/kg）	极大值（mg/kg）	标准差	样本量（份）
金子	33.1588	a	18.80	50.52	8.98582	17
云雾	36.5075	a	23.10	45.87	9.62009	4
吐祥	37.6000	a	21.49	47.95	8.96816	7
大石包	39.4886	a	6.15	58.01	13.58124	14
九通	42.2175	a	26.53	61.30	13.81814	8

钙是细胞壁结构的基本成分，是烟草灰分中仅次于钾的主要成分。从表 12-22 可以看出，奉节太和基地单元植烟土壤交换性钙含量为 3.66 ～ 27.68 cmol/kg，平均值约为 9.34 cmol/kg，表明植烟土壤钙含量丰富（适中土壤交换性钙含量 4 ～ 6 cmol/kg）。大石包、金子片区钙含量平均值低于九通、吐祥和云雾片区。

表 12-22　太和基地单元不同片区植烟土壤交换性钙含量

植烟片区	平均值（cmol/kg）	差异显著性	极小值（cmol/kg）	极大值（cmol/kg）	标准差	样本量（份）
大石包	8.1543	a	4.83	12.02	1.96693	14
金子	8.5441	a	3.66	27.68	5.49733	17
九通	10.3700	a	5.36	24.93	6.37183	8
吐祥	11.6157	a	6.17	20.46	4.80612	7
云雾	10.8900	a	6.40	13.08	3.03411	4

植烟土壤中交换性镁的适中含量为 0.8 ～ 1.6 cmol/kg。从表 12-23 可以看出，奉节太和基地单元土壤交换性镁含量为 0.79 ～ 4.16 cmol/kg，植烟土壤交换性镁含量适中或丰富。不同植烟片区中，吐祥片区土壤交换性镁含量最高，其次是金子、大石包和九通片区，云雾片区最低。统计分析显示，各植烟片区交换性镁含量差异不显著。

表 12-23　太和基地单元不同片区植烟土壤交换性镁含量

植烟片区	平均值（cmol/kg）	差异显著性	极小值（cmol/kg）	极大值（cmol/kg）	标准差	样本量（份）
大石包	1.4207	a	0.83	2.45	0.42594	14
金子	1.6253	a	0.82	4.16	0.93124	17
九通	1.3300	a	0.89	2.65	0.57567	8
吐祥	1.7529	a	0.79	3.09	0.84999	7
云雾	1.0775	a	1.02	1.12	0.04193	4

从表 12-24 可以看出，奉节太和基地单元不同植烟片区土壤有效硫含量差异显著。其中吐祥片区有效硫含量最低，平均值约为 44.25 mg/kg；其次是金子、九通和大石包片区，平均值分别约为 58.86 mg/kg、70.09 mg/kg 和 72.88 mg/kg，云雾片区有效硫含量最高，平均值约为 90.93 mg/kg。

表 12-24　太和基地单元不同片区植烟土壤有效硫含量

植烟片区	平均值（mg/kg）	差异显著性	极小值（mg/kg）	极大值（mg/kg）	标准差	样本量（份）
吐祥	44.2471	a	37.47	67.38	10.38390	7
金子	58.8647	ab	30.34	119.37	24.05178	17
九通	70.0900	abc	45.34	94.67	18.29946	8
大石包	72.8833	bc	39.07	120.99	27.11264	12
云雾	90.9350	c	39.76	131.27	42.58623	4

胡国松将酸性土壤有效锌划分为 5 个等级：极低（< 1 mg/kg）、低（1 ～ 1.5 mg/kg）、中等（1.5 ～ 3.0 mg/kg）、高（3.0 ～ 5.0 mg/kg）、极高（> 5.0 mg/kg）。从表 12-25 可以看出，奉节太和基地单元有效锌含量很高，不同植烟片区土壤有效锌含量差异显著。其中大石包片区有效锌含量最低，平均值约为 5.75 mg/kg；之后由低到高依次是金子、九通、吐祥和云雾片区，平均值分别约为 6.66 mg/kg、8.93 mg/kg、9.21 mg/kg 和 9.50 mg/kg。

表 12-25　太和基地单元不同片区植烟土壤有效锌含量

植烟片区	平均值（mg/kg）	差异显著性	极小值（mg/kg）	极大值（mg/kg）	标准差
大石包	5.7500	a	4.25	7.67	1.24125
金子	6.6606	a	2.13	9.44	1.84317
九通	8.9313	b	4.85	15.15	3.37723
吐祥	9.2071	b	7.24	10.53	1.06376
云雾	9.5000	b	7.69	11.68	2.02057

植烟土壤有效铜的临界含量为 1.9 mg/kg。从表 12-26 可以看出，奉节太和基地单元有效铜含量为 3.84 ～ 9.86 mg/kg，因此基地单元植烟土壤不缺铜。各植烟片区有效铜含量由低到高依次为大石包、云雾、吐祥、金子、九通，不同片区土壤有效铜含量没有显著差异。

表 12-26　太和基地单元不同片区植烟土壤有效铜含量

植烟片区	平均值（mg/kg）	极小值（mg/kg）	极大值（mg/kg）	标准差
大石包	5.5392	3.84	7.46	0.85179
金子	6.5071	4.41	9.86	1.37643
九通	7.0663	5.04	9.67	1.64498
吐祥	6.3550	4.27	8.94	1.71275
云雾	6.0500	5.06	6.67	0.86643

土壤中有效锰含量适宜范围 30 ～ 50 mg/kg，有效铁含量适宜范围 50 ～ 100 mg/kg。从表 12-27 可以看出，奉节太和基地单元各植烟片区土壤有效锰含量普遍偏高，含量范围 96.26 ～ 104.15 mg/kg，其中大石包片区土壤有效锰含量最低，平均值约为 96.26 mg/kg；吐祥片区含量最高，平均值约为 104.15 mg/kg；奉节太和基地单元各植烟片区土壤有效铁含量普遍偏高，5 个植烟片区土壤有效铁含量均高于适宜范围，含量范围为 128.38 ～ 168.48 mg/kg，其中大石包片区土壤有效铁含量最低，平均值约为 128.38 mg/kg；云雾片区土壤有效铁含量最高，平均值约为 168.48 mg/kg。但统计分析显示，基地单元内不同植烟片区植烟土壤有效锰和有效铁含量差异不显著。

表 12-27　太和基地单元不同片区植烟土壤有效铁和有效锰含量

植烟片区		平均值（mg/kg）	极小值（mg/kg）	极大值（mg/kg）	标准差
有效锰	大石包	96.2593	68.82	138.15	21.50853
	金子	101.5641	78.25	137.25	15.03947
	九通	102.3888	77.22	176.30	31.54150
	吐祥	104.1457	68.20	138.45	30.06688
	云雾	93.4400	62.92	119.07	26.40144
有效铁	大石包	128.3843	102.87	148.87	18.09798
	金子	159.5424	78.25	236.07	43.19105
	九通	145.1371	90.95	204.50	40.27475
	吐祥	158.1300	137.32	180.75	13.99659
	云雾	168.4800	156.67	180.45	11.89081

（2）浓透清香型烟叶形成的关键生态因子。太和乡金子收购站点的烟叶与其他乡镇收购站点的烟叶在吸味风格上有较明显的区别。以下从太和乡生态特征与不同香型典型植烟区的生态条件对比来分析影响金子收购站点香型风格特征的关键生态因子。

①日均温。由图 12-42 可知，太和乡烤烟生长期间日均温为 17.2 ℃，其中移栽期温度较低，平均为 10.8 ℃，团棵期和旺长期日均温逐渐升高，成熟前期和成熟中期温度最高，成熟后期温度逐渐下降。太和乡的温度变化趋势与浓香型、中间香型和清香型典型植烟区气象条件对比显示，自团棵期到成熟后期，太和乡的日均温与清香型相关性最大，尤其是成熟前期和成熟中期。

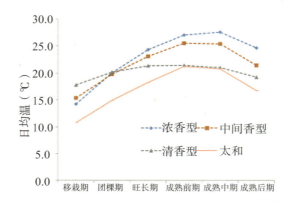

图 12-42　烤烟大田期温度变化趋势

②降水量。由图 12-43 可知，太和乡烤烟生长期间累计降水量 959.38 mm，其中移栽期降水量较少，团棵期到成熟期降水量逐渐增加。太和乡降水量累积趋势与浓香型、中间香型和清香型典型植烟区气象条件对比显示，太和乡降水量累积趋势与浓香型典型植烟区相一致。

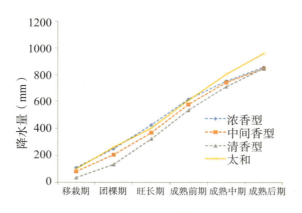

图 12-43　烤烟大田期累计降水量

③日照时数。由图 12-44 可知，太和乡烤烟大田期日照时数 1327.5 h，其中移栽期 219.5 h，团棵期 198.5 h，旺长期日照时数逐渐增加，成熟前期和成熟中期日照时数最长，成熟后期日照时数逐渐减少。太和乡的日照时数变化趋势与浓香型、中间香型和清香型典型植烟区气象条件对比显示，自团棵期到成熟后期，太和乡的日照时数与清香型相关性最大，尤其是成熟前期和成熟中期。

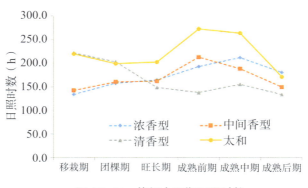

图 12-44　烤烟大田期日照时数

（3）浓透清香型烟叶形成的物质基础。在移栽后烤烟根中的氮、磷、钾元素含量在前期不断增长，在后期略有下降；茎中的氮、磷元素含量在整个生长期内均不断缓慢增加，钾元素含量则在后期略有下降；叶片中的氮、磷、钾元素含量随移栽时间变化都呈现出先增加后减少的趋势，不同的是氮元素含量在 60 d 时达到最大值，而磷、钾元素含量则在 75 d 时达到最大值。烤烟整株总氮、总磷、总钾含量累积趋势与叶片中的氮、磷、钾元素含量相同，说明叶片中的氮、磷、钾元素含量在整株烟的氮、磷、钾元素含量中占据的比例较大，基本决定了整株烟中氮、磷、钾元素的累积趋势，此外，根和茎中的氮、磷元素含量基本相同，但是茎中的钾元素含量明显大于根部的。根中的磷元素和钾元素含量都是在烤后达到最大值，可能是由于烟叶生产后期烟株地上部分磷、钾元素回流引起的。

烤烟中的色素是影响烟叶品质和可用性的主要成分之一，它不仅直接影响烟叶的外观质量，而且还直接和间接地影响烟叶的内在品质，其相关降解产物与烟叶的香气质和香气量密切相关。烟叶的成熟（衰老）过程也是叶绿素大量降解的过程，而且叶绿素含量和叶绿素降解产物的积累量直接关系到烟叶的品质。新植二烯是烟草中性挥发物中含量最大的成分，这种萜烯类化合物不仅本身具有一定的香气，而且可在醇化过程中进一步分解转化为低分子量的香味物质。新植二烯进一步降解的产物能增加烤烟香气，其降解物具有强烈的清香气。

太和烤烟移栽后 90 d 烟叶叶绿素含量较低，而其他区域叶绿素含量较高，表明太和烟叶叶绿素的降解量比其他区域高，这可能也是太和烟叶含有清甜香的原因之一。

烤烟中黄色素主要是类胡萝卜素，它包括胡萝卜素和叶黄素类，它们也是叶绿体中的质体色素。类胡萝卜素降解产生的香味物质阈值相对较低、刺激性较小、香气质较好、对烟叶香气贡献率较大。太和烟叶叶黄素含量高于其他区域，表明太和烟叶叶黄素降解量低于其他区域，因此导致后者浓香型更突出。这种趋势在烤烟成熟后期更为显著，太和烟叶叶绿素 a、叶绿素 b、叶绿素总量及酶活性均低于其他区域，而叶黄素含量则相反。

太和烟叶主要化学成分指标及与其他产区对比：太和烟叶的烟碱含量与清香型和中

间香型产区的相当，低于浓香型产区的；还原糖含量相对低于我国3类香型典型产区的；总糖含量略高于浓香型产区的，略低于中间香型和清香型典型产区的；钾含量和钾氯比值高于3类香型典型产区的；淀粉含量与清香型产区的相当，低于中间香型和浓香型典型产区的；糖碱比值与浓香型产区的相当，低于中间香型和清香型典型产区的；氮碱比值高于3类香型典型产区的；两糖比值低于3类香型典型产区的。

奉节不同区域2015年较2014年烟叶的烟碱含量总体有所上升，还原糖和总糖含量有所上升，氮碱比值有所下降。综合2年的分析结果，稳定出现的规律包括：①不同产烟点化学成分变异相对较大的指标为淀粉和糖碱比值，两糖比值和总糖的变异较小；②烟叶化学成分指标中的两糖比值较低，各产烟点平均值小于0.8；③吐祥烟叶的烟碱含量较高，蛋白质含量较低，淀粉含量较高，氮碱比值和两糖比值较低；长安烟叶的还原糖、总糖、淀粉含量较高，钾含量较低。

进一步利用2年的分析结果，对各产烟点烟叶化学成分的相似性进行聚类分析：太和、云雾烟叶化学成分的相似性较大，长安、吐祥烟叶化学成分与其他产烟点的差异较大。

5. 浓透清香型烟叶区域定位

（1）浓透清香型烟叶区域生态相似性分析。根据太和乡生态条件和不同香型典型烟叶产区的生态条件对比可以看出，太和的生态条件中，温度与清香相关性最大，降水和日照与浓香相关性最大，因此，金子片区烟叶浓透清香型风格的形成主要是由烤烟大田期的温度造成的。采用欧氏距离分析方法可以看出，奉节不同乡镇烤烟生育期温度与太和乡的相似性见表12-28，其中龙桥和云雾与太和最相近，其次是兴隆和长安。

表12-28　奉节各乡镇成熟期温度与太和的相似性分析

乡镇	相似性	乡镇	相似性	乡镇	相似性
太和	0.000	新政	6.022	新民	7.697
龙桥	0.812	汾河	6.022	白帝	8.458
云雾	0.985	青龙	6.022	康乐	8.631
兴隆	1.910	红土	6.022	朱衣	8.631
长安	1.910	大树	6.194	安坪	9.089
岩湾	3.586	公平	6.540	永乐	9.149
平安	4.052	五马	6.540	鹤峰	9.383
竹园	4.398	草堂	7.006	羊市	9.494
冯坪	4.864	甲高	7.006	永安	10.773
吐祥	5.331	石岗	7.179		

将奉节各乡镇烤烟大田期的日均温度，通过系统聚类分析法分为五类（图12-45），

第一类是与太和乡条件最相近的，包括云雾和龙桥；第二类是兴隆和长安；第三类是岩弯、平安、竹园、冯坪和吐祥；第四类是新政、汾河、青龙、红土、大树、公平、五马、草堂、甲高、石岗、新民；第五类是白帝、康乐、朱衣、安坪、永乐、鹤峰、羊市、永安。

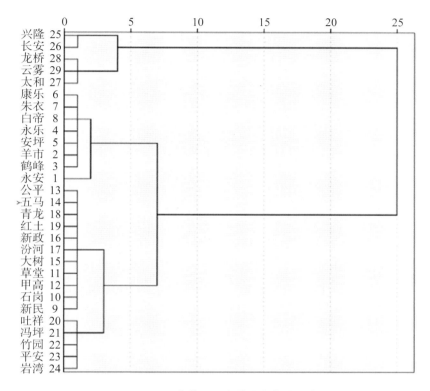

图 12-45 奉节不同乡镇生态条件分类

（2）真龙—太和基地单元合理规划。根据浓透清香型烟叶区域生态相似性分析，以及历年来基地单元各植烟区取样分析结果，目前已确定龙桥、云雾两个植烟区所生产的烟叶具备浓透清香型特色烟的品质，另外吐祥、长安的部分区域也存在浓透清香型烟叶，但年度及年际间变异较大，品质不稳定。

下一步，本研究将围绕太和特色植烟区，规划龙桥、云雾两个新的浓透清香型烟叶区域，另外在吐祥的樱桃片区和长安片区加强烟叶生产标准化管理，统一栽培管理和烘烤工艺，进一步发掘奉节浓透清香型烟叶生产潜力。

6. 浓透清香型烟叶风格彰显技术

（1）健苗培育技术。通过精准播种、关键技术落实、流程管理培育健苗。目前育苗技术走在全市的前列，连续 2 年播种出苗率为 97% 以上，苗齐苗健。

（2）移栽保障技术。通过科学制定移栽期、利用"两小三带一深栽"移栽法、结合挨身肥营养补充，保障烟苗移栽后还苗快、成活率高，2017 年移栽成活率达到了 99%，大田生长整齐一致。

（3）合理株型培育技术。通过不同生态条件下合理密植、科学施肥和配套打顶留杈技术，调整烟株长相，保持合理株型。

（4）浓透清香型烟叶关键栽培技术。

①不同种植密度对烤烟生长发育及品质的影响。为了探索奉节—太和植烟区的最佳种植密度，2014年设置了不同植烟密度对比试验，研究了不同密度处理与烟株农艺性状、病害发生、产量和质量的关系。在农艺性状上，团棵后期（旺长期）和打顶期的调查结果表明，低密度处理（1000～1100株/亩，下同）具有促进烟株茎围变粗的作用，尤其是打顶期较为明显；低密度处理具有增加烟株叶片数的作用，尤其是打顶期较为明显，平均比高密度处理（1200～1300株/亩，下同）多1～2片；同时低密度处理具有增加烟叶面积的作用，团棵期和打顶期均有这种趋势。在病害发生上，低密度处理对野火病、赤星病、炭疽病具有一定的抑制作用，病情指数普遍小于高密度处理的；低密度处理对普通花叶病、气候斑抑制作用不明显。在烟叶产值产量上，1000株/亩的密度设置，亩产149.70 kg，中上等烟比为95.39%，其中上等烟61.92%、中等烟33.47%，均价25.51元/kg，亩产值3819.83元；1100株/亩的密度设置，亩产152.41 kg，中上等烟比为94.55%，其中上等烟62.22%、中等烟32.33%，均价26.04元/kg，亩产值3608.37元；1200株/亩的密度设置，亩产164.22 kg，中上等烟比为93.97%，其中上等烟65.18%、中等烟28.79%，均价25.32元/kg，亩产值3467.79元；1300株/亩的密度设置，亩产152.36 kg，中上等烟比为91.04%，其中上等烟57.08%、中等烟33.96%，均价24.43元/kg，亩产值2863.93元。综合考虑，建议推广种植密度为1100～1200株/亩。

②栽培技术与烟叶特色品质相关性分析。为了探索栽培技术与烟叶特色间的联系，在奉节太和基地选取了4个区域共建立6个示范区，每个试验田严格按照金子产烟点的栽培措施进行烟叶生产，分别测定了团棵后期、打顶期的农艺性状。通过比较发现，团棵后期4个产烟点株高、有效叶片数差异均不显著；金子产烟点的烟株茎围比大石包、吐祥、云雾产烟点的分别大0.46 cm、0.57 cm和0.67 cm，差异达到显著水平；金子产烟点的烟株最大叶面积比其他3个产烟点的分别大80.82 cm²、108.36 cm²、155.78 cm²，差异显著，大石包和吐祥产烟点的烟株最大叶面积差异不显著，吐祥和云雾产烟点的烟株最大叶面积差异不显著。采收初期，金子、大石包和吐祥产烟点的烟株株高差异不显著，云雾、大石包和吐祥产烟点的烟株株高差异不显著；金子点和大石包产烟点的烟株茎围差异不显著，吐祥和云雾产烟点的烟株茎围差异不显著，金子产烟点的烟株茎围比云雾产烟点的大1.10 cm，差异达到显著水平；金子产烟点的烟株和大石包产烟点的烟株的有效叶片数差异不显著，大石包、吐祥和云雾产烟点的烟株有效叶片数差异不显著，金子产烟点的烟株比云雾产烟点的烟株的有效叶片数多2.64片，差异达到显著水平；金子产烟点的烟株最大叶面积比大石包、吐祥、云雾产烟点的分别大79.40 cm²、263.19 cm²、294.67 cm²，差异达显著水平，吐祥和云雾产烟点的烟株最大叶面积差异不显著。通过

对 4 个产烟点的烤烟进行化学成分分析，综合考虑各项指标，发现金子产烟点的烤烟赋值最高，烟叶化学成分协调性最好。

③不同氮肥用量对烟草叶部病害发生及烟叶品质的影响。为了探究不同氮肥用量对野火病等叶部病害发生情况和烟叶中总氮、烟碱等化学成分的影响。共设置 5 个氮肥用量梯度，对不同氮肥用量处理进行农艺性状调查和野火病病情指数分析，采集不同处理烘烤后的烟叶，进行化学成分测定，以期明确氮肥用量对烟叶品质的影响。结果表明：在农艺性状方面，各处理株高、茎围、最大叶长、最大叶宽、最大叶面积基本上呈现随氮肥用量增加而增加的趋势。由此可以推论，氮肥用量越大，烟草农艺性状方面表现越优。养分平衡的处理烟草生长发育速度较快，且随着施肥量的增加，烟苗长势好。但氮肥供应过多，烟草生育期推迟，叶片宽大肥厚，叶色浓绿，后期较难落色。缺素处理生长发育迟缓，主要表现为株高增加较慢，出叶速度减缓，真叶数和有效叶均减少，后期不能正常落黄成熟。通过对病害调查，发现在烟草的生育期内，各处理气候斑基本上呈现病情指数先升高后降低的趋势，在 7 月 16 日左右气候斑的发生经历了一个高峰期。当纯氮用量为 9.2 kg/ 亩时，每个时期的气候斑均是最严重的，当纯氮用量为 7.2 kg/ 亩时，气候斑较轻。相比于氮肥常规用量 7.2 kg/ 亩，氮肥用量加大比氮肥用量减少的处理，气候斑更加严重。从指数和法确定化学成分协调性状况，综合烟碱含量、总氮含量、还原糖含量、钾含量、淀粉含量、糖碱比、氮碱比、钾氯比分析，C3F 赋值最高的是 5.2 kg/ 亩和 8.2 kg/ 亩；B2F 赋值最高的是 8.2 kg/ 亩，其次是 7.2 kg/ 亩。随着氮肥用量的增加，产量也越来越高，9.2 kg/ 亩的产量最高，为 179.14 kg，但其产值并不是最高的；8.2 kg/ 亩的产值最高，为 4109.68 元 / 亩；处理 2 的均价最高，为 23.71 元 /kg；处理 4 的中上等烟比例最高，为 93.22%。

④移栽期与施氮量对浓透清香型烟叶品质形成的关系研究。为了探索重庆市奉节太和基地浓透清香型烟叶品质形成的因素，本调查研究了移栽期和施氮量双因素对浓透清香型烟叶品质形成的关系。试验设置 3 个移栽时期和 3 个不同梯度施氮量的对比试验，共 9 个处理。通过测定不同生长发育时期的病害指数、农艺性状、生长发育时期、化学成分，分析移栽期和施氮量与浓透清香型烟叶品质形成的关系。本实验探索浓透清香型烟叶品质的最佳移栽时间与最佳施肥量，以期通过人为方式改变烟株移栽时期并调整施肥措施，凸显烟叶特色、促进特色优质烟叶生产。结果表明：在相同的施氮量时，各种病害的发病率和病情指数都是提前移栽高于正常移栽，正常移栽高于推迟移栽。在相同的移栽期时，正常施氮量的发病率和病情指数综合起来比较好，施氮量多或少都对病害的发生有影响。在相同的移栽时期内，随着施氮量的增加，各个处理的叶面积也增加。在相同的施氮量时，提前移栽处理的叶面积大于推迟移栽处理的叶面积，推迟移栽处理的叶面积大于正常移栽处理的叶面积。说明在一定范围内，施氮量的增加可以促进烟叶的生长。

⑤不同打顶时期对烟草病害及烟叶品质的影响。为了探究不同打顶时期对烟叶产量产值及烟叶化学品质的影响，设置了扣心打顶、初花打顶、盛花打顶3个处理，分别调查了2次农艺性状和2次病害，并测定了不同处理的烟叶产量，以及核算了产值。采集不同处理的烘烤后烟叶进行化学成分测定。在农艺性状上，6月27日，未进行打顶各个处理的农艺性状比较相近，不存在显著差异。7月26日，扣心打顶的株高平均为120.33 cm，初花打顶的株高最高为131.33 cm，盛花打顶的株高最高为135.28 cm，初花打顶和盛花打顶株高与扣心打顶差异显著；扣心打顶处理的最大叶长、最大叶宽、叶面积和有效叶片数均显著大于其他处理。7月26日，处理1的气候斑最严重，其次是处理2，处理3最轻，处理1与处理2、处理3达到显著差异（$P < 0.05$）；提前打顶能够促使气候斑发生，推迟打顶可以有效抑制气候斑的发生。扣心打顶虽然能在一定程度上提高产量，但是其下等烟比例也会随着产量的增加而增加，导致烟叶难以烘烤，杂烟及不适用烟叶也较多，其产值、均价均较低。

⑥不同有机肥处理对烟叶产量及品质的影响。通过开展同田对比试验，研究了不同有机肥处理对烤烟生长、病虫害发生、产质量与化学品质的影响。结果显示：不同有机肥处理对烟叶田间长势的影响不明显；菜饼肥、秸秆肥、农家肥处理对烤烟主要叶部病害的发生具有一定的抑制作用；500 kg/亩农家肥处理对烟叶增产作用明显，亩产烟叶138.90 kg，上中等烟比97.47%，均价25.31元，亩产值3515.71元，与对照相比产值增加率为13.87%，与目前30 kg/亩菜饼肥常规处理相比，产值增加率为6.29%；30 kg/亩菜饼肥、30 kg/亩腐殖酸钾两处理对烤后烟叶中烟碱、总氮、还原糖、钾、淀粉、糖碱比、氮碱比、钾氯比赋值较高，化学成分综合表现佳。综合分析可知，菜饼肥作为常规补施有机肥技术有继续推广施用的价值，农家肥堆沤作为一项新的有机肥补施技术，有扩大推广的潜在空间，但建议在以后推广农家肥过程中要严格农家肥堆沤技术落实、调整亩施用量、优化施用方式，提高推广结果。

⑦不同微肥补施对烟叶产量及品质的影响。通过开展同田对比试验，研究了不同微肥处理对烤烟生长、病虫害发生、产质量与化学品质的影响。结果显示：镁肥、锌肥、硼肥单独补施及混合补施的区域在农艺性状上都表现出一定的生长优势；补施镁肥一定程度上促进了赤星病、野火病的发生，补施硼肥能起到抑制赤星病和气候斑的发生，花叶病的发生与补施微量元素无明显关系；补施3种微量元素的区域亩产值最高，亩产达到3671.60元，比空白对照处理高628.49元；补施3种微量元素的亩产量、均价、上等烟比例均是各处理中最高的，分别达到142.89 kg/亩、25.70元/kg、68.05%；补施镁肥和锌肥的处理对烤后烟叶中烟碱、总氮、还原糖、钾、淀粉的含量及糖碱比、氮碱比、钾氯比赋值较高，化学成分综合表现佳。综合分析可知，在烟叶生产中，补施一定量的锌肥、硼肥能增强烟草的抗病性，提高烟叶的化学品质。

⑧宽窄行培肥措施对烟田土壤及烟叶生产的影响。宽窄垄结合垄沟秸秆覆盖，改善

田间通风透光条件，加快空气流通速度，增强空气交换能力，从而提高光合利用率，有利于发挥个体优势，干物质的积累增多，为优质丰产奠定了基础。宽窄垄种植模式可增加烟株中部叶和上部叶面积，宽窄垄种植模式的总糖、还原糖、钾含量均高于单垄单行种植模式，对总氮有一定的降低作用，使化学成分更加协调，宽窄垄有利于烟叶采集等田间农事作业，同时结合垄沟覆盖秸秆和种草，翌年垄沟互换种植，可实现 3 年快速培肥土壤，是一种新的种植模式，推广应用前景广阔。

（5）外源抗性诱导物质对烟叶品质影响技术。

①土壤生态修复剂对植烟土壤修复及烟草抗病性的影响试验。为通过在烤烟上施用"土根本"土壤生态修复剂与常规处理进行对比，研究了不同处理之间烟株农艺性状、病害发生、产量和质量的情况。在农艺性状上，团棵后期和打顶期的调查结果表明：在团棵期、打顶期施用"土根本"的烟株株高比清水对照区烟株株高分别高 2.67 cm、2.47 cm；施用"土根本"的烟株最大叶面积明显大于清水对照区，尤其在打顶后二者相差达 114.72 cm^2。在病害发生上，施用"土根本"的烟株的花叶病、赤星病、炭疽病病情指数与处理 2 的相比有所降低，"土根本"对这 3 种病害有抑制作用，对野火病、气候斑抑制作用不明显。在烟叶产值产量上，对于施用"土根本"的烟田，亩产 149.70 kg，其中上等烟 61.92%、中等烟 33.47%，均价 25.31 元 /kg，亩产值 3788.26 元；对于清水对照烟田，亩产 148.20 kg，其中上等烟 63.43%、中等烟 29.83%，均价 24.41 元 /kg，亩产值 3618.03 元，施用"土根本"的处理比清水对照烟田亩产值高 170.23 元。在烟株根系发育上，处理 1 对烟株根冠直径有促进增长的作用。综合考虑，得出"土根本"土壤生态修复剂在重庆植烟区对植烟土壤有较好的修复作用，在烤烟生产上有较大的推广应用前景。

②几种抗性诱导物质对烟草品质影响研究。探究几种抗性诱导物质对烟草农艺性状及叶部病害的诱抗效果，明确抗性诱导物质对烟草浓透清香特色的影响，设置 4 个常用抗性诱导物质处理及 1 个农用链霉素药剂对照和 1 个清水对照，分别在团棵期、现蕾期、打顶后 7 d 对各处理进行了农艺性状调查，整个试验过程中对病害进行了 5 次调查。采集不同处理的烘烤后烟叶进行化学成分测定。在农艺性状上，6 月 21 日，苯丙噻二唑处理后的烟草在株高、茎围、有效叶片数和最大叶面积上均优于清水对照处理。水杨酸处理后的烟草在株高、茎围、最大叶面积上均优于清水对照处理。经核黄素处理和天然活性硅处理的烟草在农艺性状上与其他处理和清水对照处理，效果更加明显。在 7 月 6 日和 7 月 16 日的两次测定中，经过抗性诱导物质处理的烟草在农艺性状方面优于清水对照和农用链霉素药剂对照。水杨酸、核黄素和天然活性硅处理的气候斑发生较轻，对气候斑有明显的诱抗效果。诱抗物质处理后，7 月 10 日，苯丙噻二唑处理的病情指数最低，防效最好，为 53.63%，其次是核黄素处理，防效为 39.32%，苯丙噻二唑处理与野火病药剂对照差异显著。8 月 10 日，核黄素的防效达到 55.45%，水杨酸的防效达到 54.36%，

均与药剂对照差异显著。8月28日，水杨酸和核黄素的防效与药剂对照差异达到显著水平。水杨酸和核黄素对野火病的控制效果较好。

③磷酸二氢钾调控对烟草病害及烟叶品质的影响研究。为探究磷酸二氢钾在不同施氮水平下对烟草病害及烟叶品质的影响，通过在重庆市奉节县太和乡石板村科技示范园烟草基地开展大田小区试验。通过在施肥期设置7个梯度的调氮基础，3次重复，共21个小区，每个小区面积50 m²，保证磷和钾的正常施肥量，同时在烟草团棵期、旺长期和现蕾期补施3次磷酸二氢钾，调控氮、磷、钾之间的元素比例，从而找到补施磷酸二氢钾对烟草病害及烤后烟叶品质的影响。结果表明，在第一次补施磷酸二氢钾后，赤星病和气候斑的病情指数在各个处理之间存在显著差异（$P < 0.05$），赤星病处理3的病情指数最高，处理4的病情指数最低，气候斑处理6的病情指数最高，处理1的病情指数最低；第二次补施磷酸二氢钾后，赤星病和气候斑的病情指数在各个处理之间均存在显著差异（$P < 0.05$），赤星病处理6的病情指数最高，处理5的病情指数最低，气候斑处理7的病情指数最高，处理2的病情指数最低。通过两次补施磷酸二氢钾后，赤星病和气候斑的发病率并没有明显增加，相对以往的数据，说明补施磷酸二氢钾可以有效缓解病情。处理6的产量最高，处理1的产量最低；处理4的产值最高，处理1的产值最低；处理2的上等烟比例最高，处理7的上等烟比例最低；处理5的中上等烟比例最高，处理7的中上等烟比例最低；处理4的均价最高，处理7的均价最低。在不同施氮水平下可以得出，施氮水平高的产值并不一定高，且中上等烟比例和均价都是最低。因此，在田间氮肥的使用上，一定要控制施用量，不然会适得其反。各个处理的经济性状指标综合考虑，处理4的效果最好，这也说明在保证氮量的需求下，适当补施磷酸二氢钾，可以促进烤后烟叶经济性状，增加效益。

（6）以成熟度为中心的采烤技术。以奉节当地烟叶的常规采收成熟度为适熟标准，设置欠熟、适熟和过熟3个成熟度档次，以相同的烘烤工艺进行烘烤，考察采收成熟度对烟叶质量风格特色的影响。

不同采收成熟度烤后烟叶主要化学成分指标，随烟叶采收成熟度变化，烤后烟叶化学成分规律性变化明显。含氮相关指标（烟碱、总糖、蛋白质）随采收成熟度的提高呈下降趋势，碳水化合物指标（还原糖、总糖）随采收成熟度的提高呈上升趋势，糖碱比值、糖蛋比值、糖氮比值随采收成熟度的提高呈上升趋势；淀粉和两糖比值变化趋势相对不明显。

不同采收成熟度烤后烟叶化学成分协调性和感官质量，随采收成熟度的提高，烤后烟叶化学成分协调性分值和感官质量总分均呈上升趋势，适熟和过熟处理烤后烟叶的化学成分协调性分值、感官质量总分显著或极显著高于欠熟处理，适熟和过熟处理之间差异不显著。说明在现有基础上进一步提高采收成熟度，能一定程度上提高烟叶化学成分协调性和感官质量，而降低采收成熟度则显著降低烟叶化学成分协调性和感官质量。

烘烤工艺优化试验。以奉节当地烘烤工艺（三段六步式）为对照，设置优化烘烤工艺（变黄期湿球温度提高 0.5 ～ 1.0 ℃，定色期 54 ℃，延长时间 20 h），考察优化烘烤工艺对烤后烟叶质量风格特色的影响。

与常规烘烤工艺相比，优化烘烤工艺烤后烟叶的化学成分总体变化不大，但部分指标变化规律明显，总氮和蛋白质含量相对下降，糖蛋比相对上升，两糖比相对下降。

不同烘烤工艺感官质量总体差异不大，化学成分系协调性以优化烘烤工艺相对较好。总体而言，最优采烤技术组合为"过熟＋优化"烘烤工艺。

7. 烤烟病虫害控制

（1）太和基地单元典型病害发生规律。2014 ～ 2016 年采用系统调查对奉节植烟区烟草主要病害、虫害发生情况进行调查。结果显示在该植烟区产生虫害的害虫包括蛴螬、烟蚜、斜纹夜蛾、烟青虫等；发生的病害包括普通花叶病、黑胫病、空茎病、马铃薯 Y 病毒病、赤星病、气候斑、野火病等。根据太和基地单元有害生物的发生、为害情况，主要针对普通花叶病、野火病、气候斑、赤星病进行了系统调查。普通花叶病在烟草整个大田生育期均有发生，在 7 月中旬和 8 月上旬出现 2 个发病高峰。野火病于移栽期至团棵期期间发病，旺长期病状减轻或消失，8 月上旬零星发生，随着生育期进展，野火病发生越来越严重。到 9 月上旬，严重的野火病病情指数可至 10 以上，此时烟草采收已进入末期。气候斑在大田的整个生育期均有发生，气候斑的发生在不同地点其发生规律具有不同的动态曲线，一般情况下低温、多雨、打雷、日照少、持续阴雨骤然转晴的天气均较容易发病且严重；持续晴天骤降暴雨，天气转晴后病情严重；雷雨天后，病情也会严重。赤星病于现蕾期开始发生，8 月上旬至采收结束病情急剧恶化，其病情指数呈递增曲线。整体上看，赤星病的病情随着生育期的不断延续，病情指数从 7 月上旬到 8 月上旬处于稳定状态，进入 8 月中旬以后，病情指数变化明显，可能是由于进入 8 月后雨水较多且集中，导致该病情出现发生与流行急剧增加的状况。

（2）典型病害发生与气候因子关系分析。目前对奉节烟叶生产影响较大的病害是叶部病害如野火病、气候斑等，其中影响最大的是野火病。野火病的总体趋势有两个峰，第一个峰在团棵期至旺长期，第二个峰在采收后期。结合气象因子综合分析，2013 年 6 月、7 月、8 月平均月降水量为 145.9 mm，2014 年 6 月、7 月、8 月平均月降水量为 174.3 mm，2015 年 6 月、7 月、8 月平均月降水量为 85 mm。可见，2015 年野火病发生较轻与降水量较少有很大的关系。2013 年 6 月、7 月、8 月平均月日照时长为 260.7 h，2014 年 6 月、7 月、8 月平均月日照时长为 214.3 h，2015 年 6 月、7 月、8 月平均月日照时长为 250.3 h。2015 年平均日照时长明显大于 2014 年，但稍小于 2013 年，然而 2013 年降水较多，因此野火病的发生依然比 2015 年严重。综上可知，在奉节太和基地单元烟叶生产中，降水量和日照时长是影响野火病发生的主要气候因子。

（3）奉节植烟区病害综合防控关键环节技术措施。

①苗床环节。当地常规操作，做好苗床消毒、温湿度调控、虫害控制、烟苗长势监测工作，实施剪苗、炼苗。

②起垄环节。每亩施用烟草专用复合肥 50 kg，芝麻饼肥 50 kg，其他操作同当地常规。

③移栽环节。移栽环节做好地下害虫与软体动物的控制工作。示范区内采用小苗深栽技术，选择整齐、健壮的烟苗进行移栽，移栽当天采用"三带技术"，即通过水、肥、药按照一定比例的混合后进行灌根处理，其中化学药剂采用土蚕蛴螬净 50 mL/ 亩，肥料施用 0.5% 的烟草专用追肥 5 kg/ 亩，盛于专用水壶内，顺烟孔井壁淋下，灌根量根据当地烟田的墒情，垄体墒情好则施 80 ～ 100 mL/ 亩、墒情中等则施 100 ～ 150 mL/ 亩、墒情较差则施 150 ～ 200 mL/ 亩。此外在烟苗根部附近丢 4 ～ 6 粒四聚乙醛颗粒可以有效地控制软体动物的危害。

④伸根环节。移栽一周后，采用"土根本"直接兑水 200 倍液 + 提苗肥混合灌根处理一次，在烟苗移栽后 12 ～ 17 d，检测示范区前期野火病的发生，并采取打掉感病脚叶 1 ～ 2 片的方法，减少田间病原数量。

⑤团棵环节。在移栽后 30 ～ 35 d，根据实际需要，采用"叶控 1 号"进行叶面喷雾处理，预防病毒病、气候斑，以提高烟株的抗性、预防病害的侵染与发生，并喷施高钾肥 2 kg/ 亩。

⑥打顶环节。在烟草打顶期前后（移栽后 60 ～ 65 d），根据天气情况及监测结果重点控制野火病和赤星病，利用"叶控 2 号"进行全株喷雾处理以平衡烟株营养、保护烟叶不受侵染、减少叶面病原数量。打顶在晴天进行，全部用剪刀打顶，并做好消毒工作，所有烟株均在烟花盛开时打顶。并注意观察检测防治斜纹夜蛾、烟青虫的为害。

⑦下部叶采收期。在下二棚烟叶采收结束后（移栽后 75 d 左右），针对野火病、赤星病、白粉病的发生与为害，用"叶控 3 号"进行全株喷雾处理来防治已经发生的叶部病害。

⑧降温前的预防，根据示范区赤星病、野火病、白粉病的发生情况，若经过叶控 2 号和叶控 3 号处理后仍有野火病、赤星病、白粉病的发生，在 8 月底的降温之前（约在叶控 3 号处理后的 15 ～ 20 d），用"叶控 4 号"进行全株喷雾处理，对叶部病害进一步防治。

⑨感病烟株拔除。经过上述"叶控 2 号""叶控 3 号""叶控 4 号"处理后，示范烟田若有黑爆烟株，表明已感染野火病或角斑病且十分严重，要坚决将病株进行拔除，并带到田外妥善处理。

⑩施药设置。第一次：春雷霉素 + 吗胍乙酸铜（500 倍液 + 1000 倍液），即"叶控 1 号"；第二次：噻菌铜 + 菌核净 + 金维果（800 倍液 + 1200 倍液 + 550 倍液），即"叶控

2 号"；第三次：氯溴异氰尿酸 + 三唑酮 + 咪鲜铵盐 + 磷酸二氢钾（1000 倍液 + 1000 倍液 + 1000 倍液 + 500 倍液），即"叶控 3 号"；第四次：多抗霉素 + 菌核净 + 磷酸二氢钾（600 倍液 + 1200 倍液 + 500 倍液），即"叶控 4 号"。

（4）烟草植保关键技术措施研究。形成叶部病害控制的标准化、程序化的防治技术体系的操作规程，进一步将病害损失率控制在 8% 以内。结果表明，在农艺性状方面，6 月 22 日，示范区烟株的茎围、最大叶长、最大叶宽、有效叶面积均显著大于非示范区和空白对照区的。7 月 18 日，示范区烟株的株高、最大叶长、叶宽等农艺性状均显著大于空白对照区的。在赤星病的防治上，7 月 3 日，空白对照区的赤星病病情指数为 0.93，比示范区和非示范区的都高，示范区和非示范区对赤星病防效不存在显著差异（$P > 0.05$）。8 月 14 日，非示范区赤星病的病情指数为 3.84，空白对照区赤星病的病情指数为 6.99，示范区赤星病的防效为 62.94%，非示范区赤星病的防效为 45.06%，二者达到显著差异（$P < 0.05$）。在野火病的防治上，7 月 3 日，清水对照的野火病病情指数最高，比示范区和非示范区分别高 0.95 和 0.62，示范区对野火病的防效比非示范区高，达到显著差异（$P < 0.05$）。8 月 14 日，示范区的防效最高，示范区比非示范区高 9.75%，达到显著差异（$P < 0.05$）。在气候斑防治上，7 月 3 日，示范区的气候斑病情指数为 1.19，非示范区的病情指数为 1.85，示范区的病情指数最低，为 4.83，非示范区的防效最高，为 56.09%，非示范区的防效只有 31.73%，二者达到显著差异（$P < 0.05$）。7 月 28 日，非示范区的防效低于示范区，达到显著差异（$P < 0.05$）。8 月 14 日，示范区的防效比非示范区高 20.41%，达到显著差异（$P < 0.05$）。示范区使用斜纹夜蛾性诱剂的烟田，调查发现斜纹夜蛾为害程度极轻。通过对烟农的问卷调查，96% 的烟农认为烟草植保技术综合集成示范与应用技术取得良好效果，增收明显。

（5）叶部病害对烟叶产量、产值及烟叶品质的影响。

①野火病对烟叶产量、产值及烟叶品质的影响。为探索野火病对烟叶单叶重、产值及常规化学成分的影响，对下、中、上 3 个部位不同等级野火病烟叶的单叶重、产值及化学成分进行测定与分析。结果表明，野火病轻微发生时，烟叶产量和产值就会出现损失。各部位野火病烟叶的单叶重、产值与野火病等级呈极显著负相关。下部叶的总植物碱含量与野火病等级呈极显著正相关，总氮含量、钾含量与野火病等级呈显著正相关，而还原糖含量、总糖含量与野火病等级则呈极显著负相关；中部、上部叶的总植物碱含量、总氮含量、钾含量与野火病等级均呈极显著正相关，还原糖含量、总糖含量与野火病等级则呈极显著负相关。综合分析，各部位野火病烟叶相比于 0 级对照，单叶重、产值降低，总植物碱含量、总氮含量、钾含量增加，还原糖含量、总糖含量减少。

②赤星病对烟叶产量、产值及烟叶品质的影响。在烟草采收期分下部叶、中部叶和上部叶进行赤星病对烟叶产量、产值及化学成分的分析。结果表明，受赤星病为害后，下部叶、中部叶病害达 3 级时烟叶产量出现损失；上部叶病害达 9 级时产量出现损失。

下部叶、上部叶病害级别与烟叶产量呈极显著强负相关，中部叶呈显著负相关。下部叶、中部叶及上部叶受赤星病为害达 1 级时，产值开始下降，产值损失与对照（0 级）差异显著，并随病害加重差异逐渐增大。下部叶病害级别与烟叶产值呈显著负相关，中部叶、上部叶呈极显著强负相关。下部叶病害级别与总氮、烟碱含量呈极显著强正相关，与总糖、还原糖、淀粉含量呈显著负相关；中部叶与总糖、还原糖、淀粉、总氮、烟碱、钾、氯含量均不存在相关性；上部叶与总糖、还原糖含量呈极显著强负相关，与淀粉含量呈显著负相关，与总氮、钾含量呈极显著强正相关。

③烟蚜茧蜂防治烟蚜对烟田有翅蚜及蚜传病毒病的影响。研究了烟蚜茧蜂示范区和非示范区的有翅蚜发生动态，为烟蚜茧蜂防治烟蚜，减少农药使用提供理论支撑，在奉节县太和乡石板村设立了烟蚜茧蜂释放示范区和非示范区，分别选取了 3 亩烟田，每亩安插 40 块黄板，对有翅蚜进行诱集。结果表明，释放烟蚜茧蜂的示范区在安插黄板后 5 d、10 d、15 d、20 d、25 d、30 d，每个重复诱集到有翅蚜的数量分别为 2232 头、3324 头、4664 头、5931 头、5627 头、5844 头，而非示范区分别诱集到 3250 头、4179 头、5899 头、6994 头、6425 头、6598 头。对示范区进行马铃薯 Y 病毒病调查，释放烟蚜茧蜂的示范区在安插黄板后 5 d、10 d、15 d、20 d、25 d、30 d 随机选取示范区 300 株烟草，马铃薯 Y 病毒病的株数分别为 0 株、0 株、1 株、1 株、1 株，非示范区分别为 1 株、1 株、2 株、2 株、2 株。由此可见，示范烟蚜茧蜂对有翅蚜的数量具有一定的控制作用，释放烟蚜茧蜂后马铃薯 Y 病毒病的发病率也有所降低。

④微生物活体农药对野火病的防治效果及烟叶品质的影响。为了探究 2 种活体微生物农药对烟草农艺性状及叶部病害的调控效果，明确微生物活体农药对烟草浓透清香特色的影响。本试验设置了微生物活体农药枯草芽孢杆菌、多黏类芽孢杆菌及药剂对照农用链霉素和清水对照 4 个处理，分析了不同处理间的农艺性状及野火病的发生情况，测定中部叶化学成分。不论是枯草芽孢杆菌还是多黏类芽孢杆菌对野火病都有较好的防治效果，枯草芽孢杆菌的防效达 74.63%，多黏类芽孢杆菌的防效达 59.65%。研究所用的两种生物药剂均属于生物活体制剂，拮抗微生物在田间的防治效会受许多因素的影响，其中最重要的是生态环境。环境因素既可以影响拮抗菌活性的发挥，又会影响拮抗菌在植物体表的定殖。另外，必须明确拮抗菌适宜的使用浓度、时间和方法，并使之规范化，这样才能保证田间防效的稳定。从农艺性状的调查结果来看，枯草芽孢杆菌和多黏类芽孢杆菌对烟株都没有明显的促进和抑制生长的作用，各项指标均没有显著差异。不过，生物药剂对烟株产值的影响很重要，可作进一步的试验研究。野火病对它的防治目前仍没有十分有效的方法，因此不能单纯地依赖于化学药剂或生物药剂，应该配套农业栽培措施，比如培育抗病品种，实行轮作等，再以生物药剂为主，结合化学药剂为辅进行综合防治，也许能达到一个较理想的防治效果，这还需要进行进一步的试验验证。

⑤不同施氮水平下野火病药剂防治研究。为探究不同施氮水平下野火病的药剂防治研究，在重庆市奉节县太和乡石板科技示范园烟草基地开展田间小区试验。在基肥施用阶段，设置 7 个梯度的氮量，3 次重复，共 21 个小区，每个小区面积 50 m²，保证磷和钾的正常使用量。从野火病发生的前期开始使用药剂处理，计算各个处理的防效，以及烤后烟叶的化学品质及经济性状。结果表明，第一次药后（7 月 2 日）调查显示，处理 4（噻菌铜）的防治效果最好，为 54.27%，其次是处理 5（诺尔霉素 + 能量金 + 斯特考普）和处理 1（诺尔霉素），防治效果分别为 35.10% 和 30.23%，效果最差的是处理 2（松脂酸铜），防治效果为负值，处理 4（噻菌铜）与处理 2（松脂酸铜）的防治效果在 5% 显著水平下差异显著；第二次药后（7 月 12 日）调查显示，处理 4（噻菌铜）的防治效果最好，其次是处理 5，防治效果均在 60% 以上，处理 2（松脂酸铜）的防治效果最差仅有 38.78%，各处理的防治效果在 5% 显著水平下差异不显著；第三次药后（7 月 22 日）调查结果显示，各处理的防治效果均较好，均在 70% 以上，其中处理 4（噻菌铜）的最好，为 92.48%，其次是处理 5（诺尔霉素 + 能量金 + 斯特考普）和处理 1（诺尔霉素），防治效果分别为 86.95% 和 84.39%，处理 4（噻菌铜）与处理 2（松脂酸铜）的防治效果在 5% 显著水平下差异显著。综上所述，在保障优质适产的前提下，处理 5 的防治效果最好，这也说明在氮肥正常施用的时候，使用不同药剂联合防控野火病的效果最佳，处理 5 的各种化学品质及经济效益均为最佳。

⑥叶部病害综合防控技术研究示范应用效果。奉节植烟区烟草叶部病害发生严重一直是该区域烟草生产中的重要问题之一。为了使叶部病害得到进一步控制，研究组通过一系列应用技术的研究，形成了一套太和基地单元的关键植保技术。通过设置金子生产技术区、当地常规生产技术区和未防控 3 个植烟区，对各植烟区分别进行农艺性状调查和病害调查。比较发现，团棵后期 3 个植烟区烟株的农艺性状无显著性差异，而打顶后一周，3 个植烟区烟株株高无显著性差异，金子生产技术区和未防控植烟区烟株茎围差异不显著，比当地常规生产技术区分别大 0.61 cm 和 0.51 cm，差异达显著性水平。金子生产技术区和当地常规生产技术区烟株有效叶片数差异不显著，比未防控植烟区分别多 2.11 片和 1.48 片，差异显著。金子生产技术区烟株的最大叶面积比当地常规生产技术区和未防控植烟区分别大 105.75 cm²、127.90 cm²，差异达显著性水平。使用叶控系列进行病害综合防控对病害的防效也比合作社常规防治的防效好。叶控系列第二次施药后对野火病的防效比常规合作社的统防高 9.5%，且差异达到显著水平。第三次施药后，金子生产技术区赤星病防效达 58.28%，当地常规生产技术区防效为 35.44%，差异达显著性水平；金子生产技术区和当地常规生产技术区气候斑的防效差异也达显著性水平。综上可知，太和基地单元的关键植保技术对烟叶长势有明显的促进作用，对烟草叶部病害有明显防控作用。烟草叶部病害综合控制技术研究成效显著，分别获得了中华农业科技奖和中国烟草总公司科学技术进步奖三等奖。

8. 精准施肥技术探索

（1）掌握烤烟养分吸收规律。烤烟移栽后，根中的氮、磷、钾元素含量在前期不断增长，在后期略有下降；茎中的氮、磷元素在整个生长期内均不断缓慢增加，钾元素则在后期略有下降；叶片中的氮、磷、钾元素随移栽时间变化都呈现出先增长后降低的趋势，不同的是氮元素在 60 d 时达到最大值，而磷、钾元素则在 75 d 时达到峰值。整株烟的总氮、磷、钾元素含量累积趋势与叶片中的氮、磷、钾元素含量相同，说明叶片中的氮、磷、钾元素含量在整株烟的氮、磷、钾元素含量中占据的比例较大，基本决定了整株烟中氮、磷、钾元素的累积趋势。此外，根和茎中的氮、磷元素含量基本相同，但是茎中的钾元素含量明显大于根部。根中的磷、钾元素含量都是在烤后达到最大值，可能是由于烟叶生产后期烟株地上部分磷、钾元素回流引起的。

不同的氮、磷、钾施用量及其基追比对氮肥吸收率有较大影响。其中基追比为 6∶4 的处理氮肥吸收率最大，为 61.47%，这可能是由于调整氮肥施用时期后，能更好地保证烟株在旺长期氮肥需求，增大烟株生物量从而使得氮肥吸收量增加；其次为增磷处理最大，这可能是由于试验区本身磷元素比较缺乏，增磷后，使氮、磷、钾三者含量处于比较协调的关系，促进了氮肥的有效吸收；其他处理除缺钾处理由于生物量较小使得氮肥吸收较低外，与优化处理相比差距不显著。

同氮肥、钾肥的吸收率相比，磷肥的吸收率较低，最大的为减磷处理，仅有 9.68%，这可能是由于磷肥投入减少后，在同等吸收状况下，磷肥吸收率提高；其次为氮、磷、钾分配处理，为 8.88%，可能是由于调整磷肥施入时间和比例，使得在旺长期有足够的磷肥保证烟株生长所需，烟株可以有效吸收磷元素，提高了磷肥吸收率；增氮处理由于增加了烟株生物量，也一定程度提高了磷肥的吸收率；而缺氮、缺钾处理由于烟株矮小，生物量极低，虽然浓度较高，但是总体磷肥吸收量要低于缺磷处理，故而出现负值。

烤烟对钾肥的吸收率，虽然总体较磷肥的吸收率要高，但是基本规律和磷肥相仿，呈现减钾处理的吸收率最高，分配和增氮处理次之，缺氮处理为负，但是缺磷处理的钾肥吸收量并没有出现负值，这是因为缺磷处理的生物量比缺钾处理大，全株钾肥吸收量要大于缺钾处理。

（2）优化施肥模型及配方。不同氮、磷、钾施用量对烤烟产量、产值的影响。施用不同量的氮、磷、钾配比肥料，对烤烟产量的影响也各不相同，其中不施氮肥处理烟叶产量最低，增施磷肥处理烟叶产量最高，各处理的产量由低到高依次为缺氮、无肥、缺磷、减氮、减钾、减磷、优化、增钾、分配、增氮、增磷。在优化施肥方面，增施氮、磷、钾肥，调配氮、磷、钾投入时期均能增加烟叶产量，但是增加效果均未达到显著水平；氮、磷、钾肥减量或不施均会导致烟叶产量下降，但是只有缺氮处理的烟叶减少量达到显著水平，可知，氮元素对烟叶产量存在显著影响，而磷、钾肥的影响效果相对较小。在不同氮、磷、钾肥配比中，缺氮处理的产值最低，这是由于缺氮处理最低，上等烟比例较低造成的；增磷处理产值最高，这是由于增磷处理的产量最高，上等烟比例也较高，同最佳施肥处理相比，除了增磷，其他增加、减少氮、磷、钾投入或调配氮、磷、钾投入时期，均会不同程度地降低烟叶的产值，对农民收入造成一定影响。

本研究采用偏 Eta 平方值来比较氮、磷、钾肥对烤烟产量产值的影响效应。将相应 Eta 平方值转换为百分率，其结果便是氮、磷、钾肥对烤烟产量产值总变异贡献率的大小。其中氮肥对产量、产值的贡献率最大，分别为 82.11% 和 77.77%；其次是磷，磷肥对产值变异的贡献率为 11.74%；钾肥对产值的贡献率为 10.49%。

氮、磷、钾施肥量与相应产量进行二次多项式逐步回归分析，得出相应的回归方程，并对回归方程进行方差分析。回归模型优化表达式（1），通过 F 检测判断回归模型的回归效果，P=0.0013 < 0.01，说明烤烟产量与氮、磷、钾肥施用量呈显著回归关系，回归系数 r 为 0.998。

$$Y=1061.52+8.73 \cdot X_1-0.022 \cdot X_1 \cdot X_1+0.017 \cdot X_2 \cdot X_2-0.001 \cdot X_3 \cdot X_3+0.04 \cdot X_1 \cdot X_2+0.018 \cdot X_1 \cdot X_3-0.007 \cdot X_2 \cdot X_3 \tag{1}$$

式中，Y 代表产量，X_1、X_2、X_3 分别代表氮、磷、钾施肥量。

根据试验所得的数学模型（1），用计算机进行寻优，得到当产量达最高时，氮、磷、钾肥的水平分别为 112.5 kg/hm^2、141.8 kg/hm^2、280 kg/hm^2。氮、磷、钾的施用比例为 1：1.25：2.5。

9. 浓透清香型烟叶保障技术推广体系

（1）技术推广组织结构的搭建。建立机制，使项目为生产服务。为使研究成果不只是落在纸上，还要落实到田间地头。项目开展以来，分公司构建机制、加大人力物力投入以保证项目成果落地。根据分公司实际，在"烟叶分管领导—烟叶科—烟叶工作站—技术组—网格技术员"基础上，从网格技术员中抽出部分人员，增加"合作社片区经理"岗位，合作社设立"社员小组长"，由网格内烟农共同投票确定，"社员小组长"协助"网格技术员"进行技术示范，督促、带动区域内烟农落实各项技术措施，建立分公司、合作社双线运作的一体化工作机制。

（2）不同生产区域重点推广技术及区域界定。根据基地单元浓透清香型烟叶区域规划，围绕太和特色烟区域，重点打造龙桥、云雾两个新的浓透清香型烟叶区域。在太和特色烟区域重点推广农家肥增施技术，进行土壤改良与保育，推广病虫害综合控制技术，保证其烟叶产量、质量、风格的稳定性；在龙桥区域重点推广病虫害综合控制技术，推广以成熟度为中心的成熟采烤技术，保障其烟叶特色充分彰显；在云雾片区重点推广精准施肥技术，推广病虫害综合防治技术，推广合理株型培育技术，充分彰显其浓透清香型烟叶质量风格；另外在吐祥的樱桃片区和长安片区加强烟叶生产标准化管理，统一栽培管理和烘烤工艺，进一步发掘奉节浓透清香型烟叶生产潜力。

（3）各项保障技术落实及考核管理机制的确定。在分公司、合作社双线运作的一体化工作机制的基础上进行考核，考核内容包括生产过程结果考核、年度考核；生产过程考核分烟叶工作站生产过程结果考核（考核对象：除抽派到合作社的专职人员外的烟叶工作站的全体人员）和合作社生产过程结果考核（考核对象：全体合作社专职人员和公司抽派到合作社的专职人员）；年度考核分烟叶工作站年度考核（考核对象：烟叶工作站全体人员，含抽派到合作社的人员）和合作社年度考核（考核对象：合作社专职人员）。

（4）推广效果的评价。建立技术推广效果评价机制，主要有两方面，一是工业企业的认可，二是烟农提质增效。工业企业方面主要根据广西中烟提供的基地单元年度质量评价报告进行效果评价；烟农方面主要根据产量、产值及烟农满意度进行评价。

第二节　奉节植烟区以农家肥为主的土壤改良及烟叶质量提升研究

随着国家烟草局品牌战略的实施和发展，广西中烟对奉节烟叶原料质量、数量及持续稳定的供应能力提出了更高的要求。奉节烟叶是广西中烟骨干品牌重要的烤烟原料生产和供应基地。奉节基地烟叶在"真龙"品牌配方中的使用比例在10%以上，烟叶的主要优点在于浓度较浓，香气风格特色较凸显，多年的良好合作为公司骨干品牌的发展提供了优质而稳定的原料保障。紧密结合企业和品牌发展实际，明确提出奉节烟叶需加以改进的方向在于提高香气量和降低杂气。因此，明确影响重庆烟叶质量的限制因子及影响因素，研究提高奉节烟叶质量及持续稳定供应能力的技术保障，是广西中烟实现品牌战略的必然选择。改良培肥植烟土壤，防治土壤退化是彰显烟叶特色、保障烟草可持续发展的基础。土壤环境条件是烟叶质量和风格形成的基础和前提，但是奉节烟田长期连作和不合理管理导致烟田土壤退化、养分失衡及生物肥力退化土传病害严重影响了烟叶质量的提升。长期以来对奉节植烟区土壤肥力、环境质量和烟叶质量缺乏系统采样研究，对植烟土壤缺乏了解，烟叶特色、烟叶质量类型和香气风格难以定位，影响烟叶特色的彰显和烟叶质量的提高。有机与无机肥料、大中微量元素平衡施用是改良土壤、提升烟叶品质的保障。在众多影响烟叶质量的栽培管理因素中，施肥是一项比较重要的操作。如何兼顾烟田培肥与烤烟产质量协同提升？在烟田培肥时需要过量的养分投入，但是过量养分投入导致烟叶贪青晚熟、难于烘烤和烟叶品质差。因此，如何确定合理培肥与产质量提升的最佳结合点是一个技术难点。该项目的成功开展，为奉节植烟区土壤保育、烟叶质量提升提供技术支撑；有利于保障广西中烟对奉节烟叶质量、数量及结构的需求和稳定供应，对奉节烟叶特色的彰显和广西中烟品牌战略的实施具有重要意义。

一、项目成果情况

（一）项目创新

本项目通过2年的试验研究和推广应用，在以下几个方面实现了突破。

（1）明确了当前生产中影响奉节烟叶质量的主要土壤肥力限制因子，以土壤改良和测土配方施肥技术为突破口，根据土壤肥力状况，开展彰显奉节烟叶质量风格的土壤改良及施肥技术，确定科学合理的施肥量、精准调控、采用增有机替 代促效和土壤改良等措施，研发兼顾奉节不同区域烟田培肥与烤烟产质量协同提升的有机肥施用技术体系，构建土壤和烟叶质量协同提升的生态循环模式，确定奉节烤烟生产合理培肥与产质量提升的最佳结合点。经示范验证对实现奉节烟田土壤质量和烟叶质量协同提升具有较好作用。

（2）利用常规的调查和分析方法与3S技术和数字化烟草结合，建立奉节烟田智能化的土壤养分信息平台，建立植烟土壤养分评价与施肥改良分区综合管理体系，提出以现代烟草农业规划的基本单元为单位的土壤培肥改良和平衡施肥技术。

（二）成果应用

2017～2018年，"奉节县烟区以农家肥为主的土壤改良及烟叶质量提升研究"项目在奉节植烟区开展。该项目种植示范品种为云烟87，针对奉节土壤全氮丰富，土壤有机质含量部分缺乏，微量元素硼、氯和镁缺乏等问题，研发彰显奉节烟叶风格特色的有机肥土壤改良模式及优化施肥综合技术。该技术核心按基地单元大配方，适当降低氮肥投入，增磷补钾是主调，合理增施有机肥，有针对性地添加硼等元素。项目组进行成果中试50亩，建立核心示范区3000亩，累计推广1.5万余亩，延伸完善了特色优质烟叶定向彰显技术。核心示范区与辐射示范推广区烟叶长势良好，示范区较对照区均价提高0.6元/kg，产量提高10 kg/亩，产质量均优于对照区。该项目在奉节植烟区示范推广应用的基础上，建立植烟土壤养分丰缺指标体系，提出奉节植烟区不同区域的肥料大配方和不同地块的肥料小调整方案；提出奉节植烟区不同区域有机肥配套施用方案。该项技术的应用提高了奉节烟田土壤肥力质量，使土壤保肥能力得到提高，进一步提高了烟农种烟积极性，使烟叶质量和土壤质量进一步提高，满足了"真龙"品牌配方需要的烟叶规模开发需求，取得了明显的经济效益、社会效益和生态效益。

（三）主要成果

1. 知识产权 A：重庆市主要烟区土壤肥力状况综合评价

烟草是我国重要的经济作物，土壤养分的均衡协调供应与其品质密切相关。土壤肥力是衡量烟田生产力的综合指标，可为农业开发、土地利用规划和土壤合理利用改良提供科学依据，同时又是烤烟品质和风格形成的基础和前提。重庆是我国优质产烟区之一，土壤类型多样，立体气候、种植历史和种植方式的不同，致使不同生产区土壤肥力水平差异很大。植烟区土壤养分的供应强度和丰缺状况直接影响着烟草的生长和产质表现，因此过去对植烟土壤各种营养元素的丰缺诊断进行了大量研究，但对植烟区土壤肥力状况进行综合评价的研究还很少，特别是关于重庆市植烟区土壤肥力综合评价还未见报道。本研究利用了重庆市 12 个主要植烟区县耕层土壤样本养分分析数据，根据模糊数学原理，不同指标的权重采用偏相关分析计算，对重庆主要植烟区土壤养分状况进行了综合评价，为烟草种植合理施肥制订方案，提高肥料利用率并保护资源环境，为实现烟叶优质丰产和可持续发展提供科学依据。

（1）材料与方法。

①土壤样本采集。2017 年 1～3 月在重庆市 12 个植烟区县按重庆现代烟草农业规划的基本种植单元为一个采样点，每个采样点面积约为 100 亩，依据海拔、地形、母质类型、土壤类型等因素，采用 S 型采样方法，采集 20 个点作为一个混合样，采用四分法获得 2 kg 土样作为最终样本，带回实验室。在 12 个植烟区县用 GPS 定位采样，采集土壤样本 3800 份左右。土壤样本采集时间选在烟草尚未施用基肥前，可以反映烟田的真实肥力状况。从田间带回来的土样经阴干、磨细、过筛和混匀，装瓶后用于各项指标分析。

②测定项目及方法。土壤样本统一由西南大学样本测试中心分析检测，土壤有机质含量采用重铬酸钾滴定法；土壤 pH 值采用 pH 值计法（水土比 2.5∶1）；全磷采用氢氧化钠熔融，钼锑抗比色法；全钾采用氢氧化钠熔融，火焰光度法测定；全氮采用浓硫酸消煮，蒸馏滴定法；速效氮采用碱解扩散法；速效磷采用碳酸氢钠浸提，钼锑抗比色法；速效钾含量采用醋酸铵浸提，火焰光度法；水溶性氯采用硝酸银滴定法，以上方法均参考《土壤农化分析》的测定方法。

③土壤肥力综合评价方法。烟田土壤综合肥力指标值（Integrated Fertility Index，IFI）是一个全面反映土壤养分肥力状况的指标值，该值的大小可用来表示土壤综合肥力的等级，具体采用下列加乘法求得。具体计算公式如下：

$$\text{IFI} = \Sigma\,(\,W_i \times N_i\,) \tag{1}$$

式中，W_i 和 N_i 分别表示第 i 种养分指标的权重系数和隶属度值，求得的 IFI 的范围为 0～1，值越大，说明土壤的肥力状况越高。

隶属度函数采用模糊统计来确定。土壤肥力评价指标隶属度的估算采用下述步骤，首先标准化处理各项肥力指标值，以避免或消除各指标数量级和单位不同所带来的影响。本研究采用模糊统计方法对各指标数据进行处理。本研究采用 2 种类型的隶属度函数，分别为 S 型和抛物线型，公式（2）为 S 型隶属度函数表达式，公式（3）为抛物线型隶属度函数表达式。S 型和抛物线型隶属函数拆线图如图 12-46 所示。

$$f(x) = \begin{cases} 0.1 & x < x_1 \\ 0.1 + 0.9 \times (x - x_1)/(x_2 - x_1) & x_1 \leq x < x_2 \\ 1 & x \geq x_2 \end{cases} \tag{2}$$

$$f(x)=\begin{cases} 0.1 & x < x_1 ; x \geqslant x_2 \\ 0.1 + 0.9 \times (x - x_1)/(x_3 - x_1) & x_1 \leqslant x < x_3 \\ 1 & x_3 \leqslant x < x_4 \\ 0.1 + 0.9 \times (x - x_4)/(x_2 - x_4) & x_4 \leqslant x < x_2 \end{cases} \qquad (3)$$

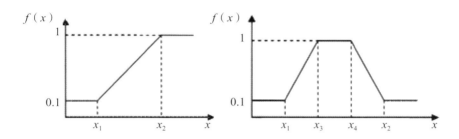

图 12-46　S 型和抛物线型隶属函数折线图

评价指标权重的确定。不同参评因子对土壤肥力的贡献率大小不同，因此必须确定它们的权重，同时各个因子的标准化值需要使用权重进行修正。本研究应用偏相关分析方法计算出参评指标的相关系数，并建立如下相关系数矩阵 R。其主要目的是求得各肥力因子对土壤肥力的实际贡献率，减少主观因素的影响。

$$R = \begin{bmatrix} r_{11} & r_{12} & \cdots\cdots & r_{1m} \\ r_{21} & r_{22} & \cdots\cdots & r_{2m} \\ M & M & M & M \\ r_{m1} & r_{m2} & \cdots\cdots & r_{mm} \end{bmatrix}$$

由相关系数矩阵求出其逆矩阵 R^{-1}：

$$R^{-1} = \begin{bmatrix} c_{11} & c_{12} & \cdots\cdots & c_{1m} \\ c_{21} & c_{22} & \cdots\cdots & c_{2m} \\ M & M & M & M \\ c_{m1} & c_{m2} & \cdots\cdots & c_{mm} \end{bmatrix}$$

由逆矩阵中的相关元素计算偏相关系数 a_{ij}：

$$a_{ij} = \frac{-cij}{\sqrt{cii \times cjj}}$$

计算各因子与其他因子偏相关系数的平均值（R_i），该单项肥力指标在表征土壤肥力的贡献率是指该平均值所占所有肥力指标偏相关系数平均值之和（$\sum R_i$）的百分率，即土壤肥力因子的权重值。

④数据分析。采用有关统计方法进行分析。

（2）结果分析。

①重庆植烟区土壤肥力指标值的描述统计。重庆植烟区土壤肥力描述性指标见表

12-29。一般认为烤烟最适宜 pH 值范围为 5.5～7.0，重庆植烟区土壤 pH 值的变化范围为 3.77～8.62，部分植烟区土壤的 pH 值已经低于 4，酸化严重，pH 值小于 5 的酸性土壤占 29.0%。植烟区土壤有机质含量平均为 25.6 g/kg。植烟区土壤的碱解氮含量平均为 156.8 mg/kg，变幅为 52.6～386.9 mg/kg，碱解氮变异程度很大，含量过高和过低同时存在。植烟区土壤速效磷含量平均为 29.6 mg/kg，分布范围为 2.5～95.6 mg/kg，变异系数为 45.2%；植烟区土壤的速效钾含量平均为 211.4 mg/kg，变化范围为 19.0～589.3 mg/kg，可以看出植烟区土壤速效磷和速效钾含量的变异程度均较大。植烟区土壤中有效锌含量为 2.34 mg/kg，有效硼的含量为 0.25 mg/kg，有效硼的分布区间广泛，变异系数为 61.7%，分布不均匀。

表 12-29　重庆植烟区土壤肥力指标分析

指标分析	pH 值	有机质（g/kg）	碱解氮（mg/kg）	速效磷（mg/kg）	速效钾（mg/kg）	有效硼（mg/kg）	有效锌（mg/kg）	水溶氯（mg/kg）	交换性镁（cmol/kg）
平均值	5.64	25.60	156.80	29.60	211.40	0.25	2.34	9.54	1.56
标准差	0.95	7.40	35.42	20.30	102.60	0.45	1.76	5.67	1.56
变幅	3.77～8.62	9.45～51.30	52.60～386.90	2.50～95.60	19.00～589.30	0.03～1.32	0.40～10.50	0.56～47.50	0.30～8.50
变异系数	16.82%	28.70%	36.70%	45.20%	54.50%	61.70%	45.70%	23.60%	24.20%

②土壤肥力指标的隶属函数类型。根据烤烟研究资料和重庆植烟区实际情况，并结合专家建议，综合确定各隶属函数的下限、下优、上优和上限（表 12-30）。根据各个养分隶属函数的这 4 项指标，将各指标实测值带入相应的公式（2）或公式（3），根据隶属度函数计算出每个采样点的隶属度值，这些值在 0.1～1 范围内。隶属度的大小表示该指标在土壤中的含量状态，隶属度小的指标可能是烟田的障碍因子，需要针对性改良，隶属度值越高表明越适宜烤烟生长。

表 12-30　各肥力评价指标隶属函数的类型及阈值

指标	隶属函数	下限	下优	上优	上限
pH 值	抛物线型	5.0	5.5	7.0	8.0
有机质（g/kg）	抛物线型	15.0	20.0	35.0	45.0
Cl⁻（mg/kg）	抛物线型	5.0	10.0	30.0	40.0
全氮（g/kg）	抛物线型	0.5	1.0	2.0	2.5
碱解氮（mg/kg）	抛物线型	65.0	100.0	180.0	240.0
全磷（g/kg）	S 型	0.5	—	—	1.5

续表

指标	隶属函数	下限	下优	上优	上限
有效磷（mg/kg）	S 型	10.0	—	—	40.0
全钾（g/kg）	S 型	10.0	—	—	25.0
速效钾（mg/kg）	S 型	80.0	—	—	350.0

根据公式（2）或公式（3）和表12-30，计算出土壤各肥力指标的隶属度，得出全氮、碱解氮、有机质隶属度大于0.9所占的比例分别为80.5%、78.3%和73.0%，说明重庆植烟土壤全氮、碱解氮和有机质3种养分状况良好，有70%以上的土壤适合烟草的生长。而全磷隶属度有67%小于0.3，说明植烟土壤全磷含量缺乏较严重。pH值、速效钾、有效磷、水溶性氯和全钾5个指标隶属度大于0.6的比例分别为54%、39%、46%、53%和38%，说明有一半左右的土壤pH值、水溶性氯处于中等以上水平，能满足烟草生长的需要。由于隶属度的大小表示指标在土壤中丰缺的状态，而全钾、速效钾隶属度达到0.6的比例不到40%，因此钾在土壤中的含量对烟草来说还比较缺乏，植烟区的钾含量有可能是土壤肥力无法达到高水平的障碍因子，因此应该继续重视钾肥的施用，以满足烟草的正常生长。总体来看，全氮、碱解氮、有机质隶属函数普遍较大，这3种养分适合烟草的生长，而全磷隶属度最低，其次是速效钾、全钾和有效磷，pH值和水溶性氯的隶属度处于中等地位。

③土壤肥力综合评价。计算各因子与其他因子偏相关系数的平均值 A_i，用该平均值占所有偏相关系数平均值之和的百分比来表示土壤各肥力指标对土壤肥力的贡献率，即得出各项肥力指标的权重值（W_i）。结果见表12-31，各权重系数总和为1。可见有机质的权重系数达到0.1800，说明有机质对土壤综合养分的贡献是最大的，然后是碱解氮，权重为0.1618，pH值、交换性镁、速效磷和有效硼紧随其后，9个肥力指标中有效锌的权重系数最低，为0.0614。

表12-31　各项肥力指标的权重值

pH 值	速效钾	速效磷	碱解氮	有机质	水溶性氯	有效硼	交换性镁	有效锌
0.1214	0.0731	0.1069	0.1618	0.1800	0.0744	0.1050	0.1160	0.0614

将土壤肥力综合指标值分为5个等级，Ⅰ级 IFI ≥ 0.8 为极高，Ⅱ级 0.6 ≤ IFI < 0.8 时为高，Ⅲ级 0.4 ≤ IFI < 0.6 时为中等，Ⅳ级 0.2 ≤ IFI < 0.4 时为低，Ⅴ级 IFI < 0.2 时肥力极低。由表12-32可以看出，重庆植烟土壤综合肥力指数平均值是0.69，说明重庆土壤肥力为中等较高水平，其变异系数为17.71%，说明烟田土壤养分肥力水平分布不均匀。土壤肥力综合指数高的占63.53%，极高的占16.63%，可见重庆的植烟土壤养分总体上处于丰富水平（表12-33）。

表 12-32　重庆植烟土壤综合肥力指数的描述统计

样本量（份）	平均值	中位数	标准差	方差	变幅	变异系数（%）
4800	0.69	0.72	0.15	0.02	0.14～0.93	17.71

表 12-33　重庆植烟土壤养分肥力等级及其所占比例

养分肥力等级	极低 IFI < 0.2	低 0.2 ≤ IFI < 0.4	中等 0.4 ≤ IFI < 0.6	高 0.6 ≤ IFI < 0.8	极高 IFI ≥ 0.8
不同等级比例（%）	0.05	3.25	16.54	63.53	16.63

　　养分肥力综合指数见表 12-34。不同植烟区植烟土壤养分肥力水平差异显著，12 个植烟区中武隆、丰都、涪陵和彭水的植烟土壤养分肥力较高，IFI 分别为 0.76、0.76、0.70 和 0.77，土壤肥力适宜（高和极高）的土壤占 80% 以上。万州土壤养分综合指数 IFI 最低，为 0.53，仅 56.4% 的土壤属于较高肥力水平。

表 12-34　不同植烟区的综合肥力指数及土壤适宜性比例

植烟区	IFI	不同肥力水平土壤所占比例（%）				
		V级	IV级	III级	II级	I级
武隆	0.76 a	0	0.53	9.80	60.20	29.47
丰都	0.76 a	0	1.21	8.55	64.57	25.67
涪陵	0.70 ab	0	2.24	16.58	63.54	17.64
巫溪	0.69 ab	0	2.23	17.52	60.25	20.00
巫山	0.62 b	0.15	5.32	16.85	54.87	22.81
奉节	0.62 b	0.12	6.34	18.52	45.37	29.65
黔江	0.63 b	0	2.52	18.54	66.51	12.43
彭水	0.77 a	0	2.98	15.24	72.58	9.20
石柱	0.66 b	0	4.25	19.85	62.44	13.46
酉阳	0.69 b	0	2.54	18.56	68.52	10.38
南川	0.62 c	0	8.87	24.24	63.25	3.64
万州	0.53 d	0	15.24	28.36	43.25	13.15

　　（3）讨论。对植烟土壤肥力进行综合评价有助于烤烟精准施肥和烤烟品种的优化布局。依据主导性原则选择土壤肥力综合评价指标，主要考虑对烟草生长影响较大的土壤因素，比如在土壤综合肥力较高的地区有针对性采用降低肥料用量和引种耐肥性较高品

种的措施。对土壤综合肥力较低的地区采用有机肥增施培土，改善土壤养分状况，采用吸肥性较好的品种栽种。

重庆市植烟土壤酸化面积大，pH 值小于 5 的强酸性土壤占 29.0%，在秦巴山区如黔江、石柱等地，强酸性烟田所占的比例较大。对于这部分强酸性的烟田，建议采用生石灰改良的方法，具体是在整地前撒施 50 kg/ 亩，起垄前 30 d 撒施 50 kg/ 亩，烟草移栽期 60 d 翻压用于改良土壤酸性。烟田土壤酸化的原因已经明确，即烤烟每年吸收带走的盐基阳离子（K^+、Ca^{2+} 和 Mg^{2+} 等）没有得到有效的归还，是土壤酸化的主要原因，氮肥的大量施用也是另外的原因之一。这为防治烟田进一步酸化提供了坚实的理论基础。烟秆和烟叶每年带走大量的钙和镁，在实际生产中并没有归还烟田钙和镁，致使烟田土壤中交换性钙镁含量缺乏。小组研究表明，2017 年重庆植烟土壤交换性钙含量平均为 5.49 cmol/kg，比 10 年前降低了 4.32 cmol/kg，且整个重庆市植烟区交换性钙含量缺乏。对于 pH 值在 5.0 ～ 5.5 的烟田，推荐施用钙镁磷肥、硅钙肥和生物炭等弱碱性物料，同时可以归还烟田钙和镁元素来改善烟田土壤酸性。

重庆有 90% 以上的植烟土壤有机质含量大于 15 g/kg，与国外一些优质烟叶生产国相比，重庆的有机质含量偏高，如美国北卡州有 80% 以上的植烟土壤有机质含量小于 15 g/kg。土壤有机质与土壤供氮能力相联系，有机质越高，土壤供氮能力越强。烤烟到了生长后期高温高湿的环境条件下，有机质矿化后大量氮元素释放出来，使烟草贪青晚熟，中上部叶烟碱含量提高，色泽差，刺激性大，严重影响烟叶的品质；有机质含量过低时，所产烤烟香气量不足，因此适宜重庆烟田的土壤有机质含量范围还有待进一步研究。重庆植烟区县缺磷和磷丰富的土壤并存，磷是构成烟草植物体内许多重要化合物的组成成分，参与植物新陈代谢过程，促进氮代谢和脂肪合成，增强植株抗寒抗旱能力，促进叶片成熟，提高烟叶品质。重庆万州和酉阳土壤缺磷较为突出，对于缺磷的土壤应注重增施磷肥，以满足烟草正常新陈代谢和品质形成的需要。重庆山地植烟区多雨，除去烟株和烟叶带走的钙和镁，两种元素的淋失也非常严重，烤烟实际生产中没有及时补充镁素，因此镁供应不足，导致重庆植烟土壤缺镁严重。严重缺钙、镁的土壤主要为酸性土壤，也是土传病害易发区，建议施用土壤调理剂（富含活性钙镁如硅钙肥、钙镁磷肥等）或增加生物有机肥施用量，在补充钙、镁元素的同时，对土壤生物肥力进行修复和重建。在烟田大面积生产中，考虑在提苗肥或追肥时施用硝酸钙、硫酸钾镁肥等，可以协调平衡烟草氮、钾、钙和镁营养；烟草是需硼较多的作物，随着氮、磷和钾大量元素的大量施用，土壤有效硼供应不足已成为影响烤烟产质量的重要因素之一，硼元素主要生理功能是参与糖的转运与代谢，缺硼对烟株主根和侧根生长影响最大，由于根系受阻，烟叶中烟碱含量和糖分合成均受到影响。从土壤有效硼来看，重庆烟田土壤有效硼含量较 10 年前显著降低，因此重庆植烟区更应该注重硼肥的施用，通过土壤施用硼砂等补充硼（注意不能连年用），应根据不同的土壤特性及营养状况选择相应的措施。在酸性砂壤中易淋失，硼肥施用后效一般较小，而在黏重质地土壤上硼肥后效可达几年。推荐 3.75 ～ 7.5 kg/hm² 硼肥作基肥，或 0.2% 在团棵期进行叶面喷施，近年来我国一些植烟区烤烟专用复合肥中通常加有 0.5% 的硼砂。重庆烟田土壤肥力总体状况较好，根据烟田实际情况调整烟草专用肥配方，严格控制氮肥用量，因地制宜调整磷钾配比，微量元素因缺补缺，构建基于基地单元土壤肥力的"大配方"施肥方案。根据不同区县或种植单元土壤养分含量调整氮、磷、钾比例，实现种植单元"小调整"。在肥料配方上多样化，设置高磷、中磷、低磷及高钾、中钾、低钾配方，改变目前生产上只有 1 个配方的局面，增加配方肥种类，做到因地制宜施用肥料，实现平衡施肥。

土壤肥力是指土壤中各种养分的供应能力，即土壤养分供应植物时环境条件的综合体现。影响土壤肥力的因素包括物理、化学和生物因子等，本研究仅采用单一的统计方法对重庆市植烟区土壤肥力进行了综合评价，尚存在不完善的地方，比如是否需要考虑生物指标，是土壤肥力工作者一直思考的问题。由于生物指标受环境的影响较大，到目前为止，还未见在综合评价时考虑土壤生物指标的报道，因此今后应加强综合、全面评价土壤肥力指标方面的研究。土壤肥力评价还应该将当地气候、栽培水平等因素加以综合考量，以便更好地为烤烟综合养分管理提供科学参考依据。

（4）结论。

①重庆市植烟土壤肥力因子变异强度较大，多处于中等至强的变异强度，土壤速效钾、有效硼和有效锌变异强度较大。

②对土壤综合肥力指数贡献最大的为有机质，其次是碱解氮、pH 值、交换性镁和速效磷，贡献最低的是有效锌。

③重庆市植烟区县整体土壤肥力较为适宜，不同区县对于土壤肥力水平较低的烟田需加强测土配方施肥，采用综合养分管理技术，进一步提升烟田地力水平。

2. 知识产权 B：烤烟专用有机肥的优选及肥效验证

烤烟是我国重要的经济作物，土壤肥力和施肥是烟叶产量和品质最重要的影响因素。近 20 年来，烟农重施化学肥料轻视有机肥料、长期连作，导致土壤板结、通气性差、保水保肥能力下降和肥料利用率下降等诸多问题，因此烟叶产质量下降已成为烟草行业急需解决的问题。配施有机肥被认为是提升烟田土壤质量和烤烟产质量最有效的措施。有机肥能改善土壤物理、化学和生物学性状，成为优质烟叶生产的基本保证。但目前烟农施用的有机肥种类繁多，质量也参差不齐，不同来源堆置发酵出的有机肥物化性质明显不同，不同有机肥对土壤和作物的效应也明显不同，优选适宜烤烟的有机肥产品是提升烟田土壤质量和烤烟产质量的有效途径。在河南许昌植烟区试验表明，精制有机肥能显著提高土壤蔗糖酶和脲酶活性。有机物料有效改善了烟草根际微生态环境，可显著提高上、中等烟比例，可作为烟草优质生产的栽培措施。芝麻饼肥与化肥配施能明显提高根际土壤脲酶、磷酸酶活性。前人研究中有机肥种类较为单一，大多数研究适合北方植烟区施用，且有机肥成本较高，不能根据当地实际生产有机肥。重庆市烟叶产区烟秆随处堆放、四处乱扔的现象较为普遍。有研究已证实，烟秆有机肥对提升烤烟品质，提高烤烟抗病性，促进烤烟生长等均有显著的效果。众多研究学者已对传统方式下的有机无机肥配施对烤烟产质量的影响做了大量细致深入的研究，但是，以发酵秸秆和农业废弃物配合施用对烤烟产质量的影响尚缺乏系统研究。本研究以重庆市烟叶主产区黄壤为基础，分析不同有机无机物料配比对植烟土壤肥力的影响，以筛选适宜重庆植烟土壤和气候条件的最优有机肥品种，为重庆市烤烟的可持续发展及产出效益提供理论和技术支撑。

（1）材料与方法。

①供试材料与试验设计。本试验在重庆市奉节县兴隆镇良家村进行。奉节试验点的供试烤烟品种为云烟87，为重庆市大面积栽培品种，烤烟田间管理按照重庆中烟烤烟田间管理技术指南进行。试验点土壤类型为黄壤，由石灰岩母质发育而成，土壤理化性质见表12-35。该土壤肥力状况可代表重庆市大部分烟田土壤肥力状况。

表12-35　供试土壤理化性质

土壤类型	土壤理化性质							
	pH值	有机质（g/kg）	全氮（g/kg）	全磷（g/kg）	全钾（g/kg）	碱解氮（mg/kg）	有效磷（mg/kg）	速效钾（mg/kg）
黄壤	6.55	25.40	1.56	1.01	17.07	135.71	51.22	170.32

前期试验分别以牛粪、玉米秸秆、菜籽饼、鸡粪、烟秆和药渣等奉节县局（分公司）可以就地取材的材料为原料，进行了不同有机物料配方及发酵腐熟研究，配制出了不同碳氮比的有机肥产品，选择其中具有代表性的5种有机肥料产品进行本研究的田间试验。试验共设7个处理，包括5个参试有机肥产品，以及不施有机肥和施用饼肥2个对照。参试有机肥不同有机物料按一定比例混合发酵腐熟制成不同特性的有机肥，其中M1为植烟区目前施用的常规有机肥。作物秸秆采用180 ℃高压蒸汽爆破灭菌，经检测不含有烟草根茎病毒，如青枯菌和黑胫病菌。每个处理3次重复，共21个小区（小区面积为40 m²），每个小区植烟60株。参试有机肥的养分含量见表12-36。

表12-36　试验处理及参试有机肥的养分含量百分比

处理	参试有机肥的养分含量百分比（g/kg）					生产参试有机肥的主要原料
	有机碳	全氮	全磷	全钾	碳氮比	
CK	—	—	—	—	—	不施有机肥
CF	418.3	55.0	10.5	11.9	7.6	菜籽饼，目前烤烟推荐施用的有机肥
M1	331.5	61.0	6.7	7.0	5.4	菜籽饼、猪粪和玉米秸秆混合发酵
M2	351.4	65.4	7.0	10.3	5.4	鸡粪、菜籽饼和玉米秸秆混合发酵
M3	302.2	20.9	11.2	17.1	14.5	牛粪、菜籽饼和烟草秸秆混合发酵

续表

处理	参试有机肥的养分含量百分比（g/kg）					生产参试有机肥的主要原料
	有机碳	全氮	全磷	全钾	碳氮比	
M4	355.3	19.8	14.7	16.0	18.0	牛粪、鸡粪和烟草秸秆混合发酵
M5	428.1	16.3	8.9	19.2	26.2	花生壳、药渣和烟草秸秆混合发酵

本试验中各处理复合肥施用量及方式均根据重庆市烤烟生产管理指南进行。基肥以有机肥和复合肥配合施用，每公顷施用 750 kg 烟草专用复合肥（10-15-25），在烤烟团棵期施用 225 kg/hm² 的硝酸钾进行追肥处理，使用其他单质肥调整各处理的氮（120.0 kg/hm²）、磷、钾总量一致，即 $N：P_2O_5：K_2O=1：1：2.3$，保证烟草各个生长期养分的足量供应。

②样本的采集。烟叶成熟后每个小区单独采收和挂杆烘烤，分级后分别计算产量、产值。分级后每个小区取 B2L、C3F 和 X2L 各 1 kg，用于烟叶化学成分的测定。

③测试项目及方法。土壤微生物数量采用稀释涂布平板法计数测定，其中细菌培养采用牛肉膏蛋白胨培养基，放线菌培养采用高氏 1 号培养基，真菌培养采用马丁氏孟加拉红培养基。烟叶成熟采收烘烤后，烤后烟叶样本的总糖、还原糖、烟碱和钾含量，采用流动分析仪测定。采用 FT-NIR 光谱分析技术测定烟叶中氮、磷、氯和蛋白质含量。土壤速效氮含量采用碱解扩散法，土壤速效磷采用钼锑抗比色法，土壤速效钾采用火焰光度计法。在烤烟成熟期，去掉 0～2 cm 的表层土壤，用铁铲挖出烟株根系，小心抖动并用毛刷收集黏附烟株根表面 0～3 mm 的土壤，此为根际土。非根际土壤的取样方法为随机选取 2 株烟之间无根系生长的垄体上的土壤，烟田土壤从表面每隔 20 cm 向下进行分层采样。

（2）结果与分析。

①不同有机肥对烤烟经济性状的影响。从产量结果看，施用有机肥处理烟叶产量显著高于对照，说明有机肥、饼肥对烟叶产量的作用效果相当。其中以 M3 和 M5 处理产量最高，不施有机肥处理 CK 产量最低，说明这两种有机肥对烤烟的产量提高有一定的促进作用。从上中等烟比例看，以 M4 处理最高，其次为 M1 处理；从产值看，施用有机肥处理均高于 CK 处理，差异显著，其中以 M3 处理烤烟产值最高，这表明有机肥的施用能够显著提高烤烟的经济产值。施用有机肥显著提高了上中等烟叶的比例，上中等烟比例比 CK 处理高 3～9 个百分点，以 M4 处理最高（表 12-37）。综上可知，参试的有机肥产品碳氮比较高的有机肥（M3、M4、M5 处理）对重庆市烤烟的促进作用较为显著，同时能够显著提高烤烟的产质量。

表 12-37　各处理烤烟经济性状比较

处理	产量（kg/hm²）	上中等烟比例（%）	产值（元/hm²）
CK	1793.5 b	72.12 b	38362.9 b
CF	1826.3 a	79.73 a	40562.1 a
M1	1838.8 a	80.42 a	41575.3 a
M2	1816.9 a	77.69 a	41261.8 a
M3	1852.3 a	79.53 a	43280.8 a
M4	1818.6 a	81.05 a	42227.9 a
M5	1849.5 a	80.12 a	43130.3 a

②不同有机肥对烤烟化学成分的影响。本试验中各个处理的烤烟上部、中部叶的总氮含量均在标准范围内，但下部叶总氮量略有偏低，有机肥施用对烤烟各部位烟叶中总氮含量没有显著影响，但各处理的上部、中部叶烟碱含量均显著高于下部叶（表12-38）。

各个有机肥处理下的烟叶还原糖含量为 120 ～ 200 g/kg，均达到优质烟的标准范围。除 M3 处理外，施用有机肥明显提高了上部叶还原糖含量，比 CK 提高 1 ～ 3 个百分点；与饼肥相比，有机肥的施用显著提高了烤烟中部、下部叶的还原糖含量，进而提高了烤烟烟叶的整体品质。

在本试验条件下，与 CK 相比，增施有机肥明显提高了上部、下部叶含钾量，而对中部叶含钾量影响较小。烟叶氯素含量较低，均低于 2 g/kg，在标准范围以外。总之，增施有机肥明显提高了各部位叶片氯素的含量，且施用参试有机肥与施用饼肥相比提高了中部、下部叶氯素含量，而对上部叶影响较小。因此施用有机肥能够提高烟叶氯离子含量，改善烟叶品质。

表 12-38　各处理成熟期烟叶化学成分比较

烟叶	处理	总氮（g/kg）	总磷（g/kg）	总钾（g/kg）	烟碱（g/kg）	总氯（g/kg）	蛋白质（g/kg）	还原糖（g/kg）
上部叶	CK	18.12 c	2.21 d	18.34 e	23.80 a	0.51 d	112.8 d	145.65 c
	CF	18.23 c	3.11 a	20.58 cd	23.86 a	1.31 b	113.8 d	175.62 b
	M1	21.93 ab	2.42 b	18.93 d	22.86 ab	1.12 b	136.7 b	160.23 b
	M2	18.21 c	2.49 b	19.23 d	22.17 c	1.92 a	112.8 d	154.53 c
	M3	18.89 c	2.52 b	19.83 cd	22.74 b	1.75 a	116.8 d	128.83 d
	M4	23.57 a	2.06 d	20.12 cd	22.28 c	0.98 b	145.2 a	154.23 c
	M5	21.23 ab	2.21 d	22.12 b	22.48 c	0.96 b	130.2 c	168.87 b

续表

烟叶	处理	总氮 （g/kg）	总磷 （g/kg）	总钾 （g/kg）	烟碱 （g/kg）	总氯 （g/kg）	蛋白质 （g/kg）	还原糖 （g/kg）
中部叶	CK	20.43 b	2.43 c	24.21 a	19.02 d	0.63 d	126.8 c	153.45 c
	CF	20.23 b	2.35 c	24.97 a	18.40 e	0.74 c	126.1 c	129.23 d
	M1	20.95 b	2.73 a	20.32 cd	18.83 d	0.98 b	129.7 c	178.42 b
	M2	18.45 c	2.54 c	22.45 b	18.01 e	0.86 b	110.5 d	195.55 a
	M3	19.67 b	2.64 b	22.42 b	17.18 e	1.12 a	121.5 c	137.23 d
	M4	21.54 ab	2.35 c	25.73 a	17.74 e	0.95 b	131.2 b	151.22 c
	M5	23.76 a	2.45 c	20.78 cd	18.25 e	0.95 b	150.4 a	152.12 c
下部叶	CK	15.63 d	2.43 c	21.23 cd	12.57 f	0.59 d	97.5 e	172.23 b
	CF	17.75 c	2.62 ab	23.85 a	13.48 f	0.41 e	111.2 d	152.15 c
	M1	14.64 d	2.93 a	21.32 cd	13.34 f	0.63 d	95.5 e	163.23 b
	M2	15.37 d	2.75 b	24.43 a	12.23 f	0.81 c	97.5 e	173.23 b
	M3	15.67 d	2.75 ab	24.23 a	11.45 g	0.72 c	98.6 e	175.34 b
	M4	19.22 b	2.64 b	22.23 b	12.22 f	0.77 c	120.2 d	156.36 b
	M5	15.82 d	2.72 ab	23.12 b	12.87 f	0.75 c	100.3 e	164.44 b

③不同有机肥对烤烟烟叶化学协调性的影响。由表12-39可知，本试验各处理的烟叶指标基本处于优质烟要求范围，但烟叶钾氯比偏高，这表明有机肥的施用没有影响烤烟烟叶内在成分的协调性，且不同的有机肥对烤烟烟叶内在成分的协调性的影响有差异。各处理的上部、中部、下部叶的糖氮比基本在优质烟叶标准范围内，下部叶的糖碱比均略高于优质烟的标准范围。这表明有机肥的施用对烤烟下部叶的影响较小，但能够显著降低上部、中部叶的钾氯比，进而提高烤烟的上部、中部叶品质。

表12-39　各处理成熟期烟叶化学协调性比较

烟叶	处理	还原糖/总氮	还原糖/烟碱	总氮/烟碱	钾氯比	施木克值
上部叶	CK	8.0 c	6.1 c	0.76 d	36.0 b	1.3 b
	CF	9.6 b	7.4 b	0.76 d	15.7 e	1.5 ab
	M1	7.3 d	7.0 c	0.96 c	16.9 e	1.2 c
	M2	8.5 c	7.0 c	0.82 d	10.0 e	1.4 b
	M3	6.8 d	5.7 d	0.83 d	11.3 e	1.1 c
	M4	6.5 d	6.9 c	1.06 c	20.5 d	1.1 c
	M5	8.0 c	7.5 c	0.94 c	23.0 d	1.3 b

续表

烟叶	处理	还原糖/总氮	还原糖/烟碱	总氮/烟碱	钾氯比	施木克值
中部叶	CK	7.5 d	8.1 c	1.07 c	38.4 b	1.2 b
	CF	6.4 d	7.0 c	1.10 c	33.7 b	1.0 c
	M1	8.5 c	9.5 c	1.11 c	20.7 d	1.4 b
	M2	10.6 a	10.9 a	1.02 c	26.1 c	1.8 a
	M3	7.0 d	8.0 b	1.14 c	20.0 d	1.1 c
	M4	7.0 d	8.5 c	1.21 c	27.1 c	1.2 b
	M5	6.4 d	8.3 d	1.30 c	21.9 d	1.0 c
下部叶	CK	11.0 a	13.7 b	1.24 b	36.0 b	1.8 a
	CF	8.6 c	11.3 c	1.32 b	58.2 a	1.4 b
	M1	11.1 a	12.2 b	1.10 c	33.8 b	1.7 a
	M2	11.3 a	14.2 a	1.26 a	30.2 bc	1.8 a
	M3	11.2 a	15.3 a	1.37 a	33.7 b	1.8 a
	M4	8.1 c	12.8 b	1.57 a	28.9 b	1.3 b
	M5	10.4 ab	12.8 b	1.23 b	30.8 b	1.6 a

④不同有机肥土壤微生物种群数量的影响。从烤烟成熟收获期土壤微生物数量看（表12-40），有机肥的施用显著提高了植烟根际土壤中的微生物数量，但对烟田土壤中非根际土壤微生物数量影响不显著，表明有机肥的施用能够增加植烟根际土壤微生物种群数量，进而提高烟田土壤的抗性。

表 12-40　各处理烤烟成熟期土壤微生物数量（$\times 10^4$ cfu/g DS 干土）比较

处理		细菌	真菌	放线菌
根际	CK	48.0 e	23.7 c	3.3 c
	CF	96.3 a	47.0 a	4.1 c
	M1	70.3 c	33.3 b	10.2 a
	M2	82.7 ab	28.0 c	5.0 b
	M3	97.3 a	37.7 b	6.6 b
	M4	83.3 ab	22.7 c	4.4 c
	M5	90.7 a	22.3 c	5.6 b

续表

处理		细菌	真菌	放线菌
非根际	CK	66.7 c	21.7 c	5.8 b
	CF	62.7 d	24.0 c	2.5 d
	M1	65.7 c	45.0 a	4.5 b
	M2	62.3 d	31.3 b	1.4 d
	M3	64.0 d	17.7 d	6.2 b
	M4	60.3 d	19.7 d	4.3 c
	M5	90.3 a	27.3 c	5.0 b

⑤不同有机肥对烤烟收获后土壤中养分含量的影响。从表 12-41 可以看出，与基础土样相比，收获后各处理土壤的速效氮、磷、钾养分含量均有所增加，其中施用饼肥处理（CF）土壤中速效氮、磷、钾含量基本最高。这表明施入烟田土壤中的有机肥和复合肥中的各种养分具有双重效应，一是供给烤烟生长发育所需，二是留存于土壤中提高土壤的养分含量。

表 12-41　各处理收获后土壤速效氮、磷、钾含量

单位：mg/kg

处理	速效氮			有效磷			速效钾		
	0～20 cm	20～40 cm	40～60 cm	0～20 cm	20～40 cm	40～60 cm	0～20 cm	20～40 cm	40～60 cm
基础土样	136.9 c	97.6 c	79.5 c	51.3 c	12.2 c	11.9 b	170.7 c	93.7 d	98.5 c
CK	141.5 c	100.3 c	86.2 c	51.4 c	22.3 b	19.2 a	192.2 c	138.5 b	115.2 b
CF	190.6 a	140.5 a	107.3 a	57.7 b	29.2 a	16.7 a	213.5 b	156.5 a	116.2 b
M1	156.3 b	100.5 c	93.5 b	57.3 b	27.2 b	19.5 a	186.2 c	109.5 c	125.4 a
M2	143.6 c	105.2 b	91.2 b	64.2 b	15.7 c	13.3 b	196.5 c	125.4 b	111.2 b
M3	152.5 b	113.5 b	98.2 b	84.3 a	27.7 b	11.6 b	291.2 a	178.5 a	125.5 a
M4	147.8 c	110.2 b	97.1 b	63.5 b	23.7 b	12.5 b	234.2 b	124.6 b	116.5 b
M5	144.5 c	110.3 b	97.5 b	59.4 b	33.5 c	13.7 b	236.2 b	125.3 b	110.3 b

（3）讨论。施用有机肥处理与对照相比显著提高了烟叶产量和产值，这是因为有机物料在腐解过程中会产生一些具有生理活性的中间产物，进而可以提高植株根系 α- 萘胺氧化活力，使得植株根系活力增强。根系活力的增强能够促进植株根体积与根系对养分的总吸收面积的增加，烟秆有机肥因具有较高活性的有机质，能够促进根细胞的合成与根系的呼吸作用，进而使得植株根系活力增强。烟秆有机肥能够显著改善植物根系微

域的微生态环境，加快微生物定殖及其繁殖速度，为植物根系发育提供一个优良环境。本试验表明，含有烟秆和秸秆的发酵有机肥其烟株长势优于饼肥和农家肥处理。烟秆有机肥还田实现了烟秆废弃物资源化合理利用，补充了烟株从土壤中带走的营养元素，符合李比希的"养分归还学说"，比如归还了钙、镁、钾等盐基阳离子，在一定程度上可缓解土壤酸化。烟田土壤中的矿质元素含量能够在烟秆有机肥的作用下，保持在一个适宜烟草生长的范围，并且能显著促进烟叶对磷、锌、铁、锰的吸收。烟秆有机肥的合理利用为烟草行业的生态循环发展带来光明的前景。烟秆有机肥还田应用的具体实施目前在我国植烟地区仍处于探索阶段，此外，烟秆有机肥的整体效应，如改良烟田土壤、提高烤烟产量和品质和施用最佳配比等均需更进一步地深入研究和验证。

不同施肥处理（除饼肥处理）对烤烟土壤全氮影响较小。土壤氮库是一个较大的缓冲库，施肥措施对其影响程度较小。本试验中，饼肥处理的土壤速效氮含量最高，说明饼肥有机氮含量高，矿化后提高了土壤速效氮含量。烤烟主要吸收氮形态为硝态氮，土壤氮元素水平可用硝态氮供应量来表征。不同种类有机肥对植烟土壤养分影响时，除要考虑肥料的用量和性质，还要注意土壤质地，有机肥可以促进土壤磷的供应时间前移和土壤速效钾的长效供应，从而有利于烤烟生长。从表 12-40 可以看出，施用高碳氮比的有机肥显著提高了根际细菌数量，这些细菌中有些可能是解磷细菌和解钾细菌。以上几个方面综合作用结果，使得有机肥显著提高了土壤有效磷和速效钾的含量。另有研究证实，30% 的猪粪有机肥和 70% 化肥配施可提高植烟土壤酶活性和微生物生物量碳含量，有机肥施入土壤后首先改善了土壤理化环境，同时为微生物生长繁殖提供了良好的生长环境和能源，碳氮比适宜，有利于微生物的进一步繁殖。近些年来，由于大量施用化学肥料，烟田土壤氮过量的现象成为不争的事实，以往长期忽视有机肥的施入，致使烟田土壤碳氮比逐渐降低，重庆烟田土壤碳氮比范围在 9.96～15.08，已经影响了土壤微生态活性，急需要施用高碳氮比的有机肥来改善烟田土壤微生态健康，促使烟田回归到健康良性的循环中。

（4）结论。

①参试有机肥与不施有机肥和施饼肥处理相比均明显提高了上等烟的比例和产值，碳氮比较高的有机肥（M3、M4、M5 处理）均能显著提高烟叶上中等烟比例和产值。

②各有机肥处理烤烟烟叶化学成分含量基本达到标准适宜范围，对烟叶后期落黄和成熟没有不良影响。施用有机肥明显提高了上部叶还原糖含量，比不施有机肥提高 1～3 个百分点，提高了上部、下部叶含钾量；与饼肥相比，高碳氮比有机肥的施用显著提高了中部、下部叶还原糖含量，改善了烟叶品质。

③以牛粪、玉米秸秆、药渣与烟秆混合发酵制成高碳氮比的有机肥（M3、M4、M5 处理），对烤烟产量、烟叶品质和烟叶协调性的作用都优于饼肥或常规有机肥。这可能是高碳氮比有机肥对土壤微生物数量和对土壤肥力改善的综合作用结果。因此，在烟叶

生产中推荐施用高碳氮比的有机肥。

3.知识产权C：有机肥对土壤培肥、烤烟生长及烟叶质量的影响

我国的烟叶产区多处在山区。由于人多地少，烟田超30年连作，烟田土壤退化严重，土壤有机质、全量氮磷钾和速效氮磷钾含量有下降趋势，特别是烟田的碳氮比降低，从而导致了土壤肥力的降低，影响了烟叶的产量和品质。研究表明施用有机肥一方面改善了土壤的结构，另一方面提高了土壤生产力。施用腐熟后的牛粪、堆制农家肥及商品有机肥都是常用的培肥措施。有关培肥措施对其他农作物土壤性质或作物产量的研究较多，而对于烟田培肥研究较少。有机培肥得到实践的证实，有机肥能改善土壤结构并提高土壤有机质含量，有机肥在腐解过程中产生羧基一类的配位体，与土壤黏粒表面或氢氧聚合物表面的多价金属离子相结合，形成团聚体。有机肥能提高植烟土壤的保水蓄水性能和热量状况。那么，在培肥实践中，如何确定培肥措施与烟叶产质量提升的最佳结合点，也即兼顾烟田培肥方式与烤烟产质量协同提升是一个技术难点。为此，寻找不同培肥方式下烟草养分吸收、产量品质的影响及土壤改良效应，为奉节烟田的可持续发展提供技术支撑。

（1）材料与方法。

①试验设计。在奉节县太和乡选取代表性的烟田进行试验，土壤类型为黄壤，其理化性状见表12-42，质地为中壤。

表12-42　供试土壤基本农化性质

pH 值	有机质（g/kg）	全氮（g/kg）	全磷（g/kg）	全钾（g/kg）	碱解氮（mg/kg）	速效磷（mg/kg）	速效钾（mg/kg）
7.21	21.07	1.04	0.79	12.33	113.50	19.36	151.20

供试烤烟品种为当地主栽品种云烟87，各处理基肥施用量按表12-43进行，各处理在等量氮、磷、钾养分的基础上进行，施氮量均为120 kg/hm²，商品有机肥的养分含量为氮含量2.5%、磷含量1.5%和钾含量1.1%。堆制农家肥的养分含量，氮含量0.663%。发酵牛粪药渣有机肥的养分含量为碳含量38.6%、氮含量0.75%、磷含量0.61%和钾含量0.32%。每个处理设3个重复，共18个试验小区，各小区面积40 m²，随机排列，栽培密度为行距110 cm，株距55 cm。试验其他操作按重庆烤烟生产技术规程进行。

表12-43　不同培肥措施的培肥效应研究

试验设计	基肥施用量
处理1	不施有机肥（对照）
处理2	商品有机肥 450 kg/hm²
处理3	堆制农家肥 4500 kg/hm²

续表

试验设计	基肥施用量
处理 4	牛粪药渣有机肥 1500 kg/hm²
处理 5	牛粪药渣有机肥 3000 kg/hm²
处理 6	牛粪药渣有机肥 4500 kg/hm²

②植株样本采集与测定。各处理在移栽当天取 50 株，栽后 30 d 取 2～3 株，60 d、90 d 和采收完毕各取 1～2 株，还要取烤后各处理的烟叶进行测定分析，在常规烘烤完成后进行分级，记录各小区的产量、产值。其中，对总糖、还原糖、烟碱、总氮、蛋白质、钾、氯、淀粉等品质的分析采用常规方法分析。

③土壤样本采集与测定。施用基肥前 1 d、移栽后 60 d、90 d 和采收完毕共 4 次采集土壤。具体取样方法：取植株样前，在距离植株样取样点 25 cm 左右处，采集烟株之间垄上土壤耕层 0～20 cm 混合土样 1 kg，采集的土壤样本经风干、磨细、过筛等操作后待测。土壤有机质、全量氮磷钾、速效氮磷钾、中微量元素、土壤阳离子交换量均采用常规方法分析。

④土壤中可培养微生物数量测定。在超净工作台中，分别称取土样 10 g，放入盛有 90 mL 无菌水的 250 mL 三角瓶中，充分振荡使样本均匀分散成为土壤悬液，然后静置数分钟。按照不同菌种完成不同稀释梯度，并分别完成真菌、放线菌、细菌的培养和计数。

⑤数据处理。采用有关统计方法进行分析。

（2）结果与分析。

①不同有机肥对烤烟收获后土壤速效养分的影响（表 12-44）。施肥提高了土壤有机质及土壤速效养分含量，配施牛粪药渣有机肥效果更显著，以处理 5 最好。处理 5 的土壤有机质含量从基础土样的 21.07 g/kg 提高到 23.42 g/kg，提高了 2.35 g/kg，碱解氮含量从 113.5 mg/kg 提高到 177.55 mg/kg，处理 5 的有效钾含量较种植前提升 30.12 mg/kg。可以看出，不同培肥措施能显著提高土壤速效养分含量。

表 12-44　不同有机肥对烤烟收获后土壤速效养分的影响

处理	有机质（g/kg）	碱解氮（mg/kg）	速效磷（mg/kg）	有效钾（mg/kg）
处理 1	21.15 b	165.31 b	21.55 b	146.36 d
处理 2	21.16 b	176.18 ab	23.54 a	163.78 c
处理 3	23.94 a	163.36 b	23.62 a	173.84 b
处理 4	21.88 b	160.64 b	23.12 a	175.36 b
处理 5	23.42 a	177.55 ab	23.41 a	182.35 a
处理 6	23.76 a	184.05 a	23.08 a	181.32 a

从表 12-45 可以看出，增施有机肥可以促使土壤颗粒大于 0.25 mm 的团聚体形成，处理 5 和处理 6 对土壤团聚体的作用基本相同。

表 12-45　不同处理对土壤团聚体形成的影响

处理	土壤团聚体			
	< 0.053 mm	0.053 ～ 0.25 mm	0.25 ～ 2 mm	> 2 mm
处理 1	15.5 c	25.7 c	48.0 a	10.8 c
处理 2	15.4 c	26.8 c	45.6 a	12.2 b
处理 3	15.3 c	28.6 b	42.3 b	13.8 a
处理 4	19.3 a	32.0 a	40.8 b	7.9 d
处理 5	18.7 b	31.6 a	39.6 b	10.1 c
处理 6	15.4 c	25.5 c	44.5 a	14.6 a

②不同有机肥用量对土壤 NH_4^+-N、NO_3^--N 含量变化的影响。由图 12-47 和图 12-48 可以看出，在烟株生育期 0 ～ 20 cm 土壤 NH_4^+-N 含量变化的趋势是先升高后持续下降，在旺长期达到峰值，表层土壤铵态氮含量处理 6 峰值最大，而对照处理最小。20 ～ 40 cm 土壤 NH_4^+-N 含量变化的趋势是先升高，在圆顶期达到峰值后，又开始持续下降。说明配施有机肥的处理能供给烟株更多的氮。

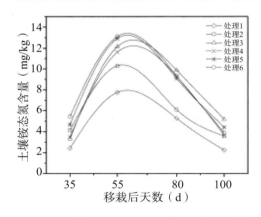

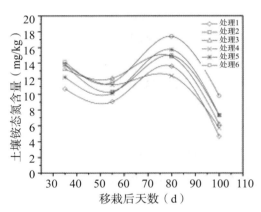

图 12-47　烟田 0 ～ 20 cm 土壤 NH_4^+-N 含量变化　图 12-48　烟田 20 ～ 40 cm 土壤 NH_4^+-N 含量变化

由图 12-49 可以看出，在烟株生育期 0 ～ 20 cm 土壤 NO_3^--N 含量呈一直下降趋势。烤烟在团棵期（移栽后 35 d）对氮的吸收量较少，各处理土壤中的 NO_3^--N 含量均较高，处理 6 含量最高，常规施肥处理和农家堆肥处理次之；从旺长期（移栽后 55 d）开始至圆顶期（移栽后 80 d），土壤的 NO_3^--N 含量下降迅速，一方面由于烟株的生长需要大量的氮元素，另一方面由于氮元素向下层渗漏；圆顶期至收获期（移栽后 100 d），NO_3^--N 含量下降很少，主要是因为在这期间烟株需要吸收的氮元素减少，各处理 NO_3^--N 含量相差不大，说明配施有机肥对烟叶的正常落黄没有大的影响。由图 12-50 看出，20 ～

40 cm 土壤 NO₃-N 含量呈先下降后上升再持续下降趋势。

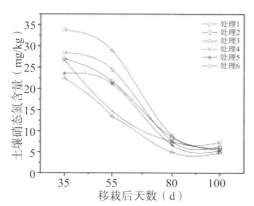 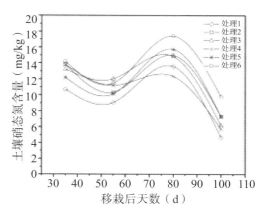

图 12-49　烟田 0 ～ 20 cm 土壤 NO₃-N 含量变化　图 12-50　烟田 20 ～ 40 cm 土壤 NO₃-N 含量变化

③不同有机肥对土壤微生物种群数量的影响。从烤烟成熟期土壤微生物数量看（表 12-46），有机肥的施用显著提高了烤烟根际土壤中的微生物数量，表明有机肥的施用能够增加烤烟根际土壤微生物种群数量，特别是提高了土壤细菌数量，说明适量有机肥在一定程度上提高了烟田土壤的抗病性。

表 12-46　不同处理烤烟成熟期土壤微生物数量（ $\times 10^4$ cfu/g 干土）比较

处理	细菌	真菌	放线菌
处理 1	49.0 d	24.4 c	3.4 c
处理 2	97.2 a	48.0 a	4.3 c
处理 3	71.4 c	33.6 b	11.1 a
处理 4	83.9 b	28.4 c	5.2 b
处理 5	98.6 a	38.1 b	6.8 b
处理 6	84.2 b	23.6 c	4.6 b

④不同有机肥用量对烤烟产量、产值的影响。由表 12-47 可以看出，在所有处理中，施用有机肥的处理均高于单施化肥的对照处理，其中处理 5 的产值比对照增收 19.4%，显著增加了烟农收入。从上中等烟的比例看，与对照处理相比，施用有机肥都显著提高了上中等烟叶的比例，处理 2 和处理 5 最高，其中处理 5 高出对照处理近 4.0 个百分点。综上可知，无论是从产量或产值看，处理 5 对烤烟产质量均具有较好的提升作用。

表 12-47　不同有机物料对烤烟产量、产值和烟叶等级的影响

处理	产量（kg/hm²）	产值（元 / hm²）	上中等烟比例（%）
处理 1	1758.0 c	50178.8 c	89.75 c
处理 2	1767.0 c	50712.9 c	95.81 a

续表

处理	产量（kg/hm²）	产值（元/hm²）	上中等烟比例（%）
处理3	1819.5 b	53129.4 b	92.87 b
处理4	1897.5 b	54268.5 b	92.36 b
处理5	1968.0 a	60024.0 a	93.75 a
处理6	1779.0 c	55879.4 b	90.84 c

⑤不同有机肥对烤烟植物学性状的影响如图 12-51、图 12-52 和表 12-48 所示。

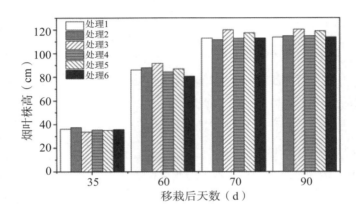

图 12-51　不同有机肥对烟叶株高的影响

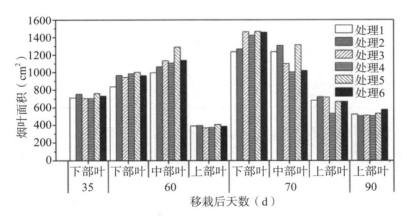

图 12-52　不同有机肥对烟叶面积的影响

由图 12-52 可以看出，在烤烟各个生长时期，对照处理的叶片面积均为最小，在圆顶期以处理 5 为最好，而对照叶片面积最小。这说明有机肥和化肥配施有利于增加烟叶面积，处理 5 的节距高于其他几个处理的，说明不同用量有机肥促进了烤烟的生长发育。处理 5 及处理 3 促进了上部、中部叶片的开片，是较好的土壤培肥措施。

表 12-48　不同有机肥处理成熟期主要植物学性状比较

处理	株高（cm）	茎围（cm）	节距（cm）	上部叶片面积（cm²）	中部叶片面积（cm²）
处理 1	113.2 a	9.78 b	4.8 b	684.37 b	1237.28 b
处理 2	111.2 a	9.93 b	4.8 b	719.02 a	1305.55 a
处理 3	120.2 a	10.46 a	4.9 ab	716.73 a	1101.11 c
处理 4	112.4 a	9.94 b	4.7 c	536.28	1002.76 c
处理 5	117.2 a	10.27 a	5.1 a	717.37 a	1310.88 a
处理 6	119.4 a	10.29 a	4.6 c	669.78 b	1019.26 c

⑥不同有机物料对烤烟主要化学成分的影响。从表 12-49 可以看出，不同处理的烟叶烟碱含量均在合理范围内，从上部叶和中部叶来看，施用有机肥较对照提高了烟叶烟碱含量；而在下部叶中，施用有机肥则降低了烟叶烟碱含量。各处理的上部、中部叶总氮含量均在要求范围之内，说明配施有机肥可以降低上部、中部叶的含氮量。有机肥处理均提高了上部叶蛋白质的含量。与对照相比，施用有机肥都明显提高了上部、中部叶总糖含量；在本试验条件下，烟叶还原糖含量在 14.411% ～ 21.666% 范围内，含量适宜。在上部、中部叶中，施用处理 5 都能够明显提高还原糖含量，使还原糖含量更加接近优质烟的含量要求范围，有利于提高烟叶质量。

表 12-49　不同有机物料对烤烟主要化学成分的影响

处理		烤烟主要化学成分							
		N（%）	P（%）	K（%）	Cl（%）	总糖（%）	还原糖（%）	烟碱（%）	蛋白质（%）
上部叶	处理 1	2.372	0.163	2.187	0.122	21.451	20.753	2.363	12.441
	处理 2	2.130	0.167	2.226	0.130	24.523	21.085	2.397	13.153
	处理 3	2.131	0.149	2.322	0.121	22.105	21.666	2.414	13.262
	处理 4	2.188	0.152	2.122	0.128	21.778	20.587	2.491	13.516
	处理 5	2.319	0.166	2.190	0.129	23.085	21.251	2.466	14.339
	处理 6	2.061	0.186	2.282	0.129	21.908	18.679	2.380	13.594
中部叶	处理 1	1.830	0.131	2.261	0.132	20.840	20.992	2.138	11.334
	处理 2	1.885	0.148	2.159	0.132	22.630	19.250	2.181	11.676
	处理 3	1.776	0.126	1.965	0.135	21.506	19.084	2.207	10.992
	处理 4	1.950	0.140	1.972	0.129	21.500	16.596	2.170	12.081
	处理 5	1.654	0.166	2.093	0.134	23.282	21.241	2.229	10.234
	处理 6	1.771	0.164	2.078	0.127	21.539	17.093	2.113	10.964

续表

处理		烤烟主要化学成分							
		N（%）	P（%）	K（%）	Cl（%）	总糖（%）	还原糖（%）	烟碱（%）	蛋白质（%）
下部叶	处理 1	1.661	0.166	2.277	0.123	21.810	16.232	1.820	10.326
	处理 2	1.695	0.222	2.765	0.121	22.830	16.315	1.725	10.542
	处理 3	1.334	0.197	2.935	0.125	24.060	17.391	1.682	8.287
	处理 4	1.784	0.245	2.768	0.120	21.742	16.397	1.691	11.095
	处理 5	1.664	0.197	3.014	0.119	21.946	14.411	1.768	10.350
	处理 6	1.726	0.197	2.342	0.120	21.742	17.639	1.657	10.737

⑦不同有机物料对烤后烟叶化学成分协调性的影响。通过表 12-50 可知，施用有机肥能有效地提高烟叶的糖氮比和糖碱比的协调性，综合上部、中部、下部叶分析，在各个配施有机肥的处理中，处理 5 和处理 3 的糖氮比和糖碱比协调性较佳。

表 12-50　不同有机物料对烟叶化学成分协调性的影响

处理		总糖/总氮	总糖/烟碱	施木克值	总氮/烟碱	钾/氯
上部叶	处理 1	9.043	9.078	1.668	1.004	17.926
	处理 2	11.513	10.231	1.603	0.889	17.123
	处理 3	10.373	9.157	1.634	0.883	19.190
	处理 4	9.953	8.743	1.523	0.878	16.578
	处理 5	9.955	9.361	1.482	0.940	16.977
	处理 6	10.630	9.205	1.374	0.866	17.690
中部叶	处理 1	11.388	9.747	1.852	0.856	17.129
	处理 2	12.005	10.376	1.649	0.864	16.356
	处理 3	12.109	9.744	1.736	0.805	14.556
	处理 4	11.026	9.908	1.374	0.899	15.287
	处理 5	14.076	10.445	2.076	0.742	15.619
	处理 6	12.162	10.194	1.559	0.838	16.362
下部叶	处理 1	13.131	11.984	1.572	0.913	18.512
	处理 2	13.469	13.235	1.548	0.983	22.851
	处理 3	18.036	14.304	2.099	0.793	23.480
	处理 4	12.187	12.857	1.478	1.055	23.067
	处理 5	13.189	12.413	1.392	0.941	25.328
	处理 6	12.597	13.121	1.643	1.042	19.517

配施有机肥降低了烟株上部、中部叶的氮碱比，一定程度上提高了下部叶的氮碱比。使用牛粪药渣有机肥明显提高了中部叶的施木克值，进而提高了烟叶质量，中部叶中以处理 5 的提高效果最好；下部叶中以处理 3 的提高效果最好。综合分析，以处理 5 和处理 3 氮碱比和施木克值协调性较佳。配合施用有机肥可以使烟叶的各化学成分更趋于协调，在所有的有机肥中，又以处理 3 和处理 5 的效果最为显著。

（3）讨论。本研究得出，合理的有机无机配施对烤烟生产至关重要，采用农家堆肥或施用腐熟后的牛粪药渣有机肥，均可提高烟叶的生长及品质。刘峰等人证实，在施纯氮 112.5 kg/hm² 的施肥水平下，20% 有机氮与 80% 无机氮肥配比对山地烤烟具有最好的综合效应。石俊雄等人也发现，在一定的施氮水平（90 kg/hm²）下，有机肥的施用对提高烟叶产量、改善烟叶品质方面有积极作用，特别是增加烟叶的香气量和改善烟叶的吃味方面有较明显作用。张凤霞等人研究发现，烟田增施牛粪能促进烤烟的生长发育，对提高烤烟产量和烟叶外观质量具有明显作用。牛粪药渣有机肥是一类具有较高碳氮比的有机肥，正好满足当前烟田碳氮比较低的情况，有机肥提供了大量的养分，增强了微生物活性，提高了烟田土壤肥力。牛粪成分主要包括饲料残渣（纤维素），机体代谢后的产物，包含一些酶、激素、维生素、大量微生物，可能具有较强的固氮、解磷和解钾能力，活化了烟田难溶态的磷和钾，进一步提高了烟田的肥料利用率，使培肥效果更为明显。但是，烟田施用牛粪更应控制其用量，对于烤烟而言，由于其特殊的需肥规律，土壤有机质含量过高或过低对烤烟生长都不利。本试验牛粪药渣有机肥 4500 kg/hm² 土壤中硝态氮含量一直维持在较高水平，说明施用有机肥过量时，可能到烟株生长后期仍矿化出较多的氮，推迟烟叶的正常成熟落黄。这就是施用牛粪药渣有机肥过量时，产量不增反减的重要原因。可见，在当前试验条件下，牛粪药渣有机肥 3000 kg/hm² 是最为合理的，它能够提供合理的养分，对于烟田的增产具有重要的指导意义。施氮量在 112.5 kg/hm² 时增施有机肥下部叶的烟碱含量超过 2%，说明过量施用有机肥对烟叶品质起到负面效应。同时在实验中也不难发现，施用牛粪药渣有机肥 3000 kg/hm² 能够使烟株的中上部叶达到一个化学成分较为协调的水平，从而提高施木克值及烟叶的糖氮比和糖碱比的协调性，对烤烟生长及烟叶品质的提高具有指导意义。钾和氯是烟叶中重要的营养元素，同时也是衡量卷烟燃烧性的重要指标。一般认为，优质烟的钾氯比为 8～12 时，评吸总分最高，而应该更加接近于中间值。然而本实验中大部分处理的烟叶钾氯比均大于 10，超出了优质烟叶的要求范围，这可能有以下原因：一是试验地土壤含氯量较低；二是由于当年降水多，造成了氯的大量流失，使烟叶含氯量较低；三是由于减少了钾的流失，满足了钾的吸收，因此钾氯比过大，具体原因有待进一步研究。

同时，土壤微生物被认为是一个比土壤有机质更好的土壤肥力指示者，因为其对土壤管理变化有更敏感的变化。研究发现，在烟株移栽后 35～55 d 中，铵态氮含量开始持续上升。之所以出现这种情况，一方面是因为有机肥中的氮矿化成铵态氮，另一方面是因为土壤中的氮矿化成铵态氮。随着气温的升高和雨季的到来，土壤中的微生物开始更频繁地活动，土壤中的微生物在有机质和土壤养分的转化过程中起着重要的作用，特别是在分解植物不能直接利用的复杂含氮化合物转化为铵的氨化作用过程中，作用尤为重要，因此微生物对土壤中复杂的含氮化合物，如有机肥中含的氮元素的氨化很可能也是铵态氮含量逐渐升高的一个重要原因。然而土壤中的矿质氮（即铵态氮和硝态氮）虽然只占全氮的1%左右，却是植物直接吸收利用的主要对象，土壤铵态氮是植物所能直接吸收利用的矿化氮中的重要组成部分，其含量的变化涉及氮循环中众多生物过程，因此，微生物也是植物能否有效利用土壤肥力的一个重要因素。施用牛粪药渣有机肥明显提高了根际土壤微生物数量，说明牛粪能提高根际土壤微生物种群数量，提高土壤的抗性。一方面是由于牛粪中的有机成分增加了土壤碳的有效性，另一方面也可能是牛粪中带有的微生物进入土壤根系。一些研究也佐证了这点。在本实验各个处理中，牛粪药渣有机肥3000 kg/hm²所提高的根际土壤微生物数量是最为显著的，这可能是因为该处理给微生物提供了最为适宜的生存环境，这极大地提高了土壤肥力的可利用性，对于实践生产具有极其重要的意义。结果显示，收获后的土壤中氮、磷、钾含量均得到了有效的提高，说明有机肥改良土壤的方案是成功的。其中，以牛粪药渣有机肥3000 kg/hm²改良情况最好，效果最为明显，改良之后的土壤中氮、磷、钾含量较高。综上，对于奉节烟田，采用施用牛粪提供20%氮的方式，即施用牛粪药渣有机肥3000 kg/hm²，可以兼顾烟田培肥与烤烟产质量协同提升，对于寻求有机无机配比的最佳结合点具有指导意义，可以在奉节烟田推广应用。

（4）结论。

①施用有机肥可以促使大于0.25 mm的土壤团聚体颗粒形成及微生物数量的提高，进而提高土壤氮、磷、钾含量，使烟田土壤肥力更有利于优质烟叶形成。这可能是高碳氮比有机肥对土壤微生物数量和对土壤肥力改善的综合作用结果。

②各有机肥处理烤烟烟叶化学成分含量基本达到标准适宜范围，施用有机肥明显提高了烟株中部、上部叶总糖、还原糖含量，降低了上部、中部叶含氮量；有机肥明显提高了中部叶的施木克值，改善了烟叶品质。

③参试有机肥与不施有机肥处理相比均明显提高了烤烟上中等烟的比例和产值，以牛粪药渣有机肥3000 kg/hm²高碳氮比有机肥对烤烟产量、烟叶品质和烟叶协调性的作用都优于现行的常规施肥。牛粪药渣有机肥3000 kg/hm²效果较为显著，是烟田有机无机结合培肥的最佳结合点，可以兼顾烟田培肥与烤烟产质量协同提升。对于质地黏重的烟田土壤，选择有机肥料种类时，建议采用诸如马粪、羊粪等热性农家肥料材质。

4. 知识产权D：腐熟有机肥在奉节烟田田间矿化特性研究

我国农田土壤质量有逐年下降的趋势，2015年农业部及时提出了"一控两减三基本"

原则。国家烟草局也将土壤保育作为行业"十三五"重大专项之一，开始推行有机肥与化肥配施的栽培模式。目前，有机肥已在广大植烟区初步应用，但对有机肥养分释放规律及用量了解较少，导致有机肥的合理施肥时间和施肥用量无法正确确定。

氮元素是影响烤烟生长、发育及烟叶品质的关键营养元素。采用示踪技术表明，烟草全生育期吸收的氮元素中 60% 以上来自土壤氮的矿化，特别是上部叶中，土壤供氮比例甚至在 80% 以上。在烟株生长后期氮元素需求量较少，过多氮元素会造成烟叶落黄困难、耐烤性差、上部叶烟碱含量过高、烟叶香气差等问题，造成烟叶品质降低。有机肥中的氮元素等养分在土壤中矿化释放一般需要较长时间，不合理使用有机肥时可能导致烟株生长后期吸收氮元素过多而延误了烟叶正常的落黄成熟。因此，研究有机肥在施入土壤后矿化过程中的养分释放规律，对于指导烟草农业生产及土壤保育中合理施用有机肥具有重要意义。目前，研究有机肥氮元素矿化常用室内培养的方法。室内培养虽然可以精确控制温度和湿度对土壤微生物活性的影响估算有机氮矿化速率，但是该方式无法真实反映有机肥在烟田的矿化情况。因此，本试验在大田条件下进行有机肥矿化研究，定量了有机堆肥在烤烟生长期田间养分矿化释放特征的研究。长期以来有机肥在土壤中的矿化和碳氮释放特性还没有弄清楚，以期深入了解烟田有机肥养分释放规律、土壤培肥效果等，为科学指导烟农合理施肥提供理论与技术支持。

（1）材料与方法。试验于 2017 年在重庆市奉节县太和乡良家村进行，供试用品种为云烟 87，土壤为黄棕壤，土壤有机质 22.34 g/kg，碱解氮 154.23 mg/kg，速效磷 25.63 mg/kg，速效钾 356.23 mg/kg，pH 值 6.35。供试有机肥为猪粪堆肥和牛粪药渣有机肥，采用条垛式好氧高温堆沤方式经 35 d 充分腐熟发酵而成。发酵成熟时有机肥堆体呈黑褐色，较为松散，无结块，肉眼看不见未腐熟的秸秆，有泥土芳香味。堆肥碳氮比为 11.54，满足判定有机肥腐熟完全的物理和化学指标。有机肥装入 300 目尼龙纱网制成的可封口袋子，这种袋子透气不易降解，可阻隔根系传入袋内吸收养分。

计算公式如下：

$$有机碳矿化率=\left[1-\frac{（残留有机碳含量-空白土有机碳含量）}{加入有机碳量}\right]\times100\%$$

$$有机氮矿化率=\left[1-\frac{（残留有机氮含量-空白土有机氮含量）}{加入有机氮量}\right]\times100\%$$

（2）结果与分析。

①有机肥有机碳矿化特征。有机肥碳氮比相对较低，装入尼龙网袋掩埋后分解速度较快，掩埋 30 d 后有机碳矿化率达到 52.3%，占 110 d 总矿化量的 63.0%（图 12-53）。掩埋 40 d 后，有机碳矿化速率趋缓，表明有机肥中易矿化的有机物质含量已较低，逐

渐进入复杂有机物质的分解阶段。掩埋 50 d、70 d 时有机肥中有机碳矿化率分别达到 63.0% 和 72.0%，分别占 110 d 总矿化量的 76.51% 和 86.51%。试验结束即掩埋 110 d 时，有机肥有机碳矿化率达到 83.2%。

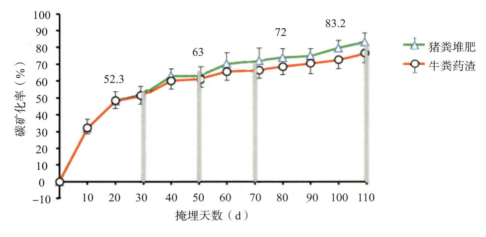

图 12-53 有机碳矿化特性

在掩埋 110 d 时，有机肥中约有 47.2% 的有机氮被矿化；有机肥有机碳矿化率达到 83.2%。从图 12-54 中可以看出，有机肥中的氮在尼龙网袋掩埋过程中矿化速率变化与有机碳类似，均表现为掩埋前期矿化速率较快，后期矿化速率较慢。有机肥在掩埋 30 d 时其有机氮矿化率达到 32.1%，占 110 d 总矿化率的 70.34%；掩埋 50 d 和 70 d 时矿化率分别为 38.5% 和 42.2%，分别占 110 d 总矿化率的 79.87% 和 90.60%。在掩埋 110 d 时，有机肥中约有 47.2% 的有机氮被矿化。

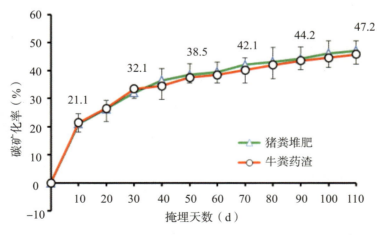

图 12-54 有机氮矿化特性

②有机肥矿化对土壤胡敏酸含量的影响。从图 12-55 中可以看出，牛粪药渣在掩埋 80 d 内胡敏酸含量保持稳定，之后呈现先下降后上升的趋势。处理 T 和 CK 胡敏酸含量

在掩埋 90 d 时达到最低，分别为 7.42 g/kg 和 8.32 g/kg，之后两个处理胡敏酸均呈上升趋势。牛粪药渣土壤胡敏酸含量在整个掩埋期均高于猪粪堆肥，虽然两者没有达到显著差异。

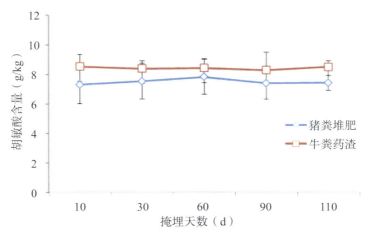

图 12-55　土壤胡敏酸含量变化

在掩埋 70 d 内矿化的有机碳和有机氮分别占整个掩埋期矿化量的 86.51% 和 90.59%。充分腐熟有机肥前期矿化快、后期慢，符合前促后控的要求。充分腐熟的有机肥遵循"前期矿化快、后期矿化慢"的特点，符合烤烟"前促后控"的需肥规律，但硝态氮释放具有一定延迟性，在施用时需注意。此外，施用有机肥可以提升土壤腐殖酸水平，促进腐殖酸转化，对土壤速效养分变化起到缓冲作用。

经过常年的试验结果，总结出要维持土壤碳平衡需要每年投入的有机肥量（图 12-56）。

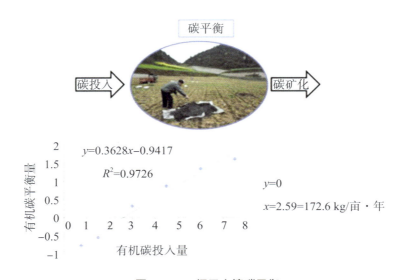

图 12-56　烟田土壤碳平衡

（3）讨论。有机物料在土壤中的分解是形成新腐殖质的前提。有机肥施入土壤后，土壤胡敏酸和富里酸的绝对数量增加，且最初富里酸的形成速度大于胡敏酸。在土壤中，影响腐殖酸稳定性的因素很多。王彦辉等认为森林土壤有机质的分解速率在很大程度上受控于环境条件，其中含水率起着关键作用，干旱和水分过多都会限制土壤微生物的活动。关松等都认为高氧条件下有利于土壤富里酸的分解与转化，一方面高氧有利于富里酸的氧化、聚合，使其向胡敏酸转化；另一方面，高氧可能不利于富里酸的形成。

有机肥施入土壤初期主要是以有机肥本身所含类胡敏酸物质为基础腐解产物发生聚合作用形成新的胡敏酸，一段时间后碳水化合物和酰胺化合物以木质素分解的残体为核心发生聚合作用形成新的胡敏酸，这使土壤胡敏酸得到补充；此外，牛粪药渣具有高碳氮比，其对土壤微生物的影响较大，在微生物作用下，有机肥施入土壤会活化土壤原有有机质且新形成的富里酸比原有土壤中富里酸的分解速度快，向胡敏酸转化的速度也比原有富里酸快。故牛粪药渣在遇到外界环境影响时土壤腐殖酸变化表现出一定的缓冲性，而猪粪堆肥土壤腐殖酸含量易受外界环境的影响。

（4）结论。充分腐熟的有机肥施入土壤后，有机碳、有机氮迅速矿化，在掩埋 70 d 内矿化的有机碳和有机氮分别占整个掩埋期矿化量的 86.51% 和 90.59%。充分腐熟的有机肥遵循"前期矿化快、后期矿化慢"的特点，符合烤烟"前促后控"的需肥规律，但硝态氮释放具有一定的延迟性，在施用时需注意。此外，施用有机肥可以提升土壤腐殖酸水平，促进腐殖酸转化，对土壤速效养分变化起到缓冲作用。

综上，关于土壤保育改良建议，质地为中壤或砂壤的烟田，宜选用腐熟程度较高的碳氮比高的有机堆肥，堆肥提供 20% 有机氮的施用量（精确碳平衡 176.2 kg/ 亩，生产上可采用 200 kg/ 亩）。选用腐熟的有机肥符合烤烟"前促后控"的要求。烤烟当季氮利用率可按 47.5% 计算，生产上估为 50% 也可。

第三节　奉节植烟区功能性生物有机肥研制与应用

在一定的环境和品种条件下，施肥是调控烟叶产量和质量的核心，长期以来一直受到国内外烟草种植者重视。近年来，随着化学肥料的大量施用导致土壤磷钾累积、烟田土壤理化性质恶化、土传病害发生、烟叶品质下降，影响烟草的可持续发展。产生这些问题与目前我国单一施用高浓度复合肥密切相关。从我国烟草施肥的发展可以看出，我国烟草施肥的历史和发展经历了三个阶段：第一阶段是 20 世纪 70 年代以前，烟草施肥以农家肥和饼肥为主，化学肥料施用较少。由于农家肥和饼肥中各种营养元素较为齐全，烟草吸收的养分较为平衡，生理病害很少发生，一些烟叶香气浓郁、吃味醇和、燃烧性好，出口 30 多个国家和地区，但农家肥和饼肥中养分含量多变和释放不易调控，有时会出现烟株早期脱肥或贪青晚熟的现象，造成烟叶产质量不稳定，农事操作不易掌握，烟草整体种植水平不高，种植效益较低。第二阶段是 20 世纪 70～90 年代，随着化学肥料生产能力的不断扩大，以及烟草施肥技术研究和推广，烟草施肥结构与施肥技术发生了根本性的变化，化学肥料得到了广泛的推广应用，烟草施肥以化肥为主，虽然烟草产量随化肥用量不断增加而增加，但烟叶油分、香气逐渐减少，烟叶品质逐渐下降。到 20 世纪 90 年代末开始，烟草专用无机复合肥在烟草用肥市场上悄然兴起并得以快速发展，人们已经充分认识到氮、磷、钾及微量元素复配对烟叶产量与品质的影响，烟叶生产已经从原来施用单一化肥全面转到施用烟草专用复合肥，大大推动了我国烟叶生产。然而随着年复一年的无机复混化肥的施用，土壤的有机质含量快速减少，土壤的碳氮比值大大降低，肥料利用率持续下降，导致化肥施肥量逐年上升，土壤中无效态磷钾日益增加，土壤板结现象越来越严重，一些地方出现了大规模的土壤酸化，土壤微生物多样性降低，青枯病、黑胫病等土传烟草病害日益猖獗，烟叶品质下降，烟叶油分不足，香气值变差，香气量不够，烟碱含量高、吃味差，烟叶风格变化，极大地影响我国烟叶生产的可持续发展。

为解决这些问题，烟草科技工作者进行了大量科研工作，研究结果一致认为适当提高和保持土壤中有机质一定含量并维持土壤微生态平衡是解决这一系列问题的关键。达到这一目的的方法是休闲轮作、秸秆还田和施用有机肥。欧美等国由于人均耕地多可以采用休闲轮作和秸秆还田来保持土壤有机质含量，因此他们很少直接施用有机肥。事实上，美国在烤烟的种植中实行严格的以烟为主的轮作制度，烤烟前茬作物收获后秸秆打碎翻犁在土壤中，甚至前茬作物不待成熟就翻犁在土壤中，在耕作轮作制中还种有绿肥，在轮作和休闲的过程中完全达到了施用有机肥的效果。但在我国人多地少和粮烟争地的国情下，根本无法通过轮作休闲来恢复地力，而且秸秆直接还田也需要一定时间的农田休闲期供秸秆充分腐解，因此基于我国国情，目前施用有机肥是保持烟草可持续发展的唯一出路。

有机肥在改良植烟土壤、维持土壤生物多样性等方面的作用已被广大科技工作者认同，目前在我国多数烟叶生产区都开始施用一定量的有机肥（主要是精制有机肥）作为基肥，但精制有机肥如果没有充分腐熟，而且施用量大，烟草生长后期会持续供应养分，导致上部叶贪青晚熟、烟碱含量高、烘烤后色泽差，刺激性大，可利用性差，因此施用量都很低，对保持烟草生产土壤中一定数量的有机质、协调土壤有益微生物群落、改良土壤等效果甚微。因此对现有有机肥进行功能改造，研究开发出既能改良土壤、协调土壤有益微生物群落、降低土传病害，又能提高烟叶质量的功能性生物有机肥，是目前急需解决的问题。

本项目基于目前我国烟草生产的土壤问题、土传病害问题，以优质烟叶生长的营养规律为基础，将功能性抗病、解磷、解钾微生物与有机肥生产工艺与技术结合研制开发出适宜于烟草生长的功能性专用生物有机肥。将土壤学、分子生物学与植物病理学理论与实验技术相结合，探索烟草专用生物有机肥抗病机理及解磷解钾的能力。通过田间试验验证项目研发的功能性生物有机肥在提高烟草抗病性、提高土壤磷钾的利用效果及改良土壤性质和提高烟叶质量的效果。项目的实施对于功能性烟草专用生物有机肥的开发与规范化使用、简化施肥技术、提高烟叶质量、改良土壤、促进烟叶生产的可持续发展、促进肥料产业的升级具有重要意义。

一、项目研究目标

针对植烟土壤磷钾累积、有效性较低，烟草土传病害严重、影响烟叶的可持续发展等问题，研究并筛选出能适应重庆奉节植烟土壤环境条件的解磷、解钾菌和抗病（抗青枯病或黑胫病）菌株，为提高烤烟对土壤和肥料磷钾的利用效率、减少土传病害提供技术支撑。明确功能性生物有机肥的解磷、解钾和抗病机理及其对土壤微生态的影响，为改良土壤微生物生态、增强烟草的抗病性、提高土壤养分利用率、保障烟田的可持续利用提供理论依据。研发适应重庆植烟区的功能性生物有机肥，明确其经济、生态和环境效应；制定生物有机肥的施用技术规程，为生物有机肥的科学施用提供技术支撑。

二、项目创新点

（1）获得了适应重庆奉节基地植烟土壤环境条件具有较好效果的解磷、解钾功能菌，尚属首次。国内外关于生物有机肥的研究较多，但是没有一个产品是根据重庆奉节植烟土壤生态环境特点而研发的生物有机肥。本项目研发的烟草功能性有机肥是根据重庆奉节植烟土壤状况、采用国内外先进技术研发而成，具有高度的区域适用性，达到了国内外同类技术产品的先进水平。

（2）以当地原料为基础，研发用于生产功能生物有机肥的最佳有机原料组配及快速腐熟堆肥技术，为应用推广奠定了坚实的基础。与现有有机肥产品相比较，研发的功能性生物有机肥由于含有功能微生物，将有机肥与功能微生物相结合，通过研究功能性微生物的生存、生长条件，利用有机肥发酵工艺生产出适宜于功能性微生物生长生活条件的有机肥作为功能性微生物的载体，有利于功能性微生物施入土壤后能继续发挥其功能性，充分发挥有机肥和功能性微生物的良好作用，在改良土壤微生物生态、增强烟草的抗病性、提高烟叶质量和土壤肥力、提高养分利用率等方面效果更好，为生产优质烟叶奠定物质基础，为解决烟草土壤土传病害日益猖獗、土壤中无效态磷钾日益增多的问题提供了一种方法。

三、项目取得的主要技术成果

（1）从重庆奉节基地植烟土壤中筛选、分离获得了 2 株解磷菌；通过分子生物学方法鉴定，分别为巨大芽孢杆菌（*Bacillus megaterium*）和织片草螺菌（*Rhodospirillum*）。

测定了它们对难溶性磷矿物的溶解和活化能力，发现巨大芽孢杆菌对难溶性的磷酸钙具有很强的溶解和活化磷的能力。巨大芽孢杆菌对磷酸钙的解磷能力 20 d 达到 337 g/mL，显著强于其对磷酸铁和磷酸铝的解磷能力，且巨大芽孢杆菌主要对钙磷有效果，织片草螺菌对 3 种无效磷的作用相差不大，解磷能力显著低于巨大芽孢杆菌；开展了巨大芽孢杆菌解磷作用温度研究，结果表明 30 ℃培养 6 d 解磷量达到 127 μg/mL，最有利于该巨大芽孢杆菌解磷；对巨大芽孢杆菌产生解磷作用的适宜 pH 值进行研究，结果表明 pH 值为 6 时解磷量达到 134 μg/mL，最适宜该菌生长和解磷。重庆植烟区 70%以上分布在石灰岩地区，土壤中难溶性磷主要以磷酸钙盐存在，因此该功能菌在重庆植烟区具有较强的生态适应性和较好的应用前景。

（2）从重庆市奉节基地植烟土壤中分离出有荚膜的菌株 8 株，分别命名为 K1 ~ K8 具有解钾能力的细菌，通过测定它们对含钾矿石中有效钾的释放能力，筛选出 2 株具有较强解钾能力的硅酸盐细菌 K2、K6。细菌 K2、K6 与其他菌株相比，解钾能力最强，在 20 ℃条件下解钾能力强于其他温度，有效钾的含量比对照组分别增加了 80%、133%，运用分子生物学方法对这两株硅酸盐细菌的 DNA 序列进行扩增进而鉴定，结果表明一株细菌属于胶质类芽孢杆菌属（*Paenibacillus mucilaginosus*）K6，另一株属于短短芽孢杆菌属（*Brevibacillus brevis*）K2，并且研究了这两株细菌的生理生化特性，为生物钾肥开发提供了一定的研究基础。

（3）分离鉴定获得了 1 株青枯病拮抗菌，经分子生物学鉴定为荧光假单胞菌（*Pseudomonas fluorescens*），细菌菌株对黑胫病和青枯病都有明显的抑制作用，其中对青枯病的抑制效果最好，抑菌半径为 1.3 cm，为生防菌的研发应用奠定了基础。

（4）分离鉴定获得了 1 株高温纤维素分解菌，经生物学鉴定为链霉菌（*Streptococcus thermophilus*），为有机肥的快速发酵提供了保障。

（5）开展了功能微生物复壮技术及功能菌剂扩繁的基质配方研究，明确了功能微生物的复壮方法，巨大芽孢解磷菌和解钾的胶质芽孢杆菌在转接 15 次后用选择性培养基再筛选一次就可以复壮满足生产需要；解钾的环状芽孢杆菌在转接 20 次后，在以钾长石粉为唯一钾源的平板上再次筛选就可以满足生产需要；高温纤维素分解菌在转接 10 次后用刚果红培养基再筛选一次就可以满足生产需要，为功能菌规模化的生产提供了技术支撑。

（6）探讨了有机物料最佳配比、快速腐熟技术及生产功能生物有机肥的技术参数。筛选出了既有利于功能微生物生长繁殖，又能快速腐熟，且能提高烟叶质量和改良土壤的有机物料种类及最佳配比以及发酵菌：主要原料油枯 20% ~ 50%，牛粪 30% ~ 40%；辅料为秸秆或糠粉 30% ~ 40%、菌棒或干鸡粪 0% ~ 10%（辅料是碳氮比较高的糠粉或菌棒或秸秆粉等，用以调节有机混料碳氮比）；发酵菌种为改良 EM 微生物菌剂（0.1% 菌粉状固体 EM 菌种）。将主料、辅料和 EM 菌放入预混机中充分搅拌，使之完全混合均匀；将混料的水分含量调整到 40% 左右，然后将已搅拌均匀的预混料按下底 3 m、上底 2 m、高 1.2 m 堆放成长度不限的梯形堆，进行好氧快速发酵处理。当堆肥温度为 65 ～ 70 ℃时维持 1 ～ 2 d 后翻堆，如此翻堆 3 ～ 5 次，发酵 15 ～ 21 d 后温度不再升至 55 ℃以上，说明该堆肥已趋于腐熟。

（7）在腐熟的有机堆肥中加入课题组研发的功能微生物菌剂再进行二次固体发酵即得到功能生物有机肥料产品。在含有 30% ～ 50% 的腐熟饼肥、游离氨基酸含量大于 10% 的腐熟有机堆肥中接种功能微生物，生产的功能生物有机肥料产品效果最好，既有利于功能微生物生长繁殖，也有利于优质烟叶的生产。

（8）课题组研发和配制的生物有机肥能预防烤烟根茎病害的发生。在潜在发病区，施用生物有机肥根茎病害的发生比常规有机肥低 4 倍。在根茎病害严重发生的烟田，生物菌肥对烟株前期青枯病的发生具有一定的抑制作用，但是在短期内不能根本防治。建立了功能生物有机肥抗烟草土传病害的评价方法，为功能性微生物的效果评价奠定了基础。研究了自主筛选的功能微生物和引进的抗病功能有机肥对烟草青枯病的抗性机理及效果。研究发现对青枯病有抑制作用的功能菌是依靠其分泌代谢的产物来抑制青枯病的生长，协调了微生物类群。

（9）2020 ～ 2021 年开展了烟草功能性生物有机肥的肥效验证及示范推广。解磷、解钾功能生物肥能促进烤烟前期对磷钾的吸收，添加了功能微生物的生物有机肥显著提高了烤烟对磷的吸收，功能菌提高了钾的吸收利用，促进烟株前期的生长（尤其是叶片的生长发育），与对照相比，上等烟比例平均提高了 1.7 个百分点，中等烟比例提高了 3.9 个百分点，上中等烟比例提高了 5.6 个百分点，均价提高 0.81 元，平均增产 10.0 kg/ 亩，功能生物有机肥处理每亩产值平均比对照处理高 405 元。活化了土壤中的磷钾，磷利用率比对照提高了 1.3 ～ 10.3 个百分点（平均提高 6.1 个百分点），功能菌提高了钾的吸收利用，钾利用率比对照提高了 0.7 ～ 8.9 个百分点（平均提高 5.5 个百分点），生物有机肥对烤烟氮元素吸收利用影响不大，平均提高 2.1 个百分点。土壤细菌微生物提高了 1.2 ～ 4.0 倍，对放线菌影响较小，提高了土壤肥力和微生物多样性，烟叶化学成分更趋协调。项目推广 4 万亩，新增销售额 1517.1 万元；新增利润 1451.7 万元；新增税收 333.7 万元，节支增收 80 万元。

（10）制定了烤烟生物有机肥生产及施用技术规范。规定了烤烟功能微生物种类的选择、烤烟生物有机肥质量要求、烤烟生物有机肥施用技术，为烤烟生物有机肥的规范化施用提供了技术指导。

（11）制定了烤烟功能生物有机肥生产技术规范。

①范围。本规范规定了烤烟功能微生物种类的选择、烤烟生物有机肥质量要求、烤烟生物有机肥生产技术规范。本规范适用于重庆植烟区，其他植烟区也可参照执行本技术规范。

②生物有机肥的概念。微生物有机肥概念：微生物有机肥是有机固体废物（包括有机垃圾、秸秆、畜禽粪便、饼粕、农副产品和食品加工产生的固体废物）经微生物发酵、除臭和完全腐熟后加工而成的有机肥料。

③规范性引用文件。下列文件中的条款通过本标准的引用而成为本标准的条款。凡是标注日期的引用文件，其随后所有的修改单（不包括勘误的内容）或修订版均不适用于本标准，然而，鼓励根据本标准达成协议的各方研究是否可使用这些文件的最新版本。凡是不标注日期的引用文件，其最新版本适用于本标准：《生物有机肥》（NY 884—2012）、《肥料合理使用准则　有机肥料》（NY/T 1868—2021）、《肥料合理使用准则　通则》（NY/T 496—2010）、《微生物肥料生物安全通用技术准则》（NY 1109—2006）、《复合微生物肥料》（NY/T 798—2015）、《有机肥料》（NY 525—2012）、《复混肥料（复合肥料）》（GB 15063—2009）、《农业用硝酸钾》（GB/T 20784—2018）。

④功能生物有机肥生产工艺。在农业农村部获得登记的生物有机肥生产企业，基本上以从事微生物肥料生产为主；在发酵生产工艺上，多采用槽式堆置发酵法，还有其他的发酵方法，如平地堆置发酵法、发酵槽发酵法、密封仓式发酵法等在生产中也得到应用。在发酵腐熟过程中物料的水分、碳氮比、温度等的调节及腐熟剂的使用是生产工艺的关键，特别是菌剂的应用直接影响着物料发酵的周期及腐熟程度。经过腐熟的物料基本实现了产品的无害化，从而有利于后处理过程中所加入功能菌的存活。

⑤生产技术。在发酵物料的后处理方面，大多数企业加入功能菌进行复配、定形，产品剂型以粉尘为主，但也有采用滚筒造粒或挤压造粒的。颗粒产品克服了粉剂产品外观差、层次低的缺点，提高了产品的商品性，但同时也提高了企业的生产成本，并对有效菌的存活产生了一定影响。

⑥菌种种类与使用。微生物菌种是生物有机肥料产品的核心，在生产过程中，一般有两个环节涉及微生物的使用：一是在腐熟过程中加入促进物料分解、腐熟兼除臭功能的腐熟菌剂，其多由复合菌系组成，常见菌种有光合菌、乳酸菌、酵母菌、放线菌、青霉、木霉等；二是在物料腐熟后加入的功能菌，一般以固氮菌、解磷菌、硅酸盐细菌、乳酸菌、假单胞菌、放线菌等为主，在产品中发挥特定的肥料效应。因此，对生物有机肥生产来说，微生物菌种的筛选、使用是一项核心技术，只有掌握了这一项关键技术，才能加快物料的分解、腐熟，以及保证产品的应用效果。

⑦功能生物肥生产工艺流程。负责本研究的课题组在总结十多年生物有机肥制造经验的基础上，在生物有机肥设备制作方面不断探索，经过多次考察试验，采用"嫁接"理论，成功开发出了生物有机肥生产的核心设备——"组合式多功能造粒机"，并重新制定了一套崭新的生物肥生产流程。其基本工艺流程如图 12-57 所示。

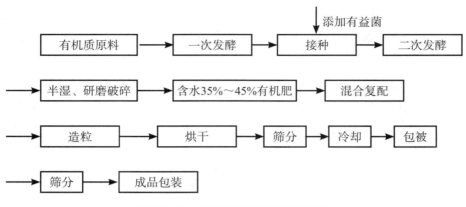

图 12-57　生物有机肥制造工艺流程

　　该方案适用于具有相当的废弃物资源优势，同时具备一定的品牌及市场推广优势的企业。通过上述过程可以看出，本课题组所开发的生物有机肥生产装置具有明显的代表性和极强的推广性，突出表现在：a. 工艺线路短，设备投入少，运行成本低。该工艺将C 类工艺中两次烘干的问题彻底解决，整个生产过程中只需一次烘干，设备投入及运行成本明显减少。b. 设备功能性好，运行稳定。由于关键设备"多功能组合式造粒机"的使用，基本上杜绝了返料，是在半湿条件下加工成 0.5 ～ 3 mm 球状颗粒，使产品外观整洁、整齐、极大提升了产品档次。且在半湿条件下工作，无三废排放，使制约生态肥发展的核心问题得以解决。且该机广泛适用于无机肥各种配方，各种含量的造粒，增加复肥企业的市场竞争力。

　　无机盐部分采用高精度电子秤计量后，采用笼形粉碎机粉碎，且设备具有通风吸尘罩装置，粉尘排放量极小。粉碎机功率小，处理能力大，产品粒度均匀，功能性好，无筛结构，不堵不沾，设备维修量小，易损件消耗低。

　　根据发酵料熟化程度和杂质成分，发酵料中存在玻璃、瓦砾、石块等硬性危害施肥安全的杂质或腐殖不完全的有机质，可采用半湿研磨破碎机进行加工，将杂质和纤维质切碎至直径 0.5 mm 以下，满足机器造粒的需求，可提高肥料的利用率。

　　生物有机肥可根据当地的原料进行制作，如农业副产品、农作物秸秆、木屑、谷壳、食用菌渣、啤酒厂下脚料、人和动物粪便废弃物等。菌种一般用量为 0.2% ～ 0.5%。主要物料为经腐熟后的牛粪，辅料为菌棒、各种农作物秸秆、树叶杂草、瓜藤、稻草、松壳、花生壳、锯木屑、谷壳粉、统糠等，干燥、粉碎、高碳即可。主料：辅料为 3:1 ～ 5:1。水分控制在 35% ～ 45%，手抓物料成团刚好出水。按要求将菌种、主料和辅料全部混合均匀。环境温度 15 ℃以上。一次堆料不少于 4 方，堆成宽 1.5 ～ 2 m、高 0.6 m 左右、长度不限地堆，并用棍在堆内打通气孔。堆温升至 50 ℃时开始翻堆，每天一次，如堆温超过 65 ℃，再加次翻堆。温度控制在 70 ℃以下，温度太高对养分有影响。腐熟标志为堆温降低，物料疏松，无物料原臭味，稍有氨味，堆内产生白色菌丝。腐熟的原肥可直接使用，也可生产商品有机肥、生物有机肥、有机无机复混肥、生物有机无机复混肥等。注意：视水分多少增减配比，发酵混合物的总水分应控制在 35% ～ 45%。过高或过低均不利于发酵，水过少，发酵慢；水过多会导致通气差、升温慢并产生臭味。若手紧抓一把物料，指缝见水印但不滴水，落地即散，则说明水分合适。按每吨添加 1 kg 尿素或 10 kg 过磷酸钙发酵效果更好。

⑧产品指标。生物有机肥产品的各项技术指标符合标准《生物有机肥》（NY 884—2012）（表 12-51）。

表 12-51　生物有机肥产品技术指标

项目	粉剂
有效活菌数（cfu）	≥ 0.2 亿 /g
有机质（以干基计）	≥ 25.0%
水分	≤ 30.0%
pH 值	5.5 ～ 8.5
大肠杆菌数	≤ 100 个 /g 或个 /mL
蛔虫卵死亡率	≥ 95.0%
有效期	≥ 6 个月

外观（感官）质量：粉剂产品应松散，无恶臭味；颗粒产品应无明显机械杂质、大小均匀，无腐败味。

（12）制定了烤烟生物有机肥施用技术规范。

①范围。本规范规定了烤烟功能微生物种类的选择、烤烟生物有机肥质量要求、烤烟生物有机肥施用技术。本规范适用于重庆烟草种植区。

②规范性引用文件。下列文件中的条款通过本标准的引用而成为本标准的条款。凡是标注日期的引用文件，其随后所有的修改单（不包括勘误的内容）或修订版均不适用于本标准，然而，鼓励根据本标准达成协议的各方研究是否可使用这些文件的最新版本。凡是不标注日期的引用文件，其最新版本适用于本标准:《生物有机肥》（NY 884—2012）、《肥料合理使用准则　有机肥料》（NY/T 1868—2021）、《肥料合理使用准则　通则》（NY/T 496—2010）、《微生物肥料生物安全通用技术准则》（NY 1109—2006）、《复合微生物肥料》（NY/T 798—2015）、《农用微生物菌剂生产技术规程》（NY/T 883—2004）、《有机肥料》（NY 525—2012）、《复混肥料（复合肥料）》（GB 15063—2009）、《农业用硝酸钾》（GB/T 20784—2018）、《肥料中粪大肠菌群的测定》（GB/T 19524.1—2004）、《肥料中蛔虫卵死亡率的测定》（GB/T 19524.2—2004）、《肥料　汞、砷、镉、铅、铬含量的测定》（NY/T 1978—2010）。

③术语和定义。下列术语和定义适用于本标准。

生物有机肥（microbial organic fertilizers）：指特定功能微生物与主要以动植物残体

（如畜禽粪便、农作物秸秆等）为来源并经无害化处理、腐熟的有机物料复合而成的一类兼具微生物肥料和有机肥效应的肥料。

微生物肥料（microbial manure）：由有益微生物制成的，并起主要作用，能改善作物营养条件的活体微生物制品。

有机肥料（organic Fertilizer）：主要来源于植物和（或）动物，施用于土壤以提供植物营养为主要功能的含碳物料。

④烤烟专用功能微生物菌种选择要求。使用的功能微生物菌种应安全、有效，有明确来源和种名。菌株安全性应符合《微生物肥料生物安全通用技术准则》（NY 1109—2006）的规定。菌种安全性级别应为第一级（A 级）免作毒理学试验的菌种。功能菌种类别包括分解磷钾化合物细菌类、促生细菌类、光合细菌类、AM 真菌类、自生及联合固氮微生物类。

⑤烤烟专用生物有机肥质量要求。生产生物有机肥所用有机原材料中至少应含有30% 的油枯（菜籽饼、芝麻饼、花生饼），或有机肥中氨基酸含量应不低于 10%。生产生物有机肥所用有机肥源应符合《有机肥料》（NY 525—2012）规定。烤烟专用生物有机肥产品技术指标要求应符合《生物有机肥》（NY 884—2012）规定（见表 12-52），此外氨基酸含量应不低于 10%。产品剂型为粉剂，应松散、无恶臭味。产品中 5 种重金属限量指标应符合《生物有机肥》（NY 884—2012）规定（表 12-53）。

表 12-52　烤烟生物有机肥产品技术指标要求

项目	技术指标
有效活菌数（cfu）	≥ 0.20 亿 /g
有机质（以干基计）	≥ 40.0%
水分	≤ 30.0%
pH 值	5.5 ～ 8.5
粪大肠菌群数	≤ 100 个 /g
蛔虫卵死亡率	≥ 95%
有效期	≥ 6 个月
氨基酸	≥ 10%（烤烟特定）

表 12-53　生物有机肥产品 5 种重金属限量技术要求

项目	限量指标（mg/kg）
总砷（以干基计）	≤ 15
总镉（以干基计）	≤ 3
总铅（以干基计）	≤ 50
总铬（以干基计）	≤ 150
总汞（以干基计）	≤ 2

⑥烤烟生物有机肥施用。烤烟生物有机肥合理施用原则为根据烟草平衡施肥原理、烤烟对养分的需求规律和植烟土壤养分供应特征，坚持生物有机肥料与无机肥料相结合，坚持大量元素与中量元素、微量元素结合；坚持基肥与追肥相结合，坚持施肥与其他栽培管理措施相结合，实现烟叶产量与质量平衡。生物有机肥除具有提供烤烟营养功能外，还具有改善土壤生物特性、提高生物活性的作用，在中低产田、新平整烟田土壤肥力恢复、退化土壤修复等方面具有较好的效果，应优先用于此类烟田。生物有机肥的施用量根据土壤肥力、烟田的障碍因子、生物有机肥氮元素含量确定。中等肥力烟田按照生物有机肥施入的氮量占烤烟总施氮量的20%计算生物有机肥用量；低产田、新平整烟田、退化烟田按照生物有机肥施入的氮量占烤烟总施氮量的20%～40%计算生物有机肥用量。一般高肥力烟田每亩施用生物有机肥80～100 kg，中等土壤肥力烟田每亩施用生物有机肥120～130 kg，低产田、新平整烟田、退化烟田每亩施用生物有机肥130～150 kg。将生物有机肥施入的氮量计入总施氮量，再确定基肥中复合肥用量。

施用时间：基肥，移栽前10～15 d施用。

施用方法：条沟施。利用起垄机或人工在起垄的烟畦上开一条深15～20 cm、宽15～20 cm的条沟，将生物有机肥均匀施在沟的一侧，复合肥均匀施在沟的另一侧，然后覆土、起垄、盖膜。

其他肥料的施用技术按重庆市烤烟生产技术规程实施。

⑦注意事项：施用生物有机肥前土壤一定要湿润，土壤含水量达到田间持水量的70%左右较好。生物有机肥一定不能和复合肥（化肥）、农药、除草剂混合施用。

第四节　有机无机复混肥提升 K326 烟叶品质的技术研发与应用

从重庆奉节与国外施肥方面对比来看，重庆奉节基地的植烟土壤许多较为黏重，施氮量与云烟87品种都施一样的肥料，为7～9 kg/亩，目前K326品种施肥量（应多）和云烟87品种相同，需要根据土壤状况进行分区域精准配方施肥。因此，土壤性质的差别造成土壤供氮过多，会给烟叶品质带来很多负面影响。如烟叶烟碱含量过高，贪青晚熟，不易正常落黄等。从卷烟品牌中的使用情况和烟叶质量的跟踪分析来看，奉节烟叶存在的主要问题在于烟叶成熟度相对较差，部分烟叶含青或杂色相对明显，烟叶地方性杂气偏重，香气品质有待改进，烟叶在工业可利用性有待进一步提高。美国北卡罗来纳州优质烟产区对于烤烟施氮量的控制较为严格。对于这些土壤肥力较低的沙壤上，根据其质地和前茬残留氮状况，施氮量也只在56～90 kg/hm²，相当于3.7～6 kg/亩。而且沙型土壤的矿化量也很低，这样就造成我国和国外优质烟产区烤烟生育期可利用氮量的较大差异。这些养分量的差异直接影响了烟叶品质的差异。美国、澳大利亚等烤烟生产国测土配方平衡施肥技术已经比较成熟，一般要求每2～3年进行植烟土壤化验并掌握土壤的最新肥力状况。而在我国，由于国情的限制，这些新技术的广泛推广还存在一定困难。

随着国家烟草局品牌战略的实施和发展，广西中烟对奉节烟叶原料质量、数量及持续稳定的供应能力提出了更高的要求。奉节烟叶是广西中烟骨干品牌重要的烤烟原料生产和供应基地。奉节基地烟叶在"真龙"品牌配方中的使用比例在 10% 以上。K326 是近年来广西中烟急需的烤烟品种，K326 烟叶的主要优点在于浓度较浓，香气风格特色较凸显，多年的良好合作为公司骨干品牌的发展提供了优质而稳定的原料保障。紧密结合企业和品牌发展实际，明确提出奉节烟叶需加以改进的方向在于提高香气量和降低杂气。因此，明确影响重庆烟叶质量的限制因子及影响因素，研究提高奉节烟叶质量及持续稳定供应能力的技术保障，是广西中烟实现品牌战略的必然选择。

改良培肥植烟土壤，防治土壤退化是彰显烟叶特色、保障 K326 烟草可持续发展的基础。土壤环境条件是烟叶质量和风格形成的基础和前提，但是奉节烟田长期连作和不合理管理导致的烟田土壤退化、养分失衡及生物肥力退化、土传病害严重影响了烟叶质量的提升。奉节植烟区土壤有机质有 38.7% 的土壤有机质含量处于偏低区间中，这些情况使得奉节植烟区烟叶与国外优质烟叶相比，存在上部叶烟碱含量高、下部叶身份薄、香气质较差、化学成分不协调等问题，烟叶在国际市场上也缺乏竞争力，作为广西中烟的原料还需进一步提升烟叶品质，因此如何进一步提高奉节植烟区 K326 烟叶产质量是烟草产业的首要问题，这也关系着奉节县局（分公司）对广西中烟原料保障能力是否能提升。烟叶优质适产一直是烟叶从业者所追求的目标。K326 烟草的适应性很广，但是适宜的土壤有机质是优质烟叶生产的关键，而土壤有机质又是制约烟叶产质量最活跃最重要的土壤因素之一。

长期以来缺乏对重庆奉节植烟区土壤肥力、环境质量和烟叶质量进行系统采样研究，对植烟土壤缺乏了解，烟叶特色、烟叶质量类型和香气风格难以定位，影响烟叶特色的彰显和烟叶质量的提高。有机与无机肥料配合施用，能收到养分供应缓急相济、取长补短之功效，对改良农田生产环境、改善烟叶品质、保障烟叶生产的可持续发展具有重要作用。但是生产中缺乏烟草专用的有机无机肥料，因此急需研究和开发烟草专用有机肥、有机肥与无机肥高效配伍工艺和施用技术。

一、项目研究目标

（1）明确影响奉节 K326 烟叶质量的主要土壤肥力限制因子，是提升奉节烟叶与品牌原料契合度的基础。

（2）以土壤改良和测土配方施肥技术为突破口，根据土壤肥力状况，开展彰显奉节 K326 烟叶质量风格的土壤改良及施肥技术，确定科学合理的施肥量、精准调控、采用增有机替代促效和土壤改良等措施，进一步提升奉节 K326 烟叶质量风格，保障满足广西中烟对奉节 K326 烟叶质量、数量及结构的需求和稳定供应。

二、项目创新点

（1）以养分综合管理技术为核心，以重庆奉节植烟土壤供肥特征和 K326 优质烟叶需肥特性为基础，揭示了奉节基地植烟土壤养分供应和 K326 养分需求的时空动态匹配规律，在理论上协调了养分供需矛盾，实现了施肥科学化。本项目研发的有机无机复混肥是根据重庆奉节植烟土壤状况、采用国内外先进技术研发而成，具有高度的区域实用性，达到了国内外同类技术产品的先进水平。

（2）阐明有机物料与无机肥协同增效奉节基地植烟土壤养分供应，以及对 K326 醇甜香型烟叶品质的协同提升作用机制，研发出奉节基地 K326 专用的有机无机复混肥，实现了施肥的科学化。填补了重庆烟草专用肥的空白，实现了施肥产业化。理论研究、产品研发与产业化工艺研究相结合，实现了农艺配方与工业生产配方的相互兼容，形成了研－产－施的配套服务体系。在 K326 专用有机无机复混肥研发方面，处于国内外同类技术产品先进水平。

三、项目获得的主要技术成果

（1）明确奉节 K326 植烟区土壤养分丰缺状况和制约 K326 烟草生产的关键性土壤元素，明确近 20 年来奉节基地植烟土壤肥力演变状况。常年连作使得奉节 K326 种植烟区较其他植烟区土壤退化更为严重，主要表现在土壤酸化严重，土壤有机质较为缺乏，土壤碱解氮较低，部分土壤缺钾，需实施钾肥后移的策略，基肥钾过多易流失，同时土壤钙、镁、锌、氯含量缺乏。这些为后续复合肥配方提供了数据支撑。

（2）揭示了奉节基地植烟土壤养分供应和 K326 养分需求的时空动态平衡规律，明确了不同时期土壤氮和肥料氮对 K326 氮元素积累量的贡献率，得出了当前生产条件下烤烟 K326 氮、磷、钾肥推荐施肥量，从理论上协调了养分供需矛盾，实现了施肥科学化。

（3）确定了适宜 K326 的最佳的有机物料配比，从不同有机物料中筛选出养分释放规律既能满足 K326 生长发育需要，又能提高 K326 烟叶质量和改良土壤的有机肥种类，确定了有机物料的最佳配比（菜籽饼 26 份、牛粪 58 份、腐殖酸 5 份、氨基酸原粉 5 份、腐殖酸硅 1 份、硅酸钠 5 份、短小芽孢杆菌和环状芽孢杆菌 0.5 份，该原料经微生物二级发酵，用于造粒）并进行肥效验证。

（4）确定了适宜 K326 的最佳有机/无机数量、形态配比，经造粒的有机无机复混肥配比 5-6-14-Ca-Si-Mg-B-Zn-Cl；其中氮肥中 NO_3-N ≥ 40%，有机质 ≥ 20%，含有增根剂和营养调理剂等。研究了有机、无机养分高效配伍机理及提高 K326 生长及品质的作用，项目通过设计合理的有机/无机数量配比，对有机无机养分的协同释放速度的科学调控，使之适应 K326 烟草需肥规律和品质形成规律。研究了有机物料、无机肥与微生物协同增效奉节基地植烟土壤养分供应，提高烟株抗病性，以及对K326醇甜香型烟叶品质的协同提升效果。研发出奉节基地K326专用的、同时满足烟农轻简栽培的有机－无机复混肥。

（5）奉节基地对研发的有机－无机复混肥进行推广应用。2021年在奉节基地应用有机－无机复混肥1.0万亩，示范区产量较对照区提高12.5 kg/亩，均价提高0.90元/kg，均价为31.5元/kg，新增销售额393.75万元。2022年在奉节基地应用有机无机复混肥1.5万亩，示范区产量较对照区提高12.0 kg/亩，均价提高0.87元/kg，均价为32.3元/kg，新增销售额581.40万元。该有机－无机复混肥整体提升了示范区土壤质量和K326烟叶质量，K326示范区较对照区产量增加10%，上中等烟提高5%。该成果取得了显著的经济效益、社会效益和生态效益。

（6）制定了奉节K326优质烟叶生产技术规范。

①范围。本规范规定了奉节K326优质烟叶生产和技术指导。本规范适用于重庆奉节K326烟草种植区。

②规范性引用文件。下列文件中的条款通过本标准的引用而成为本标准的条款。凡是标注日期的引用文件，其随后所有的修改单（不包括勘误的内容）或修订版均不适用于本标准，然而，鼓励根据本标准达成协议的各方研究是否可使用这些文件的最新版本。凡是不标注日期的引用文件，其最新版本适用于本标准：《有机－无机复混肥料》（GB/T 18877—2009）、《肥料合理使用准则 有机肥料》（NY/T 1868—2021）、《肥料合理使用准则 通则》（NY/T 496—2010）、《有机肥料》（NY 525—2012）、《有机－无机复混肥料的测定方法 第1部分：总氮含量》（GB/T 17767.1—2008）、《有机－无机复混肥料的测定方法 第3部分：总钾含量》（GB/T 17767.3—2010）。

③术语和定义。有机－无机复混肥料（organic-inorganic compound fertilizer）：有机－无机复混肥料是一种既含有机质又含适量化肥的复混肥。它是对粪便、草炭等有机物料，通过微生物发酵进行无害化和有效化处理，并添加适量化肥、腐殖酸、氨基酸或有益微生物菌，经过造粒或直接掺混而制得的商品肥料。

④有机－无机复混肥料外观为粒状或粉状产品，无机械杂质，无恶臭。技术指标应符合以下要求：总养分[氮（N）＋有效磷（P_2O_5）＋钾（K_2O）]≥15.0%，有机质≥20.0%，水分（H_2O）≤10%，pH值为5.5～8.0。组成产品的单一养分含量不得低于2.0%，且单一养分测定值与标明值负偏差的绝对值不得大于1.0%。

⑤烤烟有机－无机复混肥料施用。烤烟有机－无机复混肥料合理施用原则为根据烟草平衡施肥原理、烤烟K326对养分的需求规律和植烟土壤养分供应特征，坚持有机肥料与无机肥料相结合，坚持大量元素与中量元素、微量元素相结合；坚持基肥与追肥相结合，坚持施肥与其他栽培管理措施相结合，实现烟叶产量与质量平衡。有机－无机复混肥除具有提供烤烟营养功能外，还具有养分全面、配伍合理，针对性强，操作简

单，节省用工等特点。烤烟 K326 有机 – 无机复混肥料产品的主要品种包括两种：a. 烤烟 K326 专用基肥（有机 – 无机复混肥料）。$N+P_2O_5+K_2O \geqslant 25\%$，配比 5∶6∶14，有机质 $\geqslant 20\%$，含钙、镁、硼、钼等中微量营养元素及增根制剂和营养调理等活性物质。b. 烤烟 K326 专用追肥（复混肥料）。$N+P_2O_5+K_2O \geqslant 50\%$，配比 10∶4∶36，含镁、硼、钼等中微量营养元素。

烤烟K326有机–无机复混肥施用方法见表12-54。烤烟K326有机–无机复混肥中氮、磷、钾整个生育期用量见表12-55。

表 12-54　烤烟 K326 有机 – 无机复混肥施用方法

类别	时间	肥料品种	养分含量	亩用量（kg）	施用方法
基肥	移栽前	K326 专用有机 – 无机复混肥	配比 5∶6∶14，有机质 $\geqslant 20\%$	100	条施或分层施用
追肥	移栽时	专用追肥	配比 10∶4∶36	2	兑水浇施
	移栽后 5 ～ 7 d			4	兑水浇施
	移栽后 25 ～ 30 d			14	兑水浇施

表 12-55　烤烟 K326 有机 – 无机复混肥中氮、磷、钾整个生育期用量

类别	比例（%）			亩用量（kg）	氮、磷、钾亩用量（kg）		
	N	P	K		N	P	K
基肥	5	6	14	100	5	6	14
追肥	10	4	36	20	2	0.8	7.2
总和					7	6.8	21.2

⑥健苗培育。K326 品种适宜的播种期在 2 月中下旬至 3 月上旬，移栽期最早在 4 月中下旬，不迟于 5 月上旬。采取膜下小苗移栽和井窖式移栽方式的可提早移栽期 10 ～ 15 d。一定要保证烟叶大田生育期在 120 d 以上，保证叶片有足够的光合产物积累，提高烟叶产量和质量，同时还要避开 8 月成熟期以后可能发生的连续阴雨或高温酷暑等异常气象影响。K326 品种相对于云烟 87 品种的成苗期一般会延长 5 ～ 8 d。因此，相对云烟 87，K326 品种适当推迟移栽有利于提高株高、叶数和顶叶开片度，还有利于减少早花现象。

⑦及早备耕。及时将田间烟株残体、地膜残留、杂草杂物等彻底清理出烟田，当年 12 月底前完成。要求烟株连根拔出，打捆堆放在远离烟田的区域，禁止摆放在田间地头形成二次污染；彻底清除田间地膜，集中收集、统一处理。翌年 1 月底前完成冬耕。耕层深度不少于 20 cm，鼓励烟农使用牛耕或挖机深耕，改善土壤结构，减少土壤病原、

虫卵数量。

⑧规范移栽。根据当地海拔，结合当地的气候条件，制定科学的移栽时间。海拔1100 m以下的4月25日至5月5日移栽，海拔1100 m以上的5月1日至10日移栽，全县5月10日前全部移栽完毕。要求同一烟农同一烤房群3 d内完成移栽，同一技术员片区5 d内完成移栽，同一基地单元10 d内完成移栽。执行分步移栽流程。全面实施健苗井窖式移栽（穴口直径5～7 cm、穴深15～20 cm，栽后烟苗顶叶距膜口2～3 cm），按"拉绳定向—定距制穴—垂直丢苗—施用挨身土（肥）—淋定根水—丢入四聚乙醛—全田喷施杀虫剂"分步操作流程进行实施。科学施用定根水。按"5.5%高氯甲维盐50 g/亩+移栽灵30 mL/亩+提苗肥2 kg/亩"的标准，兑水100～150 kg，根据墒情每窝淋入100～150 mL。及时喷药防虫。分田块操作，每田块移栽结束后，立即按"5.5%高氯甲维盐15 g兑水16～20 kg"的标准，全田块喷雾，防治地下害虫转移危害。山地烟叶的种植株行距要按照1.2 m×0.45 m或1.1 m×0.55 m的标准，栽烟密度达到1150～1200株/亩。合理的种植密度和单株留叶数可以使烟株生长营养均衡，群体发育更加整齐。如果栽种时密度过稀，会浪费土地资源，引起单株肥量过多，导致后期黑暴，烟叶无法正常成熟落黄，耐熟性差。栽种时种植密度过大，株行距过密，会使中下部叶片相互遮蔽，光照不足，光合作用减弱，造成色淡叶薄，降低烟叶质量。1150～1200株/亩是几十年生产经验的总结，是最适合桑植山地烟发育的种植标准。

⑨适时打顶，合理留叶。K326品种一般采取初花高打顶，即全田30%～40%中心花开放，花蕾伸出顶叶20 cm左右时，一次性打掉花穗和3～4片顶叶，留下长度25 cm、宽度10 cm左右以上的顶叶。每株留有效叶18～22片为宜。现蕾打顶的顶叶一般开片较好，但叶片表现得较厚，烟叶不易落黄，烤后的烟叶杂色面大，结构紧密，光滑、青筋烟较多，烟叶油分偏少，弹性较差。而初花打顶的烟叶，通过重打顶或二次打顶，顶叶开面较好，叶片表现身份较适中，落黄层次较明显，烤后的烟叶油分有所增加，结构较疏松，烟叶弹性较好，杂色面不大，较少光滑、青筋烟。初花打顶还表现在上二棚烟叶特征更加接近中部叶，可以提高中部叶实际产出的比例。

⑩病虫害综合防治。K326品种易感花叶病和赤星病，重在预防。一般采取农业防治和化学药剂防治相结合的综合防治措施：在冬翻时结合土壤改良措施每亩施白云石或生石灰50～75 kg，可以有效改善土壤酸碱度，减少病原微生物。严格按照"先健株后病株"开展农事操作，手及农具尽量不接触烟株，特别是锄头尽量不要接触烟株。在培土时结合农用链霉素浇施肥料灌根，可有效地抑制根茎病的发生。及时清除底脚叶，下部叶适时早采，可以保持田间通风透光，有效防止赤星病发生。

⑪采烤分收一体化。严格执行鲜烟分类，适量编杆，分类装炕等环节要求，落实《三段六步式烘烤工艺》和《烟夹烘烤七步法烘烤工艺》，确保烟叶烤黄、烤熟、烤香，烘烤损失控制在8%以内。初分分级。烤后及时完成初分，去青杂、分部位，到位率

95% 以上；初分成捆后烟叶重量数据及时录入微信系统，准确率 95% 以上；依托合作社，100% 实行专业化分级，严格执行收购等级标准，杜绝"三混一超"。以成熟度为核心，下部叶适时早采（栽后 55 ～ 60 d）、中部叶成熟采收（栽后 70 ～ 100 d）、K326 品种较其他品种烟叶厚一些，尤其是上部叶，成熟不够的情况下存在一定的烘烤难度。上部叶 4 ～ 6 片充分成熟一次性采收（栽后 100 ～ 120 d）

⑫对样收购。全面推行专分散收，实行总质检负责制，工商共同制定收购标准，对样收购，定期巡检复检，收购等级综合合格率在 80% 以上；严控青杂、非烟物质、霉变压油烟叶，水分控制在 16% ～ 18%。

第五节　奉节基地 K326 病毒病成因分析及关键防控技术研究应用

烟草是重要的经济作物，其栽培历史悠久，在我国广泛种植，而烟草病虫害的发生一直是影响烟叶优质高产的重要限制因素。据报道，我国烟草侵染性病害超过 70 种，有害生物有 600 余种，并且还在不断增加。烟草病毒病是烟草生产上分布最广、发生最为普遍的一大类病害。目前我国已报道的烟草病毒病有 16 种，主要病毒种类有普通花叶病（TMV）、黄瓜花叶病（CMV）、马铃薯 Y 病毒病（PVY）、蚀纹病（TEV）、马铃薯 X 病毒病（PVX）及环斑病（TRSV）。造成严重损失的是 TMV、CMV、PVY 等，烟草病毒病造成产量损失可达 30% ～ 50%，有的地块甚至绝产。烟草感染病毒病后，烟叶等级下降，品质变劣。目前烟草病毒病已经严重阻碍我国烟草生产的发展，烟草病毒病的防治已成为生产上迫切需要解决的问题。长期以来围绕烟草病毒病的发病循环，烟叶生产公司及烟农花费了大量的人力物力进行防治。烟草病害研究人员也对病毒病害的发生进行了大量的研究，先后探索了包括化学防治、农业防治、水肥调控、生物防治及绿色综合防控等措施。其中，育苗过程中飘浮育苗技术的推广应用为减轻病毒病的暴发成灾提供了良好的措施。但目前生产上近些年的病毒病发生仍然普遍。那么在烟苗不带毒的前提下，田间病毒的毒源来自何处？病毒感染烟草后如何扩散，扩散速度是多少？有资料认为灌溉水携带的病毒可以作为烟田病毒的毒源；还有人认为烟田土壤中残留的感病烟草病残体是田间病毒的毒源；重庆有烟草工作者初步调查发现地下害虫的发生程度与病毒病发生也存在着相关性。然而这些观点都是基于初步的现象分析，没有进行系统科学的实验来证实是否正确。

对于上述病虫害的防治，目前多以农业防治、化学防治及生物防治等方法为主，且化学防治尤为突出。为此，符合环保、健康和持续发展理念的高效、低毒和低残留绿色防控技术的开发与应用，成为当今农业病虫害综合防治的热点。纵观国内外绿色防控研究的三个特点：一是绿色防控技术的国外研究多于国内，国内研究较为初步；二是绿色防控技术研究报道多为单项研究，缺少综合配套研究；三是针对水稻、小麦、玉米和蔬菜等农作物病虫害的绿色防控研究相对较多，而烟草行业的绿色防控研究广度和深度不够，行业内相关标准不多。随着我国烟叶种植面积不断扩大，种植年度增加，烟叶生产通过对外技术合作、国际型优质烟叶的开发及优质烟叶产区的建设，烟叶质量有了大幅提高，因此在生产上寻找一种行之有效的绿色防控体系尤为重要。

病毒属于非细胞生物，其特殊结构，仅在寄主体内完成生命活动。其不同于一般的细胞生物，病毒的复制与增殖完全依赖于寄主生物，因此病毒病的治疗多依靠于自身免疫及疫苗等预防措施，而一般的药物无法根除病毒病，凡能直接杀死病毒的药剂多对寄主本身有害，易产生副作用。对于植物病毒而言，目前同样采取免疫诱抗的方式抵御其发生。目前市面上主流的抗病毒药剂多为一些植物抗性诱导剂。植物抗性诱导剂的出现改变了直接针对或消灭病毒控制植物病害的传统方法。在烟草产业中，诱导烟草抗性对控制烟草病毒效果显著。但是，传统的在叶片上喷洒引诱剂的施用方法，缺乏大限度诱导抗病的能力，不能长时间连续诱导植物抗病。并且，大部分化合物的稳定性不高，难以承受农田的复杂环境，影响其正常的功能。此外，诱导活性剂的持续时间相对较短，但植物病毒病的发生具有偶然性，且植物病毒的存活时间贯穿了植物的整个生命周期，短时间的诱导或效率较低的诱导使植物病毒病的有效控制变得困难。因此，如何提高诱抗剂的效率和延长诱抗剂的作用时间是至关重要的。营养免疫调控是指利用营养元素物质，改善作物营养状况的同时，提高作物产量，同时增加作物抗病性，达到营养与免疫平衡。营养免疫的好处在于，能持续诱发作物的营养反应，达到持续诱发抗性防御，长时间诱导植物产生抗性。本实验室前期开发的营养类抗病毒剂纳米氧化锌、纳米氧化铁及纳米氧化硅，能持续诱导激活本氏烟水杨酸（salicylic acid，SA）和脱落酸（abscisic acid，ABA）通路，达到抗病毒效果。同时锌离子、铁离子和硅等必需元素，进一步促进了本氏烟的生长，达到生长与抗病性的双重效果。此外，营养免疫是从植物本身免疫机制入手，能避免病原菌发生相应的抗药性，并且避免了农药使用不当造成的残留问题，是绿色防控体系建立的关键因素。

奉节境内有4个土家族乡12个少数民族村，大多地处高海拔喀什特地形的贫困山区，并与湖北接壤，烤烟种植是当地少数民族百姓增收的重要途径。广西中烟奉节基地单元以K326品种为核心，结合当地独特的气候条件，形成了特有的烟叶品质，是广西中烟"真龙"品牌原料来源的重要组成部分。烟草种植过程中，烟草生长整体良好。近两年的调查过程中发现病毒病成为该基地单元主要病害，对烟叶产量和质量造成了较大的影响。

因此，为保障广西中烟奉节基地单元烤烟的原料的质量安全，有效解决基地单元K326病毒病问题，急需运用多因素统计分析、分子生物学技术、生理生化和化学分析技术，开展苗期病毒检测、田间病毒病成因分析、病毒传播阻断、氮元素配比培育根系、免疫诱抗组合筛选等研究，通过K326苗期无毒保障，团棵前期阻断田间病毒传播途径、培育发达根系、旺长期免疫培壮，实现烟株自身强壮、抗病能力强，减少后期防治人力物力成本，提高工业公司原料烟叶质量的目的。健全以营养调控为核心，物理防治、生物防治、农业防治为主，化学防治为辅的一体化绿色防控体系。最终结合 K326 栽培管理措施，集成出一套培育发达根系、提高烟草自身吸收各类营养元素能力、健壮生长、抗病能力强的技术体系。

一、项目研究的目标

解决广西中烟奉节基地 K326 品种病毒病发生严重问题。明确奉节基地 K326 品种病毒病成因，最终结合 K326 栽培管理措施，集成出一套培育发达根系、提高烟草自身吸收各类营养元素能力、健壮生长、抗病能力强的技术体系。

二、项目的创新点

（1）本项目通过不同手段对广西中烟奉节基地单元 K326 病毒病进行毒源来源追踪，明确病毒病发生因素和发生动态，从源头控制病毒传播。

（2）以生态防控为主线，早期培养发达根系，中期开展营养化学免疫诱抗，最大限度地发挥植物本身抗病能力，减少化学农药的施用，起到营养免疫与生长平衡，提高烟叶产量的同时保障烟叶质量。

（3）项目最终形成以培育植物健康和免疫诱抗为主的基地单元 K326 病毒病防控新技术体系。

三、项目获得的主要技术成果

（1）明确了奉节基地田间病毒病的发生、来源与成因。

（2）建立了早期培养烟株发达根系为主的有机肥、氮元素调控烟草诱抗促生长技术体系。

（3）制定了烟草阻断与营养诱导的关键调控技术体系企业技术规程。

（4）在奉节基地建立累计 4000 ～ 6000 亩的烟草病害防控技术综合防控核心示范区，并辐射 10000 亩推广应用，减少化学农药用量 20% 以上，防控区损失比对照降低 10% 以上。

第十三章　奉节烟叶数字化转型探索与应用

第一节　奉节智慧烟叶建设

一、实施背景

党的十九届五中全会和"十四五"规划纲要明确提出"加快数字化发展"。国家烟草局党组适时部署全国烟草生产经营管理一体化平台建设工作，推进行业数字化转型，完善现代化烟草经济体系，贯彻新发展理念，构建新发展格局，推动高质量发展，并纳入中央国企改革三年行动方案。广西中烟党组因势利导，为推动公司烟叶原料高质量发展，提出了"数字化研发、数字化原料"的战略决策，推进原料、研发、营销、决策的全面数字化和全产业链一体化数据打通的要求，把数字化转型升级作为公司未来企业转型的重点工作。原料供应部前瞻性地启动基地烟叶数字化转型探索与应用，坚持"始于产品需求、终于消费者满意"的建设理念，探索基地烟叶数字化转型新路径，打通数据"采集、管理、应用"通道，推动烟叶原料质量从"劳动密集型"向"数据密集型"和"数字化、智力密集型"转变。

二、内涵

围绕奉节烟叶生产和需求，以奉节烟叶产量控制和烟叶高质量提升发展为根本目标，以数据资源体系构建为核心，重点聚焦智慧育苗、大田环境智能监测预警栽培、病虫害智能识别、智能烘烤、智慧收购管理等阶段数据"采、管、用"，构建"数字化"智慧烟叶大脑为核心的"端到端"的应用评价识别体系；生产、管理模式从定性走向定量，实现烟叶产、供应链数据驱动的更高水平动态平衡，打造数字化、智慧化烟叶生产管理体系；提升烟叶生产智能化服务水平，保障基地烟叶数字化转型的顺利实施，实现烟叶生产高质量发展，形成可复制、可推广、可拓展的数字烟叶创新模式，争当行业烟叶数字化转型标杆。

三、主要做法

（一）创新的整体思路

当前公司烟叶生产正处在深度调整和转型期，等级结构高和内在质量好的烟叶满足不了"真龙"品牌发展的需求，另外，适应种植烟叶的区域不断被压缩，植烟区用工短缺，烟农高龄化严重，烟叶产质量稳定与烟叶生产组织的矛盾日益突出。在这种形势下，为了响应公司党组提出的烟叶高质量发展的理念和布局，急需通过生产主体转型、生产技术转型和生产管理转型，实现整个烟叶生产方式的转型升级，破解烟叶生产难题，开展数字化烟草农业是实现烟叶生产转型升级的基础要求和关键技术措施。本项目依托奉节烟叶生产实际，以烟叶生产智能化、低碳化为目标，综合应用物联网、云计算、大数据、人工智能等现代信息技术，推进数字烟草农业关键环节技术研究，实现奉节烟叶"香馥静雅、醇甜和顺"的内在品质特色烟叶价值的提升，促进烟叶生产管理方式等方面的转型升级，探索适合奉节山区烟草农业的数字化转型之路。

（二）目标或原则

（1）资源共享原则：统一规划、集中建设核心平台应用原则，发挥数字化无处不在的关联作用。

（2）先进性原则：紧跟国内外先进技术和先进模式，考虑可持续创新和提升。

（3）投资效益比最优原则：投资少，效益大。

（4）安全性原则：确保数据的安全性。

（5）兼容性原则：软硬件智能设备、平台以规范、标准为技术依托，体现兼容并包，海纳百川。

（6）先易后难、稳步推进原则：按照监测、预警、控制三步走设计，从建设、研究、实践应用、推广4个层面逐步推进。

（三）创新组织和支撑保障

项目组采取多种措施保障研究成果实践与应用推广工作的顺利进行，具体如下：（1）组织保障。成立以原料供应部领导作为项目总负责人的监督机制，并负责项目研究成果实践与应用推广，领导小组组长负责领导、组织、协调和管理项目；下设的成员团，共同制订实践推广应用方案，稳步推进推广应用工作。（2）技术保障。为推广应用单位提供充分的技术保障，加强对应用相关人员的培训，保障研究成果实践与应用顺畅、稳定、安全应用。（3）考核保障。制订研究成果实践与推广应用考核方案，加强推广应用督导，提高推广应用的积极性。

（四）重点创新内容的实施（基本做法）

1. 智慧烟叶大脑平台建设

项目围绕智慧烟叶大脑规划，基础资源体系建设、数据挖掘与生产服务模型库构建3个方面，深入推进智慧烟草"卡脖子"关键数字化技术研究开发，服务烟叶生产和决策。主要采取了以下具体技术措施：一是智慧烟叶大脑体系建设。聚焦烟叶产质量，以生产管理提升、生产服务提升为根本目标，以智慧生产服务和智慧决策需求为导向，针对烟叶育苗、栽培、植保、烘烤、收购等环节，研究梳理烟叶生产各节点的功能需求，明确各个节点智慧烟叶大脑的应用场景和功能目标，提出数据需求和数据规划，系统性构建智慧烟叶大脑体系功能模块，根据功能模块制定研究和建设实施路径，通过协同工作平台建设组织项目实施。二是奉节烟叶生产主题数据库建设。围绕数字智慧烟叶大脑各个功能模块的数据需求，以数据关联性为重点，针对奉节基地、烟田、烟农、烟叶和烟基等历史存量数据、农业基础资源数据、物联网监控数据等进行了分类重构，建设了奉节烟叶生产主题数据库，主要包括烟叶生产数据库、管理服务数据库、烟叶质量数据库、地理空间数据库和模型标准数据库等，建立了奉节烟叶基础数据资源体系。三是构建了生产服务和生产决策模型库。2021年主要开展了育苗环境预警、苗情预警和生产预测模型构建及大田生产服务模型构建，依据育苗大棚环境数据与苗情质量、病虫害的相关关系，指导了育苗大棚管理；基于苗情图像与育苗质量关系，服务育苗生产管理；基于大田环境监测综合数据分析，构建成苗期预测模型，指导了奉节烟苗的移栽工作。基于大田温度、湿度、降水、光照、土壤墒情等环境监测数据，结合烟叶长相长势和烟叶质量数据，分别构建了温湿度预警模型和土壤墒情模型，指导了烟叶生产管理。

2.智慧育苗数字化建设

以培育壮苗为根本目标，应用物联网技术，通过环境数据采集，现场数据自动分析决策，农事装备自动管理，育苗质量全程追踪和农事远程移动监管等。2021年度在奉节川鄂村智慧育苗大棚点，依靠设置的智能控制系统（各种传感器以及可视化软硬件仪器），主要实现了以下功能。

（1）烟苗生长发育及环境参数的动态变化监测，有效掌握了育苗棚气象要素，育苗肥水浓度等关键指标，实现了远程自动控制水温肥料和预警及对烟苗长势长相的远程可视化，并根据智慧控制系统提供的育苗质量数据及 RGB 图像，可以优化成苗质量的关键技术和生产技术匹配度（图 13-1）。

图 13-1　烟苗生长发育及环境动态监测

（2）运用智慧育苗生产监控平台，实现了育苗大棚的溯源建档、风险预警、生产预测、动态管控等区块链功能，推动奉节烟草育苗从技术驱动向数据驱动的数字化发展模式转变（图 13-2）。

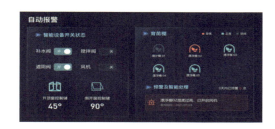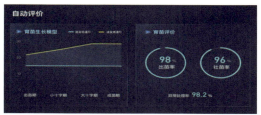

图 13-2 智慧育苗生产监控平台

3. 智慧栽培数字化建设

为构建智慧烟叶大脑平台，实现烟草生长信息化、智能化、科学化，打造以烟草生产精准化、远程化、可视化和智能化为核心的数字化智慧烟草栽培体系，2021 年第一期开展了烟叶大田生产监控应用场景功能建设，并得到了实践应用。

（1）烟田环境监测与生产监控。通过监控点实现烟田环境监测和生产指标监控，实时观测烟叶长势，实现方式如图 13-3 所示。

图 13-3 观测烟叶长势监控画面

（2）烟叶生产预警。采集田间气象指标、土壤墒情和烟叶长相长势信息，按照智慧烟叶大脑数字化建设规范要求实现统一接入，为实现烟叶产量、烟叶质量的预警决策提供数据支撑。

（3）生产分析服务。基于监控数据的综合分析，辅助烟站（烟技员）发布烟叶生产情报和生产建议，实现精准化烟叶生产服务，提高烟叶生产过程抗病抗灾主动应对能力，为实现减害降损、质量追溯、打造智慧农业模式提供基础支撑（图 13-4）。

图 13-4　监控数据提供生产分析服务

（4）灾情防控与气象服务。基于气象配套设备建设，实现对植烟区立体化、全覆盖的动态监测，收集历年灾情、气象数据，为烟点及现场工作人员开展作业提供参考依据，保障烟叶生产（图 13-5）。

图 13-5　动态监测辅助灾情防控

（5）研发智慧大田管理系统。为改变"看天吃饭、凭经验管理"的传统生产模式，在做好标准化生产的基础上，引入视频监控、土壤墒情监测、病虫害监测、气象监测等物联网设备，实现"天、地、人、烟"4个维度的数据收集，再通过"掌上基地"对这些数据自动分析汇总，并将结果自动推送给烟农、烟技员和工商技术管理人员，系统指导烟叶生产管理，真正实现"一机在手、山路少走"。该系统实现的功能如图 13-6 所示。

图 13-6　智慧大田管理系统功能界面

4. 智慧植保数字化建设

开展智慧植保系统建设，采集烟叶病虫害数据，为绿色防控高效调度及综合评价提供数据基础，辅助实现病虫害的监控与防控调度植保。建立综合气象站 10 处、虫害自动测报点 3 处，利用光诱技术和性诱技术相结合，实现烟田虫情自动收集、自动分析，系统自动发布虫情通报，指导虫害精准防治。以技术员网格为单位，建立病虫动态监测网络，在做好本辖区病虫实时监测上报的基础上，同时把生产中的各种病虫害图片上传至"掌上基地"，为系统自动识别提供基础素材。目前系统对野火病、赤星病关键靶标的自动识别准确度分别达到 67.37%、94.62%。2021 年烟叶植保数字化转型实现的具体功能包括以下几点。

（1）智慧植保测报。通过测报设备实现了对病虫害发生的动态进行监控（图 13-7）。

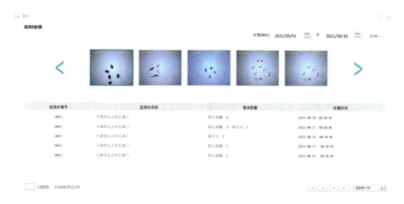

图 13-7　测报设备监控病虫害发生

（2）病虫害识别。依托人工智能技术（图像识别、机器学习）的应用，探索建设病虫害识别应用 APP，提升烟叶病虫害快速诊断能力，稳定烟叶产量、提升烟叶质量（图 13-8）。

图 13-8　病虫害识别应用 APP

（3）病虫害情报发布。通过"虫情测报设备"与"性诱测报设备"采集的虫情监控数据（图13-9），辅助烟站（烟技员）发布病虫害情报和病虫害防治建议，并通过钉钉等方式推送相关虫情情况、防治建议给相关人员，实现精准指导病虫害防控。

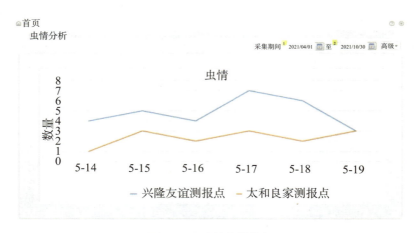

图 13-9　虫情监控数据

5.智慧烘烤数字化建设

为了解决基地烟叶烘烤中人员劳动强度大、工艺落实不精准、烘烤检查难度大等问题，运用互联网思维，依托智慧烟草大脑管理平台，围绕烟叶烘烤的立体化管理，对现有烤房设施设备进行升级改造，实现操作现场实时监控、过程数据自动收集分析、异常问题自动预警推送、管理操作线上线下同步进行、效果评价自动分析汇总，减少烘烤管理人员压力，提升烘烤质量效果。按照"边推广、边完善，边应用、边总结"的思路，分步实施智慧烘烤，在保证烟叶采收、下炕初分流程和标准不变的前提下，重点做好智慧烘烤管理系统的设计与开发，具体如图13-10所示。

图 13-10　智慧烘烤体系

（1）配套建立了1个控制中心。以县域为单位，建立1个智慧烘烤控制中心，该中心同时指挥、跟踪、管理多座烤房，实现所有智慧烘烤数据自动收集分析、预警信息自动发送、预警措施自动记录、烘烤效果自动汇总，实现"一个中心管理、智慧 N 座烤房"的目的。

（2）开发了2种操作模式。开发手持端智慧烘烤管理系统，依托微信公众号连接手持端，线上线下同步显示、操作、控制，提前把最佳烘烤工艺植入系统，烘烤人员在远端或现场选择烘烤工艺，远端能及时接收处理异常预警，实现对烘烤工艺的精准控制。

（3）设计了四大管理功能模块。现场可视，作业现场安装高清摄像头，烘烤作业流程全面可视。全程可管，烤房内安装摄像头和温湿度传感器，全程收集烘烤数据，烟叶烘烤进度全程可管。异常可控，设计自动预警功能，对工艺异常自动预警，线上线下均可处理，异常情况及时可控。效果可评，植入过程和结果评价模型，对烘烤工艺执行自动评价，对烘烤质量和数量自动分析汇总，烘烤评价更全面系统。具体实现的部分技术功能实践如下。

①烤房环境感知。以烘烤全程可管为目标，通过在烤房内安装自动感知设备，实时监测烤房环境，指导烘烤工艺精准落实。安装了烤房温湿度的干湿球温度计，增配了冷风门风叶位置检测、新型温湿度一体传感器、烟叶图像传感器等新型传感器全面监测烟叶烘烤状态，通过一张图的模式实现烘烤的全程管理（图13-11）。

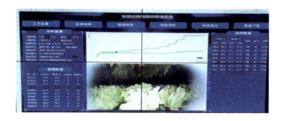

图 13-11　烤房全程管理

②烤房现场调控。以现场可管为目标，采用"触摸屏+实体键"的方式，对烘烤控制仪进行更新升级（图13-12），既能满足现场操作需要，又能实现实时数据与手机的有效关联。开发线上控制功能，当烘烤出现异常时，系统自动推送给烘烤人员，烘烤人员通过掌上基地平台，根据烟叶变黄失水状态，结合工艺设置曲线，判断下一步是否需要调整，如需调整可线上随时调整，确保烘烤工艺落实的精准度，提高整体烘烤效果。

图 13-12　烘烤控制仪

③"云"烘烤建设。烘烤数据采集到云端进行大数据的分析和挖掘，具体功能包括烘烤工场与烤房总体信息浏览、烤房内部实时监控、工艺曲线匹配、烘烤进程控制、烘烤预警和烘烤工艺自动考核评价和数据分析等，具体操作与落实如图13-13所示。

图13-13　烘烤数据云端采集

6. 智慧收购数字化建设

为了解决奉节基地烟叶收购现场不够规范、烟叶质量均衡性较差的问题，开展智慧收购建设，以人工智能、自动化信息技术、物联网技术为依托，对专分散收流程进行升级改造，构建专业化分级区、定级区、司磅区、散烟存放区进行空间建模，实现自动过磅读级、自动成包赋码、自动出库流转等自动化场景应用，规范站点收购、仓储现场秩序、规范人员作业的目的。

（1）交售排号。烟叶烘烤后，烟农对样完成初分，烟技员入户进行预检，预检合格的通过掌上基地录入系统，系统自动安排交售轮次，烟农根据轮次到点排队交售。烟农到达收购点后，凭售烟银行卡，在自动排号机上排号（图13-14），系统会自动识别烟农是否为预约烟农，只有预约的烟农才允许排号分级交售，确保预约收购的精准性、公平性。

图13-14　烟农现场排号操作界面

（2）烟叶初检。工作人员根据排号先后顺序，对待售烟叶进行初检（图13-15），初检合格的烟叶进入分级场，不合格的烟叶称重后退给烟农。在不合格烟叶称重环节，系统能够自动记录重量，识别不合格的原因，为基地烟技员前端初分指导提供工作依据。

图 13-15　初检环节质量看板

（3）烟叶派工。初检合格的烟叶，由系统自动派工。工作人员只需将烟农的排号号码录入系统，系统会自动读取烟农信息，根据分级场各分级台空闲状态，将烟叶自动派工到各分级台（图 13-16）。每一筐烟叶有一张派工卡，记录了烟农信息和该筐烟叶重量，整个派工过程智能化，整个过程由传输带运送，每筐烟叶的烟农信息系统可视，人员不可视，杜绝人情关系对分级人员的影响，确保分级环节公平公正。

图 13-16　烟叶自动派工

（4）烟叶分选。与常规分选相比，每个分级小组配一台分选控制器，当烟筐到达分级小组后，分级人员通过控制器读取派工卡，系统自动获取烟农信息，显示该筐烟叶进入分选状态，分级工对样分级后，将分好的烟叶分等级放入对应的烟筐中，再用手持设备将分选后的基础信息读入烟筐卡中，经传输带自动传输至定级区，分级人员在分选控制器上，按"结束"按键，系统自动分配下一轮次烟叶进行分级（图 13-17）。

图 13-17　分级场质量看板

（5）定级过磅。烟叶流转至过磅处，系统连接 RFID 读写器与电子秤设备，自动读取烟农、烟叶等级和烟叶重量，系统根据烟叶单价自动计算出烟叶金额，并将交售信息发送至显示屏展示。分级后的烟叶自动传输到定级区，达到交售要求的烟筐，验级人员放置对应的电子等级卡。定级后的烟筐在传输带制定区域进行称重，系统自动识别电子等级卡和烟筐卡，获取当前过磅烟筐所属烟农姓名、烟叶等级、重量，全过程无须手工录入。达不到交售要求的烟筐，定级人员放返工卡，系统会自动识别对应的分级小组，语音播报提醒该分级小组到返工台返工，直至达到交售标准，返工重量由系统自动记录，作为分级人员考核的重要依据。以上数据信息同时在烟农休息区的质量看板上显示（图13-18）。

图 13-18　烟农交售质量看板

（6）烟叶打包赋码。定级后的烟叶，系统通过传输带自动分等级传送至各下烟口，进入打包成件环节，打包人员将烟叶由烟筐转入成件箱内，按照 40 kg/ 包的规格进行称重、制作烟包卡（每包烟叶的"电子身份证"，通过扫码能获取烟包所属的烟农、烟叶等级、实际重量等信息）。称重赋码后的烟叶进入自动打包环节，通过引进自动打包流水线、打包机器人，系统可自动识别烟叶等级，将烟包堆码到对应的托盘上（图 13-19至图 13-21），整个过程烟叶实现了流水线作业，烟叶不落地，既减少了收购后烟叶的大量堆积，又降低了非烟物质混入的可能。

图 13-19　打包赋码机

图 13-20　堆码机器人

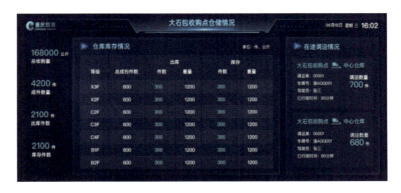

图 13-21　打包环节质量看板

（7）扫码出库。依托自动传输设备与 RFID 读写设备，实现出库烟包的自动出库流转与扫码，逐包记录烟包信息，提升出库效率（图 13-22）。

图 13-22　收购仓储质量看板

（8）收购异常报警。收购异常情况报警，包含智能摄像头捕捉的异常行为与烟叶收购管理系统分析异常交售行为两部分。一方面，通过在收购现场关键功能区安装异常行为抓拍摄像头，对收购现场抽烟、翻越收购传送设备、区域聚集等不规范行为进行抓拍，系统自动识别异常事项、异常区域，并把异常信息推送现场管理人员，确保现场管理留痕。另一方面，系统通过大数据分析，对照烟叶收购管理关键指标，自动完成连续同等级同重量的交售记录、单烟农烟叶损耗超比例等异常情况的识别，并把异常信息实时推送给收购管理人员，指导收购管理、调整工作安排，提高收购的整体效果。

四、实施效果

（一）奉节智慧烟叶建设成效明显

（1）"靠数据"，决策更准。从"靠经验"向"靠数据"转变积累了宝贵经验，为破解"谁来种烟、如何种烟"提供了积极尝试，为行业开发"全国统一烟叶生产经营管理平台"进行了有益探索，积累了宝贵经验。特别是结合山地烟叶特色，大刀阔斧地开展了以"一张图、一张网（物联网）、一部手机"为主要内容的烟叶数字化探索与实践，推动地理信息技术、大数据、物联网、移动互联等新技术在烟叶生产经营各领域的覆盖应用，在实践过程中逐步探索出了一条可复制、可推广、可拓展的烟叶数字化创新发展新模式，对实现烟叶产业链高效协同、生产智能，整体推动广西中烟基地烟叶产业质量变革、效率变革、动力变革意义重大。

（2）"在线上"，效率更高。广西中烟烟技员、奉节基地烟农率先应用"掌上基地"，实现"5项基地烟叶"管理线上全覆盖，"让数据多跑路、人员少跑腿"成为管理常态。目前，已实现烟叶育苗、栽培、植保、烘烤、收购5项业务初步实现线上化，应用覆盖奉节县局（分公司）原料部及奉节全县67名烟技员、732户烟农，烟农从种到收线下签字由42次减少至3次，烟技员日均服务里程由50 km减少至20 km，广西中烟基地业务员随时在线了解全过程生产数据、查看烟叶田间长势、进行生产指导。

（3）"慧种烟"，质量更优。聚焦育苗、植物保护、烘烤、田管、收购5个环节，开展烟叶数字化、智能化应用探索，实现生产数据自动收集分析、异常问题自动预警、线上线下互促融合、评价效果自动汇总，倒逼生产质量提升。智能识别APP的应用，病虫害防治更精准，目前系统对野火病、赤星病关键靶标的自动识别准确度分别达到67.37%、94.62%，重大病虫害零暴发，为害损失减少2个百分点；智能云烘烤工艺执行更精准，整房烟叶烤坏现象零发生，烤后青杂烟比例减少1.5个百分点；收购更公平、管理更规范、质量更稳定，试点烟站已收购烟叶的等级纯度达96.53%，同比增加4.02个百分点。

（二）奉节烟叶数字化建设带动工商协同发展

（1）以订单管理推动基地烟叶供需平衡。秉承"始于产品需求、终于消费者满意"的服务理念，高度关注基地烟叶订单分解、订单生产、订单交付、订单评价，落实定向生产，持续优化结构，实现了烟叶订单与需求的高度匹配。目前奉节烟叶工业库存29.8个月，同比降低6.2个月。

（2）以基地建设扩增"真龙"品牌市场。工商携手，坚持"两烟"协调发展理念，共同致力于"真龙"卷烟品牌培育。重庆市局（公司）将"真龙"品牌3个品规纳入全市"311"品规，奉节县局（分公司）将"真龙"品牌卷烟作为战略品牌进行培育。目前重庆市场销售"真龙"品牌卷烟2.47万箱，较2015年增长20.9倍。同时在奉节域内"抽烟就抽真龙烟"的消费者越来越多，"奉节叶、真龙芯"的"烟粉""龙粉"情结深入人心。

第二节　奉节烟叶原料数字化模型构建与应用探索

在 2022 年公司工作会上，广西中烟总经理谢昆或强调，要梳理完善科技创新体系。全面贯彻落实行业科技创新大会精神，深入实施创新驱动发展战略，围绕产品创新，加快转化科研成果，突出抓好产品创新和数字原料工作，提升核心技术自主掌握能力。深入推进原料保障体系建设，聚焦支持品质提升能力，依托数字研发平台和原料质量大数据平台，明确"净香"品类风格特色对原料品质的个性化定义，通过数字化精准向前延伸应用到烟叶全价值链，赋能烟叶种植、采购、分选、加工和管理各个关键环节，更有效地引导基地原料品质目标的实现；在 2021 年积极探索数字原料的基础上，运用产业数字化逻辑，开展高端原料开发、配方模块加工数字化创新项目，启动以烟叶质量目标实现为出发点的烟叶生产数字模型构建研究工作，加快推动原料保障工作数字化的深化转型。

一、原料数字化支撑项目与平台搭建情况

精准保障原料合理供给方向（4 + 3 项）。以原料供应部为牵头部门，围绕烟叶原料数字指标体系构建、模块配方数字化应用目标，启动实施了《原料信息系统解构上云》《基于烟叶质量目标的生产数字模型构建》《云南烟叶模块配方数字化模型构建》《烟草根部微生物组与根、茎病害映射数字模型构建及应用》等 4 个项目，与技术中心共同牵头合作开展《卷烟产品数字化技术研究》，与重庆市局（公司）合作开展《互联网 + 烟叶》和《重庆烟叶数字化转型探索与实践》项目研究。

以质量可控，持续支撑为目标，构建新的原料系统，对接全国统一烟叶生产经营管理平台。依托《原料管理系统解构上云》项目构建的原料系统，整合前期数字化重大专项的阶段性成果，初步实现原料数字化的平台应用。新的原料系统将使原料保障相关方在清晰的质量目标上开展协同，引导产区烟叶不断向符合"真龙"品牌需求的方向改进；通过实时感知公司原料保障状态，主动采取应对措施，持续支撑"真龙"品牌发展需求。

二、项目推进情况

原料供应部领导高度重视原料数字化转型工作。2022 年 4 月，原料供应部一方面成立以部门负责人为组长，副部长为副组长，片区与科室成员为主的数字化原料研发团队；另一方面形成《数字农业发展现状与前景展望》数字化农业技术培训及《数字化赋能烟叶原料高质量发展》课件，做好数字化技术培训、宣讲，合力助力原料研发取得成效，夯实数字化原料工作，并结合公司下发的《广西中烟工业有限责任公司 2022 年数字化转型工作推进方案》，认真谋划，积极推进项目落实落细，助力数字化转型升级不断取得新进展。

（1）初步构建了原料数字化体系框架。原料供应部构建了一个公司专有云、两大数字化模型应用、六大业务环节、四个业务管理系统的原料数字化"1642"总体架构。启动烟叶生产数字化和模块配方数字化工作，明确了烟叶生产数字化、模块配方数字化、原料解构上云信息化方案，搭建了工商烟叶原料数据交互平台并实现数据实时对接，并与信息中心协同推进原料信息系统重构，进一步提升原料信息系统的易用性和准确性。

（2）推进原料管理数字化工作。完成原料管理系统和供应链平台原料保障模块开发，搭建了长短期测算模型框架，实现了"三年规划、年度调整、月度平衡"，完成了智慧烟叶的上线运行。与重庆市局（公司）协同搭建了渝桂工商原料数据共享交互平台。

（3）推进原料生产加工数字化工作。制订了烟叶生产数字模型技术方案和烟叶模块配方数字化技术方案。与广西区局（公司）深度开展合作，推进"真龙"品牌高端卷烟原料定制化研究与开发工作。

（4）精心组织，用心筹备，以原料供应部为牵头部门的 4 个数字化原料项目顺利获批立项。

三、推进成果情况

按照原料供应部"数字化烟叶"总体部署，结合谢昆或总经理在公司数字化研发、数字化原料重大专项阶段总结会上的讲话精神，基于原料数字化"1642"总体架构，积极将数字化思维、数字化理念逐步贯穿到原料管理过程中，主要从以下几个方面着手，改进和推进项目成果阶段应用。

（一）原料数字化思维应用于科技项目管理，效果显著

在原料数字化"1642"总体架构的指导下，制定出《年度原料科技项目申报指南》和《原料供应部科技项目管理标准》，对科技计划从立项申报到结题进行全流程管控，严格把关。如对部门科研项目的立项申报进行严格的评估和评审，首先是直接筛除不符合原料数字化构架方向的项目，优先支持列入项目申报指南的重点研究领域和优先支持课题，引导聚焦公司发展的关键技术研究；其次是项目不仅要满足结题，更重要的是必须要有实际的推广与应用；其次是对符合原料数字化架构方向的项目也要经反复论证和严格评审后才给予立项申报，使项目重要节点可见，关键流程可控，指令可在片区、科室之间交互流转，协同可迅速响应，工作效率、项目质量明显提升，原料数字化思维应用效果显著。

（二）绩效考核指标逐步向数字化 KPI 转变

原料数字化转型工作启动后，将数字化理念引入部门绩效管理、绩效考核中，每月收集业务开展过程的原料数据并进行分析和评价，逐步建立以数据为支撑的部门绩效考

核指标（KPI）数据库，如采购上等烟比例、模块加工量、等级合格率、分选损耗率等均纳入数字化管理，使 KPI 逐步由定性考核转变为定量考核的数字化 KPI。

（三）基于原料数字化"1642"架构，逐步梳理业务流程，加快原料信息流转和共享

一是从数据应用需求出发，对原料信息系统中原料初始数据的输入进行规范和统一；二是从数字化管理出发，逐步对业务流程进行梳理；三是打通原料信息系统与供应链系统之间烟叶库存、生产耗用数据的对接，加快数据的流转与共享；四是增加原料信息系统烟叶分选价格审核和烟叶质量检验结果的校验等功能，确保数据的真实与准确；五是针对目前原料数据分散，尚未形成完整的数据链之前，运用数字化思维，人工提取各系统中的数据，人工测算烟叶库存水平、烟叶库存总量和品牌需求结构余缺等工作，便于及时调整采购策略，为下一步业务流程优化及数据逻辑调整提供支持。

（四）融合创新，数字化原料阶段成果初见成效

1.构建了烟叶质量大数据平台

以"卷烟产品数字化研发"服务为终极目标，借助公司卷烟产品数字化研发平台，搭建了卷烟产品数字化研发、基地烟叶质量评价、数字化模块配搭、基地烟叶质量控制与提升、库存烟叶品质数字化评价等所需的数据框架，一体化集成与融合所有基地烟叶原料的 70 种常量/半微量化学成分、产地、等级和感官评吸等初烤烟叶原料数据，以及公司库存烟叶和公司模块配方、其他公司模块配方烟叶的质量数据资源，构建统一的数据资源平台，以支持原料数字化及卷烟产品研发。通过解决原料业务数据和科研数据分散、关联度不强及数据价值潜力无法体现的问题，实现了研发和原料业务等全域数据的集中统一，为数据的数字化应用奠定了坚实的基础。

2.以新建的原料系统为载体，逐步搭建原料数字化应用场景

（1）四大应用场景。根据《基于烟叶质量目标的生产数字模型构建》《云南烟叶模块配方数字化模型构建》等科研项目开发提供的烟叶生产质量控制、数字化模块配搭等一系列模型构建成果，构建模型算法的四大应用场景应用，实现对原料风格特征、质量特征的综合评价，相似原料的自动推荐与替代及科研项目、业务流程的数字化管理与应用等，逐步与产品研发数字化、智能制造等模块贯通，实现"数字驱动业务、数字辅助决策、数字赋能管理"系统建设目标。

①作业类场景：主要作为数据的生产，是原料数据的来源，坚持准确、实时、适度的原则，按作业对象数据化、过程数据化、规则数据化的要求，实现全域数据化，构建原料数字生态，进一步梳理原料业务流程，以确保数据的质量。

②科研类场景：主要是数学模型的生产，通过《云南烟叶模块配方数字化模型构建》等数字化科研项目的开展，借鉴前人的相关研究成果，明确原料数据之间的逻辑关系，构建烟叶生产与质量的关联数学模型，要保证模型的适应性。

③运营类场景：建设原料控制塔，运用 AI 技术，通过数据的分析、与外协单位的内外数据交互，遵循清晰的数据链逻辑，以可视化的界面展示，让各个层级实时精准感知原料计划、规划、库存水平、结构等原料保障状态，随时获得数字信息支持，为精准决策提供可能。

④质量类场景：实时感知库存原料质量状态。采用"近红外技术＋评吸"的手段构建烟叶质量评价模型，把消费者的体验、配方师的评吸、农艺师的农艺措施在一个平台上打通，实现烟叶质量在内在化学成分上的精准定义，缩小不同领域间的认知隔阂。通过对比目标，找出产区烟叶的质量提升方向，与产区公司紧密协同，采取针对性的农艺措施，引导产区烟叶质量提升。

（2）四大应用场景当前研发成果。

①以提升病虫害综合防治水平为目标，指导病虫害防治，预判可能发生的病虫害趋势，形成集预测、预报、预警、预判、预防于一体的综合防治措施。已构建了靶斑病、赤星病、野火病的病害预测模型 3 个。

②以提升烘烤质量、降低烘烤损失为目标，科学指导烟叶采收，精准指导和操控烟叶烘烤，构建了鲜烟成熟度识别模型，烘烤状态识别模型。

③以提升育苗质量为目标，已初步构建了烟草壮苗指数模型与烟草苗子生长预测模型。

④构建了数字化模块配搭"基于化学成分的烤烟质量指标定量预测模型；基于化学成分的烤烟风格表征模型"。

⑤全面梳理原料管理过程中涉及的各个环节和数据要求，深入研究烟叶生产、原料加工、作业管理、运营控制等方面的场景，明确了每个场景所需的关键数据，形成了原料从烟叶生产到卷烟生产投料的全价值链业务、科研、作业、运营类等场景的数据清单。

3. 搭建库存烟叶品质数字化评价模型算法平台，在公司卷烟产品数字化研发平台得到应用

利用库存烟叶 70 种化学成分构建了烟叶风格与质量特征等品质评价模型算法交互平台，对基地不同产地与年份及等级烟叶进行了香韵特性 11 项指标，质量特性 9 项指标，舒适性 9 项指标数字化评价。这些在卷烟产品研发平台模块上得到了利用，为烟叶种植布局、烟叶使用、烟叶替代提供了决策依据。

（五）逐步实现工业、商业、科研原料数据的共商、共享

（1）利用与重庆市局（公司）合作《互联网＋烟叶》《重庆烟叶数字化转型探索与实

践》项目的研究，对供应链业务平台进行了数据更新，丰富了广西中烟烟叶质量大数据，为卷烟产品数字化技术研发提供数据支撑。

（2）与西南大学、中国农业科学院、郑州烟草研究院等单位及行业内烟草公司、工业公司讨论制定了数字化原料烟叶取样规范与标准、感官评吸评价规范与标准和近红外光谱检测设备检测化学成分模型的统一校正，并对烟叶相关数据进行了对接。

（六）人才培养的转型应用

（1）以数字化应用场景（烟叶烘烤、烟叶分级）创新驱动为抓手，培养熟练掌握数字化工具及结合实际工作场景进行落地的基层人员。

（2）面向实战进行强化学习。成立原料数字化转型的科技项目、专题小组，让部门核心骨干参与部门数字化科技项目进行全流程实操，通过理论和实践相结合，加深对数字化原料的认知。

（3）采取开放的众评众议模式。打破科室、片区墙，让不同科室、片区的核心骨干参与项目，把围绕场景创新驱动的探索和实践进行公开和展示，通过答辩、评审等多种形式，共享优质资源，促进跨科室、片区间的交流互动，激发业务数字化与数字业务化的创新动力。